水利水电工程施工技术全书

第一卷 地基与基础工程

第五册

# 振冲工程

于洪治 张志伟 王文鹏 等 编著

·北京·

## 内 容 提 要

本书是《水利水电工程施工技术全书》第一卷《地基与基础工程》中的第五分册。本书系统地阐述了振冲工程的设计、施工、质量控制、检测与验收等技术和方法。主要内容包括：综述、工程设计、施工设备、施工组织设计、施工、质量控制与检测验收、安全环保与职业健康、节能减排、工程实例等。

本书可作为水利水电工程施工领域的施工技术人员、工程管理人员和高级技术工人的工具书，也可供从事水利水电工程科研、设计、建设及运行管理和相关企事业单位的工程技术人员、工程管理人员使用，并可作为大专院校水利水电工程及机电专业师生的教学参考书。

图书在版编目（CIP）数据

振冲工程 / 于洪治等编著. -- 北京 : 中国水利水电出版社, 2019.3
（水利水电工程施工技术全书. 第一卷, 地基与基础工程 ; 第五册）
ISBN 978-7-5170-7053-5

Ⅰ. ①振… Ⅱ. ①于… Ⅲ. ①水利工程—振冲加固—地基处理 Ⅳ. ①TV223

中国版本图书馆CIP数据核字(2018)第245966号

| | |
|---|---|
| 书　　名 | 水利水电工程施工技术全书<br>**第一卷　地基与基础工程**<br>**第五册　振冲工程**<br>ZHENCHONG GONGCHENG |
| 作　　者 | 于洪治　张志伟　王文鹏　等　编著 |
| 出版发行 | 中国水利水电出版社<br>（北京市海淀区玉渊潭南路1号D座　100038）<br>网址：www.waterpub.com.cn<br>E-mail：sales@waterpub.com.cn<br>电话：(010) 68367658（营销中心） |
| 经　　售 | 北京科水图书销售中心（零售）<br>电话：(010) 88383994、63202643、68545874<br>全国各地新华书店和相关出版物销售网点 |
| 排　　版 | 中国水利水电出版社微机排版中心 |
| 印　　刷 | 天津嘉恒印务有限公司 |
| 规　　格 | 184mm×260mm　16开本　19印张　451千字 |
| 版　　次 | 2019年3月第1版　2019年3月第1次印刷 |
| 印　　数 | 0001—3000册 |
| 定　　价 | **86.00**元 |

# 《水利水电工程施工技术全书》
## 编审委员会

## 《水利水电工程施工技术全书》
## 各卷主（组）编单位和主编（审）人员

| 卷序 | 卷名 | 组编单位 | 主编单位 | 主编人 | 主审人 |
|---|---|---|---|---|---|
| 第一卷 | 地基与基础工程 | 中国电力建设集团（股份）有限公司 | 中国电力建设集团（股份）有限公司<br>中国水电基础局有限公司<br>中国葛洲坝集团基础工程有限公司 | 宗敦峰<br>肖恩尚<br>焦家训 | 谭靖夷<br>夏可风 |
| 第二卷 | 土石方工程 | 中国人民武装警察部队水电指挥部 | 中国人民武装警察部队水电指挥部<br>中国水利水电第十四工程局有限公司<br>中国水利水电第五工程局有限公司 | 梅锦煜<br>和孙文<br>吴高见 | 马洪琪<br>梅锦煜 |
| 第三卷 | 混凝土工程 | 中国电力建设集团（股份）有限公司 | 中国水利水电第四工程局有限公司<br>中国葛洲坝集团有限公司<br>中国水利水电第八工程局有限公司 | 席　浩<br>戴志清<br>涂怀健 | 张超然<br>周厚贵 |
| 第四卷 | 金属结构制作与机电安装工程 | 中国能源建设集团（股份）有限公司 | 中国葛洲坝集团有限公司<br>中国电力建设集团（股份）有限公司<br>中国葛洲坝集团机电建设有限公司 | 江小兵<br>付元初<br>张　晔 | 付元初 |
| 第五卷 | 施工导（截）流与度汛工程 | 中国能源建设集团（股份）有限公司 | 中国能源建设集团(股份)有限公司<br>中国葛洲坝集团有限公司<br>中国水利水电第八工程局有限公司 | 周厚贵<br>郭光文<br>涂怀健 | 郑守仁 |

# 《水利水电工程施工技术全书》
## 第一卷《地基与基础工程》编委会

# 《水利水电工程施工技术全书》
# 第一卷《地基与基础工程》
# 第五册《振冲工程》
## 编写人员名单


**主　　编：** 于洪治

**审　　稿：** 刘　勇

**编写人员：** 张志伟　王文鹏　宋红英　李晓力　赵鹏飞　肖黎明　仇　果　郭双田　姚军平　卢　伟　刘志新　梁雪梅　朱兰花　肖　普

# 序一

水利水电工程建设在我国作为一项基础建设事业，已经走过了近百年的历程，这是一条不平凡而又伟大的创业之路。

新中国成立66年来，党和国家领导一直高度重视水利水电工程建设，水电在我国已经成为了一种不可替代的清洁能源。我国已经成为世界上水电装机容量第一位的大国，水利水电工程建设不论是规模还是技术水平，都处于国防领先或先进水平，这是几代水利水电工程建设者长期艰苦奋斗所创造出来的。

改革开放以来，特别是进入21世纪以后，我国的水利水电工程建设又进入了一个前所未有的高速发展时期。到2014年，我国水电总装机容量突破3亿kW，占全国电力装机容量的23%。发电量也历史性地突破31万亿kW·h。水电作为我国当前重要的可再生能源，为我国能源电力结构调整、温室气体减排和气候环境改善做出了重大贡献。

我国水利水电工程建设在新技术、新工艺、新材料、新设备等方面都取得了突破性的进展，无论是技术、工艺，还是在材料、设备等方面，都取得了令人瞩目的成就，它不仅推动了技术创新市场的活跃和发展，也推动了水利水电工程建设的前进步伐。

为了对当今水利水电工程施工技术进展进行科学的总结，及时形成我国水利水电工程施工技术的自主知识产权和满足水利水电建设事业的工作需要，全国水利水电施工技术信息网组织编撰了《水利水电工程施工技术全书》。该全书编撰历时5年，在编撰过程中组织了一大批长期工作在工程建设一线的中青年技术负责人和技术骨干执笔，并得到了有关领导、知名专家的悉心指导和审定，遵循“简明、实用、求新”的编撰原则，立足于满足广大水利水电工程技术人员的实际工作需要，并注重参考和指导价值。该全书内容涵盖了水利水电工程建设地基与基础工程、土石方工程、混凝土工程、金属结构制作与机电安装工程、施工导（截）流与度汛工程等内容的目标任务、原理方法及工程实例，既有理论阐述，又有实例介绍，重点突出，图文并茂，针对性及可操作性强，对今后的水利水电工程建设施工具有重要指导作用。

《水利水电工程施工技术全书》是对水利水电施工技术实践的总结和理论提炼，是一套具有权威性、实用性的大型工具书，为水利水电工程施工“四新”技术成果的推广、应用、继承、创新提供了一个有效载体。为大力推动水利水电技术进步和创新，推进中国水利水电事业又好又快地发展，具有十分重要的现实意义和深远的科技意义。

水利水电工程是人类文明进步的共同成果，是现代社会发展对保障水资源供给和可再生能源供应的基本需求，水利水电工程施工技术在近代水利水电工程建设中起到了重要的推动作用。人类应对全球气候变化的共识之一是低碳减排，尽可能多地利用绿色能源就成为重要选择，太阳能、风能及水能等成为首选，其中水能蕴藏丰富、可再生性、技术成熟、调度灵活等特点成为最优的绿色能源。随着水利水电工程建设与管理技术的不断发展，水利水电工程，特别是一些高坝大库能有效利用自然条件、降低开发运行成本、提高水库综合效能，高坝大库的（高度、库容）记录不断被刷新。特别是随着三峡、拉西瓦、小湾、溪洛渡、锦屏、向家坝等一批大型、特大型水利水电工程相继建成并投入运行，标志着我国水利水电工程技术已跨入世界领先行列。

近年来，我国水利水电工程施工企业积极实施走出去战略，海外市场开拓业绩突出。目前，我国水利水电工程施工企业在亚洲、非洲、南美洲多个国家承建了上百个水利水电工程项目，如尼罗河上的苏丹麦洛维水电站、号称“东南亚三峡工程”的马来西亚巴贡水电站、巨型碾压混凝土坝泰国科隆泰丹水利工程、位居非洲第一水利枢纽工程的埃塞俄比亚泰克泽水电站等，“中国水电”的品牌价值已被全球业内所认可。

《水利水电工程施工技术全书》对我国水利水电施工技术进行了全面阐述。特别是在众多国内外大型水利水电工程成功建设后，我国水利水电工程施工人员创造出一大批新技术、新工法、新经验，对这些内容及时总结并公开出版，与全体水利水电工作者分享，这不仅能促进我国水利水电行业的快速发展，提高水利水电工程施工质量，保障施工安全，规范水利水电施工行业发展，而且有助于我国水利水电行业走进更多国际市场，展示我国水利水电行业的国际形象和实力，提高我国水利水电行业在国际上的影响力。

该全书的出版不仅能提高水利水电工程施工的技术水平，而且有助于提高我国水利水电行业在国内、国际上的影响力，我在此向广大水利水电工程建设者、工程技术人员、勘测设计人员和在校的水利水电专业师生推荐此书。

孙洪水

2015年4月8日

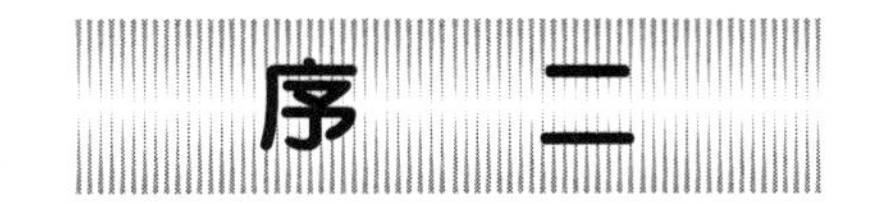

# 序 二

《水利水电工程施工技术全书》作为我国水利水电工程技术综合性大型工具书之一，与广大读者见面了！

这是一套非常好的工具书，它也是在《水利水电工程施工手册》基础上的传承、修订和创新。集中介绍了进入21世纪以来我国在水利水电施工领域从施工地基与基础工程、土石方工程、混凝土工程、金属结构制作与机电安装工程、施工导（截）流与度汛工程等方面采用的各类创新技术，如信息化技术的运用：在施工过程模拟仿真技术、混凝土温控防裂技术与工艺智能化等关键技术，应用了数字信息技术、施工仿真技术和云计算技术，实现工程施工全过程实时监控，使现代信息技术与传统筑坝施工技术相结合，提高了混凝土施工质量，简化了施工工艺，降低了施工成本，达到了混凝土坝快速施工的目的；再如碾压混凝土技术在国内大规模运用：节省了水泥，降低了能耗，简化了施工工艺，降低了工程造价和成本；还有，在科研、勘察设计和施工一体化方面，数字化设计研究面向设计施工一体化的三维施工总布置、水工结构、钢筋配置、金属结构设计技术，推广复杂结构三维技施设计技术和前期项目三维枢纽设计技术，形成建筑工程信息模型的协同设计能力，推进建筑工程三维数字化设计移交标准工程化应用，也有了长足的进步。因此，在当前形势下，编撰出一部新的水利水电施工技术大型工具书非常必要和及时。

随着水利水电工程施工技术的不断推进，必然会给水利水电施工带来新的发展机遇。同时，也会出现更多值得研究的新课题，相信这些都将对水利水电工程建设事业起到积极的促进作用。该全书是当今反映水利水电工程施工技术最全、最新的系列图书，体现了当前水利水电最先进的施工技术，其中多项工程实例都是曾经创造了水利水电工程的世界纪录。该全书总结的施工技术具有先进性、前瞻性，可读性强。该全书的编者们都是参加过我国大型水利水电工程的建设者，有着非常丰富的各专业施工经验。他们以高度的社会责任感和使命感、饱满的工作热情和扎实的工作作风，大力发展和创新水电科学技术，为推进我国水利水电事业又好又快地发展，做出了新的贡献！

近年来，我国水利水电工程建设快速发展，各类施工技术日臻成熟，相继建成了三峡、龙滩、水布垭等具有代表性的水电工程，又有拉西瓦、小湾、溪洛渡、锦屏、糯扎渡、向家坝等一批大型、特大型水电工程，在施工过程中总结和积累了大量新的施工技术，尤其是混凝土温控防裂的施工方法在三峡水利枢纽工程的成功应用，高寒地区高拱坝冬季施工综合技术在拉西瓦等多座水电站工程中的应用……其中的多项施工技术获得过国家发明专利，达到了国际领先水平，为今后水利水电工程施工提供了参考与借鉴。

目前，我国水利水电工程施工技术已经走在了世界的前列，该全书的出版，是对我国水利水电工程建设领域的一大贡献，为后续在水利水电开发，例如金沙江上游、长江上游、通天河、黄河上游的水电开发、南水北调西线工程等建设提供借鉴。该全书可作为工具书，为广大工程建设者们提供一个完整的水利水电工程施工理论体系及工程实例，对今后水利水电工程建设具有指导、传承和促进发展的显著作用。

《水利水电工程施工技术全书》的编撰、出版是一项浩繁辛苦的工作，也是一个具有创造性的劳动过程，凝聚了几百位编、审人员近5年的辛勤劳动，克服了各种困难。值此该全书出版之际，谨向所有为该全书的编撰给予关心、支持以及为此付出了辛勤劳动的领导、专家和同志们表示衷心的感谢！

马洪琪

2015年4月18日

# 前　言

由全国水利水电施工技术信息网组织编写的《水利水电工程施工技术全书》第一卷《地基与基础工程》共分八册，《振冲工程》为第五册，由北京振冲工程股份有限公司编撰。

本书以水利水电工程振冲法地基处理技术的设计、施工设备、施工组织设计、施工、质量控制、检测与验收等方面为主线，内容系统、全面、准确、实用，重点突出对水利水电工程振冲技术实际应用的指导性。在吸取国内外相关工程经验的基础上，以水利水电工程振冲法地基处理技术为重点，突出设计、施工技术和方法，收集引用了大量国内外最新振冲设计与施工技术成果，并编入了典型工程实例，可供从事振冲工程设计与施工的技术人员、工程管理人员和高级技术工人参考。

本书在编撰过程中，紧密结合水利水电工程振冲法施工实践，围绕水利水电地基处理工程收集资料，重点突出。不仅介绍了振冲法地基处理技术的设计方法、施工及配套设备的类别及设备选型、施工组织设计编制要点、施工方法、施工质量控制措施等，还介绍了振冲技术的拓展及其发展趋势。本书对其他行业的地基处理工程也有较好的参考价值。

本书编撰人员长期从事水利水电地基处理工程的设计、施工、科研工作，既有理论研究水平，又具有丰富的工程实践经验。本书第 1 章综述、第 4 章施工组织设计、第 5 章施工由于洪治编撰，王文鹏参与了章节中部分内容的编写；第 2 章工程设计由张志伟、王文鹏编撰；第 3 章施工设备由宋红英编撰，朱兰花参与了章节中部分内容的编写；第 6 章质量控制与检测验收由张志伟、仇果、肖黎明编撰；第 7 章安全环保与职业健康、第 8 章节能减排由刘志新、梁雪梅编撰；第 9 章工程实例由王文鹏、郭双田编撰。编写过程中，赵鹏飞、李晓力、卢伟、姚军平、肖普等给予协助并提供了相关技术资料，在此，致以深切的谢意！

本书在编撰过程中，得到了《水利水电工程施工技术全书》编审委员会和有关专家的大力支持，并吸收了他们的许多宝贵经验、意见和建议，在此，谨向他们表示衷心的感谢！

由于收集、掌握的资料和专业技术水平有限，书中难免存在不妥或错误，敬请广大专家、学者和工程技术人员批评指正。

**作　者**

2018年12月

# 目　录

# 1 综　　述

20 世纪 70 年代，振冲法地基处理技术（简称振冲法）被引入我国，历经 40 多年的应用与发展，在水利水电、火力发电、港口交通、石油化工等行业得到了广泛应用。其适用范围从最初主要应用于砂土地基拓展到了杂填土、淤泥及淤泥质土、黏性土、湿陷性土以及松散砂卵石地基；施工平台从以陆域施工为主拓展到海上施工；施工工艺从以顶部填料为主拓展到气压法底部出料。随着国家改革开放战略的实施，我国的施工企业开始进入国际市场，经过了多年的经验积累，国内振冲技术在施工能力、技术水平、设备制造等各方面得到了大幅度的提升，国内领先企业已经具备了参与国际市场竞争的综合实力。

## 1.1　概述

### 1.1.1　振冲法

振冲法（vibroflotation method）是一种地基处理的方法，在振冲器水平振动和高压水或高压空气的共同作用下，使松散地基土层振密；或在地基土层中成孔后，回填性能稳定的硬质粗颗粒材料，经振密形成的增强体（振冲桩）和周围地基土形成复合地基的地基处理方法。

根据地基处理设计要求、工程地质条件、地基土层类别以及相应的土体物理力学性质指标，振冲法又分为振冲挤密法（vibro－compaction）和振冲置换法（vibro－replacement）。

振冲挤密法适用于黏粒含量不超过 10％的砂土地基，按填料要求可分为填料振冲挤密法和无填料振冲挤密法。填料振冲挤密法采用振冲器造孔，在对地基土充分振密的基础上向孔内填料振密制桩（column），形成复合地基；无填料振冲挤密法采用振冲器造孔，以孔壁坍塌砂土或向孔内填入原地基砂土，经振动密实后形成复合地基。

振冲置换法适用于黏粒含量较高的黏性土、粉土、杂填土等地基。振冲置换法采用振冲器造孔，向孔内填料振密制桩，以密实的硬质粗颗粒材料置换原地基软土，从而形成由增强体与原地基土组成的复合地基。

### 1.1.2　应用发展历程

振冲法于 20 世纪 30 年代起源于德国，最初由 Keller 公司大力推广与应用，稍后由 Steuerman 在美国进一步推广，50 年代后期传入日本和欧洲，70 年代引入我国。

1930 年，德国为解决大坝混凝土捣实问题发明了振捣器，可称为振冲器最早的雏形。在振捣器的基础上，Steuerman 提出了具有振动和压力水冲切性能振冲器的构思，1937 年，德国的 Keller 公司按照 Steuerman 的设计制造了具有现代振冲器性能的第一台振冲器，用于柏林一幢建筑物的地基处理工程，原地基深 7.5m 的松砂经振冲施工后，地基处理效果显著，地基承载力提高了 1 倍，砂土相对密实度由处理前的 45%提高到了 80%，振冲法地基处理技术在该工程中的成功应用，为后来振冲技术的发展起到了极其重要的作用。

第二次世界大战初期，Keller 公司持续推广振冲技术，积累了大量的工程实例，取得了较为丰富的实践经验。至 1960 年，Keller 公司在大量工程实践的基础上，提高了振冲法的施工能力，最大地基处理深度达到 21m。

与此同时，Steuerman 作为顾问工程师在美国创建了美国振冲公司，20 世纪 50 年代在美国开展了一系列试验与施工，使得振冲技术在美国得到了快速发展，最大地基处理深度达到 25m。

1957 年，欧洲地基公司从美国振冲公司购买了专利技术，振冲技术在欧洲开始被应用推广。根据区域性地基处理工程市场的需求，欧洲地基公司对振冲器进行了重大的改进，将振冲器的电力驱动改为液压驱动，至此，振冲器按驱动力可以划分为电动振冲器和液压振冲器两种类型。液压振冲器因其高频、变频的机械特性，大幅度提高了振冲器的穿透能力，将振冲法地基处理技术的适用范围拓展至碎石土地基。

1957 年，日本同期引进振冲技术，初期由鹿岛技术研究所负责大规模现场试验，为消除砂土地基地震液化的危害，用振冲法处理油罐松砂地基，取得了理想的地基处理效果，其后进入实用阶段。采用振冲法处理的地基，经历了 1964 年新潟 7.7 级和 1968 年十胜冲 7.8 级两次强烈地震的考验。1968 年，日本震害调查委员会对两次地震进行了调查，调查结果表明，采用振冲法处理的砂土地基液化危害大幅度降低，相应建（构）筑物基本完好无损，而未经处理砂土地基上的建（构）筑物破坏严重。至此，振冲法处理砂土地基的有效性、消除或降低地震危害的特性首次在日本得到验证，从此以后，振冲法地基处理技术在工程中得到更加广泛的推广与应用。

直到 20 世纪 50 年代末，振冲法基本仅用于处理砂土地基的振冲挤密处理，至 60 年代初期，德国和英国首先利用振冲法处理黏性土地基（Green wood，1965），即利用振冲工艺在软土地基中置入强度较高的加强体而形成复合地基，从而拓展了振冲法的适用范围，发展成为振冲置换法。

1976 年，我国引入振冲技术。南京船舶修造厂船体车间软土地基振冲处理工程（盛崇文，1977）、北京官厅水库坝基松散中细砂振冲地基处理工程（康景俊、尤立新，1976）可称为我国初期引用振冲技术的典例。前者是利用 13kW 振冲器采用振冲置换法施工工艺，后者则利用 30kW 振冲器采用振冲挤密法施工工艺。为了提高振冲器的性能指标和施工能力，1976 年，我国研制出在当时功率较大的 30kW、75kW 电动振冲器，为振冲技术在我国的推广应用奠定了基础。

北京官厅水库坝基松散砂层地基振冲处理工程，是水利水电行业应用振冲技术的里程碑。由于官厅水库的安危直接关系到北京市的饮用水问题，所以坝基技术方案的可靠性尤为重要。在当时水利电力部部委领导、专家的大力支持下，经过反复论证，做出了采用振冲法地基处理技术方案的决策。实践证明，官厅水库坝基振冲处理工程效果显著，砂土相对密实度提高到 80%以上。此后，振冲技术在我国水利水电行业开始普及，通过三峡水利枢纽工程、飞来峡水利枢纽工程等大型地基处理工程的应用，取得了丰硕的成果，积累了实践经验。

20 世纪 90 年代后，随着我国基本建设投资规模的提高，振冲技术在我国得到了快速发展，除水利水电行业以外，在石油化工、港口交通、火力发电、堤防工程、市政建设以及其他工业与民用建筑等地基处理工程中被广泛应用。继 1992 年振冲法地基处理技术被纳入建设部行业标准后，水利、电力、石油化工等行业先后结合行业技术要求出版了相关行业标准，现已经被列为《复合地基技术规范》（GB/T 50783—2012），标志振冲技术在实施应用方面趋于成熟。

经过多年的实践，我国振冲施工技术水平、施工与设备制造能力得到了大幅度的提高。国产振冲器从最初的 13kW、30kW 小功率电动振冲器到目前 130kW 以上大功率设备的生产制造，表明我国已经具备了较强的设备制造能力。洋山港粉细砂地基振冲处理、曹妃甸吹填粉细砂地基振冲处理、田湾河仁宗海水电站堆石坝地基振冲处理等大型工程的顺利竣工，体现了国内承担大规模工程的施工能力；普渡河鲁基厂水电站松散砂卵石坝基振冲处理、向家坝水电站一期土石围堰砂卵石地基振冲处理等工程，展示了国内处理高难度地基的施工能力；北京振冲工程股份有限公司承担的港珠澳大桥香港口岸填海工程海上振冲项目，标志着国内振冲技术参与国际竞争的技术水平。大量的工程实践表明，我国振冲技术的施工能力已经具备了较强的国际竞争力。

## 1.2 振冲法基本原理与设计方法

### 1.2.1 基本原理

振冲法地基处理技术具有挤密、排水减压、预震、置换、加筋、垫层等多重效应，根据地基土类别、施工工艺以及地基处理设计目标的不同，各种效应所发挥的作用和程度将随之变化，通过优化设计、选择合理的施工工艺，最终达到提高地基承载力、减小地基沉降量、控制建筑物不均匀沉降、提高地基整体稳定性、消除或降低地基地震液化危害性等地基处理的目的。

对于砂土地基，振冲法主要以挤密、预震以及排水减压效应为主，适用于改善松散砂土的物理力学性质指标，消除或降低砂土地基地震液化的危害性。从振冲法的工作机理来看，随着土体中黏粒含量的减少，挤密的效果逐渐显著；反之，黏粒含量越高则挤密效果随之降低，当土中细颗粒含量超过 15%时，土体振冲挤密效果明显下降（见图 1-1）。

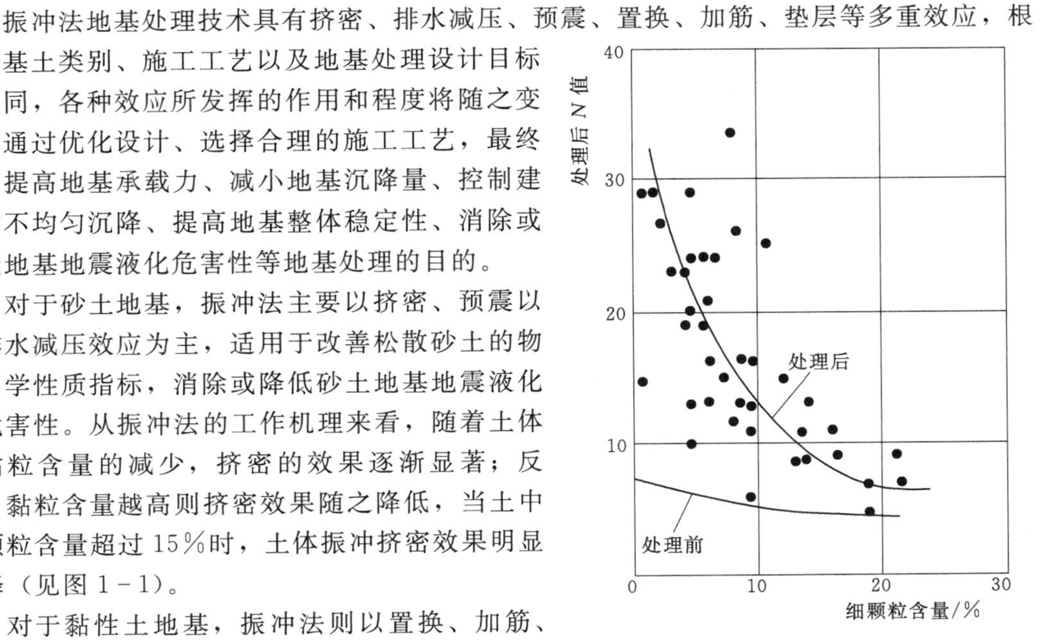


图 1-1 细颗粒含量与处理后标准贯入击数 $N$ 值的关系图

对于黏性土地基，振冲法则以置换、加筋、垫层以及排水减压效应为主，主要以复合地基的形式提高地基承载力，改善软弱地基的工程特

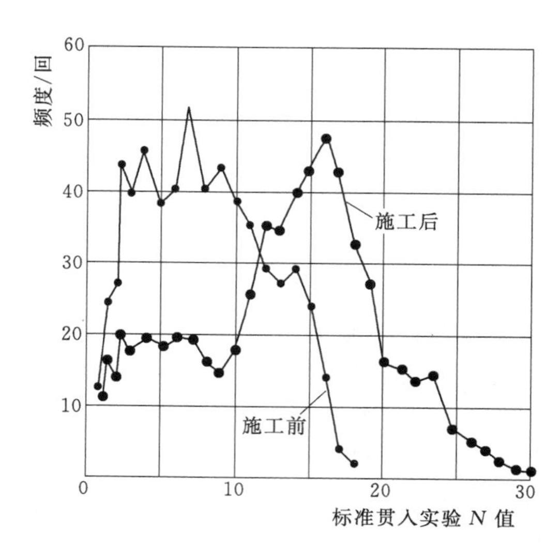


图 1-2 施工前后的 N 值频度分布图

性。实验表明，在黏性土地基中制桩后一定时间内，原地基土强度有暂时降低现象，降低幅度能达到 10%～30%，但是随着复合地基恢复期的增长，原地基土的强度不仅能够得到恢复，而且还会略有提高。

#### 1.2.1.1 挤密效应

挤密效应是振冲法地基处理技术的重要作用之一，因此振冲技术在加固处理松散砂土地基的工程中具有显著优势，是目前除采用刚性桩基础技术方案外消除或降低砂土地基地震液化危害的有效技术措施。经振冲技术处理后，松散砂土地基标准贯入击数显著提高，频度曲线平均侧移近 20 击。标准贯入击数峰值频度提高幅度达 1 倍以上（见图 1-2）。

近年来，随着国内外吹填陆域工程规模的扩展，促进了多头振冲挤密工艺的应用与发展。工程实践表明，在相同的边界条件下，由于多头振冲挤密的互补协同作用，振冲挤密法的地基振陷变形量较单头振冲挤密施工结果有所增大，振冲挤密效果更加显著。河北省某吹填陆域双头振冲挤密施工质量检测结果显示，振冲挤密施工后，地基标准贯入击数提高了 2～3 倍以上，地基处理效果显著。

对于松散砂土地基，在振冲法施工过程中的压力水冲作用下，使得砂土处于饱和状态，同时在振冲器激振力的作用下，呈单粒不稳定状态的砂土颗粒原有排列结构被打破，土颗粒向低势能位置移动而重新排列，使得孔隙率降低、孔隙比减小，砂土趋于密实。一般随着地层砂土粒径的增大、黏粒含量的减少，砂土地基的挤密效果愈加显著。

国内外大量的统计资料表明，松散砂土地基经振冲法处理后，相对密实度可以得到显著提高。Mitchell 等的统计结果表明，振冲挤密后砂土相对密实度一般可以达到 75%以上，某些工程甚至可以达到 90%以上。振冲挤密效应在我国工程实践中也得到了很好的验证，北京官厅水库坝基松散砂土经振冲挤密后相对密实度提高到了 80%以上。

目前，对于振冲挤密法适用范围的界定存在不同见解。水野恭男等通过试验表明，当土中小于 0.074mm 的颗粒含量 $F_c$ 超过 20%时，振冲挤密效果不再明显。齐藤彰等通过对千叶县某液化砂土地基的振冲试验，得出细颗粒含量与处理后砂土标准贯入击数的关系（见图 1-3），当 $F_c>20\%$时，$N$ 值曲线区域平缓，振冲挤密效果区域减弱；当 $F_c<10\%$时，处理后砂土地基的 $N$ 值提高幅度较大，且随着 $F_c$ 的降低 $N$ 加速上升，在 $F_c<10\%$区域内，施工后土层标准贯入击数平均值提高 1 倍以上。

#### 1.2.1.2 排水减压效应

当通过振冲挤密法难以达到地基承载力、沉降量或不均匀沉降等设计要求时，可以采用振冲桩方案。经振冲挤密的粗颗粒桩体除作为复合地基增强体以外，还构成了地基中良好的竖向排水通道，大幅度缩减了超静孔隙水的排水距离，理论上有利于孔隙水压力的加

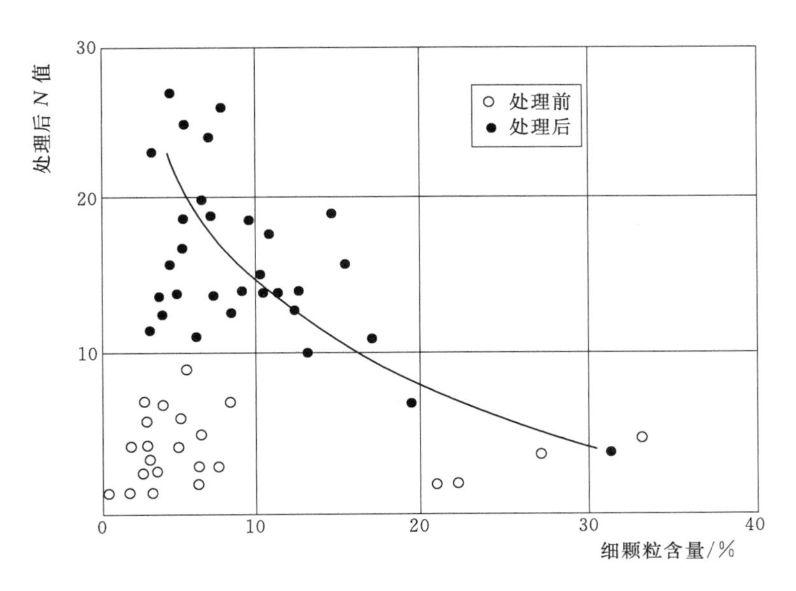


图 1-3　细颗粒含量与处理后 $N$ 值关系图

注：间距 1.6m 网格形布置。

速消散，对控制或抑制超静孔隙水压力的上升起到至关重要的作用。

H. B. Seed 等人通过试验表明，对于设置排水通道的砂土地基，当井径比 $n$（桩体直径/桩间距）值不大于 0.25 时，砂土地基将不再发生液化。山本洋一等人的试验也说明了砂土中设置排水通道对提高地基抗液化能力的影响。图 1-4 为经振冲处理前、后砂土地基在振动荷载作用下，水平振动加速度 $a$ 与超静孔隙水压力峰值（$\Delta u/\sigma'_v$）的关系，测试结果表明，地基振冲处理前 $\Delta u/\sigma'_v$ 接近 0.6、处理后不到 0.1，说明经处理后，地基中形成的振冲桩体排水消减超静孔隙水压力的效果显著，地基超静孔隙水压力难以集聚上升，从而使得复合地基抗地震液化能力大幅度提高，地基抗震处理效果显著增强。

**1.2.1.3　预震效应**

Seed 等人的试验表明，相对密实度为 54%但受过预震影响的砂样，其抗液化能力相当于相对密实度 80%的未受过预震的砂样，即相对密实度相同的砂土地基，经预震后的地基抗液化能力大幅度提高。Bouferra 通过试验说明在预先接受扰动或预加荷载的作用下，砂土的抗液化能力显著提高。

我国通过地震区的震害调查以及试验也证明了振冲桩在砂土地基中作为排水通道的重要作用，在地震烈度分别为 7 度、8 度和 9 度的条件下，对于设置竖向排水通道的砂土地基，在相对密实度分别不小于 55%、70%和 80%时，地基不存在液化问题。10 家单位曾联合进行试验，表明用振冲桩处理过的砂基，其振动孔隙水压力较未处理的砂基降低约 2/3，大幅度提高了复合地基抗震能力。

1964 年日本新潟遭遇了 7.7 级强烈地震，造成大面积的砂土液化，震害严重影响了建（构）筑物的安全。通过震害调查，经振冲法处理过的地基，其上的 2 万 $m^3$ 油罐和厂房等建（构）筑物基本未遭到破坏，地基均匀下沉 20～30mm，相邻区域采用钢筋混凝土桩的建（构）筑物都发生了明显的沉陷和倾斜，而未经地基处理的建（构）筑物普遍遭到了严重破坏。

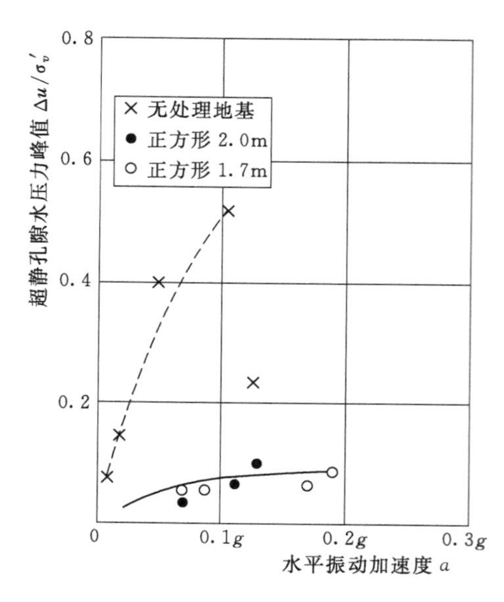


图 1-4 砂土地基水平振动加速度与超静孔隙水压力峰值的关系图

振冲法地基处理技术对砂土地基具有很好的预震优势。电动振冲器振动频率多为 1450r/min，液压振冲器振动频率甚至可以达到 2800r/min 以上，振冲器筒体的振动加速度可以达到 10g 以上，对于松散砂土地基的预震效果极为显著，起到了良好的预震效应。

**1.2.1.4 置换效应**

振冲置换主要适用于非可挤密的黏性土、粉土等黏粒含量较高的软土地基。对于黏粒含量较高的黏性土、粉土地基，由于土体粒间结合力强，渗透性差，在振动力和压力水冲的作用下，土中孔隙水压力不易消散，阻止或减缓了土颗粒重新排列的过程，表现为孔隙水压力不易快速消散，土体固结与强度恢复时间较长，因此，在采用振冲法加固处理黏粒含量较高的软土地基时，主要发挥振冲法的置换效应，通过振冲施工，在软土地基中以强度较高且振动挤密的碎石等粗颗粒材料置换原软弱土体，形成的振冲桩与桩间土构成复合地基，从而提高地基承载力、减小地基沉降量，满足设计要求。

**1.2.1.5 加筋效应**

加筋效应（soil reinforcement）是振冲置换效应工程特性的延展。对于以提高地基整体稳定性为主要控制性技术指标的软土地基，由于密实的振冲桩体具有较高的抗剪强度，同时因振冲桩体散粒材料的特征，有利于桩体与桩间土的协同工作，在软土地基中起到了加强筋的作用，借助于振冲桩的加筋效应综合提高地基的抗剪强度、保证地基的整体稳定性。Prieb 和 Aboshi 等人分别针对散粒桩体的加筋效应，根据桩体、桩间土的抗剪强度指标，提出了复合土体抗剪强度指标的换算方法，具有很好的实用性和可操作性。

**1.2.1.6 垫层效应**

垫层法是用于减小地基沉降量、调整地基不均匀沉降的一种地基处理方法。由于振冲复合地基的桩体材料为散粒体，是与桩间土刚度最为接近的复合地基加强体。因此，经振冲法处理后的复合地基可视为其下卧层地基土的垫层。借助双层地基的基本原理，由于经处理后的上层复合地基的性能得到大幅度提高，形成上硬下软的双层地基，有利于下卧层地基附加应力的扩散，从而在满足地基承载力要求的基础上，有利于减小地基的沉降量、调整地基的不均匀沉降。对于深厚覆盖层的软土地基，在控制地基沉降量满足设计要求的条件下，可以通过优化设计，对适当深度的地基进行振冲处理，使得地基处理技术方案在安全、可靠的基础上更加经济、合理。

### 1.2.2 设计方法

由于复合地基工作机理和地质条件的复杂性，很难建立符合实际的数学分析模型，国内外振冲法地基处理方案的设计均处于半经验半理论阶段。

振冲桩（点）基本布置方法一般为三角形、网格形两种形式，在条件允许的情况下，因三角形布置形式有利于振冲挤密效应的发挥，故原则上首选三角形布桩（点）形式。振冲桩（点）基本布置形式见图1-5。

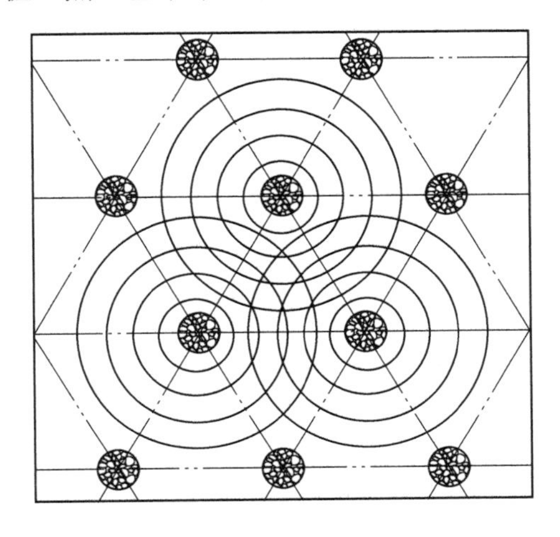

（a）正三角形配置

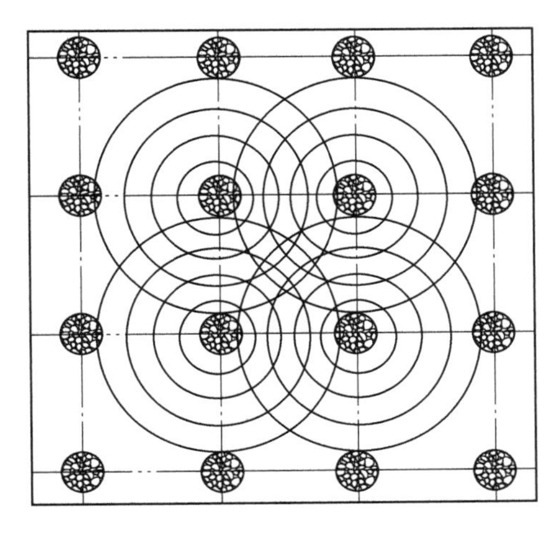

（b）网格形配置

图1-5 振冲桩（点）基本布置形式图

#### 1.2.2.1 振冲挤密方案设计

Webb和Hall（1969）提出砂土地基振冲挤密法方案设计的基本原则以及地基处理范围的有关规定，Brown（1977）总结了振冲挤密法在含细颗粒砂土的地基中的应用经验，Glover（1985）通过对工程经验的总结与相关资料的分析，针对细颗粒（粒径<0.074mm）含量不大于20%的砂土地基，提出了根据经验系数确定振冲挤密点位布置的设计方法。国内相关行业标准规定无填料振冲挤密法适用于黏粒（粒径<0.005mm）含量不大于10%的砂土地基，但对于颗粒组成接近粉土的粉砂地基应通过现场试验验证其适用性。

随着我国近年来填海工程的开展，振冲挤密技术得到了大规模的应用，积累了一定的工程经验，但是目前还难以形成具有普遍性的完整体系，国内有关资料推荐借用砂土挤密或挤密砂桩的设计原理进行振冲挤密方案设计，但因设计计算过程中存在地基处理前、后砂土物理力学指标的取值问题，可操作性需要进一步完善。在实际技术应用过程中，一般根据地基处理设计要求、地基土类别，结合拟采用的振冲器性能指标、施工工艺等因素确定试验方案，最终依据现场试验结果确定地基处理设计方案。

#### 1.2.2.2 振冲复合地基方案设计

振冲复合地基的设计计算方法仍处于不断探索、改进过程中，大多都是基于工程经验、模型试验的基础上，结合土力学的基本理论进行分析研究，得出较为实用的设计方法。

Priebe（1976）提出了振冲复合地基的计算方法，在1995年又对振冲桩设计方法进行改进，形成设计指南，在1998年扩展为采用振冲桩法降低地基地震液化危害的设计指南。Hughes和Withers（1974）基于极限平衡理论，提出适用于黏性土振冲桩复合地基承载力的计算方法。Greenwood和Kirsch（1984）通过总结，探讨了单桩极限承载力、沉降量以及在分布荷载作用下群桩复合地基的极限承载力、沉降量问题，提出了较为全面的设计方法，至今仍然对振冲复合地基设计具有很好的指导作用。

我国针对振冲法地基处理技术，通过大量的工程实践和多年的技术积累，出版了多项行业规范。振冲复合地基的设计多采用置换率、桩土应力比的概念，将作为加强体的振冲桩与桩间土简化为复合土体，从而结合土力学的基本原理进行复合地基承载力、沉降量以及地基整体稳定性的计算，并强调通过现场试验对设计方案进行验证，根据现场试验结果对设计方案进行适当调整。

## 1.3 振冲法技术拓展

### 1.3.1 适用范围拓展

按照我国现行有关标准规定，振冲法适用于处理松散砂土、粉土、黏性土以及人工填土等地基，是减小地基液化危害、消除地基液化的有效方法。对于不排水抗剪强度小于20kPa的淤泥、淤泥质土及该类土的人工填土等地基，应通过现场试验确定其适用性。无填料振冲挤密法适用于黏粒含量不大于10%的中砂、粗砂地基。此外，对振冲法的地基处理深度也有不同的限值。

随着我国基础设施建设的高速发展，特别是振冲器机械性能以及施工工艺的改进，振冲技术的适用范围得到了不断拓展。洋山港地基处理工程中采用2点吊施工工艺成功处理了粉细砂地基，曹妃甸地基处理工程中采用2点和3点吊无填料振冲挤密施工工艺处理粉细砂地基，收到良好的经济效益和社会效益。被称为超级工程的港珠澳大桥海上人工岛项目，海底淤泥层不排水抗剪强度甚至低于10kPa，采用振冲底部出料施工工艺进行地基处理获得成功。

振冲法地基处理的深度主要受限于起吊设备能力、深孔填料可行性以及振冲器机械性能指标等因素的影响。目前，采用振冲器独立成孔挤密的施工工艺，国外振冲法地基处理深度已达到近70m，国内振冲桩最大施工深度已经突破35m，并已经具备更深桩孔施工能力的技术储备。

多种技术组合应用、优势互补是近年来地基处理技术的发展方向之一。振冲法与强夯法组合应用，既能发挥振冲法处理加固深层地基的优势，又能发挥强夯处理加固浅层地基的特点，优势互补效果显著，应用较为广泛。振冲法与塑料排水板技术组合，适用于处理含水量较高的软土地基、新近吹填细颗粒含量较高的粉细砂地基。引孔振冲法被用于处理坚硬覆盖层下存在松散液化砂层或软弱土层的地基处理工程，国内引孔振冲施工深度已达到90m。

工程技术的进步、工艺的改进和设备制造能力的提高，促进了振冲技术的拓展。当然，由于积累的工程实例有限，各项目地基处理的目的、设计技术要求、建（构）筑物的使用功能各不相同，通过有限的工程案例与实践经验还不能得出普遍性的结论，需要更多实践经验的积累与技术探索。

### 1.3.2 施工设备与施工工艺改进

#### 1.3.2.1 施工设备的改进

振冲法引入我国历经40多年的工程实践，振冲法地基处理技术在各类软土地基中得到了广泛的应用。伴随着市场需求与施工技术水平的提高，国内在振冲施工设备的设计制造、机械加工工艺及其配套设备的改进等方面积累了较为丰富的实践经验。我国电动振冲器生产制造的发展过程反映了振冲技术在国内的发展历程。20世纪70年代到80年代末，国内工程应用的电动振冲器以不大于30kW为主导；进入90年代到21世纪初，75kW振冲器被普遍采用；现在130kW以上大功率振冲器已经大规模生产应用，150kW、180kW、200kW以上的电动振冲器已经投入试运行；特别是近年来，为满足施工企业进入国际市场竞争的需求，振冲设备在机械设计、加工工艺、机加工精度、材质选择等方面都有较大幅度的改进，施工设备的性能指标更加完善、机械运行更加稳定。为适应各种复杂的地质条件，除提高振冲器的功率及其稳定性能指标外，电动变频振冲器的研制也将成为未来振冲设备研制的重要发展方向。

液压振冲器主要被用于解决地质条件复杂、电动振冲器施工能力不足的疑难地基处理问题，国内已经有厂家具备了生产能力，并在施工难度较大工程中投入使用，一般为穿透上覆砂卵石层以加固处理软弱下卧层、松散碎石土层振冲挤密等典型的地基振冲处理工程，例如北京振冲工程股份有限公司研制的液压振冲器，在向家坝水电站左岸主体及导流一期土石坝围堰工程、鲁基厂水电站首部枢纽基础处理工程、三峡水库开县消落区生态环境综合治理水位调节坝右岸土石坝坝体工程等的成功应用，充分体现了液压振冲器在处理复杂工程难题方面的优势，但由于其造价、成本较高，在我国还未得到广泛应用。

除振冲器外，振冲施工技术的配套设备也得到了不断地改进和创新。国内已经基本做到了通过施工配套设备的自动记录与信号传递功能，详细记录施工的全过程。水上振冲施工配套设备实现了水上施工作业、自动记录传输、导杆伸缩等功能。据不完全统计，我国关于振冲技术的发明专利、实用新型专利已经近百项，其中相当数量的专利技术与施工及其配套设备相关联。

#### 1.3.2.2 施工工艺的改进

为提高振冲法施工技术水平和施工质量，适应复杂的地质条件和各种设计技术要求，在总结国内多年工程实践经验的基础上，结合材料科学、机械制造能力、机械加工工艺的进步，通过施工工艺改进，拓展了振冲法施工技术的适用范围。近年来，由传统的振冲施工工艺派生出的水气联动振冲法、底部出料振冲法、深部气压送料振冲法、多点振冲法等改进型的施工工艺，以及引孔振冲法、振冲加强夯法、振冲加排水板法等组合型施工工艺均在工程实践中发挥了重要作用，促进了施工技术的快速发展。

## 1.4 振冲技术发展趋势

### 1.4.1 施工设备及其配套系统

提高振冲施工设备及其配套系统运行的稳定性、耐用性是施工设备制造改进的重要方向之一。振冲施工具有设备高强度、长时间运行，机械设备磨损严重的特点，机械设备及其配套系统的故障率是影响施工效率、施工成本的重要因素，有些关键部位的磨损甚至会影响工程施工质量。国内施工单位的抽样调查结果表明，普遍可以接受的振冲器单机维修保养频次为连续施工工程量不低于5000m，不低于8000m则为优良，不低于10000m则为优秀。因此，国内振冲器需要在设计、制造、机械加工工艺等多方面进行改进，提高振冲器机械性能的稳定性，满足施工需求。

振冲施工配套系统中涉及的环节及其零配件较多，比较关键的配件是振冲器专用的减振器。受橡胶质量及灌胶工艺等问题的影响，国内减振器的质量离散性较大，质量稳定性有待于进一步改进。

振冲施工设备及其配套系统一体化也将成为施工设备改进的重要发展趋势。国外已经实现了将大部分配套系统集成于起吊设备之上，形成装备较为齐全的一体化振冲施工成套设备，具有节省劳动力、施工效率高、设备移动灵活等优势。国内多数施工设备处于发电机、水泵、电控设备等分置状态，导致施工过程中需要在现场铺设较长的管线（包括水管、电缆等），除因较长的管线造成一定的能源损耗之外，对现场施工管理、施工工效、现场安全以及文明施工等工作具有较大的影响。因此，振冲设备一体化将成为未来设备改造的必经之路。

施工自动记录及信号传输系统在国际项目中已经得到普遍应用，基于岩土工程施工行业市场竞争的具体环境条件，启用自动记录及信号传输系统将使施工单位面临提高施工成本、降低市场竞争力的具体问题，这一问题的解决还有待于市场环境的改善，未来将逐步与国际接轨。

### 1.4.2 施工工艺

施工工艺改进是推动施工技术发展的重要因素。地质条件的复杂性决定了地基处理技术适用性，而选择合理的技术方案、采用适宜的施工工艺是成功运用地基处理技术的关键所在。近年来国内外振冲技术应用实践的成果表明，振冲法施工工艺发展趋势大体可归纳两类：

#### 1.4.2.1 改进型施工工艺

改进型施工工艺是以振冲法的基本特征为基础，对施工环节、流程、方式等进行适当的改进的施工工艺。典型工艺如水气联动振冲法、底部出料振冲法、深部送料振冲法、多点振冲法等。未来在施工技术参数协调应用、水气联动及其喷射方向、超深振冲工艺等方面均有较大的改进与探索空间。

#### 1.4.2.2 组合型工艺

组合型工艺是以振冲法为主导，同时与其他地基处理方法组合运用，充分发挥不同工艺优势的施工技术。引孔振冲法、振冲加强夯法、振冲加排水板法等均属于组合型施工工艺。此外，研究探索采用非散粒填料成桩的振冲法施工技术，将有利于拓展振冲技术适用范围，具有较高实用价值。

振冲技术引进我国以来，经过40多年的应用与技术积累，国内振冲施工技术及其应用能力、生产施工能力已经接近或达到了国际领先水平，但是，受国内工程技术市场条件、尚不成熟的市场竞争环境等不利因素的影响，振冲技术基础理论研究性的工作难以得到重视与发展，成为了振冲技术发展的短板，还需要更多高质量的科研成果为技术应用提供支持，全面提高我国振冲技术的国际竞争力。

# 2 工　程　设　计

本章主要阐述振冲法复合地基承载力、沉降量、地基整体稳定性、抗震、固结等要求的设计计算，介绍了振冲法方案的地基处理范围、桩距（或点距）、桩径、布桩形式等设计参数的确定方法，内容主要包括地基处理设计的程序和方法、振冲技术的主要加固原理、振冲法工程设计、振冲技术的若干发展等。

振冲挤密法主要用于消除或降低砂土液化的危害性。当设计计算复合地基承载力时，需要考虑振冲对桩间土的挤密作用，桩间土取其加密后的地基承载力特征值。当采用无填料振冲挤密施工时，其加固效果主要取决于地基砂土类别、黏粒含量、振冲器及施工工艺的选择，其设计方案的确定需要通过现场试验验证，并依据试验结果对设计方案进行调整。

振冲置换法主要适用于黏性土地基，对于不排水抗剪强度小于 20kPa 的淤泥、淤泥质土及该类土的人工填土等地基，应通过现场试验确定其适用性。对以“形成排水通道”为主要设计目标的软弱地基处理，可采用底部出料工艺以确保填料顺畅到达孔底，进而形成质量稳定的振冲桩。

振冲复合地基固结度可采用 Barron（1948）提出的考虑井阻作用的竖井理论为基础进行计算。目前国内已经通过改进其理论，将具有竖向排水通道的复合地基固结度计算方法纳入相关规范。

目前对于振冲桩复合地基的设计还处于半理论半经验的阶段，某些设计参数需要根据工程经验选取，在初步设计阶段可以参照本章提供的经验数据，并通过现场试验结果对设计方案进行相应的修正。

## 2.1　地基处理设计的程序和方法

### 2.1.1　地基处理方案的选择

（1）地基处理方案的选择依据先宏观、后微观的原则。宏观方面主要对建（构）筑物的使用功能、等级分类、建设周期、场地岩土工程条件、环保要求等进行定性评估，提出地基处理原则性要求。微观方面则根据建（构）筑物基础形式、使用功能要求、岩土工程特性、技术能力等提出可供比较的地基处理技术，通过技术、经济方面的分析对比，确定满足使用功能要求、安全可靠、技术经济合理、可操作性强的地基处理技术。

地基处理方案选择基本流程见图 2-1。在选择过程中需注意以下几点。

1）地基处理方案的选择首先应进行技术策略的分析，通常包括基础与结构措施、单纯加固、复合加固、桩基础等，其次进行技术方法的比较，从而筛选出技术安全可靠、施工质量稳定的地基处理方案。

2）技术可行性的 4 项基本内容如有一项作出否定回答，即应排除该方案。通过者进入经济分析比较程序。

3）在经济分析中，并非仅取决于造价，工期也是经济效益，能源与材料消耗也是整体经济效益的组成部分。

4）实际工作中，许多因素往往具有模糊性或不确定性，当不能简单做出“能”与“否”的判断时，可采用经验与理论结合、定性与定量结合的方法进行评估。

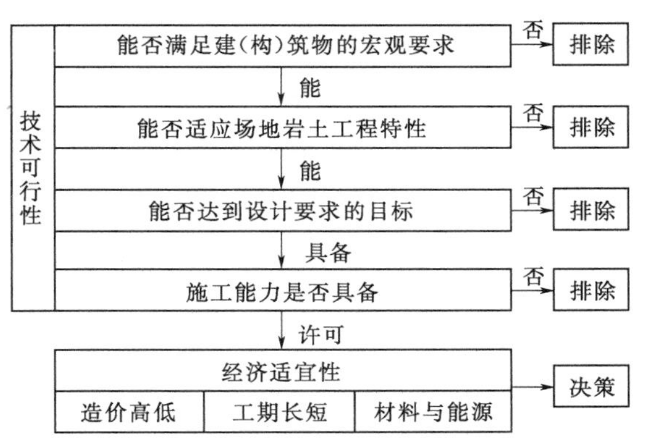


图 2-1 地基处理方案选择基本流程图

(2) 方案初步选择。各种地基处理方案均有其优势、劣势和适用条件，原则上应按图 2-1 的基本内容，结合其他具体情况进行分析比较和决策。初步选择时，可参考表 2-1 选取。

表 2-1 地基处理方案的选择参考表

| 条件组合 | | 优选方法 | 次选方法 | 不宜方法 |
|---|---|---|---|---|
| 建筑 | 地层 | | | |
| 一般性多层建筑 | 淤泥质土、饱和软塑土 | 水泥土搅拌桩、石灰桩 | CFG 桩、沉管碎石桩、底部出料振冲桩 | 土桩、灰土桩 |
| | 素填土 | 沉管碎石桩、振冲桩、CFG 桩、水泥土桩 | 砂桩、土桩、灰土桩、石灰桩、水泥土桩 | |
| | 杂填土 | 振冲桩、CFG 桩 | 沉管碎石桩 | |
| | 块石填土 | 强夯、振冲桩 | | |
| | 松散砂土 | 振冲桩 | 砂桩 | |
| | 湿陷性黄土 | 灰土桩、土桩 | | |
| | 已建软土 | 旋喷桩 | 搅拌桩 | 挤土桩 |

### 2.1.2 设计的基本程序

在决定采用某种地基处理方案后，一般按图 2-2 所示的流程进行地基处理设计。此流程的特点是要求通过制桩试验最终确定设计参数。对资料和经验较多且地层较简单地区的一般性工程，也可一次完成设计。

### 2.1.3 地基处理的技术要求

地基处理的技术要求是指地基处理设计方案应满足建（构）筑物使用功能的地基承载力、沉降量、沉降差以及其他技术指标的要求。

地基处理的技术要求不仅取决于上部结构的荷载和敏感性，还与基础形式、尺寸和地基土的特性等因素密切相关，一般应在考虑建（构）筑物、地基与基础共同工作的条件下进行系统性经济分析，提出适宜的目标值，达到全面优化设计方案的目的。

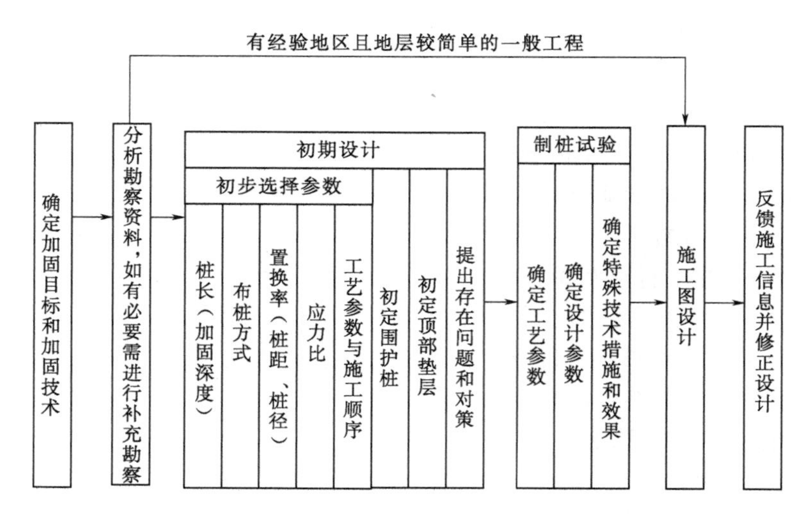


图 2-2　地基处理设计基本流程图

### 2.1.4　分析研究勘察资料

复合地基处理技术对勘察资料有特定的要求，设计前应结合设计要求，针对建设场地土层分布、各土层物理力学性质指标、特殊地质条件等进行详细分析研究。

#### 2.1.4.1　地基处理技术勘察要求

拟采用复合地基处理技术的工程，勘察内容除满足一般勘察要求外，主要侧重于地层描述以及查明上覆软弱土层的承载力、分布、土体类别与状态、物理力学性质指标，对于特殊工程还应包含土体的渗透性指标、固结状态，新近回填土沉积年限、粒径组成及颗粒级配等信息。不同类型地基勘察比较见表 2-2。

表 2-2　不同类型地基勘察比较表

| 地基类型 | 勘察特点 | 上部软弱地层的测试 | 勘探点布置 |
|---|---|---|---|
| 天然地基 | 着重研究能作天然地基的好土及其下卧层，上部软弱地层仅作一般性了解 | 仅需做少量测试 | 按天然地基勘察要求定 |
| 桩基 | 着重研究桩间土摩擦力和桩底土端承力，上部软弱地层仅研究其摩擦力的性质与数值，不作重点研究 | 一般仅需测定分类指标、稠度、密度和湿度 | 按桩基勘察要求定。一般特点为孔较深，孔数则视具体情况或多或少 |
| 复合地基 | 着重研究上部软弱地层的岩性和分布。对下卧好土一般仅需作适当的研究了解 | 需做较全面的系统的测试，包括承载力、压缩性和抗剪强度等（一为设计直接需要；二为对比加固效果的需要） | 总的特点为“密而浅”，即孔不必很深，但孔距要求较密 |

#### 2.1.4.2　勘察注意的问题

（1）池塘冲沟沉积的陆相软土，其平面分布和产状通常较复杂多变，缺乏规律，应有足够数量的浅孔查明，防止因工作量过少而产生误判。

（2）对于深厚软土层地基，应注意查明相对稳定的持力层。

（3）对回填土应注意以下几个方面。

1）准确描述回填土沉积年限、回填土成分构成以及粒径含量、密实度状态等。

2）回填土最大粒径范围及碎石含量。

3）地面的性质和产状，及是否有未清除的植被等。

4）土层密实度、含水量和强度随深度的变化。

5）回填过程、顺序及碾压方式。

（4）不论是天然软弱土或人工填土，其近地表浅部都常有硬壳层，应查明其厚度与岩性。设计挤密桩复合地基对此尤需注意。

（5）当在预定处理深度内存在承压地下水时，应了解其顶部埋深和水头高度，判断是否可能因制桩揭穿顶板而导致承压水沿桩孔和桩体上涌；设计柔性桩时，应分析地下水的化学成分，了解其对桩体凝结的影响和对桩材的侵蚀性。

如已有勘察资料不能满足复合地基设计的要求，应进行补勘。如补勘结果发现土质情况与原勘察资料有较大出入，应重新审议和修改加固目标、加固技术。

### 2.1.5 振冲法初期设计

初期设计又称预设计，主要根据建（构）筑物的使用功能、加固目标、加固方法和勘察资料初步选择设计计算参数，对围护桩和顶部垫层的设计做出初步决策，提出需进行试验研究的课题或技术措施。

（1）地基处理深度的选择。地基处理深度的初步选择可参考表2－3，并遵循相关规范的要求。

**表2－3　地基处理深度的初步选择**

| 地层条件 | 处理深度 |
| --- | --- |
| 软弱地层不很厚，承载力较高的下卧层埋藏不深，或软土虽很厚，但有可承托桩底的好夹层 | 按桩端进入下卧好土层1～2倍桩径的原则确定 |
| 软土很厚又无好夹层，或技术上不可行，或经济上不合理或桩间土的约束力或摩擦较大，桩荷载传不到桩底 | 按变形验算和下卧层强度验算确定，取二者中的大值 |
| 可液化砂层（或粉土层） | 应穿透可液化层 |

（2）振冲桩布桩形式的选择。布桩形式主要取决于基础形式和底面尺寸，可参考表2－4。

**表2－4　不同基础的布桩形式**

| 基础形式 | 常用布桩形式 | 注意事项 |
| --- | --- | --- |
| 整片基础 | 等距均匀布桩（正三角形布桩、网格形布桩） | 挤密桩，以正三角形布桩优于正方形布桩 |
| 单独基础 | 正三角形布桩、网格形布桩、梅花形布桩 | 桩位布置应对称于基础中心和纵横轴线 |
| 条形基础 | 单排布桩、三角形双排布桩、网格形双排布桩、正三角形或网格形三排布桩 | 桩位应重合基础轴线，或与基础轴线对称，且转角处及构造柱部位均宜布桩 |

（3）桩土应力比的选择。通过总结多项工程静载荷试验检测结果得出，振冲法实测的桩土应力比多为2～6，考虑到我国不同区域建设场地工程地质条件的复杂性，建议桩土应力比取2～4，桩间土强度低时取大值、高时取小值。对有足够经验积累的地区可根据经验取值。

（4）置换率的选择。置换率大小既影响加固效果，又影响造价。通过承载力的设计目标，计算出达到加固效果所需的置换率，并换算相应的桩距和桩径，在此计算过程中，应注意对非可加密土，取其天然地基承载力特征值；对于可加密土，取其加密后的地基承载力特征值。

（5）护桩设计。护桩是指位于基础底面范围之外的桩，对复合地基的加固效果起保证和提高作用。但因设置护桩往往会显著增加工程量和提高造价，影响复合地基的经济效益和市场竞争力，因而应根据土质、基础形式、建筑物重要性等具体条件慎重研究确定。护桩设计应根据现有资料和经验，并遵循相关规范的要求，结合建筑物的重要性和基础形式来进行，具体可参考表 2-5。

**表 2-5　　护 桩 的 设 计**

<table>
<tr><th>判别</th><th>条　　件</th><th>设或不设的理由</th><th>排数与深度</th></tr>
<tr><td rowspan="4">应设护桩</td><td>振冲桩消除土的液化性</td><td>防止基础平面外土体液化影响已加密的地基</td><td>按抗震要求与抗震规范</td></tr>
<tr><td>振冲桩消除黄土的湿陷性</td><td>防止基础平面外土体湿陷影响已加密的地基，并减少水的侧向渗入</td><td>按黄土地基设计规范</td></tr>
<tr><td>振冲桩加固软土</td><td>防止边缘软土侧向挤出（塑流）及在基础扩散应力作用下发生较大变形</td><td>按地基计算结果定，一般可设 1～3 排</td></tr>
<tr><td>振冲桩加固一般取软弱土（其边缘桩排因外侧约束力较小，承载力可能降低）</td><td>复合地基承载力富余量很小时，须防止边缘桩排的承载力不足</td><td>1 排，必要时 2 排，深度从基础底面算起约为 4 倍桩径</td></tr>
<tr><td rowspan="2">可不设护桩</td><td rowspan="2">振冲桩加固一般软弱土（其边缘桩排因外侧约束力较小，承载力可能降低）</td><td colspan="2">复合地基承载力富余量较大时，可不必考虑边缘桩排约束力不足的影响</td></tr>
<tr><td colspan="2">能采取措施有效地提高边缘桩排的加固质量和承载力，可抵消约束力不足带来的不利影响</td></tr>
</table>

（6）复合地基顶部垫层。在工程实践中，通常在复合地基顶面铺设一层厚约 0.2～0.5m 的密实砂石垫层，以使基础压力能经垫层扩散后较均匀地作用于复合地基。

（7）现场试验。现场试验应根据初期设计中选定的参数范围和提出的试验要求进行，内容包括工艺参数试验（选择和确定能适合场地特性和满足加固要求的工艺参数，含设备能力和材料配比等），设计参数试验（根据预定的工艺参数和设计参数在代表性的试验区中制桩，通过专门试验检验或对比其加固效果，最终确定参数的取值）和特殊技术措施试验（确定技术措施的有效性并完善其内容）。

## 2.2　振冲技术的加固原理

振冲技术主要分为振冲挤密法和振冲置换法，下面就这两种方法的加固原理分别进行阐述。

### 2.2.1　振冲挤密加固原理

砂类土地基振冲挤密是利用松砂在振动荷载作用下，颗粒重新排列，体积缩小，变成密实的特性。

对于饱和砂土，在振冲器重复水平振动应力的作用下，土体中超孔隙水压力迅速增大，促使颗粒间连接力减小，土粒向低势能位置转移，形成紧密的稳定结构以适应新的应力条件。

#### 2.2.1.1 加密机理

振冲过程使砂土地基主要受 3 种加密作用。

(1) 振挤作用。振冲器的水平振动力通过土的骨架传递将周围土挤压密实。

(2) 振浮作用。通过振冲器振动使周围土体内超孔隙水压力升高，促使土粒间结构力破坏再形成稳定的结构形式。

(3) 固结作用。在砂土上覆有效应力作用下超孔隙水压力消散时产生排水固结压密。

#### 2.2.1.2 振冲器周围土的状态

振冲器在砂土地基中运转，振动加速度随离振冲器的距离增大呈指数函数型衰减，从振冲器向外，根据砂土地基所受振动加速度值的大小可以划分为 4 个区域见图 2-3。

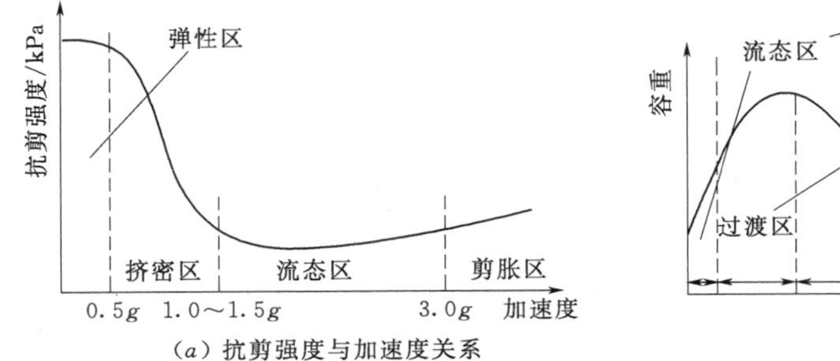

(a) 抗剪强度与加速度关系

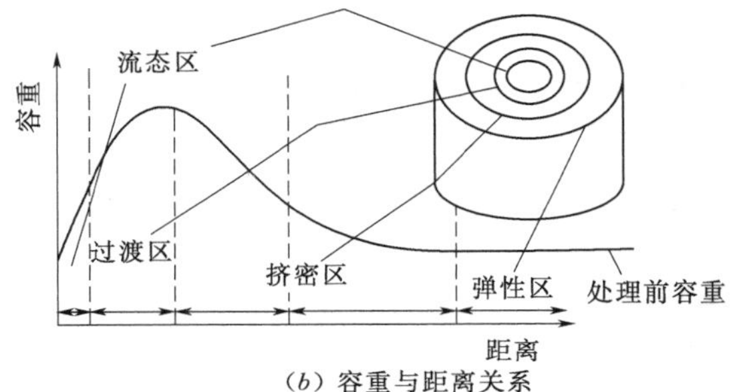

(b) 容重与距离关系

图 2-3 砂土对振动的理想反应图

注：引自 Gree Wood and Kirsch 1983。

(1) 剪胀区。紧贴振冲器侧壁，该区加速度值大，砂土处于剪胀状态。

(2) 流态区。砂土受到较强振动并受高压水冲击，土体处于流体状态。土颗粒时而连接，时而不连接。

(3) 挤密区。砂土经过振动，结构开始破坏，但土颗粒间仍保持连接，能够通过土骨架传递振动应力。

(4) 弹性区。砂土受到振动小，土体处在弹性变形状态，不能获得显著加密。

振动加速度达 $0.5g$ 时，砂土结构开始破坏；达 1.0～1.5 时，土体变为流体状态；超过 $3.0g$，砂体发生剪胀，此时砂体不但不变密，反而由密变松。实测数据表明，振动加速度随离振冲器距离的增大呈指数函数型衰减。

30kW 振冲器施工时现场测量的加速度值（见图 2-4），可见加速度值大于 $1.0g$ 的范围小于 1.0m，2.0m 外加速度值在 $0.5g$ 以下。

30kW 振冲器施工时现场测量超孔隙水压力值（见图 2-5）。距振冲器中心 1.0m 以内，砂土液化度大于 0.8，处于液化（或接近液化）状态，大于 2.0m，液化度低于 0.4。

30kW 振冲器在某工程施工时实测单孔加密效果（见图 2-6），距振冲器中心 1.0m 以内加密效果最好，2.0m 以外砂土基本不受影响。75kW 振冲器比 30kW 振冲器加密影响范围大，施工可减少约 50%的孔数。

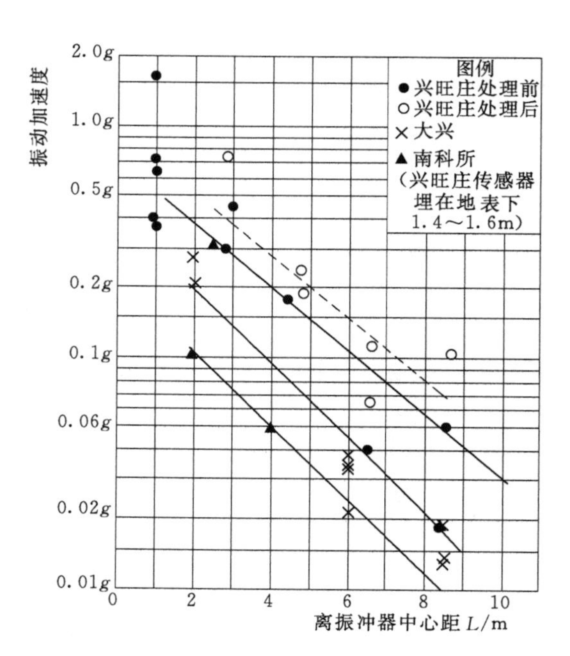


图 2-4 离振冲中心距与振动加速度关系图

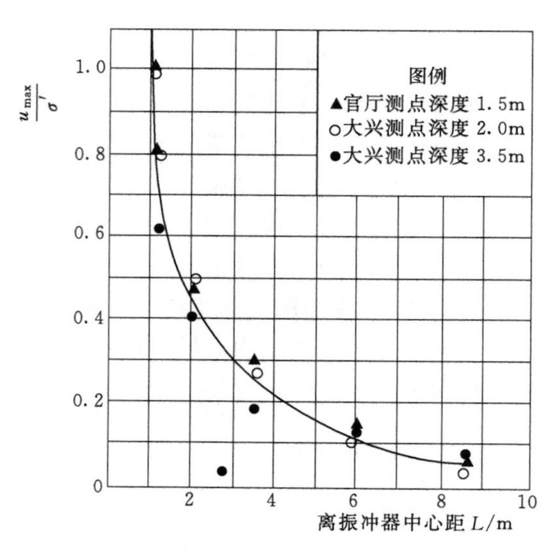


图 2-5 液化程度与振冲中心距关系图

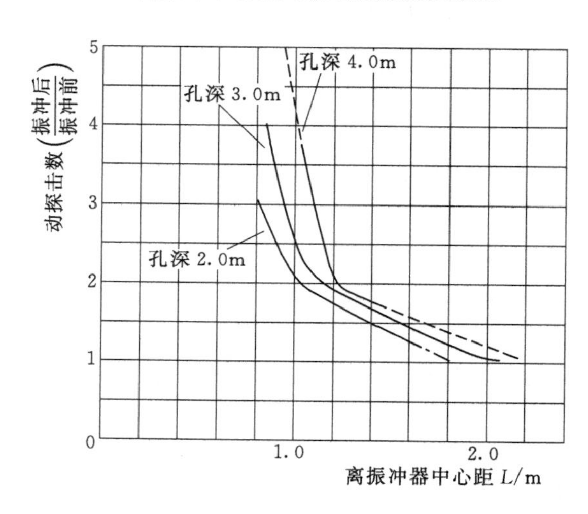


图 2-6 加密效果与振冲中心距关系图

振冲器在土中是一个移动着的点振源，因此，剪胀区、流态区、挤密区不是固定的，随着振冲器移动，剪胀区可以变为流态区、挤密区、弹性区，反之亦然。

研究表明，只有过渡区和挤密区才有显著的挤密效果。过渡区和挤密区的大小不仅取决于砂土的性质（诸如起始相对密实度，颗粒大小、形状和级配，土粒比重，地应力，渗透系数等），还取决于振冲器的性能（诸如振动力，振动频率，振幅，振动历时等）。例如，砂土的起始相对密实度越低，抗剪强度必然越小，砂土结构被破坏所需的振动加速度越小，这样挤密区的范围就越大。由于饱和能降低砂土的抗剪强度，可见水冲不仅有助于振冲器在砂层中贯入，还能扩大挤密区。在实践中会遇到这样的情况，如果水冲的水量不足，振冲器难以进入砂层，其道理就在这里。

一般来说，振动力越大，影响距离就越大。但是过大的振动力，扩大的多半是流态区而不是挤密区。因此，挤密效果不一定随振动力成比例地增加。在振冲器常用的频率范围内，频率越高，产生的流态区越大。所以高频振冲器虽然容易在砂层中贯入，但挤密效果并不理想。

砂体颗粒越细，越容易产生宽广的流态区。由此可见，对粉土或含粉粒较多的粉质砂，振冲挤密的效果很差。缩小流态区的有效措施是向流态区灌入粗砂、砾或碎石等粗粒料。因此，对粉土或粉质砂地基不能用振冲密实法处理，但可用砂桩或振冲桩法处理。

砂体的渗透系数对挤密效果和贯入速率有影响。若渗透系数小于 $10^{-3}$cm/s，不宜用振冲密实法；若大于 1cm/s，施工时由于大量跑水，贯入速率十分缓慢。

振冲器的侧壁都装有一对翅片，翅片的作用是防止振冲器在土体中工作时发生转动。实践表明，在振动时翅片能强烈地冲击过渡区的侧面，从而可以增大挤密效果。但是增加翅片数量，挤密效果不会成比例地增加，它只能起扩大振冲器直径的作用。

群孔振冲比单孔振冲的挤密效果好。例如，用 30kW 振冲器单孔振冲，距离 0.9m 之外的松砂处理后的相对密实度不会超过 70%，但若群孔振冲，在 2.5m 以内的挤密效果可以叠加。试验结果也证实了这点（见表 2-6）。群孔振密试验表明，松砂在外理后的相对密实度普遍在 70%以上，大部分在 80%以上。

**表 2-6　　细砂层用 30kW 振冲器处理后的标准贯入击数表**

| 情况 | 单孔振冲 | | | | 群孔振冲 |
|---|---|---|---|---|---|
| | 离冲点的距离/m | | | | 孔距 2m，排距 1m，三孔之间 |
| | 0.85 | 1.2 | 1.7 | 2.2 | |
| 振冲前 | 6 | 8 | 5 | 8 | 6 |
| 振冲后 | 22 | 15 | 9 | 10 | 27 |
| 增加倍数 | 3.6 | 1.9 | 1.8 | 1.3 | 4.5 |

### 2.2.2　振冲置换加固原理

#### 2.2.2.1　加固机理

（1）应力集中作用（桩柱作用）：对于振冲桩体可以贯穿整个软弱填土层，直达相对硬层，即复合土层与相对硬层接触的情况，复合土层中的桩体在荷载作用下主要起应力集中的作用（桩柱作用）。由于桩体的压缩模量远比软土大，故而通过基础传给复合地基的外加压力随着桩、土的等量变形会逐渐集中到桩上，从而使软土负担的压力相应减少。结果，与原地基相比，复合地基承载力有所增高，压缩性有所减少。

（2）垫层作用：当软弱土层比较厚，桩体不能贯穿整个软弱土层，软弱土层只有部分转变为复合土层，其余部分仍处于天然状态。复合土层主要起垫层作用。振冲桩是依赖周围土体的侧压力保持形状并承担荷载。承重时桩体产生侧向变形。同时，通过侧向变形将应力传递给周围土体。这样振冲桩和周围土体一起组成一个刚度较大的垫层，使由基础荷载引起的附加压力向四周扩散，使应力分布趋于均匀，从而可提高地基整体的承载力，减少沉降量。

（3）排水作用：在黏性土地基特别是含水量高的饱和软黏土中，设置振冲桩，有利于排水固结，提高黏性土的强度。同时，当施加建筑荷载时，地基内产生的超孔隙水压力能比较快地通过振冲桩消散，固结沉降比较快的完成。

由于软黏性土颗粒间具有黏聚性，属非松散土体，加以土的透水性差，土的孔隙水不易排出，故在振冲桩施工中，软土难以振挤密实，改善土体性能的效果不明显。并且由于受振冲置换的振、冲、挤压等剧烈的扰动，桩周围的土体往往会出现超孔隙水压力，土的强度降低明显。但在复合地基完成后，由于黏性土触变性恢复，振冲桩又大大缩短了黏性土的排水路径，使土加速固结，强度提高。某三项工程中制桩前后的十字板抗剪强度变化见表2-7。由表2-7可以看出，在制桩后短时间内原土的天然强度有所削弱，大约降低10%～30%，但经过一段时间后休置，不仅强度会恢复至原值，而且还略有增加。

**表2-7　　制桩前后十字板抗剪强度的变化表**

<table>
<tr><th rowspan="2">工程名称</th><th colspan="4">十字板抗剪强度/kPa</th><th rowspan="2">文献</th></tr>
<tr><th>制桩前</th><th colspan="3">制桩后</th></tr>
<tr><td>浙江炼油厂G233罐</td><td>18.2</td><td>16.3（15）</td><td>20.6（21）</td><td rowspan="3">18.9<br>（52）</td><td>盛崇文，1980</td></tr>
<tr><td>天津大港电厂大水箱</td><td>25.5～36.3</td><td>20.6～32.4<br>（25）</td><td>23.5～39.2<br>（115）</td><td>张志良，1983</td></tr>
<tr><td>塘沽长芦盐场第二化工厂</td><td>20.0</td><td>18.7（0）</td><td>23.3（80）</td><td>方永凯，等，1983</td></tr>
</table>

注　括号内的数字表示制桩后经过的天数。

段光贤和甘德福曾对黏土、粉质黏土的结构在振冲桩处理前后的变化进行了电镜摄片观察，发现土的微观结构大为改善，土的某些不稳定结构改变为稳定的结构、孔隙减少，孔洞明显变小或消失，颗粒变细、级配变佳。因此，在黏性土中施工振冲桩，应间隔一定的时间后方可进行质量检测（一般不少于21d），否则会出现暂时强度降低的假象。虽然振冲桩对软黏性土地基处理后一段时间强度会有一定的提高，但毕竟不像砂类土那样明显。因此，设计时从安全角度考虑，一般不计算振冲桩对黏性土本身性状的改善，仍采用软黏性土原有的物理力学指标。

值得注意的是：振冲桩对高灵敏度的软黏土强度影响较大，但对老黏性土、一般黏性土影响不大。对粉土（$I_p$=3～10）振冲处理后能获得不同程度的加密，强度有明显提高。

（4）抗滑移作用：振冲置换有时还用于提高土坡的抗滑能力。这时桩体的作用就像抗滑桩，可以提高土体的抗剪强度，迫使滑动面向远离坡面、深处转移。

### 2.2.2.2　振冲置换桩破坏机理

振冲桩为散体材料桩，当所负担的荷载过大时，将导致桩体的破坏或整体失稳破坏。其破坏形式一般有桩上部的鼓胀破坏、桩顶部位的剪切破坏和桩整体下沉刺入破坏，桩体破坏形式见图2-7。

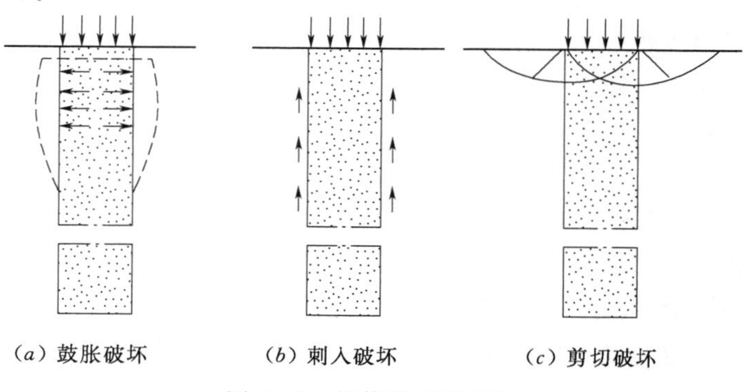

（*a*）鼓胀破坏　　（*b*）刺入破坏　　（*c*）剪切破坏

图2-7　桩体破坏形式图

通常振冲桩入土都具有相当的深度，当桩长入土深度大于临界长度（约4倍桩径），不会产生桩的整体刺入失稳破坏。除非是短桩，而且又未打至相对硬层，此时有可能发生整体刺入破坏。关于桩顶部位的剪切破坏形式，仅可能发生于基础底面积过小、荷载过大，且又缺乏足够大的桩侧边荷载情况下。因此，绝大多数振冲桩的破坏为鼓胀破坏。对于散体材料桩来说，桩身的强度随入土深度的增加而增加。同时，桩间土阻挡桩体鼓胀的抗力也随深度的增加而增大。因此，桩体的上部为易产生桩体鼓胀破坏的部位。Hughes 和 Withers（1974）指出，深度为两个桩径范围内的径向位移比较大，深度超过3个桩径，径向位移几乎可以忽略不计（见图2-8）。因此，目前有关散体材料桩极限承载力的计算理论，都是基于桩体上部鼓胀破坏机制建立的。

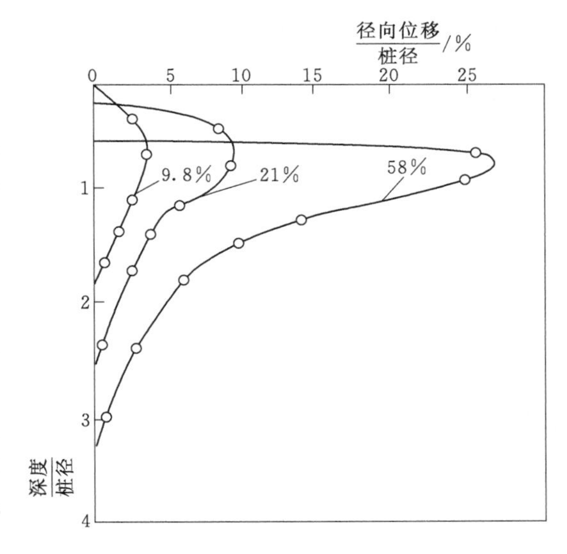


图2-8 桩侧径向位移与深度的关系图

注：9.8%、21%、58%为沉降量与桩径的比值。

## 2.3 振冲法工程设计

振冲法地基处理主要有振冲挤密法和振冲置换法，采用振冲法处理地基，其加固目标涉及的指标一般有：承载力、沉降、稳定性、液化性、固结等。

对于振冲法施工的振冲桩，在初步设计阶段：

（1）一般通过承载力计算，初步确定设计参数，如桩径、桩距、布桩形式等。

（2）通过沉降、稳定性验算进行复核，对不满足的情况，应调整初步设计参数。

（3）对存在下卧软弱层的情况，通过验算，对不满足的情况，应调整初步设计参数。

（4）对于挤密桩有液化处理要求的，通过计算，确定液化判别标准贯入锤击数临界值。

（5）若有固结要求，需计算复合地基的固结度。若初步设计不满足需要，应调整初步设计参数。

无填料振冲挤密主要用于地基预处理，其加固效果主要取决于加固土体颗粒的粗细、黏粒含量以及振冲器的选择。

### 2.3.1 振冲法设计应遵循的规定

根据建筑物地基基础设计等级及长期荷载作用下地基变形对上部结构的影响程度，地基基础设计应符合下列规定：

（1）所有建筑物的地基计算均应满足承载力计算的有关规定。

（2）设计等级为甲级、乙级的建筑物，均应按地基变形设计。

（3）设计等级为丙级的建筑物有下列情况之一时应作变形验算：

1）地基承载力特征值小于130kPa，且体型复杂的建筑。

2）在基础上及其附近有地面堆载或相邻基础荷载差异较大，可能引起地基产生过大的不均匀沉降时。

3）软弱地基上的建筑物存在偏心荷载时。

4）相邻建筑距离近，可能发生倾斜时。

5）地基内有厚度较大或厚薄不均的填土，其自重固结未完成时。

（4）对经常受水平荷载作用的高层建筑、高耸结构和挡土墙等，以及建造在斜坡上或边坡附近的建（构）筑物，尚应验算其稳定性。

振冲法施工的设计在满足上述要求的基础上，对有液化的地基处理，应进行抗液化的设计；对软土地基的振冲处理，应进行固结度设计。

### 2.3.2 振冲法处理的目的

（1）提高承载力。天然地基承载力往往不能满足上部结构（如工民建、坝基等）承重的要求，对于砂土地基，通过振冲挤密处理，提高原土地基承载力，并与桩体联合作用形成复合地基；对于黏性土地基，通过振冲置换处理，桩与桩间土形成复合土体地基，通过参数的设计，以满足设计对复合地基承载力的要求。

经处理后的地基，当按地基承载力确定基础底面积及埋深而需要对地基承载力特征值进行修正时，应符合相关规范要求。

经处理后的地基，当在受力层范围内仍存在软弱下卧层时，应进行软弱下卧层地基承载力验算。

处理后地基的承载力验算，应同时满足轴心荷载和偏心荷载作用的要求。

对松散砂土地基，经振冲挤密处理后的振冲桩复合地基承载力可提高2～4倍，对饱和软黏性土地基，当置换率达到35%～40%时，其复合地基承载力可提高1倍。

（2）控制沉降变形。若地基处理后的变形超过上部结构的允许值，往往会造成严重的后果，如上部结构的开裂、甚至倾覆，因此，沉降变形是设计计算的重要指标。

地基变形特征可分为沉降量、沉降差、倾斜、局部倾斜。《建筑地基基础设计规范》（GB 50007—2011）中规定在计算地基变形时，由于建筑地基不均匀、荷载差异很大、体型复杂等因素引起的地基变形，对于砌体承重结构应由局部倾斜值控制；对于框架结构和单层排架结构应由相邻柱基的沉降差控制；对于多层或高层建筑和高耸结构应由倾斜值控制；必要时尚应控制平均沉降量。

通过振冲挤密，松散砂土地基变形量可减少60%～75%，通过振冲置换，黏性土地基变形量可减少20%～50%。

（3）提高稳定性。复合地基上若具有较大的水平荷载作用，或具有相当高差的土工结构（如岸壁挡土墙、堤坝等），可能产生沿基底的浅层滑动或整体失稳，因此，在计算过程中应进行相应的稳定性验算。

基底浅层滑动的验算。可采用验算建筑结构沿基底水平滑动的方法分析。

整体稳定性验算。复合地基或复合土体下存在软弱土层，且具有水平荷载，或高低差的土工结构，一般还需要验算其整体稳定性。整体稳定性验算可采用圆弧滑动法计算。

若计算结果不满足要求，就需从稳定安全的角度调整设计，或减小桩距，或增加桩长，或扩大处理范围等，视具体情况而定。

(4) 抗液化处理。对具有抗震要求的松砂地基，主要的设计项目是验算它的抗液化能力，需要根据砂的颗粒组成、初始密实度、地下水位、建筑物的设防地震烈度等，计算相应的振冲挤密深度、布孔形式、间距和振挤密实的标准，其中处理深度往往是决定工程量、进度和费用的关键因素，需要根据《建筑抗震设计规范》(GB 50011—2011) 规范进行综合论证。

全部或部分消除地基液化沉陷的抗液化处理应遵循《建筑抗震设计规范》(GB 50011—2010) 以及行业规范的相关规定，如采用振冲加固时，应处理至液化深度下界，桩间土标准贯入锤击数不宜小于液化判别标准贯入锤击数临界值。

经过振冲挤密加固的饱和松散砂土和粉土地基，其相对密实度普遍可达 70%，多数可达 80%。

(5) 加速固结。建筑物下的软土层，透水性都比较差。在荷载的作用下，软土地基中的水难以排出，形成较大的孔隙水压力，将导致地基土的强度降低而产生塑性破坏。通过振冲置换形成的振冲桩及其上铺设的碎石垫层，都是很好的排水通道，可加速软土中孔隙水压力的消散，加快土的固结和强度的提高，避免地基的塑性破坏，以利于尽早开展后继工程的修筑。

### 2.3.3 振冲法设计的依据

一个好的复合地基设计既要满足工程要求，又要满足安全、经济与合理的要求。因此设计者要充分掌握设计资料，合理确定计算依据。设计依据包括如下内容。

(1) 建设场地岩土工程勘察报告、钻孔剖面图及土的物理力学性质指标等。主要包括各土层层厚及高程，地下水位，土的重度、含水率、塑限、液限、稠度、压缩模量及竖向、径向固结系数，十字板强度与各种典型排水条件下土的黏聚力和内摩擦角，以及各土层的承载力特征值等。由此判断采用振冲法复合地基的可行性，难易程度，需注意的问题以及经济、技术合理性。

(2) 有关建筑物的资料与要求。工程等级、建(构)筑物级别、基础形式、建筑物的平面布置图、荷载大小、建(构)筑物荷载及抗震设防等级。

(3) 复合地基承载力、沉降量与不均匀沉降量、液化势以及地基稳定性抗剪强度指标的设计要求。

(4) 调查邻近建筑、地下工程、周边道路及有关管线等情况。

(5) 了解施工场地的周边环境情况。

(6) 已完成振冲试桩的试桩报告。

(7) 相关规范。包括:《建筑地基基础设计规范》(GB 50007);《建筑抗震设计规范》(GB 50011);《岩土工程勘察规范》(GB 50021);《水力发电工程地质勘察规范》(GB 50287);《水利水电工程地质勘察规范》(GB 50487);《水电工程水工建筑物抗震设计规范》(NB 35047);《建筑地基处理规范》(JGJ 79—2012);《水电水利工程振冲法地基处理技术规范》(DL/T 5214)。

以及其他相关规程、规范。

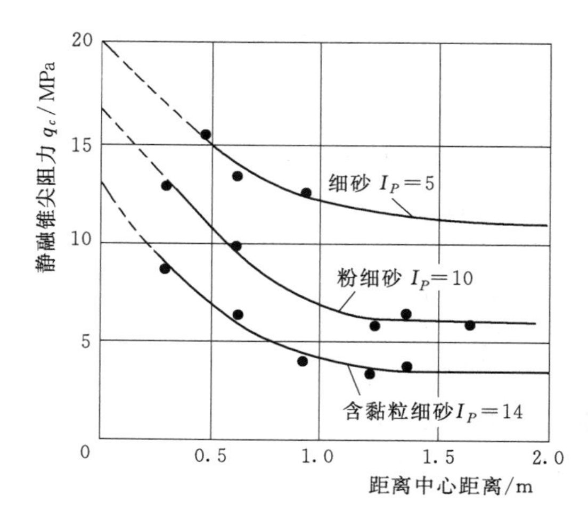


图 2-9 黏粒含量对加密效果的影响曲线图

### 2.3.4 振冲桩复合地基设计

根据振冲技术加固原理的不同，振冲桩可分为振冲挤密成桩和振冲置换成桩。

#### 2.3.4.1 适用土层

（1）振冲挤密适用土层。振冲挤密的土类一般为无黏聚性的砂类土及碎（卵）石土，黏粒含量对加密效果的影响见图 2-9。随着砂中黏粒含量的增加，砂土加密效果降低，影响范围减小，因此若采用振冲挤密，一般黏粒含量应控制在 10%以下。

国外可加密地基土颗粒级配范围见图 2-10，各家有所差异，可能与各自所使用的振冲器的性能、加密工艺和加密要求不同有关。

Mitchell（1970）基于工程实践［图 2-10（$c$）］，给出适宜振冲挤密土类的颗粒级配曲线范围，并根据统计结果指出，振挤密实的砂基其密实度都可达到 70%以上，一般能超过 75%。图中划分有 A、B、C 三个区域，级配曲线全部位于 B 区的土类挤密效果最好；若砂层中夹有黏土薄层或含有机质或者细粒较多，振挤密实的效果将降低。级配曲线全部位于 C 区的土类则难以振密。若土的级配曲线主要部分位于 B 区，其他位于 C 区，也可采用振冲密实法加密。级配曲线位于 A 区的砾石、紧砂、胶结砂或地下水位过深，有碍振冲器贯入的速率，影响振冲密实法的经济效益，应慎重考虑和分析，以决定所采用的加固措施。但随着社会的进步，新设备的研发，振冲器的功率越来越大，贯入能力越来越强，加密土的粒径上限也大幅扩大，甚至可以加密碎（卵）石、漂石。

图 2-10 中给出可加密颗粒粒径上限都比较小，由于大功率振冲器的出现，如我国研制的 75kW 振冲器，加密土的粒径上限可大幅度扩大，甚至可以将碎（卵）石、漂石加密，碎（卵）石土地基加密见图 2-11。实际上可加密土的粒径上限取决于振冲器的造孔能力，只要振冲器能贯入到粗颗粒地层中，采用回填粒料总可以将其振挤密实。

（2）振冲置换适用土层。黏性土的性质差异较大，能否利用振冲置换法加固，首先要对地基土的物理力学性质有详细的了解。

1）粉土（$I_P \leqslant 10$），性质介于砂土和黏性土之间。土颗粒细，振冲时液化大，造成振冲桩直径大（可达 1100mm 以上），强度较高，可达 700～900kPa 或更高。加固以后的复合地基承载力特征值一般可达 300kPa。

2）一般黏性土（指第四纪全新世形成的黏性土 $I_P > 10$，$f_k \geqslant 100$kPa），采用振冲法一般不会使地基土明显加密，但也不会造成强度降低，加固效果主要取决于振冲桩的强度和置换率。

3）软黏土（$f_k < 100$kPa），强度低，含水量大，在振动应力作用下，土的强度会暂时性降低。特别当不排水抗剪强度小于 20kPa 时，采用振冲法加固需要慎重。

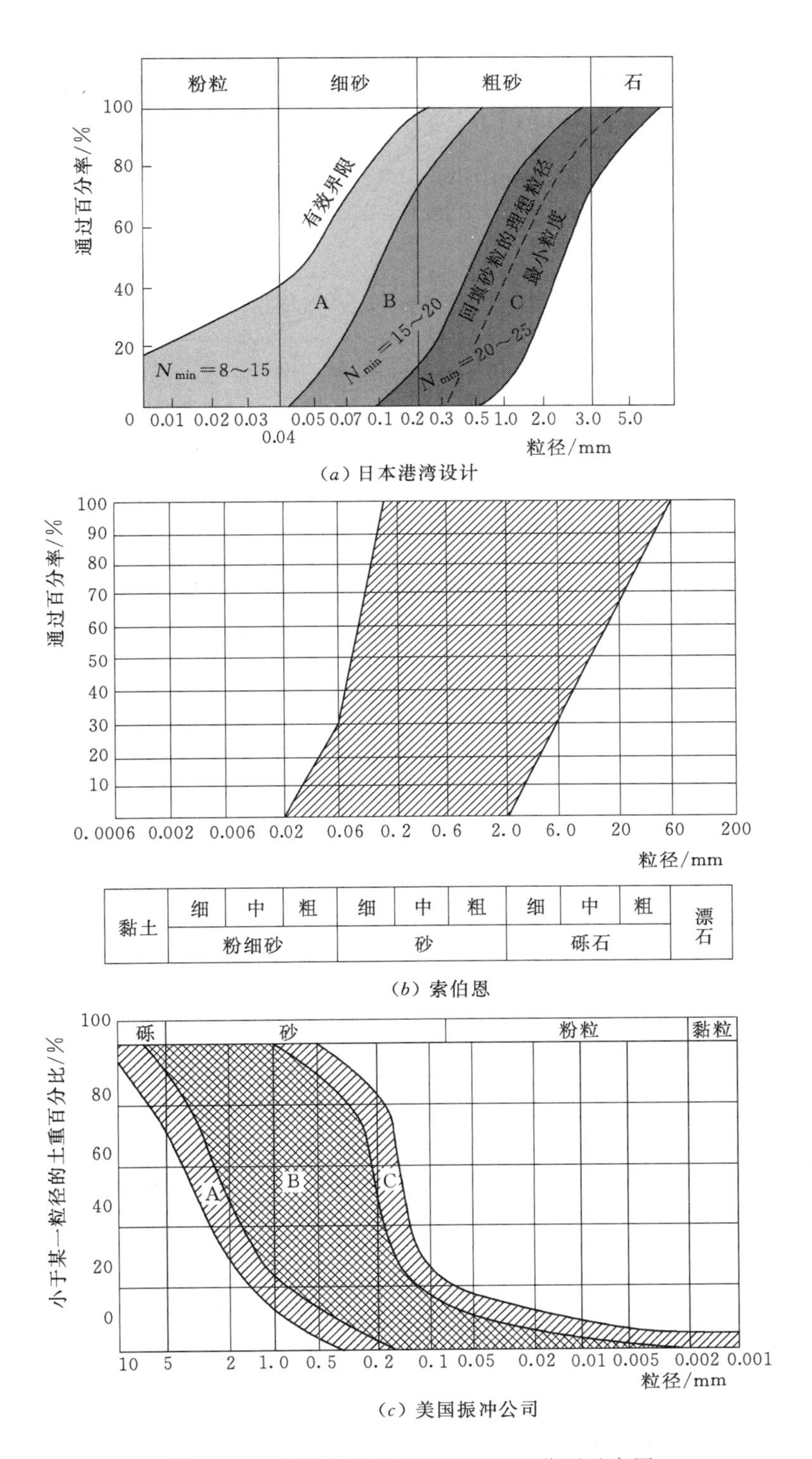


(a) 日本港湾设计

(b) 索伯恩

(c) 美国振冲公司

图 2-10　振冲加密地基土颗粒级配范围示意图

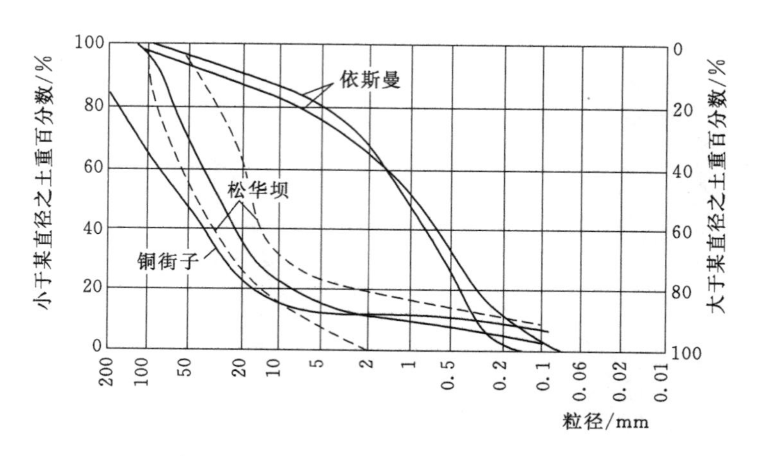

图 2-11　碎（卵）石土地基加密曲线图

#### 2.3.4.2　承载力计算

##### 2.3.4.2.1　单桩承载力的确定

对于单桩承载力，应经过现场原位测试的方法进行确定，对于不需要或无法通过现场原位测试进行确定的，可通过理论计算以及工程类比进行预估。

（1）单桩极限承载力理论计算法。此种方法适用于振冲置换的单桩承载力预估。

荷载作用下散体材料桩桩体发生鼓胀破坏时，桩周土则进入塑性状态，或极限平衡状态，故可由桩间土的侧向极限约束应力，按三轴压缩试验的极限受力情况，亦即轴对称平面应变极限状态计算单桩的极限承载力。其表达式为

$$f_{pu}=P_{pf}=\sigma_{ru}K_{pp} \tag{2-1}$$

式中　$f_{pu}$——单桩的极限承载力，kPa；

$P_{pf}$——极限状态下的荷载，kPa；

$\sigma_{ru}$——桩间土的侧向极限应力，kPa；

$K_{pp}$——桩体材料的被动土压力系数，$K_{pp}=\tan^2(45°+\varphi_p/2)$，$\varphi_p$ 为桩材料的内摩擦角，(°)。

至此，问题就归结为如何合理的计算桩侧土的极限侧向应力 $\sigma_{ru}$。

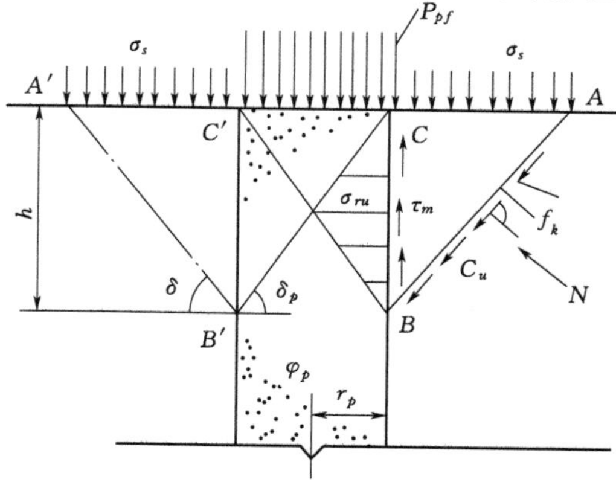

图 2-12　Brauns 法计算模式图

1）Brauns 计算法。Brauns（1978）认为桩体于荷载作用下产生鼓胀变形，致使桩周土达被动极限平衡状态，Brauns 法计算模式见图 2-12。并假设：

A. 桩上端鼓胀破坏段长度等于 $2r_p\tan\delta_p$，其中 $r_p$ 为桩体半径，$\delta_p=45°+\frac{\varphi_p}{2}$，$\varphi_p$ 为桩材料的内摩擦角；桩材内摩擦角用碎石做桩体，碎石的内摩擦角 $\varphi_p$ 一般采用 35°～45°，多数采用 38°；但德国的一些著名施工单位也有采用高达 42°的

(Besancon，等，1984）。一般不考虑黏聚力。我国学者认为对粒径较小（≤50mm）的碎石并且原土为黏性土，$\varphi_p$ 可采用 38°；对粒径较大（≤100mm）的碎石并且原土为粉质土，$\varphi_p$ 可采用 42 °；对卵石或砂卵石可采用 38°。

B. 桩周土与桩体间的摩擦力 $\tau_m=0$，极限平衡土棱体中环向应力 $\sigma_0=0$。

C. 不计地基土和桩体的自重。再根据桩周土破坏棱体上作用力的极限平衡，求得桩周土侧向极限应 $\sigma_{ru}$ 为

$$\sigma_{ru}=\left(\sigma_s+\frac{2C_u}{\sin 2\delta}\right)\left(\frac{\tan\delta_p}{\tan\delta}+1\right) \tag{2-2}$$

式中 $C_u$——桩间土不排水抗剪强度。不排水抗剪强度 $C_u$ 这个指标不仅可用来判断本加固方法能否适用，还可用来初步选定桩的间距，预估施工的难易程度以及加固后可能达到的承载力。有条件时，宜用十字板剪切试验测定不排水抗剪强度，其值以 $S_v$ 表示；

$\delta$——滑动面与水平面的夹角，(°)；

$\sigma_s$——桩周土表面荷载，kPa；

其他符号意义同前。

将式（2-2）代入式（2-1）即获得该单桩的极限承载力的表达式为

$$f_{pu}=\sigma_{ru}K_{pp}=\left(\sigma_s+\frac{2C_u}{\sin 2\delta}\right)\left(\frac{\tan\delta_p}{\tan\delta}+1\right)\tan^2\delta_p \tag{2-3}$$

其中 $\delta$ 由式（2-4）、式（2-5）试算求出。

$\sigma_s\neq 0$：

$$\frac{\sigma_s}{2C_u}\tan\delta_p=-\frac{\tan\delta}{\tan 2\delta}-\frac{\tan\delta_p}{\tan 2\delta}-\frac{\tan\delta_p}{\sin 2\delta} \tag{2-4}$$

$\sigma_s=0$：

$$\tan\delta_p=\frac{1}{2}\tan\delta(\tan^2\delta-1) \tag{2-5}$$

碎石的内摩擦角 $\varphi_p$ 一般采用 35°～45°。现假定 $\varphi_p=38°$，用试算法解式（2-5）得 $\delta=61°$，代入式（2-2）得

$$f_{pu}=20.8C_u$$

2）Hughes 和 Withers 计算法。Hughes 和 Withers（1974）基于极限平衡的分析，提出桩间土侧向极限应力由式（2-6）计算：

$$\sigma_{ru}=P'_0+u_0+4C_u \tag{2-6}$$

式中 $P'_0$——桩间土的初始有效应力，kPa；

$u_0$——桩间土的初始超孔隙水压力，kPa。

并根据原型观测资料分析，认为 $P'_0+u_0=2C_u$，于是散体材料桩极限承载力表达式（2-7）为

$$f_{pu}=6C_u\tan^2\left(45°+\frac{\varphi_p}{2}\right) \tag{2-7}$$

令碎石的内摩擦角 $\varphi_p=38°$，则式（2-7）可简化为

$$f_{pu}=25.2C_u \tag{2-8}$$

3）Wong H. Y 计算法。Wong H. Y 计算法（1975）认为桩周土的侧向极限应力即为鼓胀区土的被动土压力。只是在计算被动土压时，同样不计桩体和土体自重应力的作用，

故单桩极限承载力的计算式（2－9）为

$$f_{pu}=(K_{ps}\sigma_s+2C_u\ \sqrt{K_{ps}})\tan^2\left(45°+\frac{\varphi_p}{2}\right) \quad (2-9)$$

式中　$K_{ps}$——桩间土的被动土压力系数，$K_{ps}=\tan^2$（$45°+\varphi_s/2$），$\varphi_s$ 为桩间土的内摩擦角，(°)。

4）被动土压力法。被动土压力法为考虑了桩周土自重应力 $\gamma Z$ 的被动土压力作为桩周土的极限侧向应力，由此求得桩极限承载力的表达式（2－10）为

$$f_{pu}=[(\gamma Z+\sigma_s)K_{ps}+2C_u\ \sqrt{K_{ps}}]K_{pp} \quad (2-10)$$

式中　$\gamma$——桩周土的重度，$kN/m^3$；

$Z$——桩鼓胀的深度，m。

5）圆筒形孔扩张理论计算法。该法基于 Vesic 圆孔扩张理论求解单桩侧向极限应力 $\sigma_{ru}$。土体在圆孔扩张力作用下，桩周土体由弹性变形状态逐步进入塑性变形状态，随着荷载的增大，土的塑性区不断发展。极限状态时，圆孔扩张压力 $P_u$，即为桩周侧向极限应力 $\sigma_{ru}$。最后可以分别推导获得 $\varphi_s=0$ 或 $\varphi_s\neq0$ 时散体材料桩的极限承载力为

$$f_{pu}=\sigma_{ru}K_{pp}=P_uK_{pp}=C_u(\ln I_r+1)\tan^2\left(45°+\frac{\varphi_p}{2}\right) \quad (2-11)$$

$$f_{pu}=\{(q+C_s\cot\varphi_s)(1+\sin\varphi_s)[I_{rr}\sec\varphi_s]^{\frac{\sin\varphi_s}{1+\sin\varphi_s}}-C_s\cot\varphi_s\}\tan^2\left(45°+\frac{\varphi_p}{2}\right) \quad (2-12)$$

式中　$C_s$——桩间土的黏聚力，kPa；

$\varphi_s$——桩间土的内摩擦角，(°)；

$I_r$、$I_{rr}$——桩间土的刚度指标与修正刚度指标；

$q$——桩间土中的初始应力，kPa；

$P_u$——极限状态时，圆孔的扩张压力，kPa；

其他符号意义同前。

（2）原位测试的方法。原位测试对振冲挤密和振冲置换均适用。载荷试验能较为直接的测试单桩承载力，采用重型圆锥动力触探 $N_{63.5}$ 和超重型圆锥动力触探 $N_{120}$ 测试可通过击数和承载力的关系间接推算得出单桩承载力。

1）载荷试验。《水电水利工程振冲法地基处理技术规范》（DL/T 5214）提出的单桩载荷试验，单桩承载力特征值应按下述方法确定：

A. 当压力-沉降曲线上极限荷载能确定，而其值不小于对应比例界限的 2.0 倍时，可取比例界限；当其值小于对应比例界限的 2.0 倍时，可取极限荷载的一半。

B. 当压力-沉降曲线是平缓的光滑曲线时，按相对变形值确定：

a. 相对变形值等于承压板沉降量与承压板宽度或直径（当承压板宽度或直径大于 2.0m 时，可按 2.0m 计算）的比值。

b. 当地基土以黏性土、粉土为主时，可取相对变形值等于 0.015 所对应的压力；当地基土以砂土为主时，可取相对变形值等于 0.01 所对应的压力。

c. 对有经验的地区，也可按当地经验确定相对变形值。

d. 按相对变形值确定的承载力特征值不应大于最大加载压力的一半。

2）用重型圆锥动力触探 $N_{63.5}$ 预估。《建筑地基基础设计规范》（GB 50007—2011）中提到，重型圆锥动力触探在我国已有近 50 年的应用经验，各地积累了大量资料。铁道部第二设计院通过筛选，采用了 59 组对比数据，包括卵石、碎石、圆砾、角砾，分布在四川、广西、辽宁、甘肃等地，经对 $N_{63.5}$ 数据修正，统计分析了 $N_{63.5}$ 与地基承载力关系见表 2-8。

**表 2-8　$N_{63.5}$ 与承载力关系表**

| $N_{63.5}$ | 3 | 4 | 5 | 6 | 8 | 10 | 12 | 14 | 16 |
|---|---|---|---|---|---|---|---|---|---|
| $\sigma_0$/kPa | 140 | 170 | 200 | 240 | 320 | 400 | 480 | 540 | 600 |
| $N_{63.5}$ | 18 | 20 | 22 | 24 | 26 | 28 | 30 | 35 | 40 |
| $\sigma_0$/kPa | 660 | 720 | 780 | 830 | 870 | 900 | 930 | 970 | 1000 |

注　1. 适用的深度范围为 1～20m。
2. 表内的 $N_{63.5}$ 为经修正后的平均击数。

采用重型圆锥动力触探预估承载力时，也可按《岩土工程治理手册》中由北京勘测设计研究院提供的标贯锤击数与重（Ⅱ）型动力触探锤击数之间经验公式，将重型圆锥动力触探击数，转换为标贯锤击数，再按标贯锤击数预估承载力：

$$N=0.4+0.516N_{63.5} \tag{2-13}$$

式中　$N$——标贯锤击数；

$N_{63.5}$——30cm 重（Ⅱ）型动力触探锤击数。

3）用超重型圆锥动力触探 $N_{120}$ 预估。对于不能采用重型圆锥动力触探 $N_{63.5}$ 进行试验的碎石土，桩间土承载力及单桩承载力可按超重型圆锥动力触探所取得的 $N_{120}$ 预估地基承载力的方式进行借鉴。

《成都地区建筑地基基础设计规范》（DB51/T 5026—2001）利用 $N_{120}$ 评价卵石土的极限承载力标准值（见表 2-9）。

**表 2-9　$N_{120}$ 与承载力的关系表**

| $N_{120}$ | 4 | 5 | 6 | 7 | 8 | 9 | 10 | 12 | 14 | 16 | 18 | 20 |
|---|---|---|---|---|---|---|---|---|---|---|---|---|
| $f_{uk}$/kPa | 700 | 860 | 1000 | 1160 | 1340 | 1500 | 1640 | 1800 | 1950 | 2040 | 2140 | 2200 |

注　$N_{120}$ 值经过触杆长度修正；$f_{uk}$ 为极限承载力标准值。

（3）工程类比法。何广讷在《振冲碎石桩复合地基》文中提到，桩身承载力特征值 $f_{pk}$ 与振冲器型号和地基土的性质有关，经验数据见表 2-10。

**表 2-10　桩身强度的经验数据表**　单位：kPa

| 30kW 振冲器 | | | 75kW 振冲器 | | |
|---|---|---|---|---|---|
| 软黏土 | 一般黏土 | 粉质黏土 | 软黏土 | 一般黏土 | 粉质黏土 |
| 300～400 | 400～500 | 500～700 | 400～500 | 500～600 | 600～900 |

基于工程中大量桩体实测资料的统计分析，在黏土中振冲桩桩体强度一般为 400～700kPa，在砂土中振冲桩桩体强度一般为 500～900kPa。对于采用振冲桩作为地基排水通道、提高加荷过程中地基稳定性为主要设计要求的淤泥、淤泥质土等软土地基，振冲桩体

强度取值范围 250～380kPa。

**2.3.4.2.2** 桩间土承载力的确定

对于振冲置换，桩间土一般为粉土、黏土，属非可加密土，桩间土承载力采用天然地基承载力特征值。

对于振冲挤密，桩间土一般为砂土及碎（卵）石，属可加密土，施工后桩间土承载力有明显的提高，通过大量试验，振冲桩施工后，松散的粉砂、细砂、中粗砂地基的承载力特征值可分别提高到 150kPa、200kPa、250kPa。由于地质条件的复杂性，桩间土承载力应通过下述原位试验的方法进行估算。

（1）载荷试验。桩间土承载力特征值应按勘察规范中载荷试验的方法及相关条款进行确定。

（2）用标准贯入法预估。对于可采用标准贯入法进行试验的粉砂、细砂、中粗砂地基或填料的桩体，可按以下相关经验公式进行估算。

1）国内关于标准贯入锤击数 $N$ 与砂土承载力 $f_k$ 的关系。

A. 铁道部第三勘察设计院。

对粉细砂：

$$f_k=-212+222N^{0.3} \tag{2-14}$$

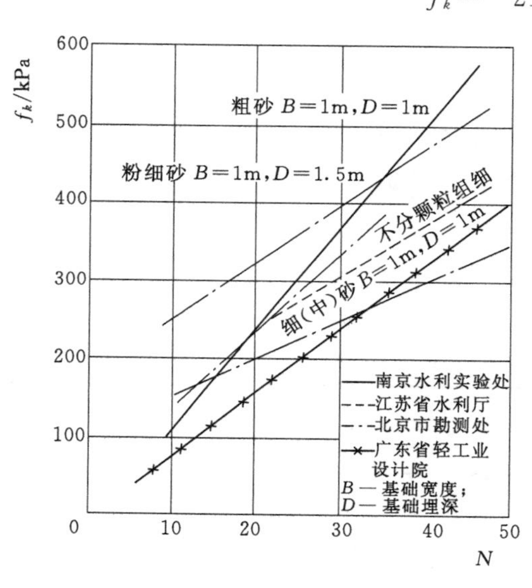


图 2-13　砂土的 $N$ 与 $f_k$ 关系曲线图

对中、粗砂：

$$f_k=-803+850N^{0.1} \tag{2-15}$$

B. 纺织工业部设计院。

对细、中砂：

$$f_k=105+10N \tag{2-16}$$

式中　$N$——校正后的标准贯入击数；

$f_k$——地基承载力标准值，kPa。

C. 承载力关系曲线。国内多家设计单位总结的砂土的 $N$ 与 $f_k$ 关系曲线见图 2-13。

2）国外相关经验公式。

A. Peck、Hanson 和 Tgornburn（1953）的计算公式：

当 $D_w \geqslant B$ 时：

$$f_k=S_a(1.36\overline{N}-3)\left(\frac{B+0.3}{2B}\right)^2+\gamma_1 D \tag{2-17}$$

当 $D_w<B$ 时：

$$f_k=S_a(1.36\overline{N}-3)\left(\frac{B+0.3}{2B}\right)^2\left(0.5+\frac{D_w}{2B}\right)+\gamma_1 D \tag{2-18}$$

式中　$D_w$——地下水离基础底面的距离，m；

$f_k$——地基承载力标准值，kPa；

$S_a$——允许沉降，cm；

$\overline{N}$——地基土标准贯入锤击数的平均值；

$B$——基础短边宽度，m；

$D$——基础埋置深度，m；

$\gamma_1$——基础底面以上土的重度，kN/m³。

B. Peck 和 Terzaghi 的干砂极限承载力公式。

条形、矩形基础：

$$f_u=\gamma(DN_D+0.5BN_B) \tag{2-19}$$

方形、圆形基础：

$$f_u=\gamma(DN_D+0.4BN_B) \tag{2-20}$$

式中 $f_u$——极限承载力，kPa；

$D$——基础埋置深度，m；

$B$——基础宽度，m；

$\gamma$——土的重度，kN/m³；

$N_D$、$N_B$——承载力系数，取决于砂的内摩擦角 $\varphi$。

标准贯入锤击数 $N$ 与 $\varphi$、$N_D$、$N_B$ 的关系（见图 2-14）。

C. 美国 Peck（1953）的砂土承载力图解法。当安全系数 $K=3$，砂土重度 $\gamma=16\text{kN/m}^3$，地下水位从基础底面算起的深度大于基础宽度时，砂土承载力可从图 2-15（$a$）和图 2-15（$b$）求得，当基础埋置深度 $D=0$ 时，可用图 2-15（$a$），当基础埋置深度 $D\neq0$ 时，则将图 215（$a$）的值再加上图 2-15（$b$）的值，即为砂土承载力值。

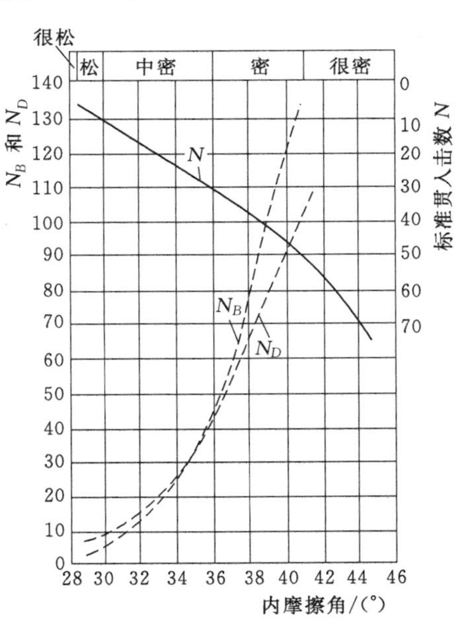


图 2-14 内摩擦角、承载力系数和锤击数 $N$ 值的关系图

当砂土重度不同时，则相应地将图 2-15 的结果分别按比例修正。当地下水位接近或高于基础底平面时，则由图 2-15 得出的砂土承载力应除以 2；如果地下水位低于基础底面，但从基础底面算起的深度小于基础宽度时，承载力可按地下水位深度用插入法确定。

(3) 用重型圆锥动力触探 $N_{63.5}$ 和超重型圆锥动力触探 $N_{120}$ 预估。对于不能采用标准贯入法进行试验的碎石土，桩间土承载力可按重型圆锥动力触探所取得的 $N_{63.5}$ 预估，方法同单桩承载力的预估。

(4) 用砂土相对密实度预估。通过环刀试验等测试方法，测试桩间土的相对密实度，再通过相关公式进一步推算桩间土承载力特征值。

1) 国内相关经验。《建筑抗震设计规范》(GB 50011—2010) 提出了砂土密实度与标准贯入击数的关系用式 (2-21) 计算，通过求得标准贯入击数，再预估承载力。

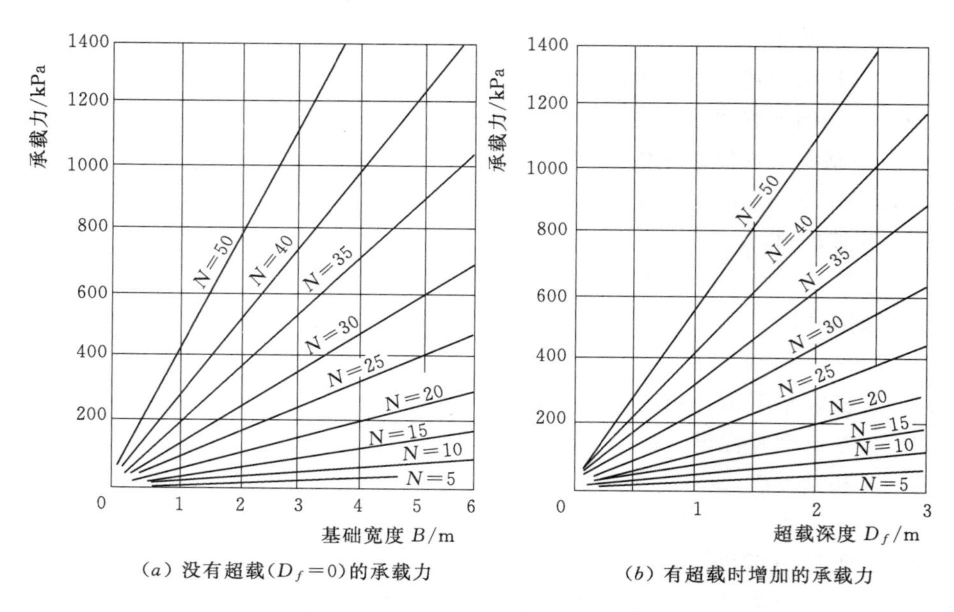


图 2-15　砂土地基的承载力曲线图

$$D_r=\left(\frac{N}{0.23\sigma_v'+16}\right)^{0.5} \tag{2-21}$$

式中　$D_r$——砂土相对密实度,%;

$N$——标准贯入试验锤击数;

$\sigma_v'$——有效上覆土自重压力,kPa。

2）国外经验。

A. 美国 Gibbs 和 Holtz 关系曲线。美国 Gibbs 和 Holtz（1957）根据室内试验结果，得出标准贯入试验锤击数与砂土自重压力（上覆压力）和相对密实度的关系曲线（见图 2-16）。

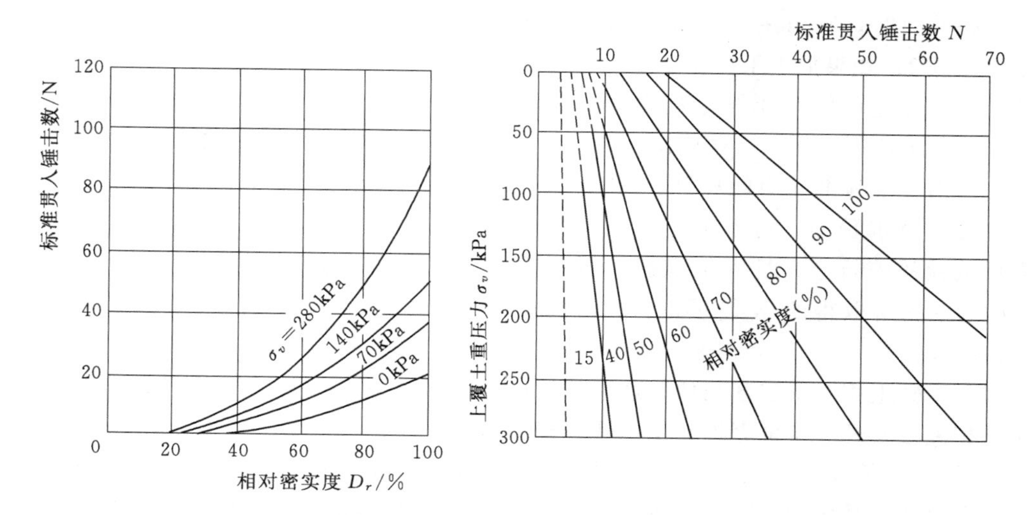


图 2-16　标准贯入试验锤击数与砂土密实度和上覆土自重压力的关系图

B. Meyerhof 经验公式。Meyerhof 根据 Gibbs 和 Holtz 的试验结果，整理得到式（2－22）：

$$D_r = 2.10\sqrt{\frac{N}{\sigma'_v + 70}} \tag{2-22}$$

式中 $D_r$——砂土相对密实度，%；

$N$——标准贯入试验锤击数；

$\sigma'_v$——有效上覆土自重压力，kPa。

由此，对于挤密后的砂土地基，可根据相对密实度及上覆土自重压力，查出标准贯入锤击数，进而推算出桩间土的承载力。

**2.3.4.2.3** 振冲桩复合地基承载力的计算

（1）通过复合地基载荷试验确定。荷载试验法是目前被认为最可靠、最实际的计算复合地基承载力的方法。复合地基荷载试验包括单桩复合地基荷载试验与多桩复合地基荷载试验。

多桩复合地基荷载试验，对网格形布桩的复合地基，是采用大面积的正方形或矩形预制或现浇的钢筋混凝土承压板进行试验。通常正方形压板的面积为 4 根桩及其所加固的面积，矩形压板多为 2 根桩及其所加固的面积。对于三角形布桩的复合地基，一般采用矩形压板下压 2～5 根桩及其加固的面积。多桩复合地基的荷载试验的桩数越多，压板面积也越大，更能反映复合地基受荷的工作特性，所获得的结果更为真实、可靠。但随着压板面积的增大，在同样的地基承载力要求下，施加的总荷载也将随之剧增，操作困难、安全风险大，试验成本高，故仅对于重要的大型的建筑，且地基条件复杂的情况下考虑多桩复合地基荷载试验。

大量试验资料表明，根据单桩和桩间土的载荷试验成果，按式（2－23）计算得到的复合地基承载力要比由复合地基载荷试验确定的承载力稍低，其主要原因是单桩载荷试验桩的周围无超载或不能反映群桩效应等。因此，依据单桩载荷试验确定单桩承载力后，按式（2－23）计算复合地基承载力是安全的。

除载荷试验外，《水电水利工程振冲法地基处理技术规范》（DL/T 5214）对振冲复合地基承载力特征值提出了如下计算方法。

（2）根据单桩载荷试验和桩间土的试验成果按式（2－23）、式（2－24）计算确定：

$$f_{spk} = mf_{pk} + (1-m)f_{sk} \tag{2-23}$$

$$m = \frac{d^2}{d_e^2} \tag{2-24}$$

式中 $f_{spk}$——复合地基承载力特征值，kPa；

$f_{pk}$——桩体承载力特征值，kPa；

$f_{sk}$——桩间土承载力特征值，kPa；

$m$——面积置换率；

$d$——桩长范围内的平均桩径，m；

$d_e$——单桩等效影响圆直径，m，对于等边三角形布桩 $d_e = 1.05s$，对于正方形布桩 $d_e = 1.13s$，对于矩形布桩 $d_e = 1.13\sqrt{s_1 s_2}$。

其中 $s$、$s_1$、$s_2$ 分别为桩的间距、纵向间距、横向间距，单位为 m。

(3) 对于 3 级及 3 级以下的建（构）筑物，当无载荷试验资料时可按式（2－25）计算确定：

$$f_{spk}=[1+m(n-1)]f_{sk} \tag{2-25}$$

式中 $f_{sk}$——桩间土承载力特征值，对于非可加密土，取其天然地基承载力特征值；对于可加密土，取其加密后的地基承载力特征值，kPa；

$n$——桩土应力比，无实测资料时取 2～4，桩间土强度低时取大值、高时取小值。

通过总结 1989 年以来多项工程试验检测结果得出，实测的桩土应力比多为 2～6（见表 2－11）。

**表 2－11　实测桩土应力比表**

| 序号 | 工程名称 | 主要土层 | $n$ | |
|---|---|---|---|---|
| | | | 范围 | 均值 |
| 1 | 北京昌平区东关社区服务中心 | 中粗砂 | 2.4～2.7 | 2.6 |
| 2 | 北京怡海花园 | 粉土 | 4.0～6.5 | 5.4 |
| 3 | 山东菏泽电厂 | 粉土 | 1.9～2.1 | 2.0 |
| 4 | 北京京通小区 | 粉质黏土 | 5.3～6.5 | 5.8 |
| 5 | 山东胜利油田发电厂二期工程 | 粉质黏土、粉土 | 2.9～4.4 | 3.6 |
| 6 | 大连凯伦国际俱乐部 | 粉质黏土 | 3.8～4.8 | 4.4 |
| 7 | 河北西柏坡电厂三期工程 | 粉土 | | 3.8 |
| 8 | 河南永城电厂一期工程 | 粉质黏土、粉土 | 2.6～3.6 | 2.9 |
| 9 | 唐山电厂技改工程 | 粉土 | 2.3～3.2 | 2.9 |

考虑到我国不同区域建设场地工程地质条件的复杂性，因此《水电水利工程振冲法地基处理技术规范》（DL/T 5214—2016）中规定桩土应力比取 2～4，对有足够经验积累的地区可根据经验取值。

(4) 地基承载力的修正。

1) 天然地基的承载力深宽修正。当基础宽度大于 3m 或埋置深度大于 0.5m 时，从载荷试验或其他原位测试、经验值等方法确定的地基承载力特征值，尚应按式（2－26）修正：

$$f_a=f_{ak}+\eta_b\gamma(B-3)+\eta_d\gamma_m(D-0.5) \tag{2-26}$$

式中 $f_a$——修正后的地基承载力特征值，kPa；

$f_{ak}$——地基承载力特征值，kPa；

$\eta_b$、$\eta_d$——基础宽度和埋置深度的地基承载力修正系数，按基底下土的类别见表 2－12 取值；

$\gamma$——基础底面以下土的重度，$kN/m^3$，地下水位以下取浮重度；

$B$——基础底面宽度，m，当基础底面宽度小于 3m 时按 3m 取值，大于 6m 时按 6m 取值；

$\gamma_m$——基础底面以上土的加权平均重度，$kN/m^3$，位于地下水位以下的土层取有效重度；

$D$——基础埋置深度，m。宜自室外地面标高算起。在填方整平地区，可自填土地面标高算起，但填土在上部结构施工后完成时，应从天然地面标高算起。对于地下室，当采用箱形基础或筏基时，基础埋置深度自室外地面标高算起；当采用独立基础或条形基础时，应从室内地面标高算起。

**表 2－12　　承载力修正系数**

| 土的类别 | | $\eta_b$ | $\eta_d$ |
|---|---|---|---|
| 淤泥和淤泥质土 | | 0 | 1.0 |
| 人工填土<br>$e$ 或 $I_L \geqslant 0.85$ 的黏性土 | | 0 | 1.0 |
| 红黏土 | 含水比 $a_w > 0.8$ | 0 | 1.2 |
| | 含水比 $a_w \leqslant 0.8$ | 0.15 | 1.4 |
| 大面积压实填土 | 压实系数大于 0.95、黏粒含量 $p_c \geqslant 10\%$ 的粉土 | 0 | 1.5 |
| | 最大干密度大于 $2100\text{kg/m}^3$ 的级配砂石 | 0 | 2.0 |
| 粉土 | 黏粒含量 $p_c \geqslant 10\%$ 的粉土 | 0.30 | 1.5 |
| | 黏粒含量 $p_c < 10\%$ 的粉土 | 0.50 | 2.0 |
| $e$ 及 $I_L$ 均小于 0.85 的黏性土 | | 0.30 | 1.6 |
| 粉砂、细砂（不包括很湿与饱和时的稍密状态） | | 2.00 | 3.0 |
| 中砂、粗砂、砾砂和碎石土 | | 3.00 | 4.4 |

注　1. 强风化和全风化的岩石，可参照所风化成的相应土类取值，其他状态下的岩石不修正；
2. 地基承载力特征值按《建筑地基基础设计规范》（GB 50007—2011）附录 D 深层平板载荷试验确定时 $\eta_d$ 取 0；
3. 含水比是指土的天然含水量与液限的比值；
4. 大面积压实填土是指填土范围大于两倍基础宽度的填土。

2）振冲桩复合地基承载力特征值的修正。经地基处理后的复合地基，《水电水利工程振冲法地基处理技术规范》（DL/T 5214—2016）中规定振冲桩复合地基承载力特征值应按式（2－27）进行埋深修正：

$$f_{spa} = f_{spk} + \eta_d \gamma_m (D - 0.5) \tag{2-27}$$

式中　$f_{spa}$——修正后的复合地基承载力特征值，kPa；

$f_{spk}$——复合地基承载力特征值，kPa；

$\eta_d$——基础埋深的地基承载力修正系数，根据基底土类别按下列经验值确定：淤泥和淤泥质土、人工填土 $\eta_d = 1.0$；孔隙比 $e$ 及液性指数 $I_L$ 均小于 0.85 的黏性土 $\eta_d = 1.3$；粉砂、细砂、粉土 $\eta_d = 1.5$；中砂、粗砂、砾砂及碎石土 $\eta_d = 2.0$；

$\gamma_m$——基础底面以上土的加权平均重度（地下水位以下取浮重度），$\text{kN/m}^3$；

$D$——基础埋深，在填方整平地区，可自填土地面标高算起，但填土在上部结构施工后完成时，应从天然地面标高算起，m。

下面就复合地基承载力计算给出 3 道算例。

**【算例 2－1】**

某振冲桩复合地基，桩直径 1.1m，桩长 10m，按正三角形布置，桩距 2.2m，已知桩间土为粉质黏土，承载力特征值 $f_{sk}=150$kPa，试算振冲桩复合地基的承载力特征值。

**【解】**

（1）面积置换率。

$$m=\frac{d^2}{d_e^2}=\frac{1.1^2}{(1.05\times 2.2)^2}=0.23$$

（2）复合地基承载力特征值。根据地质条件，桩土应力比取 $n=3.0$，则复合地基承载力特征值为

$$f_{spk}=[1+m(n-1)]f_{sk}=[1+0.23(3-1)]150=219\text{kPa}$$

**【算例 2－2】**

某基础采用振冲桩复合地基，桩直径 1.1m，按正三角形布置，设计要求复合地基承载力 280kPa，已知桩间土为细砂，饱和，松散—稍密实，承载力特征值 $f_{sk}=140$kPa，试算振冲桩复合地基的桩距。

**【解】**

振冲施工后桩间土将具有较为显著的挤密作用，一般随桩距的减小挤密效果增加，桩间土承载力提高，桩体承载力相应提高。结合细砂的工程特性，振冲施工后，桩间土承载力按 200kPa 和桩土应力比按 2.5 取值。

（1）面积置换率。

根据公式：

$$f_{spk}=[1+m(n-1)]f_{sk}$$

则

$$m=\frac{\frac{f_{spk}}{f_{sk}}-1}{n-1}=\frac{\frac{280}{200}-1}{2.5-1}=0.27$$

（2）桩距。

由面积置换率公式：

$$m=\frac{d^2}{d_e^2}$$

可反算桩距：

$$s=\frac{d}{1.05\times\sqrt{m}}=\frac{1.1}{1.05\sqrt{0.27}}=2.02$$

取桩距 $s=2.0$m，校核振冲桩复合地基承载力：

$$m=\frac{d^2}{d_e^2}=\frac{1.1^2}{(1.05\times 2.0)^2}=0.274$$

$$f_{spk}=[1+m(n-1)]f_{sk}=[1+0.274(2.5-1)]200=282.2\text{kPa}>280\text{kPa}$$

故满足设计要求。

**【算例 2－3】**

根据【算例 2－2】的内容及计算结果，如基础形式为埋深 3.0m，地下水位埋深 1.0m，水位以上细砂的天然重度为 16.5kN/m³，水位以下细砂的饱和重度为 19.6kN/m³，试求修正后的复合地基承载力特征值。

【解】

(1) 基础底面以上土的加权平均重度：

$$\gamma_m=\frac{16.5\times1+(19.6-10)\times2}{3}=11.9\text{kN/m}^3$$

(2) 基础埋深的地基承载力修正系数：地层为粉砂，$\eta_d$ 取 1.5。

(3) 修正后的复合地基承载力特征值：

$$f_{spa}=f_{spk}+\eta_d\gamma_m(D-0.5)=282.2+1.5\times11.9(3-0.5)=326.8\text{kPa}$$

**2.3.4.2.4** 软弱下卧层承载力特征值的验算

复合地基的振冲桩，在荷载的作用下不发生刺入或鼓胀等桩体破坏，复合土体的功能虽是桩、土各自作用的综合反映，却可将复合土体作为整体加固了的土层。若其下还有未加固的软土层，或振冲桩未穿透的剩余软土层时，除复合地基承载力特征值应满足设计要求外，还应验算软弱下卧层承载力特征值是否也满足要求。验算方法与《建筑地基基础设计规范》(GB 50007—2011) 中的方法相同。因复合土体已被视作为一整体天然土层，即按式 (2-28) 验算：

$$p_z+p_{cz}\leqslant f_{az} \tag{2-28}$$

式中 $p_z$——软弱下卧层顶面处的附加压力值，kPa；

$p_{cz}$——软弱下卧层顶面处土的自重压力值，kPa；

$f_{az}$——软弱下卧层顶面处经深度修正后的地基承载力特征值，kPa。

对条形基础和矩形基础，式 (2-28) 中的 $p_z$ 值可按式 (2-29)、式 (2-30) 简化计算：

条形基础：

$$p_z=\frac{B(p_k-p_c)}{B+2z\tan\theta} \tag{2-29}$$

矩形基础：

$$p_z=\frac{LB(p_k-p_c)}{(B+2z\tan\theta)(L+2z\tan\theta)} \tag{2-30}$$

式中 $B$——矩形基础和条形基础底边的宽度，m；

$L$——矩形基础底边的长度，m；

$p_k$——基础底面处平均压力值，kPa；

$p_c$——基础底面处土的自重压力值，kPa；

$z$——基础底面至软弱下卧层顶面的距离，m；

$\theta$——地基压力扩散线与垂直线的夹角，(°)，可由表 2-13 选取。

**表 2-13　　地基压力（附加应力扩散角）$\theta$**

| $E_{sp}/E_{sz}$ | $z/B$ | |
|---|---|---|
| | 0.25 | 0.5 |
| 3 | 6° | 23° |
| 5 | 10° | 25° |
| 10 | 20° | 30° |

注 1. $E_{sp}$ 为复合土的压缩模量，$E_{sz}$ 为下层土的压缩模量，MPa；

2. $z<0.25B$ 时一般取 $\theta=0°$，必要时，宜由试验确定；$z>0.5B$ 时 $\theta$ 值不变；

3. $0.25<z/B<0.5$ 时，$\theta$ 值可内插求得。

【算例 2-4】

根据【算例 2-3】的条件，上部荷载标准组合时作用于基础底面的平均压力值为280kPa，如条形基础宽 14m，在深度 10m 以下为软弱下卧层粉质黏土，承载力特征值为150kPa，孔隙比为 0.73，液性指数为 0.75，压缩模量为 8MPa，基础下经振冲处理后的细砂，饱和重度为 $20kN/m^3$，压缩模量为 24 MPa，试验算软弱下卧层地基承载力。

【解】

(1) 软弱下卧层顶面处的附加压力值：

条形基础：

$$p_c = 11.9 \times 3 = 35.7kPa$$

由 $E_{sp}/E_{sz} = 24/8 = 3$，$z/B = (10-3)/14 = 0.5$，见表 2-13，$\theta = 23°$

$$p_z = \frac{B(p_k - p_c)}{B + 2z\tan\theta} = \frac{14 \times (280 - 35.7)}{14 + 2 \times 7 \times \tan 23°} = 171.5kPa$$

(2) 软弱下卧层顶面处土的自重压力值：

$$\gamma_m = [11.9 \times 3 + (20-10) \times 7]/10 = 10.57kN/m^3$$

$$p_{cz} = \gamma_m h = 10.57 \times 10 = 105.7kPa$$

(3) 软弱下卧层顶面处经深度修正后的地基承载力特征值。

软弱下卧层未经处理，应按天然地基进行修正，即

$$f_a = f_{ak} + \eta_b \gamma (B-3) + \eta_d \gamma_m (D-0.5)$$

其中，$f_{ak} = 150kPa$，$\eta_b = 0$，$D = 10$，

$\gamma = 20 - 10 = 10kN/m^3$，$\gamma_m = 10.57kN/m^3$

$e = 0.73$，$I_L = 0.75$，见表 2-12，$\eta_d = 1.6$

数据代入修正公式得

$$f_a = 150 + 1.6 \times 10.57 \times (10 - 0.5) = 310.7kPa$$

$p_z + p_{cz} = 171.5 + 105.7 = 277.2kPa \leqslant f_{az} = 310.7kPa$，故满足要求。

#### 2.3.4.3 沉降计算

(1) 建筑物沉降要求。地基的变形按其特征可分为沉降量、沉降差、倾斜和局部倾斜等。地基以及复合地基变形验算的目的，是预估地基某一特征变形值能否不超过相应的容许变形值，以满足建筑在结构安全、可靠使用和美观上的要求。

鉴于地基的允许变形值与许多复杂的因素有关，《建筑地基基础设计规范》（GB 50007—2011）基于对各类建筑物地基变形观测资料、建筑物结构内力变化及对结构的损伤情况，综合分析后，提出建（构）筑物的地基变形允许值见表 2-14。对表中未包括的其他建筑物的地基变形允许值，可根据上部结构对地基变形的适应能力和使用上的要求确定。

表 2-14 建（构）筑物的地基变形允许值

| 变 形 特 征 | 地基土类别 | |
|---|---|---|
| | 中、低压缩性土 | 高压缩性土 |
| 砌体承重结构基础的局部倾斜 | 0.002 | 0.003 |

续表

| 变形特征 | | 地基土类别 | |
|---|---|---|---|
| | | 中、低压缩性土 | 高压缩性土 |
| 工业与民用建筑相邻柱基的沉降差 | 框架结构 | $0.002L$ | $0.003L$ |
| | 砌体墙填充的边排柱 | $0.0007L$ | $0.001L$ |
| | 当基础不均匀沉降时不产生附加应力的结构 | $0.005L$ | $0.005L$ |
| 单层排架结构（柱距为6m）柱基的沉降量/mm | | (120) | 200 |
| 桥式吊车轨面的倾斜（按不调整轨道考虑） | 纵向 | 0.004 | |
| | 横向 | 0.003 | |
| 多层和高层建筑的整体倾斜 | $H_g \leqslant 24$ | 0.004 | |
| | $24 < H_g \leqslant 60$ | 0.003 | |
| | $60 < H_g \leqslant 100$ | 0.0025 | |
| | $H_g > 100$ | 0.002 | |
| 体型简单的高层建筑基础的平均沉降量/mm | | 200 | |
| 高耸结构基础的倾斜 | $H_g \leqslant 20$ | 0.008 | |
| | $20 < H_g \leqslant 50$ | 0.006 | |
| | $50 < H_g \leqslant 100$ | 0.005 | |
| | $100 < H_g \leqslant 150$ | 0.004 | |
| | $150 < H_g \leqslant 200$ | 0.003 | |
| | $200 < H_g \leqslant 250$ | 0.002 | |
| 高耸结构基础的沉降量/mm | $H_g \leqslant 100$ | 400 | |
| | $100 < H_g \leqslant 200$ | 300 | |
| | $200 < H_g \leqslant 250$ | 200 | |

注 1. 本表数值为建筑物地基实际最终变形允许值。
2. 括号内仅适用于中压缩性土。
3. $L$ 为相邻柱基的中心距离，mm；$H_g$ 为自室外地面起算的建筑物高度，m。
4. 倾斜指基础倾斜方向两端点的沉降差与其距离的比值。
5. 局部倾斜指砌体承重结构沿纵向6～10m内基础两点的沉降差与其距离的比值。

由于建筑地基不均匀、荷载差异大，体型复杂等因素引起的变形，对于砌体承重结构应由局部倾斜控制；对于框架结构和单层排架结构应由相邻柱基的沉降差控制；对于多层或高层建筑和高耸结构应由倾斜和沉降控制。

（2）天然地基沉降变形计算。《建筑地基基础设计规范》（GB 50007）给出天然地基沉降的计算方法。计算地基变形时，地基内的应力分布，可采用各向同性均质线性变形体理论（见图2-17）。其最终变形量可按式（2-31）进行计算：

$$S = \psi_s S' = \psi_s \sum_{i=1}^{n} \frac{p_0}{E_{si}} (z_i \bar{\alpha}_i - z_{i-1} \bar{\alpha}_{i-1}) \tag{2-31}$$

式中 $S$——地基最终变形量，mm；

$S'$——按分层总和法计算出的地基变形量，mm；

$\psi_s$——沉降计算经验系数，根据地区沉降观测资料及经验确定，无地区经验时可根据变形计算深度范围内压缩模量的当量值、基底附加压力取值；

$n$——地基变形计算深度范围内所划分的土层数；

$p_0$——相应于作用的准永久组合时基础底面处的附加压力，kPa；

$E_{si}$——基础底面下第 $i$ 层土的压缩模量，MPa，应取土的自重压力至土的自重压力与附加压力之和的压力段计算。

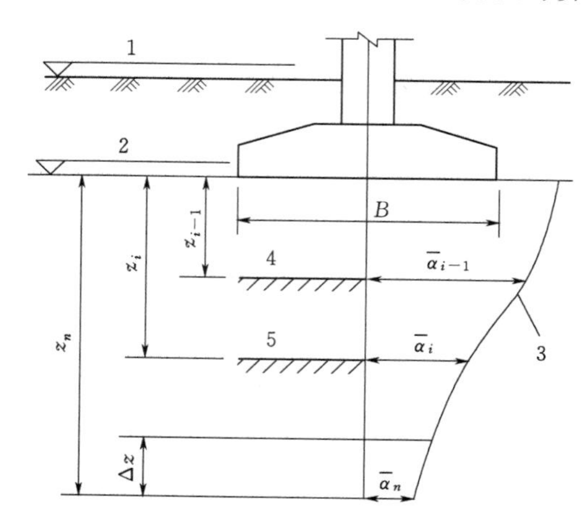


图 2-17　基础沉降计算的分层示意图

$z_i$、$z_{i-1}$—基础底面至第 $i$ 层土、第 $i-1$ 层土底面的距离，m；$\bar{\alpha}_i$、$\bar{\alpha}_{i-1}$—基础底面计算点至第 $i$ 层土、第 $i-1$ 层土底面范围内平均附加应力系数；1—天然地面标高；2—基底标高；3—平均附加应力系数 $\bar{\alpha}$ 曲线；4—$i-1$ 层；5—$i$ 层

（3）振冲桩复合地基沉降变形计算。振冲桩为复合地基，《建筑地基处理技术规范》（JGJ 79—2012）要求复合地基沉降计算应符合《建筑地基基础设计规范》（GB 50007—2011）的有关规定，复合地基的计算深度应大于复合土层的深度。复合地基的计算仍采用分层总和法，用式（2-31）计算，相关参数按下述要求替换。

1）压缩模量的取值。复合土层的分层与天然地基相同，各复合土层的压缩模量（$E_{spi}$）等于该层天然地基压缩模量的 $\zeta$ 倍，以取代式（2-31）式中的 $E_{si}$，$\zeta$ 值可按式（2-32）确定：

$$\zeta=\frac{f_{spk}}{f_{sk}} \tag{2-32}$$

式中　$f_{spk}$——复合地基承载力特征值，kPa；

$f_{sk}$——基础底面下经处理后的桩间土地基承载力特征值，kPa。

对于 3 级及 3 级以下的建（构）筑物，当无载荷试验资料时，《水电水利工程振冲法地基处理技术规范》（DL/T 5214）提出可按式（2-33）计算确定：

$$E_{spi}=[1+m(n-1)]E_{si} \tag{2-33}$$

式中　$E_{spi}$——第 $i$ 层复合土体的压缩模量，MPa；

$m$——面积置换率；

$n$——桩土应力比；

$E_{si}$——第 $i$ 层桩间土的压缩模量，MPa。

2）复合地基沉降计算验系数的取值。在复合地基沉降的计算式（2-31）中 $\psi_s$ 为复合地基沉降计算验系数，可根据地区沉降观测资料统计值确定，无经验取值时，可采用表 2-15 的数值。

**表 2-15　　沉降计算经验系数 $\psi_s$ 表**

| $\overline{E}_s$/MPa | 4.0 | 7.0 | 15.0 | 20.0 | 35.0 |
|---|---|---|---|---|---|
| $\psi_s$ | 1.0 | 0.7 | 0.4 | 0.25 | 0.2 |

表中$\overline{E}_s$为变形计算深度范围内压缩模量的当量值，应按式（2-34）计算：

$$\overline{E}_s = \left(\sum_{i=1}^{n} A_i + \sum_{j=1}^{m} A_j\right) / \left(\sum_{i=1}^{n} \frac{A_i}{E_{spi}} + \sum_{j=1}^{m} \frac{A_j}{E_{sj}}\right) \tag{2-34}$$

式中　$A_i$——加固土层第$i$层土附加应力系数沿土层厚度的积分值；

$A_j$——加固土层下第$j$层土附加应力系数沿土层厚度的积分值。

3）变形计算深度。变形计算深度$z_n$（见图2-17）应符合式（2-35）的规定。当计算深度下部仍有较软土层时，应继续计算：

$$\Delta s'_n \leqslant 0.025 \sum_{i=1}^{n} \Delta s'_i \tag{2-35}$$

式中　$\Delta s'_i$——在计算深度范围内，第$i$层土的计算变形值，mm；

$\Delta s'_n$——在由计算深度向上取厚度为$\Delta z$的土层计算变形值，mm，$\Delta z$见图2-17并按表2-16确定。

**表2-16　$\Delta z$的取值表**

| $B$/m | ≤2 | 2<$B$≤4 | 4<$B$≤8 | $B$>8 |
|---|---|---|---|---|
| $\Delta z$/m | 0.3 | 0.6 | 0.8 | 1.0 |

当无相邻荷载影响，基础宽度在1～30m范围内时，基础中点的地基变形计算深度也可按简化式（2-36）进行计算。在计算深度范围内存在基岩时，$z_n$可取至基岩表面；当存在较厚的坚硬黏性土层，其孔隙比小于0.5、压缩模量大于50MPa，或存在较厚的密实砂卵石层，其压缩模量大于80MPa时，$z_n$可取至该层土表面。此时，地基土附加压力分布应考虑相对硬层存在的影响，按式（2-37）计算地基最终变形量。

$$z_n = B(2.5 - 0.4\ln B) \tag{2-36}$$

式中　$B$——基础宽度，m。

$$S_{gz} = \beta_{gz} S_z \tag{2-37}$$

式中　$S_{gz}$——具有刚性下卧层时，地基土的变形计算值，mm；

$\beta_{gz}$——刚性下卧层对上覆土层的变形增大系数，按表2-17采用；

$S_z$——变形计算深度相当于实际土层厚度按式（2-31）计算确定的地基最终计算变形值，mm。

**表2-17　具有刚性下卧层时地基变形增大系数$\beta_{gz}$**

| $H/B$ | 0.5 | 1.0 | 1.5 | 2.0 | 2.5 |
|---|---|---|---|---|---|
| $\beta_{gz}$ | 1.26 | 1.17 | 1.12 | 1.09 | 1.00 |

注　$H$为基底下的土层厚度。

当存在相邻荷载时，应计算由相邻荷载引起的地基变形，其值可按应力叠加原理，采用角点法计算。

#### 2.3.4.4　稳定性验算

复合地基或复合土体下存在软弱土层，且具有水平荷载，或高低差的土工结构时，一般还需要验算其整体稳定性。前已阐明整体失稳的滑动面仍近似为圆弧形，故仍可采用圆弧滑动的条分法计算其整体稳定安全系数。同样，对于滑动面所经过复合土体部分的抗剪强度指标应为 $\varphi_{sp}$ 与 $C_{sp}$，由其计算出的最危险滑弧的整体稳定性安全系数 $F$ 应满足相应规范的限定值 $F_Q$，即

$$F \geqslant F_Q \tag{2-38}$$

若计算结果不满足要求，就需从稳定安全的角度调整设计，或减小桩距，或增加桩长，或扩大处理范围等，视具体情况而定。

（1）Aboshi 等方法。振冲置换桩也可用来提高黏性土坡的抗滑稳定性（见图 2-18）。在这种情况下进行稳定分析需采用复合土层的抗剪强度 $\tau_{sp}$。复合土层抗剪强度分别由桩体和原土产生的两部分强度组成。Aboshi，等（1979）提出按平面面积加权计算的方法。

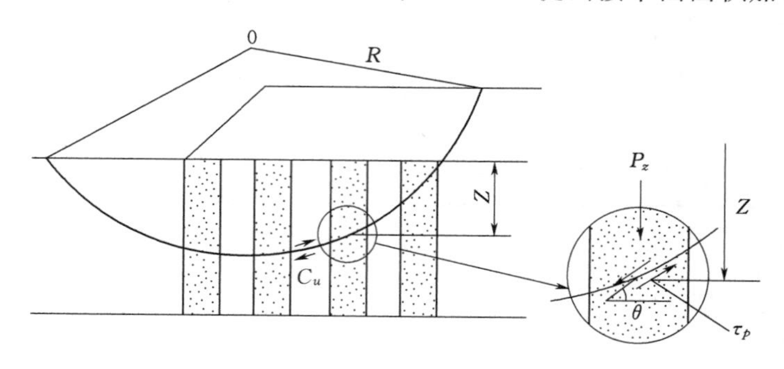


图 2-18　用于提高土坡稳定的振冲置换桩示意图

$$\tau_{sp} = (1-m)C_u + m\tau_p$$

式中　$\tau_p$——桩体的抗剪强度；

其他符号意义同前。

桩体抗剪强度 $\tau_p$ 为

$$\tau_p = p_z \tan\varphi_p \cos^2\theta \tag{2-39}$$

式中　$\theta$——滑弧切线与水平线的夹角，(°)；

$p_z$——作用于滑面的垂直应力，可按式（2-42）计算：

$$p_z = \gamma'_p Z + \mu_p \sigma_z \tag{2-40}$$

其中

$$\mu_p = \frac{n}{1+(n-1)m} \tag{2-41}$$

式中　$\gamma'_p$——桩体容重，水位以下用浮容重，$kN/m^3$；

$Z$——桩顶至滑弧上计算点的垂直距离，m；

$\sigma_z$——桩顶平面上作用荷载引起的附加应力，可按一般弹性理论计算，kPa；

$\mu_p$——应力集中系数。

式（2-40）中 $\gamma'_p Z$ 为桩体自重引起的有效应力；$\mu_p \sigma_z$ 为作用荷载引起的附加应力。已知 $\tau_{sp}$ 后，可用常规稳定分析方法计算抗滑安全系数。

（2）复合地基抗剪强度。复合地基抗剪强度 $\tau_{sp}$ 为振冲桩桩体抗剪强度 $\tau_p$ 与桩间土抗剪强度 $\tau_s$ 共同组成，其表达式按式（2-42）、式（2-43）计算：

$$\tau_{sp}=(1-m)\tau_s+m\tau_p$$
$$=(1-m)[C_s+(\mu_s P+\gamma_s Z)\cos^2\theta\tan\varphi_s]+m(\mu_p P+\gamma_p Z)\cos^2\theta\tan\varphi_p \quad (2-42)$$

其中

$$\mu_s=\frac{1}{1+(n-1)m} \quad (2-43)$$

对于桩间土为软黏土，其内摩擦角 $\varphi_s$ 趋近于零，复合地基抗剪强度可简化按式（2-44）计算：

$$\tau_{sp}=(1-m)C_s+m(\mu_p P+\gamma_p Z)\cos^2\theta\tan\varphi_p \quad (2-44)$$

式中 $Z$——自地表面起计算滑动深度，m；

$\gamma_p$——碎石桩的有效重度（干密度），$kN/m^3$；

$m$——桩土面积置换率；

$P$——复合地基上作用的荷载的平均强度，kPa；

$\theta$——滑动面在地基某深度处的剪切面与水平面的夹角，(°)；

$C_s$——桩间土黏聚力，kPa；如不考虑荷载产生固结而使黏聚力提高时，则可用天然地基的黏聚力 $c$；

$\mu_p$、$\mu_s$——应力集中系数和分散系数。

（3）Priebe 方法。设原土的抗剪强度指标为 $C_s$、$\varphi_s$，桩体的抗剪强度指标为 $C_p=0$，$\varphi_p$。Priebe（1978）提出复合土层的抗剪强度指标 $C_{sp}$、$\varphi_{sp}$ 可按式（2-45）和式（2-46）计算：

$$C_{sp}=(1-\omega)c_s \quad (2-45)$$

$$\tan\varphi_{sp}=\omega\tan\varphi_p+(1-\omega)\tan\varphi_s \quad (2-46)$$

式中 $\omega$ 为参数，与桩土应力比、面积置换率有关，其计算公式为

$$\omega=m\frac{\sigma_p}{\sigma_z}=m\mu_p \quad (2-47)$$

一般 $\omega=0.4\sim0.6$。同样，已知 $C_{sp}$、$\varphi_{sp}$ 后，可用常规稳定分析方法计算抗滑安全系数或者根据要求的安全系数，反求需要的 $\omega$ 或 $m$ 值。

（4）规范法求抗剪强度参数。《水电水利工程振冲法地基处理技术规范》（DL/T 5214）给出了复合地基抗剪强度参数如下计算式，该计算式源于 Priebe（1978）计算式。

$$\tan\varphi_{sp}=m\mu_p\tan\varphi_p+(1-m\mu_p)\tan\varphi_s \quad (2-48)$$

$$C_{sp}=(1-m\mu_p)C_s \quad (2-49)$$

$$\mu_p=\frac{n}{1+m(n-1)} \quad (2-50)$$

式中 $\varphi_{sp}$——振冲复合土体的等效内摩擦角，(°)；

$\varphi_p$——桩体材料的内摩擦角，(°)。当无实测资料时，一般振冲桩体的内摩擦角可取 35°～45°；

$\varphi_s$——桩间土体内摩擦角，(°)；

$C_{sp}$——振冲复合土体的等效黏聚力，kPa；

$C_s$——桩间土黏聚力，kPa；

$\mu_p$——应力集中系数。

已知 $\varphi_{sp}$、$C_{sp}$ 后，即可用常规的圆弧滑动稳定分析方法计算抗滑稳定安全系数。

根据《水电水利工程振冲法地基处理技术规范》(DL/T 5214)的规定，对于有条件或者有特殊要求的工程，复合地基抗剪强度可按设计要求或参照水工建(构)筑物有关规定通过现场大型直接剪切试验来确定。

**【算例 2-5】**

某天然地基为粉砂、饱和、松散—稍密实，采用振冲桩复合地基，置换率为 0.32，桩土应力比为 3.5，经处理后，内摩擦角为 32°，试算振冲桩复合地基的抗剪强度参数。

**【解】**

(1) 应力集中系数：

$$\mu_p = \frac{n}{1+m(n-1)} = \frac{3.5}{1+0.32(3.5-1)} = 1.9$$

(2) 振冲复合土体的等效内摩擦角。桩体材料的内摩擦角 $\varphi_p$ 取 40°，相关数据代入公式：

$$\tan\varphi_{sp} = m\mu_p \tan\varphi_p + (1-m\mu_p)\tan\varphi_s$$

得

$$\tan\varphi_{sp} = 0.32 \times 1.9 \times \tan 40° + (1-0.32 \times 1.9)\tan 32° = 0.76$$

$$\varphi_{sp} = 37.2°$$

#### 2.3.4.5 抗液化处理

对于液化的砂土地基，应采取抗液化措施。抗液化措施既与基础有关，同时也与上部结构有关，在《建筑抗震设计规范》(GB 50011—2010)中针对不同的抗震设防等级和天然地基的液化等级提出了相应的要求，抗液化措施见表 2-18。

表 2-18 抗液化措施表

| 建筑抗震设防等级 \ 抗液化措施 | 地基的液化等级 | | |
|---|---|---|---|
| | 轻微 | 中等 | 严重 |
| 乙类 | 部分消除液化沉陷，或对基础和上部结构进行处理 | 全部消除液化沉陷，或部分消除液化沉陷且对基础和上部结构进行处理 | 全部消除液化沉陷 |
| 丙类 | 对基础和上部结构进行处理，也可不采取措施 | 对基础和上部结构进行处理，或实行要求更高的措施 | 全部消除液化沉陷，或部分消除液化沉陷且对基础和上部结构进行处理 |
| 丁类 | 可不采取措施 | 可不采取措施 | 对基础和上部结进行处理，或实行其他经济的措施 |

注 甲类建筑的地基抗液化措施应进行专门研究，但不宜低于乙类的相应要求。

(1) 相关规范对液化地基处理的判别。

1) 用标准贯入锤击数判别。振冲桩复合地基的桩间土，由于振挤密实，提高了土体抗液化的能力，反映在土的标准贯入击数的增加，故仍采用经长期抗震工程实践检验的《建筑抗震设计规范》(GB 50011—2010)中的标准贯入试验方法进行判定。该法所需满足的液化判别标准贯入锤击数临界值 $N_{cr}$ 计算式如下：

在地面下 20m 深度范围内，液化判别标准贯入锤击数临界值可按式 (2-51) 和式

(2－52）计算：

$$N_{cr}=N_0\beta[\ln(0.6d_s+1.5)-0.1d_w]\sqrt{3/\rho_c} \tag{2-51}$$

$$\left.\begin{array}{ll}\text{不液化} & N_{63.5}\geqslant N_{cr}\\ \text{液化} & N_{63.5}<N_{cr}\end{array}\right\} \tag{2-52}$$

式中 $N_{cr}$——液化判别标准贯入锤击数临界值；

$N_0$——液化判别标准贯入锤击数基准值，可参考表2－19选取；

$N_{63.5}$——实测标准贯入锤击数；

$d_s$——饱和土标准贯入点深度，m；

$d_w$——地下水位，m；

$\rho_c$——黏粒含量百分率，当小于3或为砂土时，应采用3；

$\beta$——调整系数，设计地震第一组取0.80、第二组取0.95、第三组取1.05。

**表2－19　液化判别标准贯入锤击数基准值 $N_0$**

| 设计基本地震加速度 | 0.10$g$ | 0.15$g$ | 0.20$g$ | 0.30$g$ | 0.40$g$ |
|---|---|---|---|---|---|
| 液化判别标准贯入锤击数基准值 | 7 | 10 | 12 | 16 | 19 |

2）用振冲桩复合地基的液化等级判别。振冲桩复合地基在设计地震烈度下是否产生液化，可通过式（2－51）、式（2－52）进行判别。天然地基加固处理后即使仍可能发生液化，但严重程度也远不如加固前。对于复合地基仍存在可液化的土层时，也应进一步按《建筑抗震设计规范》（GB 50011—2010）中的方法计算各土层的液化指数，评定地基的液化等级，以便考虑相应的措施。具体计算用式（2－53）：

$$I_{IE}=\sum_{i=1}^{n}\left[1-\frac{N_i}{N_{cri}}\right]d_iW_i \tag{2-53}$$

式中 $I_{IE}$——液化指数；

$n$——在判别深度范围内每一个钻孔标准贯入试验点的总数；

$N_i$、$N_{cri}$——$i$点标准贯入锤击数的实测值和临界值，当实测值大于临界值时应取临界值；当只需要判别15m范围以内的液化等级时，15m以下的实测值可按临界值采用；

$d_i$——$i$点所代表的土层厚度，可采用与该标准贯入试验点相临的上、下两标准贯入试验点深度差的一半，但上界应不高于地下水位深度，下界应不深于液化深度；

$W_i$——$i$土层单位土层厚度的层位影响权函数值（单位为$m^{-1}$）。当该土层中点深度不大于5m时应采用10，等于20m时应采用0，5～20m时应按线性内插法取值。

获得的地基液化指数$I_{IE}$后，即可按表2－20查得该地基相应的液化等级。

**表2－20　液化等级与液化指数的对应关系表**

| 液化等级 | 轻微 | 中等 | 严重 |
|---|---|---|---|
| 液化指数 $I_{IE}$ | $0<I_{IE}\leqslant 6$ | $6<I_{IE}\leqslant 18$ | $I_{IE}>18$ |

对于采用振冲加固或挤密振冲桩加固后构成的复合地基，如桩间土的标准贯入锤击数的实测值仍低于临界值，不能简单判别为液化。许多文献或工程实践均已指出，振冲桩或挤密振冲桩有挤密、排水和增大桩身刚度等多重作用，而实测的桩间土标准贯入锤击数不能反映排水的作用，因此，根据《建筑抗震设计规范》（GB 50011—2010）的规定要求，桩间土的标准贯入锤击数实测值不宜小于标准贯入锤击数临界值。

（2）其他方法对液化地基处理的判别。相关规范对于振冲桩复合地基液化的判别，仍沿用判别天然地基土液化势的标准贯入试验方法。这一方法虽然简便易行，但将标准贯入试验方法用于复合地基，其标准贯入锤击数的提高主要是反映了地基土经振冲加固处理后振挤密实的功效。而复合地基的其他一些抗地震液化功效却未予反映，不能表明振冲桩复合地基土的实际抗液化能力。

随着人们对振冲桩复合地基抗地震液化势功效认识的深入，研究提出了在能反映土振冲密实的标准贯入试验的基础上，同时进一步考虑振冲桩复合地基其他功效的判别方法，例如郑建国等考虑振冲桩对地震应力的集中效应，提出了当量标准贯入试验。何广讷提出的既考虑振冲桩的地震应力集中又计及其排水减压的功效当量标准贯入试验方法等。

根据振冲桩复合地基抗液化的功效以及目前判别液化势方法的研究，基于当量标准贯入试验方法，进一步将振冲桩复合地基抗液化的主要功效近似定量化，并考虑一定的安全储备，建立了功效当量标准贯入判别法。其内容涵盖如下。

1）振冲桩应力集中效应的减振系数。为验证振冲桩的减振效应，曾于黄河入海口的胜利油田海滩低洼地带上的一试验场地进行振冲桩抗液化功效的试验，其土质为第四纪全新世黄河三角洲新近沉积的黏性土和粉土。地基土在8度地震烈度下存在可液化的粉土地层，其液化指数 $I_{lE}=17.4$，属于严重液化等级。现场试验的振冲桩置换率 $m$ 取0.12，采用振动打桩机作为激振振源。同时，在振冲桩区内的桩土上和桩区外土上分别测出了地面振动加速度值（见表2-21）。

**表2-21　地面振动加速度表**

| 距振源距离/m | $a/g$ | | 加固区与非加固区的百分比/% |
|---|---|---|---|
| | 加固区 | 非加固区 | |
| 2.0 | 0.052 | 0.153 | 34 |
| 3.0 | 0.041 | 0.140 | 29 |

由表2-21看出，加固区桩间土的地面振动加速度仅为未加固区地面振动加速度的30%左右，亦即由于振冲桩使地面振动加速度降低了约70%，使桩间土的地震反应产生了明显的减振效应。

由于振冲桩复合地基在经受地震时，是由振冲桩与桩间土共同承担震动，桩与土的刚度不同，作用于振冲桩与桩间土上的应力按刚度分配，致使作用于土上的地震剪应力大为减小，削弱了使土液化的驱动力，其减小的比例即为土体上的应力分散系数 $\mu_s$。

$$\frac{\tau_s}{\tau_e}=\mu_s=\frac{1}{1+m(n-1)} \tag{2-54}$$

式中　$\tau_s$——桩间土上经受的地震剪应力，kPa；

$\tau_e$——复合地基上的地震剪应力，kPa；

其他符号意义同前。

鉴于桩、土应力按刚度分配原则的近似性、桩土应力比 $n$ 以及置换率 $m$ 与实际情况的差异等，给一适当的分项安全系数 $K_1$，取 1.1～1.3。置换率大、桩土应力比大时，$K_1$ 也大，置换率和桩土应力比较小时，$K_1$ 宜取较小值。故振冲桩应力集中效应的减振系数 $\eta_\tau$ 为

$$\eta_\tau = K_1\left(\frac{\tau_s}{\tau_e}\right) = K_1\frac{1}{1+m(n-1)} \tag{2-55}$$

式中　$\eta_\tau$——桩体应力集中效应的减振系数；

$K_1$——桩体应力集中效应的分项安全系数；

其他符号意义同前。

2）排水减压功效的液化消减系数。工程实践与试验研究表明了振冲桩排水减压的效果。在大兴现场进行的联合试验与测定结果表明，设置振冲桩后，振冲地基比天然地基的动孔隙水压力降低了 2/3 左右；官厅水库大坝下游坝中细砂地基位于 8 度地震区，为防止地震液化，采用桩距为 2.0m 的振冲桩处理后，地基的动孔隙水压力比天然地基降低了 66%；胜利油田试验场地测得在深度 3.5m 的粉土层处，桩间土的超孔隙水压力远小于天然土的超孔隙水压力［见表 2-22（该桩料径为 5～40mm）］；美国加利福尼亚大学教授 H. B. Seed 和 J. R. Booker 等人认为，在可液化地基中设置振冲桩，当桩径与桩距之比达到 0.25 后，地基土的任何部分都不会产生液化；日本相柳屈义彦等人的研究表明，当给定的振动加速度为 $2.5\text{m/s}^2$（相应于 8 度地震烈度下），原状砂土的抗液化临界密实度为 66%，而设置了置换率为 17%的砂砾排水桩的复合地基，其抗液化的临界密实度下降为 46%。

**表 2-22　　超孔隙水压力**

| 距振源距离/m | $u$/kPa | | 加固区与非加固区超孔隙水压力值的百分比/% |
|---|---|---|---|
| | 加固区桩间土 | 非加固区桩间土 | |
| 2.0 | 6.9 | 14.7 | 47 |
| 3.0 | 9.8 | 13.7 | 72 |

**注**　试验深度 3.5m，在第 4 层粉土上。

振冲桩排水减压降低液化势的显著效果不容置疑。为将这一功效反映于地基土液化势的检验中，必须将其定量化。现以日本相柳屈义彦等人试验研究的结果进行近似定量化。该试验表明，均质砂基在 $2.5\text{m/s}^2$ 的振动加速度下，未设排水桩与设置排水桩的临界密实度分别为 0.66 和 0.46，即排水桩使土液化的临界密实度下降了 30%。再根据土密实度与其标准贯入锤击数的关系式（2-56），将土排水减压的液化临界密度下降的比例，转换为临界标准贯入锤击数下降的比例，即

$$N = KD_r^2 \tag{2-56}$$

$$\frac{N_d}{N_u} = \frac{D_{rd}^2}{D_{ru}} = \left(\frac{0.46}{0.66}\right)^2 = 0.49 \tag{2-57}$$

式中　$N$——标准贯入锤击数；

$K$——比例常数；

$D_r$——土的密实度；

$N_d$——具有排水减压功效土的临界标准贯入锤击数；

$N_u$——无排水减压功效土的临界标准贯入锤击数；

$D_{rd}$——具有排水减压功效土的临界密实度；

$D_{ru}$——无排水减压功效土的临界密实度。

式（2－57）是基于特定试验研究成果建立的近似定量比例系数，必须将其转换为一般通用的关系式。由于振冲桩复合地基的排水减压功效是随振冲桩的置换率和地震烈度的增大而加大，为消减地基地震液化势，振冲桩的置换率 $m$ 一般取 0.082～0.25，地震烈度 $I$ 取 7～9 度。经对已有实测资料与试验研究成果的分析，建议按式（2－58）计算振冲桩的排水减压比例 $\eta'_u$：

$$\eta'_u=0.49\left(\frac{m_c I_c}{mI}\right)^{1/2}=0.57\left(\frac{1}{mI}\right)^{1/2} \tag{2-58}$$

式中　$m_c$——参考置换率，$m_c$ 取 0.17；

$I_c$——参考地震烈度，$I_c$ 取 8 度；

$m$——复合地基随时振冲桩的置换率；

$I$——判别场地的地震烈度。

如：对于地震排水减压小的复合地基，$m=0.082$（相应于桩径 $d=0.8\text{m}$，桩距 $S=2.8\text{m}$ 或 $d=1.0\text{m}$，$S=3.5\text{m}$），地震烈度 $I=7$ 度时，由式（2－58）算出排水减压比例 $\eta'_u=0.75$；对于排水减压效用大的复合地基，$m=0.25$（$d=0.8\text{m}$，$S=1.6\text{m}$ 或 $d=1.0\text{m}$，$S=2.0\text{m}$），$I=9$ 度时，算出 $\eta'_u=0.38$。

考虑实际情况的复杂性，以及设计与实际存在一定的差异，在工程具体应用时，宜具有相应的安全储备，需给式（2－58）乘以适当的分项安全系数 $K_2$（取 1.0～1.5），置换率高、地震烈度大者取大值，反之宜取小值。故复合地基振冲桩排水降压功效的液化势折减系数 $\eta_u$ 为

$$\eta_u=K_2\eta'_u=0.57K_2\left(\frac{1}{mI}\right)^{1/2} \tag{2-59}$$

3）判别复合地基液化的功效当量标贯法。天然地基在给定的设计地震烈度下，判别其是否液化的标准贯入锤击数临界值为一定值，由式（2－51）计算。但该天然地基经振冲桩加固后，由于桩体的应力集中和排水降压等功效，使复合地基的临界标准贯入锤击数 $N_{crF}$ 小于天然地基液化判别的临界标准贯入锤击数 $N_{cr}$。此外，复合地基土体因振挤密实，其相应的标准贯入锤击数 $N_{63.5F}$，必大于原天然地基土的标准贯入锤击数 $N_{63.5}$，则相应于振冲桩复合地基液化判别的功效当量标准贯入试验方法为

$$\begin{aligned}N_{cr}&=\eta_\tau\eta_u N_{cr}\\&=\frac{0.57K_1K_2}{1+m(n-1)}\left(\frac{1}{mI}\right)^{1/2}N_0\beta[\ln(0.6d_s+1.5)-0.1d_w]\sqrt{3/\rho_c}\end{aligned} \tag{2-60}$$

不液化　$(N_{63.5})_F\geqslant(N_{cr})_F$

液化　$(N_{63.5})_F<(N_{cr})_F$

式中　$(N_{cr})_F$——振冲桩复合地基的液化判别临界标准贯入锤击数；

其他符号意义同前。

#### 2.3.4.6　振冲桩复合地基的固结计算

许多软土地基处理工程，不仅地基的承载力需满足要求、沉降与不均匀沉降不超过规定的限值，而且还要求建筑物在建好后一定的时间内沉降即基本完成，即具有较快的固结速率，以便尽早投入使用或便于后继工程的修筑，以及合理的预留施工超高。因此，在初步设计振冲桩复合地基，拟订振冲桩桩长、桩数、进行布桩时，就应考虑复合地基的固结要求，计算复合地基的固结度。若不满足，即进行适当的调整。

鉴于碎石土和砂土的压缩性很小，渗透性较大，在荷载下不仅沉降量小，而且固结稳定很快，故可以认为在建筑施工完毕时，这类土地基的固结沉降已基本完成；而对于黏性土，在荷载下完全固结所需的时间就比较长，尤其是厚饱和软黏土层地基、其固结沉降需要几年甚至几十年的时间才能完成。因此，实践中一般只考虑黏性土及其组成的振冲桩或砂桩复合地基的沉降与时间的关系。

（1）黏性土地基的固结计算理论。地基的固结计算是指计算施加荷载后经历某一时段 $t$，地基相应的固结度 $U_t$，或固结沉降量 $S_t$。地基的固结度为地基土层在某一压缩应力作用下，经历时段 $t$ 所产生的沉降量与最终沉降量（也称稳定沉降量）$S$ 之比，即

$$U_t=\frac{S_t}{S}\text{或 }S_t=U_tS \tag{2-61}$$

1）理论计算法。地基的沉降主要是固结沉降。由于黏性土的渗透固结是随时间的增长，逐渐固结直至稳定为止，因此黏性土的固结沉降为时间的函数。工程上通常基于太沙基的一维固结理论计算，其相应的一维固结微分方程为

$$C_v\frac{\partial^2 u}{\partial Z^2}=\frac{\partial u}{\partial t} \tag{2-62}$$

$$C_v=\frac{k(1+e)}{\gamma_\omega a} \tag{2-63}$$

式中　$C_v$——竖向固结系数，一般由地质勘察资料给出，$m^2/s$；

$\gamma_\omega$——水的重度，$kN/m^3$；

$u$——土中的超静孔隙水压力；

$k$——土的渗透系数，m/s；

$e$——土的初始孔隙比；

$a$——土的压缩性系数，$kPa^{-1}$。

微分方程式（2-62）结合其初始条件与边界条件，求出孔隙水压力 $u$ 随时间 $t$ 和深度 $Z$ 变化的函数解后，即可计算地基在任一时刻的固结度与固结沉降。

地基固结的初始条件为开始固结时，基础中轴的压缩应力分布，边界条件为压缩土层顶、底面的排水情况。工程中必须根据地基的实际情况，确定地基中的压缩应力分布图形和排水条件。例如对于地基压缩土层下为不透水层的单向排水条件下，地基土在自重下的固结已完成，而且土层较薄，基础面积很大，即属 $\frac{H}{B}<\frac{1}{2}$ 的情况，其相应的附加压缩应力分布近

似为无应力扩散的矩形分布 [见图 2-19 ($a$)]，土层顶应力 $\sigma_z'$ 与底应力 $\sigma_z''$ 之比 $\alpha=\frac{\sigma_z'}{\sigma_z''}=1$。基于式 (2-61) 和微分方程式 (2-62) 求出所给条件下地基固结度 $U_t$ 的实用解为

$$U_t=1-\frac{8}{\pi^2}e^{-\frac{\pi^2}{4}T_v} \tag{2-64}$$

其中 $T_v$ 为时间因数，其表达式 (2-65) 为

$$T_v=\frac{C_v}{H^2}t \tag{2-65}$$

式中　$t$——固结时间，s；

$H$——单面排水土层厚度或双面排水土层厚度之半，m。

从式 (2-64) 表明地基的固结度 $U_t$ 仅为时间因数的单值函数。获知压缩土层的竖向固结系数 $C_v$、土层层厚 $H$ 以及荷载作用历时 $t$，即可算出相应的时间因数 $T_v$。有了时间因数 $T_v$ 也就可求得该土层在荷载作用 $t$ 时刻后的固结度和沉降量或求完成某一沉降量或固结度所需的时间。

实际工程中所遇到的压缩应力分布都比较复杂，为便于应用，近似简化如下：

A. 薄压缩土层，大面积加载，即 $\frac{H}{B}<\frac{1}{2}$ 的条件下，压缩应力分布为矩形，$\alpha=\frac{\sigma_z'}{\sigma_z''}=1$ [见图 2-19 ($a$)]。

B. 大面积新沉积土层，其在自重作用下完全未固结时，土的自重应力即为压缩应力，其分布图形为三角形，$\alpha=0$ [见图 2-19 ($b$)]。

C. 厚压缩土层在自重应力下已完全固结，但加载的面积较小，荷载在压缩土层的底面所产生的压缩应力已接近于零时，其压缩应力分布即呈倒三角形，$\alpha\to\infty$ [见图 2-19 ($c$)]。

D. 当压缩土层在自重应力作用下未全固结，又承受连续均布荷载或局部荷载时，其压缩应力分布为梯形，$0<\alpha<1$ [见图 2-19 ($d$)]。

E. 当压缩土层在自重应力作用下已完全固结，但土层不太厚，在局部荷载作用下，作用于压缩层底面的压缩应力仍相当大（不可忽视），其压缩应力分布则呈倒梯形，$1<\alpha<\infty$ [见图 2-19 ($e$)]。

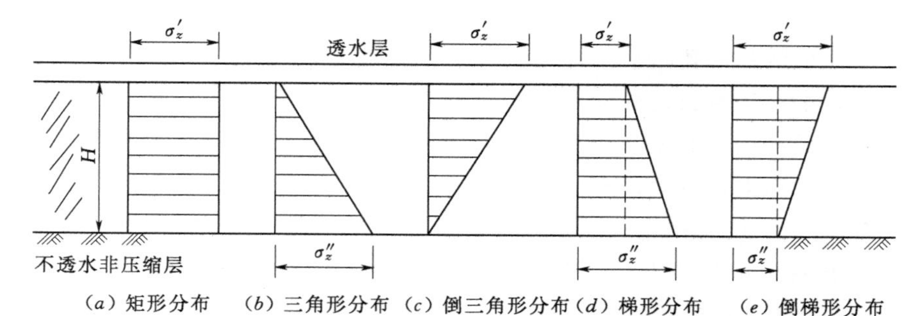


图 2-19　压缩应力分布示意图

基于上述单向排水的 5 种压缩应力分布情况，由一维固结微分方程式 (2-62) 与固结度公式 (2-61)，求出各相应条件的固结度 $U_t$ 与时间因数 $T_v$ 的关系，并绘制成 $U_t$ -

$T_v$ 关系曲线（见图 2-20），以供计算时查用。

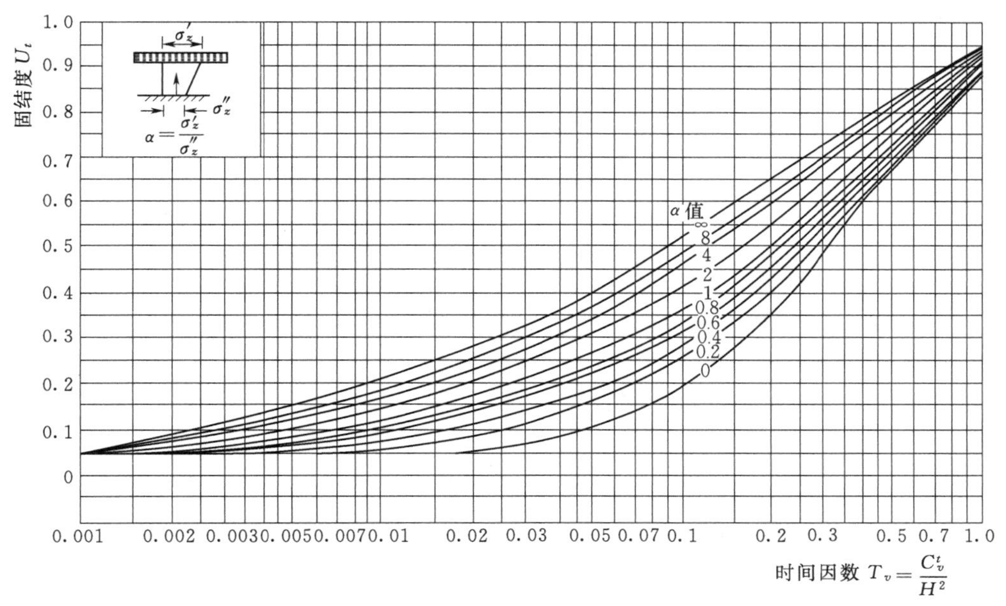


图 2-20　$U_t$-$T_v$ 关系曲线图

当地基土层顶面底面皆为排水的边界条件时，根据压缩应力分布的等效叠加原理，可将任一压缩应力分布转换为矩形分布［见图 2-21（$a$）］。不过此时最大的排水距离为土层厚度的一半$\left(\frac{H}{2}\right)$，相应的时间因数 $T_v$ 则为

$$T_v=\frac{4C_v}{H^2}t \tag{2-66}$$

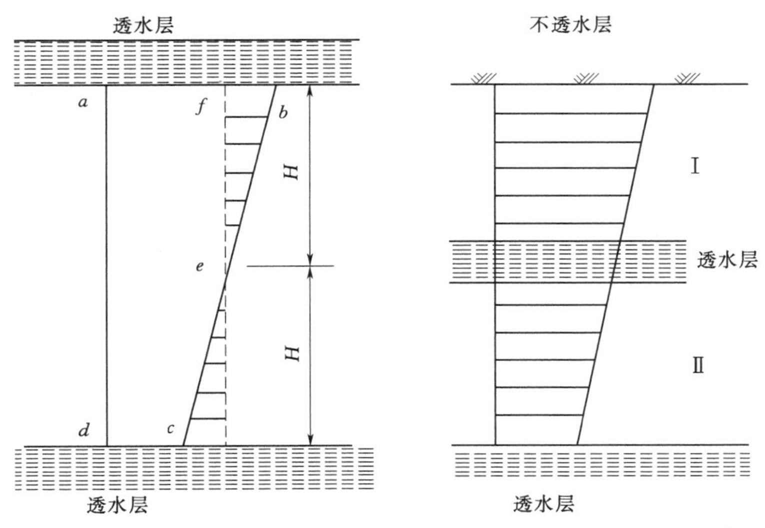


（$a$）地基土层顶面底面皆属排水层　　（$b$）成层土地基每层之间含有排水夹层

图 2-21　压缩应力分布示意图

再根据图 2-20 中 $\alpha=1$ 的 $U_t-T_v$ 关系曲线，查得相应的固结度 $U_t$ 和其所对应的沉降 $S_t$，或相应加荷历时 $t$。

对于成层土地基，若每层之间含有排水夹层［见图 2-21（$b$）］，则可以分别计算各压缩分层固结度 $U_{t\mathrm{I}}$、$U_{t\mathrm{II}}$、…和沉降量 $S_{t\mathrm{I}}$、$S_{t\mathrm{II}}$、…然后计算总和，即

$$S_t=\sum_{i=1}^{n}S_{ti}=\sum U_{ti}S_t \tag{2-67}$$

$$U_t=\frac{1}{S}(U_{t\mathrm{I}}S_{\mathrm{I}}+U_{t\mathrm{II}}S_{\mathrm{II}}+\cdots+U_{tn}S_n) \tag{2-68}$$

式中 $S_t$、$U_t$——$t$ 时刻全部压缩层的总沉降量和总固结度；

$S$——全部压缩土层的最终沉降量，m；

$S_{t\mathrm{I}}$、$U_{t\mathrm{I}}$——$t$ 时刻土层Ⅰ的沉降量和固结度；

$S_{\mathrm{I}}$——土层Ⅰ的最终沉降量，m；

$n$——总的土层数。

计算时应注意图 2-21（$b$）中土层Ⅰ为单面排水，按 $0<\alpha<1$ 的情况分析计算，土层Ⅱ则按双面排水 $\alpha=1$ 的条件计算。

至于成层土地基土层之间无排水夹层情况的固结度计算，可近似采用各土层有关固结特性指标的加权平均值求 $T_v$，按均质土 $T_v$ 求固结度。

$$T_v=\frac{t}{\sum_{i=1}^{n}m_{vi}h_i\sum_{1}^{n}\frac{h_i}{C_{vi}m_{vi}}} \tag{2-69}$$

式中 $h_i$——$i$ 层土厚度，m；

$m_{vi}$——$i$ 层土体积压缩系数，kPa；

$C_{vi}$——$i$ 层土竖向固结系数，$m^2/s$；

其他符号意义同前。

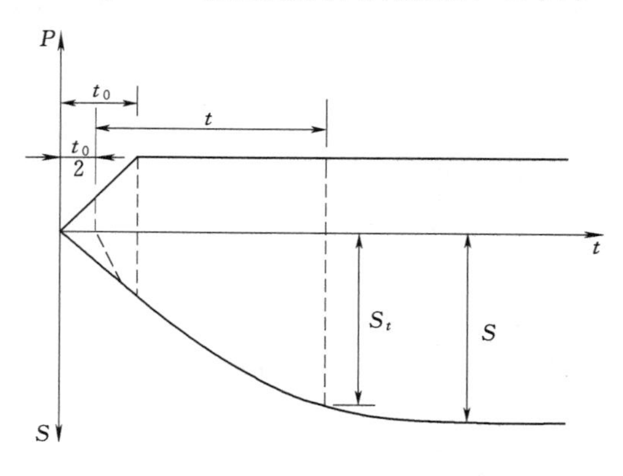


图 2-22 沉降量随时间变化的关系曲线图

注：$t_0$ 为工期。

2）经验估算法。根据地基沉降观测数据的统计分析，获得由半施工期开始的地基沉降过程线为一近似的双曲线（见图 2-22）。其表达式（2-70）为

$$S_t=\frac{St}{a+t} \tag{2-70}$$

式中 $S_t$——任一时段的地基的沉降量，m；

$S$——地基的最终沉降量，m；

$t$——半施工期开始的地基沉降历时，常以年计；

$a$——反映地基固结性能的待定参数。

$a$ 值可基于式（2-70），由接近施工结束某一时段 $t_1$ 的地基沉降实测值 $S_{t1}$ 反求，即

$$a=\frac{S_{t1}}{S_{t1}}-t_1 \tag{2-71}$$

求出 $a$ 值后，即可根据最终沉降 $S$ 通过式（2－70）计算地基在任一荷载下历时 $t$ 的沉降量 $S_t$。

（2）振冲桩复合土层的固结计算。振冲桩复合土层的固结较快，统计资料表明，采用振冲桩处理地基，则在建筑施工完毕时，渗透性较差的淤泥质土其固结度可达 0.4～0.5；黏性土、粉土可达 0.7～0.8。这是由于土中构筑了排水畅通的振冲桩，增加了土的横向排水通道、缩短了排水的途径，土既有原竖向排水性能，又增加了较强的横向排水能力。

振冲桩复合土层的固结可采用砂井地基的固结分析方法，同时考虑振冲桩的涂抹影响，将振冲桩桩径乘以 1/2～1/5 的减效系数。

振冲桩复合土体固结时，由于土中孔隙水既有竖向渗流，也有自振冲桩影响的边界向桩中轴辐射状的水平渗流，属三维轴对称渗流固结（见图 2－23）。其微分方程式以极坐标表示为

$$\frac{\partial u}{\partial t}=C_r\left(\frac{\partial^2 u}{\partial r^2}+\frac{1}{r}\frac{\partial u}{\partial r}\right)+C_v\frac{\partial^2 u}{\partial z^2} \tag{2-72}$$

式中　$r$——计算点至桩中轴的径向距离；

$C_v$、$C_r$——土的竖向固结系数和径向固结系数。

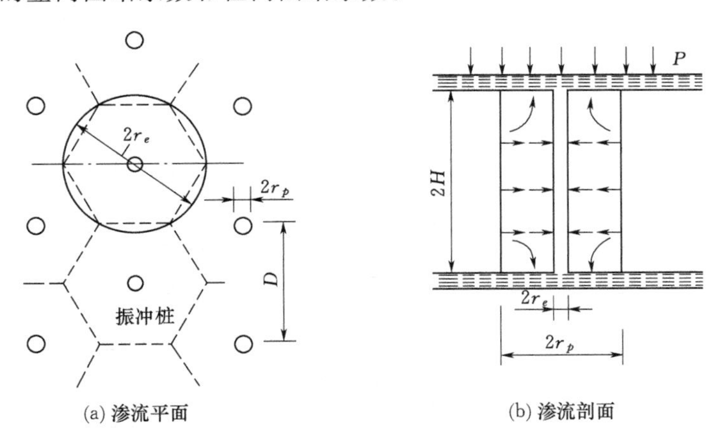


(a) 渗流平面　　(b) 渗流剖面

图 2－23　三维轴对称渗流固结示意图

式（2－72）可采用分离变量法分解为竖向固结方程：

$$\frac{\partial u_z}{\partial t}=C_v\frac{\partial^2 u_z}{\partial z^2} \tag{2-73}$$

和径向固结方程：

$$\frac{\partial u_r}{\partial t}=C_r\left(\frac{\partial^2 u_r}{\partial r^2}+\frac{1}{r}\frac{\partial u_r}{\partial r}\right) \tag{2-74}$$

根据微分方程式（2－73）与式（2－74）分别解得相应的竖向固结度 $U_{zt}$ 和径向固结度 $U_{rt}$。可以证明振冲桩复合土层的总固结度 $U_{spt}$ 为

$$U_{spt}=1-(1-U_{rt})(1-U_{zt}) \tag{2-75}$$

实际上，式（2－73）即为振冲桩处理前土层的一维固结方程，可根据前述方法求解和计算。而微分方程式（2－74）也可结合其初始条件与边界条件，解得 $t$ 时刻相应的固

结度 $U_{rt}$ 为

$$U_{rt}=1-e^{-\frac{8}{F}T_r} \tag{2-76}$$

式中 $U_{rt}$——土层径向 $t$ 时刻的平均固结度；

$T_r$——径向固结时间因数，其值为

$$T_r=\frac{C_r}{4r_e^2}t \tag{2-77}$$

$$F=\frac{n^2}{n^2-1}\ln(n)-\frac{3n^2-1}{4n^2} \tag{2-78}$$

式中 $n$——井径比，其值为振冲桩的影响半径 $r_e$ 与振冲桩半径 $r_p$ 之比。

为方便工程求解，已将 $U_{rt}$、$T_r$ 及 $n$ 三者的关系绘制成相应的曲线（见图 2-24），供求解查用。

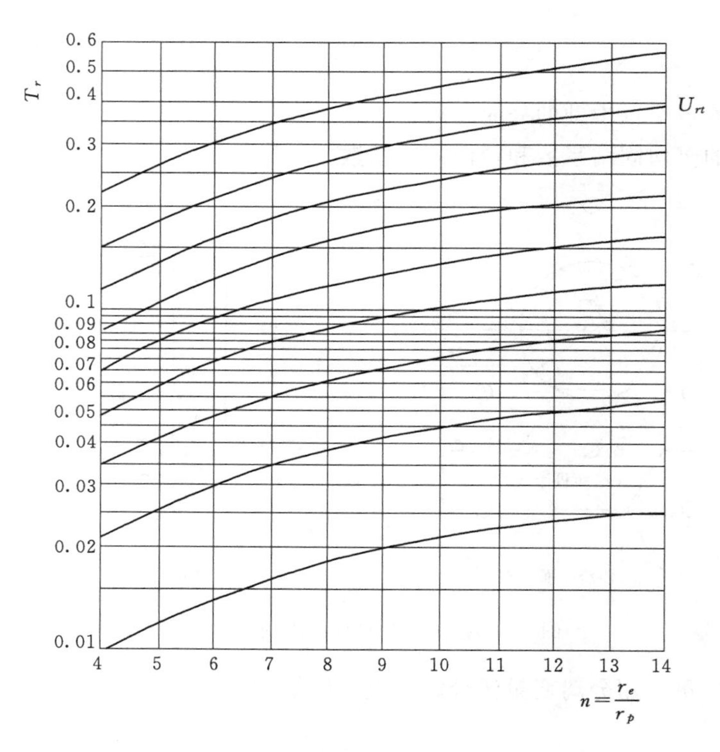


图 2-24 $U_r$ 与 $T_r$、$n$ 的关系曲线图

注：曲线为固结度 $U_{rt}$ 自下而上依次为 0.1、0.2、0.3、0.4、0.5、0.6、0.7、0.8、0.9。

### 2.3.4.7 振冲桩参数的设计

（1）处理范围。

1）土石坝（堤）体及坝（堤）基，按变形和稳定性计算分析结果确定其布桩范围。

2）非液化场地的振冲桩复合地基处理范围，应根据建筑物的重要性和场地条件确定，应大于荷载作用面范围，考虑到基底压力会向基础范围外的地基中扩散，而且外围的 1～3 排桩挤密效果较差，因此《水电水利工程振冲法地基处理技术规范》（DL/T 5214—2016）规定：

A. 建筑物的箱形基础、筏形基础，在基础范围内布桩，并根据原地基土质情况在基础外缘宜设置 1～2 排护桩。

B. 建筑物的独立基础、条形基础应在基础范围内布桩，当基础外为软黏土、松散回填土或基础位于不利地形条件时（如沟、塘、斜坡边缘），宜在基础范围外设置 1～2 排护桩。原地基越松散则处理范围应加宽越多，对于重要的建筑以及荷载较大的情况，处理范围应加宽。

国内大量的工程实例表明，对于建筑物条形基础、独立基础的地基处理工程，采用振冲法处理时可不设护桩，使用仍安全可靠，故一般对条形基础、独立基础可只在基础范围内部布桩。

3）对于采用振冲挤密成桩处理液化的地基，应确保建筑物的安全。基础外缘扩大处理宽度目前尚无统一标准，但总体认为，在基础外布桩对建筑物是有利的。按美国经验，基础外需处理宽度取处理深度，但根据日本和我国有关单位的模型试验，应取处理深度的 2/3。另外，由于基础压力的影响，使地基土的有效压力增加，抗液化能力增强，故这一宽度可适当降低。同时，根据日本挤密振冲桩处理的地基经过地震考验的结果，发现需处理的宽度小于处理深度的 2/3，因此，《水电水利工程振冲法地基处理技术规范》（DL/T 5214—2016）规定：对于可液化地基，在基础外缘扩大处理宽度不小于基础底面下可液化土层厚度的 1/2、且不宜小于 5m。

基础外缘扩大处理宽度应按照振冲施工的有效影响范围考虑，振冲施工影响范围与砂土类别、振冲器的功率相关，随着砂土粒径增大、振冲器功率的提高，影响范围随之增大。经验表明，振冲施工有效影响半径可达 2.0～3.0m。

（2）布桩形式。不同布桩形式，对桩的置换作用无影响，但对桩间土的挤密作用有差异。如正三角形布桩的重复挤密面积为 21%，而正方形布桩重复挤密面积为 57%。可见在整片基础下设计挤密桩时宜优先采用正三角形。对单独基础和条形基础则应注意使桩位对称于基础轴线，防止因桩的反力偏心导致基础倾斜。

《水电水利工程振冲法地基处理技术规范》（DL/T 5214—2016）规定：

1）对大面积坝（堤）基、箱基、筏基等可采用三角形布桩、正方形布桩、矩形布桩。

2）对条形基础，可沿基础的中心线布桩，当单排桩不能满足设计要求时，可采用多排布桩。

3）对独立基础，可采用三角形布桩、正方形布桩、矩形布桩或混合形布桩。

常用的布桩形式见图 2-25。

（3）桩长的要求。振冲桩的桩长可根据工程要求和场地地质条件通过计算确定。标准贯入和静力触探沿深度的变化曲线也是确定桩长的重要资料。

1）松散或软弱地基土层厚度不大时，振冲桩宜穿透该土层。

2）松散或软弱地基土层厚度较大时，对按稳定性控制的工程，挤密振冲桩桩长应大于设计要求安全度相对应的最危险滑动面以下 2.0m；对按变形控制的工程，挤密振冲桩桩长应能满足处理地基变形量不超过建（构）筑物的地基变形允许值，并应满足软弱下卧层承载力的要求。

3）对可液化的地基，为保证处理效果，桩长宜穿透可液化层，如可液化层过深，则

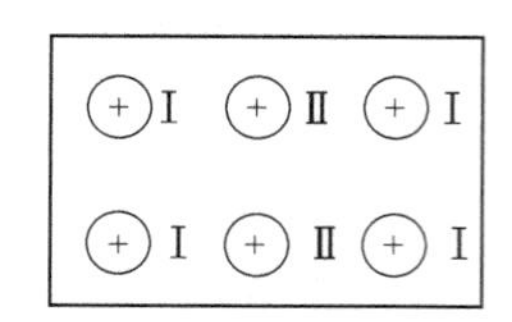


（*a*）独立基础振冲桩的方形排列

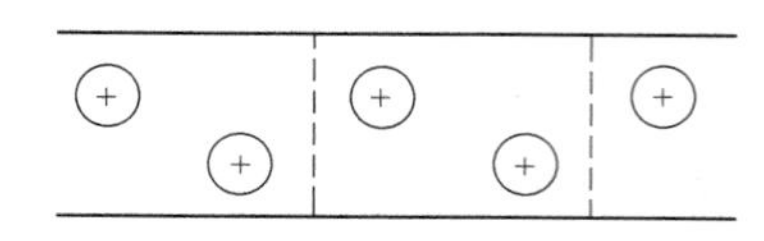

（*c*）条形基础振冲桩的双排排列

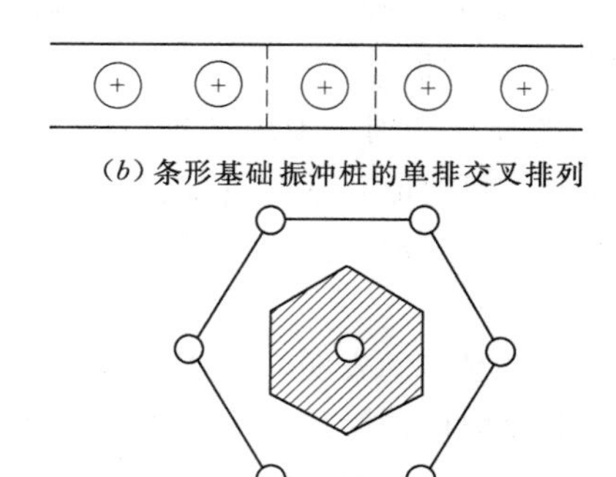

（*b*）条形基础振冲桩的单排交叉排列

（*d*）巨型基础振冲桩的正三角形排列

图 2-25　常用的布桩形式图

应按现行国家标准《建筑抗震设计规范》（GB 50011—2010）的有关规定执行。

4）振冲桩单桩竖向抗压载荷试验表明，振冲桩桩体在受荷载过程中，在桩顶以下 4 倍桩径范围内将发生侧向膨胀，因此，设计深度应大于主要受荷载深度，且不宜小于 4 倍桩径。鉴于采用振冲法施工挤密振冲桩平均直径约 1000mm，因此，《建筑地基处理技术规范》（JGJ 79—2012）规定挤密振冲桩桩长不宜小于 4m。

5）当建筑物荷载不均匀或地基主要压缩层不均匀时，建筑物的沉降存在一个沉降差，当沉降差过大时，会使建筑物受到损坏。为了减少其沉降差，可分区采用不同桩长进行加固，用以调整沉降差。

6）为使基底以下有效桩顶范围内的桩体得到充分振密，达到桩体密实度要求，振冲施工时有效桩顶标高以上应留有一定厚度的土层。《水电水利工程振冲法地基处理技术规范》（DL/T 5214—2016）规定：振冲桩桩长宜超过设计有效桩顶高程 1.0～1.5m，当超高不足时，应在振冲施工后对基底土层及有效桩体顶部做振动密实处理。

（4）填料。

1）填料的选用。振挤密实砂性土时采用填料的作用，一是在填充器上提后，砂层中可能留下孔洞或陷坑，二是填料作为传力介质在振冲器的水平振动下，通过连续填料，将砂层进一步振挤密实。对于中、粗砂，由于振冲器上提时孔壁极易坍落，能自行填满下方的孔洞，往往可以不加填料就地振密，但对于粉细砂，由于土中常具有毛细水，所产生毛细水压力，故其孔壁难以自行塌落。另外在振冲加密过程中，粉细砂层所形成的流态区较大，排水固结也相对较慢，故必须添加填料方能获得较好的振密效果；碎石、卵石类土其摩擦角大，振冲器的振动力不足以使孔壁坍塌或坍塌量不足以弥补加密所需的填料量，一般亦需外加填料。

桩体材料宜采用含泥量不大于 5%的碎石、卵石、砾石、砾（粗）砂、矿渣，或其他无腐蚀性、无污染、性能稳定的硬质材料。理论上填料粒径越粗，振冲加密的效果越好。填料粒径不宜太小，粒径大能更好传递振动应力，加密效果好，但粒径过大则下料困难。对于 30kW 振冲器，材料粒径宜为 20～100mm；对于 75kW 以上振冲器，材料粒径宜为 20～150mm；采用底部出料法施工时，材料粒径宜为 8～50mm。

除特殊需要外，对填料一般没有严格的要求，但不宜用单级配料。R. E. Rrown（1977）建议以适用指数式（2-79）来衡量填料的适用程度（见表2-23）。

$$适用指数=1.7\sqrt{\frac{3}{(D_{50})^2}+\frac{1}{(D_{20})^2}+\frac{1}{(D_{10})^2}} \tag{2-79}$$

式中 $D_{50}$、$D_{20}$、$D_{10}$——回填料筛余直径。

**表2-23　填料级配评价准则表**

| 适用指数 | 0～10 | 10～20 | 20～30 | 30～50 | >50 |
|---|---|---|---|---|---|
| 适用程度 | 很好 | 好 | 一般 | 不好 | 不适用 |

作为桩体材料，碎石比卵石好。因为碎石之间咬合力比卵石大，振冲桩强度高。而卵石作填料则下料较为容易。

2）填料量的初估。

A. 理论估算法。振冲加密填料量的估算主要是对砂砾粒而言。

设一根桩振冲加密作用承担的处理面积为 $A_e$ 如图2-26中的阴影部分。该范围土的原始孔隙比为 $e_0$，振密后土的孔隙比为 $e_1$（一般由设计提出相对密实度 $D_{r1}$，通过室内土工试验求得最大孔隙比 $e_{max}$ 和最小孔隙比 $e_{min}$，经过换算求出），则范围内每延米减少的孔隙体积 $V_k$ 为

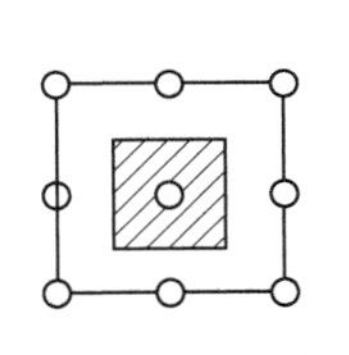

(a) 正方形布置

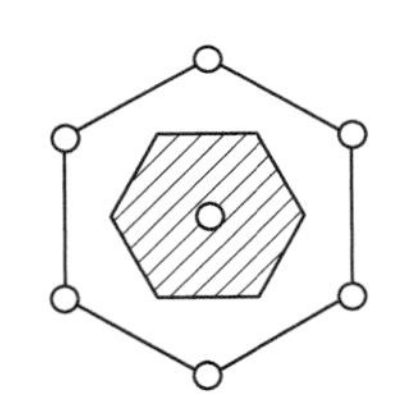

(b) 正三角形布置

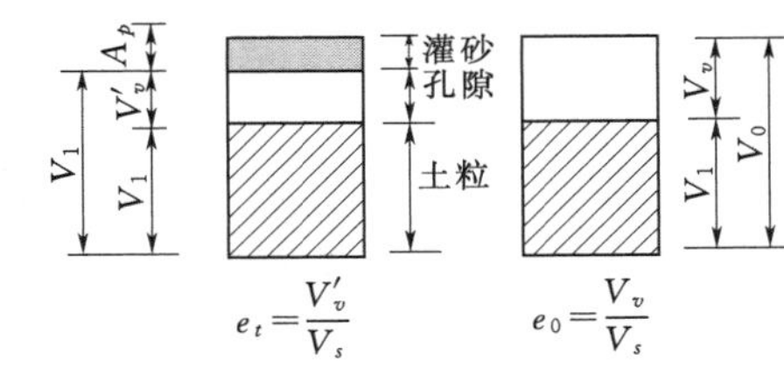


(c) 孔隙比变化

图2-26　砂桩影响范围图

$$V_k=\frac{e_0-e_1}{1+e_0}A_e \tag{2-80}$$

由于该减小的孔隙体积即为每延米填料桩所占据的桩体体积 $V_p$，即

$$V_p=V_k \tag{2-81}$$

若桩体填料孔隙比为 $e_p$，则每延米桩的填料量的实体体积 $V_{ps}$ 为

$$V_{ps}=\frac{V_p}{1+e_p} \tag{2-82}$$

当测得填料原始孔隙比，亦即填料虚方的孔隙比 $e_x$，则每延米所填填料的虚方 $V_m$ 为

$$V_m=V_{ps}(1+e_x) \tag{2-83}$$

最后基于式（2-80）～式（2-83）可导出每延米填料虚方 $V_m$ 为

$$V_m=\frac{(1+e_x)(e_0-e_1)}{(1+e_0)(1+e_p)}A_e \tag{2-84}$$

式（2-84）为理论计算填料量，在设计过程中估算填料量时，鉴于还未施工，式

(2-84)中 $e_p$ 无法取得，查阅相关地基处理手册，桩体孔隙比采用振密后砂土的孔隙比 $e_1$，式（2-84）即可表述为

$$V_m=\frac{(1+e_x)(e_0-e_1)}{(1+e_0)(1+e_1)}A_e \tag{2-85}$$

B. 工程经验法估算。在理论估算中，每延米填料虚方 $V_x$ 的计算涉及桩体孔隙比及填料虚方的孔隙比，在大量的工程实践总结，在考虑了工艺性损耗后，《水电水利工程振冲法地基处理技术规范》（DL/T 5214—2016）提出，振冲桩填料密实系数一般为 0.7～0.8，即

$$V_p=(0.7\sim0.8)V_m \tag{2-86}$$

（5）桩径的估算。

1）按填料量确定。根据《水电水利工程振冲法地基处理技术规范》（DL/T 5214—2006）规定，桩径可根据填料量按式（2-87）进行估算：

$$d=2\sqrt{\frac{\eta V_m}{\pi}} \tag{2-87}$$

式中 $\eta$——密实系数，无现场试验资料时，取松散填料干密度 1.4～1.5g/cm$^3$、桩体干密度 1.8～2.0g/cm$^3$ 换算，一般为 0.7～0.8。

2）按孔隙比确定。对于砂土地基，根据振前和振后孔隙比，通过式（2-80）和式（2-81）联立求出平均桩径：

$$d=2\sqrt{\frac{e_0-e_1}{\pi(1+e_0)}A_e} \tag{2-88}$$

3）按经验预估。振冲桩的直径与原状土的 $f_k$ 值和振冲器型号有关，在粉土、黏土中进行振冲置换成桩，振冲柱桩径的经验数值见表 2-24。振冲桩每段实际的平均桩径可按各段填入的石料量估算。

**表 2-24　振冲桩桩径的经验数值表**

| 原状土 $f_k$/kPa | | 40～80 | 90～140 | 150～200 |
|---|---|---|---|---|
| 桩径/m | 75kW 振冲器 | 1.1～1.0 | 1.0～0.9 | 0.9～0.8 |
| | 30kW 振冲器 | 1.0～0.9 | 0.9～0.8 | 0.8～0.7 |

4）国外经验。在粉土、黏土中进行振冲置换成桩，桩的直径与土类及其强度、桩材粒径、振冲器类型、施工质量关系密切。如果是在不均质地基土层或强度较弱的土层中，桩体直径较大；反之，在强度较高的土层中桩体直径较小。振冲器的振动力愈大，桩体直径愈粗 。如果施工质量控制不好，很容易制成上粗下细的“胡萝卜”形。因此，桩体并不是标准的圆柱体。所谓桩的直径是指按每根桩的用料量估算的平均理论直径，用 $d$ 表示。一般 $d=0.8\sim1.2$m。Besancon 等（1984）统计的桩体平均理论直径曲线见图 2-27，该图可供初步设计选定桩体直径之用。

（6）桩距的确定。振冲桩的桩距确定与多种因素有关，这些因素包括：原土的抗剪强度、原状砂土的粒径级配、设计荷载、密实度的要求、振冲器的功率、施工工艺等。荷载

大、原土强度低、振冲器功率小，砂土粒径细、设计密实度要求就高，宜取较小的桩距；反之，宜取较大的桩距。

对于大型、重要的工程应通过现场试验来确定桩距。试验通常拟定三种可能的桩距，并尽量结合工程进行。目前，在未进行试验前，初步估算桩距有以下几种方法。

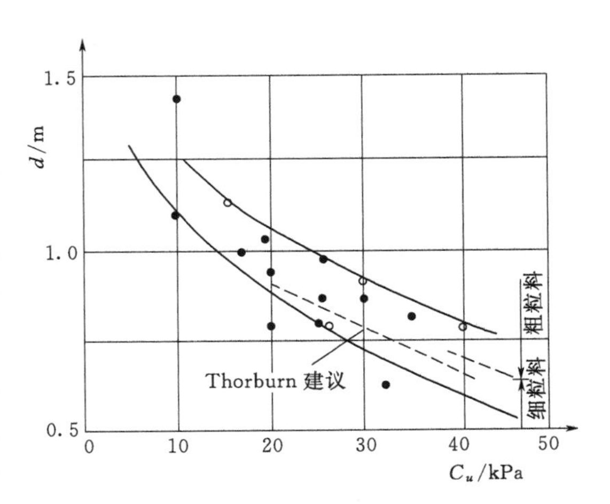

图 2-27　桩体平均理论直径曲线图

1）规范要求。工程经验法主要以振冲器功率大小作为考虑对象。《建筑地基处理技术规范》（JGJ 79—2012）中规定，30kW 振冲器布桩间距可采用 1.3～2.0m，55kW 振冲器布桩间距可采用 1.4～2.5m，75kW 振冲器布桩间距可采用 1.5～3.0m。《水电水利工程振冲法地基处理技术规范》（DL/T 5214—2016）中规定，30kW 振冲器布桩间距宜为 1.2～2.0m，75kW 振冲器布桩间距宜为 1.5～3.0m；130kW 及以上的大功率振冲器布桩间距宜为 2.0～3.5m。

2）按填料量估算法。振冲加密砂基可根据地基单位土体填料量估算加密以后地基的相对密实度。按式（2-85）可推导出地基单位体积填料量 $V_i$：

$$V_i=\frac{(1+e_x)(e_0-e_1)}{(1+e_0)(1+e_1)} \tag{2-89}$$

设计大面积砂层加密处理时，振冲桩间距可按式（2-90）估算：

$$s=a\sqrt{V_m/V_i} \tag{2-90}$$

式中　$s$——振冲桩间距，m；

$a$——系数，正方形布孔为 1.0，等边三角形布孔为 1.075；

$V_m$——单位桩长的平均虚方填料量，$m^3/m$；

$V_i$——原地基为达到规定密实度单位体积所需虚方填料量，$m^3/m^3$。

需要指出，采用上述方法时要考虑振冲过程中随返水带出的泥砂量。这个数量是难以准确测定的，实际中可将计算的填料量乘一系数（一般取 1.1～1.3）。中粗砂取低值，粉细砂取高值。

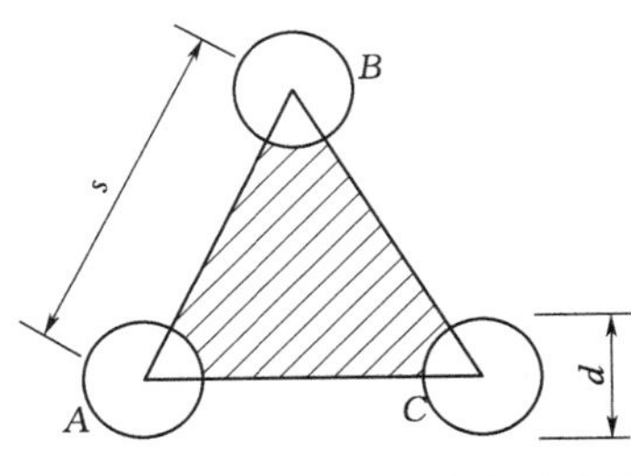

图 2-28　砂桩间距的确定示意图

3）按复合地基抗液化确定桩距。对于有液化情况的复合地基处理，何广讷基于场地砂土的物理及物理状态指标，结合复合地基的液化临界孔隙比，建立了相应的振冲桩桩距的计算方法。

先以正三角布桩为例进行推导（见图 2-28）。图中 $d$ 为振冲桩的直径；$s_{cr}$ 为抗液化临界桩距；$h$ 为振密深度，即桩长；$V_0$ 为振密前加密范围内土的体积；$(V_{cr})_F$ 为该区土加密后达到的抗液化临界孔隙比 $(e_{cr})_F$ 土的体积；

$V_s$ 为被加密土的固体体积。则 $V_0$ 与 $(V_{cr})_F$ 可以分别推导为

$$V_0 = V_s(1+e_0) = \frac{\sqrt{3}}{4}s_{cr}^2 h \tag{2-91}$$

$$(V_{cr})_F = V_s[1+(e_{cr})_F] = \left(\frac{\sqrt{3}}{4}s_{cr}^2 - \frac{\pi d^2}{8}\right)h \tag{2-92}$$

由式（2-91）、式（2-92）可得

$$V_s[e_0 - (e_{cr})_F] = \frac{\pi d^2}{8}h \tag{2-93}$$

$$V_s = \frac{\sqrt{3}s_{cr}{}^2 h}{4(1+e_0)} \tag{2-94}$$

又基于式（2-93）、式（2-94）可以获得

$$e_0 - (e_{cr})_F = \frac{\pi d^2(1+e_0)}{2\sqrt{3}s_{cr}{}^2} \tag{2-95}$$

或

$$s_{cr} = d\sqrt{\frac{\pi}{2\sqrt{3}}\frac{1+e_0}{e_0-(e_{cr})_F}} = 0.952d\sqrt{\frac{1+e_0}{e_0-(e_{cr})_F}} \tag{2-96}$$

若按正方形布桩，同理可以求得

$$s_{cr} = 0.886d\sqrt{\frac{1+e_0}{e_0-(e_{cr})_F}} \tag{2-97}$$

因此，实际工程中的岩土工程勘察报告只要给出原土的孔隙比 $e_0$、最大和最小孔隙比 $e_{max}$、$e_{min}$，或原土的密实度 $D_{r0}$，以及土振密后抗液化的临界孔隙比 $(e_{cr})_F$，即可通过式（2-96）、式（2-97）分别估算出正三角形布桩和正方形布桩的抗液化临界桩距 $s_{cr}$。设计的振冲桩距 $s$ 满足式（2-98）即可：

$$s \leqslant s_{cr} \tag{2-98}$$

4）按干密度确定桩距。根据地基振冲加密后设计要求的干密度 $\rho_{d1}$，确定桩间距 $s$。

正方形布桩时：

$$s = 0.89d\sqrt{\frac{\rho_{d1}}{\rho_{d1}-\rho_{d0}}} \tag{2-99}$$

等边三角形布置时：

$$s = 0.95d\sqrt{\frac{\rho_{d1}}{\rho_{d1}-\rho_{d0}}} \tag{2-100}$$

式中 $s$——振冲孔间距，m；

$d$——振冲桩平均直径，m；

$\rho_{d1}$——设计要求达到的干密度，g/cm³；

$\rho_{d0}$——地基天然干密度，g/cm³。

5）按孔隙比确定桩距。根据《建筑地基处理技术规范》（JGJ 79—2012）的规定，可根据地基振冲加密后设计要求的孔隙比 $e_1$，确定桩间距 $s$。

正方形布桩时：

$$s=0.89\xi d\sqrt{\frac{1+e_0}{e_0-e_1}} \tag{2-101}$$

等边三角形布置时：

$$s=0.95\xi d\sqrt{\frac{1+e_0}{e_0-e_1}} \tag{2-102}$$

$$e_1=e_{\max}-D_{r1}(e_{\max}-e_{\min}) \tag{2-103}$$

式中 $s$——振冲桩间距，m；

$d$——振冲桩平均直径，m；

$\xi$——修正系数，当考虑振动下沉密实作用时，可取 1.1～1.2；不考虑振动下沉密实作用时，可取 1.0；

$e_0$——地基处理前砂土的孔隙比，可根据原状土样试验确定，也可根据动力或静力触探等对比试验确定；

$e_1$——地基振冲挤密后要求达到的孔隙比；

$e_{\max}$、$e_{\min}$——砂土的最大、最小孔隙比，可按《土工试验方法标准》（GB/T 50123）的有关规定确定；

$D_{r1}$——地基振冲挤密后要求砂土达到的相对密实度，可取 0.70～0.85，一般由设计给出。

6）国外经验。

A. 达阿波罗尼亚（D Apolonia. E）影响系数法：达阿波罗尼亚在现场用 30 马力振冲器试验，推测出单孔的加密曲线（见图 2-29）。他认为若是单孔，则在距离振冲点 0.9m 外的范围其加密效果不会超过 70%，距离振冲点 2.4m 内的几个振冲孔的加密效果可叠加。

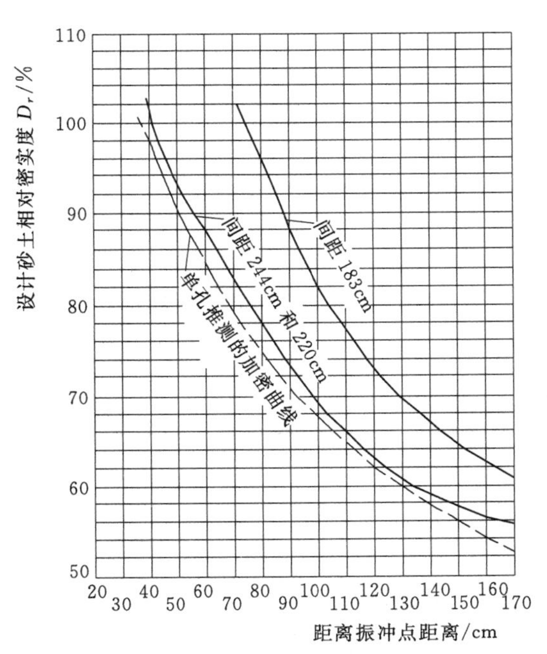


图 2-29 加固效果和间距关系图

图 2-30 是英美 30 马力振冲器在砂基中的影响系数。如按正三角形布孔，间距 2.29m，则三角形重心距每个振冲点距离为 1.32m。查图 2-30 左侧曲线，相应于 1.32m 的影响系数为 4.1，三个振冲点的叠加效果 4.1×3=12.3。查图 2-30 右侧曲线，当影响系数为 12.3 时的相对密实度为 75%。即孔距为 2.29m，正三角形布孔，其重心点加密后砂的相对密实度可达 75%。

B. 索恩伯经验图表（英美 30 马力型）：砂性土地基振冲点间距与加固后中点的相对密实度关系见图 2-31。

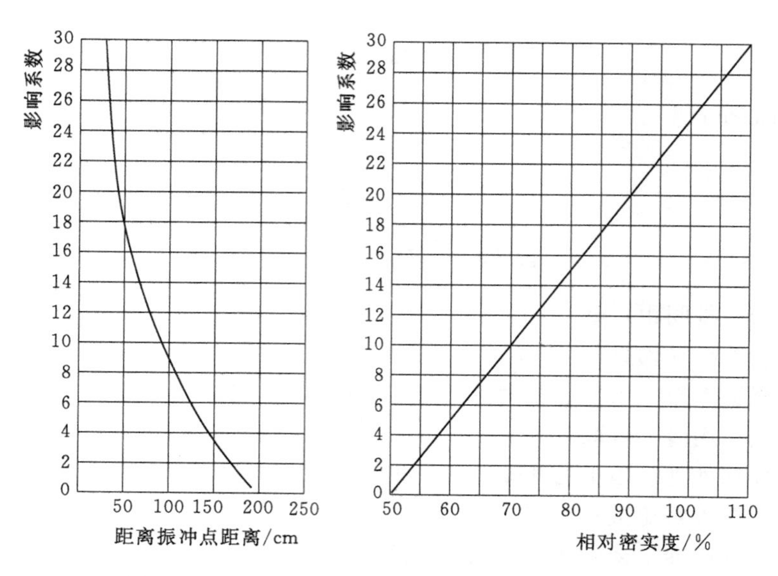


图 2-30　英美 30 马力振冲器在砂基中的影响系数

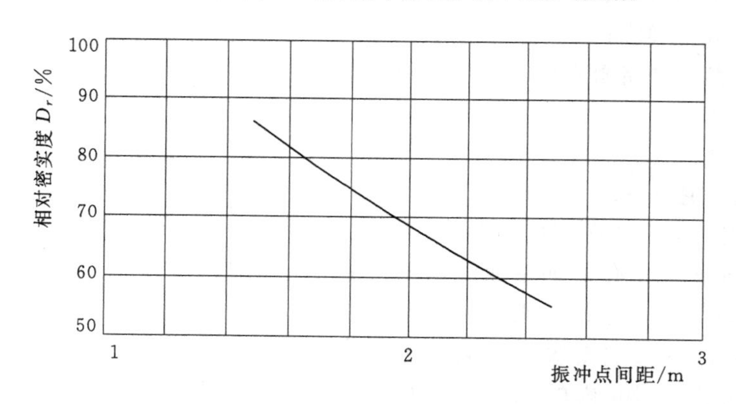


图 2-31　砂土地基振冲点间距与加固后中点的相对密实度关系图

C. 格林伍德建议（见表 2-25）。

表 2-25　　　间距经验值表

| 需要的承载力/kPa | 需要的 $D_r$/% | 间距/m |
| --- | --- | --- |
| 96 | 50～60 | 2.47～2.78 |
| 338 | 85 | 1.85 |

（7）桩顶部的处理。当桩顶部上覆土层厚度小于 1m 时，由于所承受地基土的上覆压力小，该处的约束力也就小，制桩时桩顶的密实程度很难达到要求，因此，根据《水电水利工程振冲法地基处理技术规范》（DL/T 5214—2016）中的规定，振冲桩桩长宜超过设计有效桩顶 1.0～1.5m，超高不足时，应在振冲施工后对基底土层及有效桩体顶部做密实处理。振冲施工时有效桩顶标高以上土层的厚度，采用的振冲器功率小时取小值，振冲器功率大时取大值。振冲法地基处理后的复合地基上面一般要铺一层厚 200～500mm 的碎

石垫层，以改善传力条件，使荷载传递较为均匀，垫层本身也需要压实。

### 2.3.5 无填料振冲挤密设计

无填料振冲挤密，是对于振密效果显著的砂土地基，采用振冲挤密或以原地层土体作为孔内填料的地基振冲处理方法。

无填料振冲挤密技术在大隆水库坝基加固、洋山港粉细砂地基处理、曹妃甸吹填粉细砂地基处理等大型工程中得到了成功的应用，借助于国内设备性能的提高和采用多点同时挤密的施工工艺，拓展了无填料振冲挤密技术的适用范围。实践证明，无填料振冲挤密技术在黏粒含量不大于10%的中、粗砂土地基中有其适用性，对于粒径级配接近粉土的粉砂地层应通过试验确定其适用性。

根据《水电水利工程振冲法地基处理技术规范》（DL/T 5214—2016）中规定，无填料振冲设计应满足如下要求。

（1）无填料振冲挤密留振时间、加密段长度、振冲挤密遍数等参数设计应根据现场试验结果确定。

由于地基土类别、物理力学性质和施工设备性能不同，应通过现场试验并结合工艺试验结果确定适当的施工技术参数，以达到处理要求。

（2）无填料振冲挤密复合地基承载力计算、变形计算、稳定性分析按《建筑地基基础设计规范》（GB 50007）及《碾压式土石坝设计规范》（DL/T 5395）的有关规定执行。

复合地基承载力计算、变形计算、稳定性分析按《建筑地基基础设计规范》（GB 50007）的评价天然土层的规定执行，其参数按照无填料振冲挤密施工完成后检测试验结果取值。

（3）现场试验设计方案应根据地基砂土类别、拟采用的振冲器性能指标、单点或多点振冲施工工艺、振冲布点方式与间距等影响因素综合确定。

多点无填料振冲挤密施工方法早在20世纪中叶就在国外出现大规模应用，著名的埃及阿斯旺吹填砂地基处理工程中采用了6点振冲施工工艺，每次振冲挤密面积达到96m²，地基处理效果显著。

根据曹妃甸、洋山港等项目施工数据的对比，多点振冲处理效果明显好于单点振冲的处理效果。因此建议，在有条件的情况下宜优先采用多点振冲工艺，以提高处理效果，并且可以在一定程度上提高施工工效。处理深度在15m以内宜选择3点、15～20m以内可选择2点、20～30m以内可选择单点振冲挤密施工工艺。

（4）无填料振冲挤密设计应明确采用的振冲器性能、施工工艺、布点方式与间距等以及建（构）筑物设计所需要的其他技术要求。

（5）对于功率不大于75kW的振冲器，布点间距宜为2.0～3.5m；对于功率在75kW以上的振冲器，布点间距宜为2.5～4.5m；粉细砂地基布点间距宜取小值。随着砂土粒径增加，布点间距可逐步增大。

（6）布点方式宜为正三角形。对于多点振冲挤密技术，布点方式宜采用正三角形，以最大限度发挥多点共同作用对地基土的叠加挤密效应，达到最佳的地基处理效果。

（7）无填料振冲挤密地基沉陷量一般为地基振冲处理深度的5%～10%。无填料振冲挤密地基沉陷量可根据原土层孔隙比、处理后的土层孔隙比及设计要求进行估算。依据大量的工程实践经验，无填料振冲挤密地基沉陷量为地基振冲处理深度的5%～10%，采用多点振冲挤密工艺处理新近吹填粉细砂土地基，其沉陷量一般较大。无填料振冲挤密设计应适当考虑地表标高的预抬量。

（8）无填料振冲挤密施工后，应对地基表层厚1.0～1.5m松散土层进行密实处理。

为使基底以下有效桩顶范围内的桩体得到充分振密，振冲施工时有效桩顶标高以上应留有一定厚度的土层。通常情况下，当振冲挤密法用于大面积的地基处理工程时，预留覆盖土层有一定的难度，因此在无填料振冲挤密施工后，应对地基表层0.5～1.5m厚松散土层进行密实处理。

## 2.4 振冲技术的发展趋势

基于基本建设的需要、地基处理理念与技术的深化和发展，建立了地基综合处理技术与多桩型复合地基理论；开发了高层建筑振冲桩复合地基；又基于近岸工程海域的环境条件和工作情况，创建了近岸工程振冲桩复合地基的技术措施如底部出料施工方法；发展了不外加填料振冲密实细砂、粉砂和粉煤灰等细粒散土的技术和超深处理的技术。振冲技术的这些发展实用性强、经济效益高，迅速拓宽了该技术的应用领域。

### 2.4.1 地基综合处理技术

对于一些重型结构、高层建筑、大型罐体，其所修筑的场地常含有松软土层，地层复杂，差异性大，需要进行处理，但在某些情况下，采用单一的地基处理技术也难以达到令人满意的效果，故需结合地基土质的条件、地下水的状况、设计要求、地基处理技术的特点和效果以及经济、工期等情况，选用优化组合的地基综合处理技术。

#### 2.4.1.1 地基综合处理技术简介

地基综合处理技术的方案选择，涉及的因素较多，主要有建筑场地的工程地质条件、上部结构的特点、荷载的大小与性质、设计的要求、环境的制约、各种地基处理技术的适宜性与效用、耗资的多少、工期的长短等等。地基综合处理技术的方案选择实质上属于受多因素影响和制约的系统工程范畴。故不能仅仅着重于各部分单一地分析和计算，更应从有关系统角度进行综合分析，以求得总体最优化的状态，并获得地基处理的最好途径和措施。因而地基综合处理技术更着重于：

（1）整体性。由于地基处理涉及的因素较多，而且各个方面既具有独立的功能和目标要求，又互有联系。各部分在系统的统一协调下发挥整体功能，对任何部分都不宜脱离整体去研究与考虑，而要从整体协调配合角度研究与考虑，方可获得总体最优的地基综合处理技术。

（2）综合性。首先是指研究对象的综合性，不仅对地基处理方法本身进行研究，还必须针对地基处理方法所涉及的各部分进行宏观分析与综合研究。其次要对有关的各部分形态、功能及其相互影响等进行综合分析。

（3）最优性。地基综合处理技术系统不仅着眼于技术本身的可行性与合理性，更着重于系统的总体功能和目标，要求总体综合效益最优，故着眼于整体的状态和过程，并不要求有关各部分的目标和功能均达到最佳。

#### 2.4.1.2 目标设计与概念设计

（1）目标设计。系统工程中的目标设计是针对研究对象各部分的特征、要求达到的目标、拟采用的某些措施以及其经济性、合理性的若干优化组合设计。对于地基综合处理技术而言，就是要深入了解待处理地基的工程地质条件、设计的要求、可采用的处理途径与措施、处理期的长短和相应的投入等主要有关部分，进行若干个满足工程要求目标的设计，然后通过分析、对比、综合评价确定最佳方案。

（2）概念设计。概念设计即系统工程决策，也就是对应地基综合处理技术的决策。决策者首先需对地基综合处理的有关各部分进行深入的调研和分析，以使采用的地基综合处理技术总体最优。概念设计是属定性分析的范畴，不需要进行定量的分析评价，而是基于广泛的基础知识与丰富的实践经验进行宏观地判定。

### 2.4.2 多桩型复合地基

多桩型复合地基属于地基综合处理的范畴，是以多种桩型综合处理地基所构成的复合地基。复合地基中的桩按其性态、刚硬程度等可分为散体材料桩，如砂桩、碎石桩等；柔性桩，如石灰桩、水泥土搅拌桩、粉喷桩、旋喷桩等；刚性桩，如灌注桩、水泥粉煤灰碎石桩（CFG桩）、预制桩等。各类桩因其成桩条件不同，性态不一，对地基处理的作用与效果不尽相同，故应结合地质土层的情况，根据不同桩体的特点，进行优化组合，在此对振冲桩的多桩型复合地基进行介绍。

#### 2.4.2.1 多桩型复合地基的基本概念和加固机理

（1）多桩型复合地基的基本概念。所谓多桩型复合地基，是在松软土中构筑两种或两种以上类型的桩体（如振冲桩与CFG桩、振冲桩与钻孔灌注桩等），或是由同类桩体但几何尺寸不同的两种或两种以上桩型构成的复合地基（振冲长短组合桩），统称为多桩型复合地基。如对于可液化地基，而其所承受的荷载比较大，可采用振冲桩与刚性桩组合成多桩型复合地基，其中振冲桩不仅能提高一定的地基承载力，减少沉降与不均匀沉降，更能有效地消除或降低地基的液化势或湿陷性，而刚性桩可以提供较大的负荷强度，以补偿地基承载力的不足；又如在深厚的软黏性土地基中构筑一定长度的振冲桩，以满足地基承载力的要求，但其下部软土的沉降过大，固结很慢，此时可以考虑将部分桩体向深部延伸，以减小其沉降，加快其固结，构成长短桩相结合的多桩型复合地基。

（2）多桩型复合地基的加固机理。已有的多桩型复合地基的试验研究表明，复合地基中各型桩仍按其各自的性态在软土地基中发挥其加固作用。故多桩型复合地基的加固机理可以近似理解为各类型桩加固机理的综合，而且在地基上作用的荷载仍然由桩与桩间土共同承担，这一基本原则不变。只是由于各不同桩型之间刚度的差异，故不仅桩体、桩间土分担的荷载强度不同，各类型桩之间分担的荷载强度亦有区别。

#### 2.4.2.2 多桩型复合地基的计算

《建筑地基处理技术规范》（JGJ 79—2012）有如下规定：

（1）多桩型复合地基适用于处理不同深度存在相对硬层的正常固结土，或浅层存在欠固结土、湿陷性黄土、可液化土等特殊土，以及地基承载力和变形要求较高的地基。

（2）多桩型复合地基的设计应符合下列原则：

1）桩型及施工工艺的确定，应考虑土层情况、承载力与变形控制要求、经济性和环境要求等综合因素。

2）对复合地基承载力贡献较大或用于控制复合土层变形的长桩，应选择相对较好的持力层；对处理欠固结土的增强体，其桩长应穿越欠固结土；对消除湿陷性土的增强体，其桩长宜穿过湿陷性土层；对处理液化土的增强体，其桩长宜穿过可液化土层。

3）如浅部存在较好持力层的正常固结土，可采用长桩与短桩的组合方案。

4）对浅部存在软土或欠固结土，宜先采用预压、压实、挤密方法或低强度桩复合地基等处理浅层地基，再采用桩身强度相对较高的长桩进行地基处理。

5）对湿陷性黄土应按现行国家标准《湿陷性黄土地区建筑规范》（GB 50025—2004）的规定，采用压实、夯实或土桩、灰土桩等处理湿陷性，再采用桩身强度相对较高的长桩进行地基处理。

6）对可液化地基，可采用振冲桩等方法处理液化土层，再采用有黏结强度桩进行地基处理。

（3）多桩型复合地基单桩承载力应由静载荷试验确定，初步设计可按相关规范进行估算；对施工扰动敏感的土层，应考虑后施工桩对已施工桩的影响，单桩承载力予以折减。

（4）多桩型复合地基的布桩宜采用正方形或三角形间隔布置，刚性桩宜在基础范围内布桩，其他增强体布桩应满足液化土地基和湿陷性黄土地基对不同性质土质处理范围的要求。

（5）多桩型复合地基垫层设置，对刚性长、短桩复合地基宜选择砂石垫层，垫层厚度宜取对复合地基承载力贡献大的增强体直径的1/2；对湿陷性的黄土地基，垫层材料应采用灰土，垫层厚度宜为300mm。

（6）由振冲桩组合的多桩型复合地基承载力特征值，应采用多桩复合地基静载荷试验确定，初步设计时，可采用下列公式估算。

（7）对有黏结强度的桩与散体材料桩（振冲桩）组合形成的复合地基承载力特征值：

$$f_{spk}=m_1\frac{\lambda_1 R_{a1}}{A_{p1}}+\beta[1-m_1+m_2(n-1)]f_{sk} \tag{2-104}$$

式中 $f_{spk}$——有黏结强度的桩与散体材料桩（振冲桩）组合形成的复合地基承载力特征值，kPa；

$\beta$——仅由散体材料桩加固处理形成的复合地基承载力发挥系数；

$m_1$、$m_2$——桩1、桩2的面积置换率；

$R_{a1}$——具有黏结强度的桩1的单桩承载力特征值，kN；

$A_{p1}$——具有黏结强度的桩1的截面面积，$m^2$；

$n$——仅由散体材料桩加固处理形成复合地基的桩土应力比；

$f_{sk}$——仅由散体材料桩加固处理后桩间土承载力特征值，kPa。

（8）多桩型复合地基面积置换率，应根据基础面积与该面积范围内实际的布桩数量进行计算，当基础面积较大或条形基础较长时，可用单元面积置换率替代。

当按矩形布桩时（见图2-32），$m_1=\frac{A_{p1}}{2s_1 s_2}$，$m_2=\frac{A_{p2}}{2s_1 s_2}$。

当按三角形布桩（见图 2－33）且 $s_1=s_2$ 时，$m_1=\frac{A_{p1}}{2s_1^2}$，$m_{12}=\frac{A_{p2}}{2s_2^2}$。

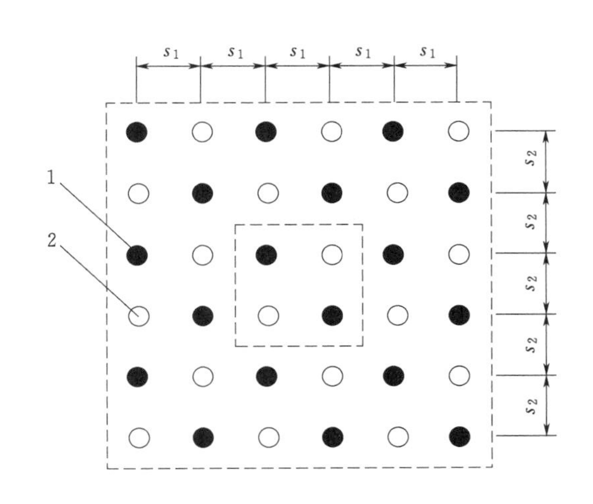


图 2－32　多桩型复合地基矩形布桩单元面积计算模型图

1—桩型 1；2—桩型 2

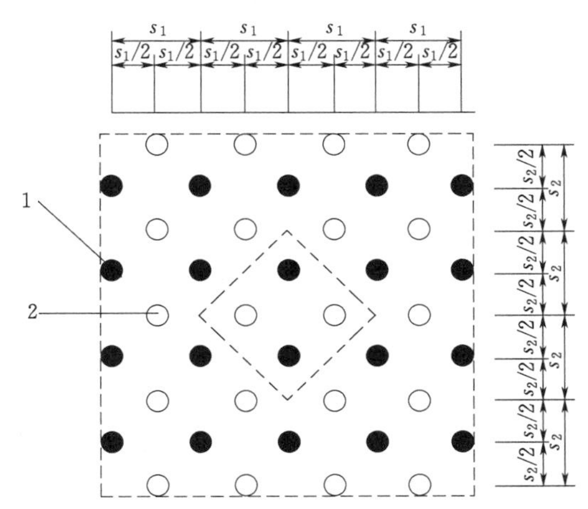


图 2－33　多桩型复合地基三角形布桩单元面积计算模型图

1—桩型 1；2—桩型 2

(9) 对由有黏结强度的桩与振冲桩组合形成的复合地基加固区土层压缩模量提高系数可按式（2－105）、式（2－106）计算：

$$\zeta_1=\frac{f_{spk}}{f_{spk2}}[1+m(n-1)]\alpha \tag{2-105}$$

$$\zeta_1=\frac{f_{spk}}{f_{ak}} \tag{2-106}$$

式中　$\zeta_1$——压缩模量提高系数；

$f_{spk2}$——仅由散体材料桩加固处理后的复合地基承载力特征值，kPa；

$\alpha$——处理后桩间土地基承载力的调整系数，$\alpha=f_{sk}/f_{ak}$；

$f_{ak}$——天然地基承载力特征值，kPa；

$m$——散体材料桩的面积置换率。

(10) 复合地基变形计算深度应大于复合地基土层的厚度，且应满足《建筑地基基础设计规范》(GB 50007) 的有关规定。

**2.4.2.3　振冲长短桩组合型复合地基的计算**

由于建筑场地软土层较厚或土层情况复杂，若采用一种桩长，容易造成浪费或不满足设计要求，需构筑的桩数较多，而基于承载力的要求桩长只要达到一定的深度即可。但其下卧软土的沉降量过大超过设计的限值，若将桩体全部延伸必造成浪费，此时可按沉降的需要延伸部分桩体构成长短桩组合型复合地基。其所采用虽属一种桩材，而桩长却长短不一，仍按多桩型复合地基进行计算。由于都属于同一桩材，各桩的工程特征相同，只是复合地基的上部为长、短桩共同作用，其置换率为全部桩体的置换率。而复合地基的下部为长桩作用，其置换率为长桩的置换率。

### 2.4.3 底部出料振冲法简介

#### 2.4.3.1 概述

底部出料振冲法是近年来国内新发展起来的一种新的工艺种类，其发展主要有以下几个方面的原因：

(1) 大功率振冲器及液压振冲器的发展及广泛应用（国内目前常用振冲器功率已达180kW)，因此极大地提高了振冲器的应用土层范围、穿透能力以及底部携料能力。

(2) 国内近海项目（港口项目、沿海地区的储罐工程）的飞速发展。我国沿海地区的地质条件一般以海相沉积的淤泥质土为主，而以“形成排水通道”为设计目的的软塑至流塑态淤泥的地基处理，当下料不畅时，采用底部出料的方式尤其有效。

(3) 国内建筑项目实施过程中的环保要求越来越高，采用底部出料的方式可以减少水的应用，从而达到减排泥浆的效果。

(4) 国内辅助大型机械设备和轻质高强材料的应用。如大吨位履带吊车的使用，大吨级的作业方驳的应用，大型携料空压机的应用，高强钢材在振冲设备中的使用等都为底部出料振冲法的发展提供了辅助条件。

#### 2.4.3.2 底部出料振冲法设计相关问题

底部出料振冲法设计应注意以下问题：

(1) 底部出料振冲法的适用性有限。底部出料振冲法加固软土地基主要是基于振冲置换的理论。主要适用于较软的黏性土和粉土地基，如澳门机场、港珠澳大桥的地基处理。在砂土地基中应用较少，如有必要采用时（如环保要求)，应通过试验确定。

(2) 底部出料振冲法成桩桩径较常规填料法要小，一般为常规填料法的70%～80%。

(3) 因振冲器带有携料管，因此振冲器的穿透力受限，桩距不宜过小。

(4) 底部出料振冲法投料管一般为377mm钢管，因此对石料有特殊要求，为碎石或卵石，石料最大粒径不宜超过50mm。

(5) 底部出料振冲法一般采用重型桩机架作为起吊设备，因此一般采用排打法。

(6) 在海上进行底部出料作业时，对作业方驳平台、桩机架的型号、运料驳船等应合理计划，统筹安排。

### 2.4.4 其他

随着地基处理技术的不断进步，多种与振冲法相关的结合工艺有了广泛的应用。振冲工艺与排水板工艺的组合应用对振冲法在软土地基中的应用有了新的拓展；振冲工艺与强夯工艺的组合应用可有效提高上部振冲桩密实度和上部复合地基的压缩模量，可有效降低其工后沉降；振冲工艺与CFG桩组合应用可以解决振冲桩复合地基承载力不足的问题，同时可以解决CFG桩不能消除砂性土地基的液化问题；振冲桩和灌浆工艺的组合应用也有一定规模的发展和工程应用。这些地基处理技术会随着地基处理理论知识的不断进步而得到进一步的完善，并最终实现规范化、统一化。

# 3 施工设备

## 3.1 概述

振冲器是振冲法施工的关键器具，国内外从事振冲施工的人员持续对振冲器进行研究，使振冲器在性能方面有了显著的改进和提高。

### 3.1.1 振冲器的发展

振冲器的发展可以分成三个阶段，雏形阶段、改进阶段和完善阶段，根据发展时期的不同有不同的划分。近10年来，国内振冲器的研究借鉴国外先进技术，也在不断进步中。

(1) 国外振冲器的发展。振冲器最早在德国出现，技术人员依托振捣棒的原理，利用振动对砂质土体的密实作用，改进振捣棒，研制出了第一台振冲器。第一台振冲器结构见图3-1。

第一台振冲器是由两台电机通过驱动偏心块产生振动，对外界产生能量影响，达到密实基础的目的。振冲器外部为一个直径为260mm、长为2m的钢桶结构，在其内部靠上的中心垂直轴线位置分布有两个功率均为12.5kW的电机，电机与内部3块偏心块相连。振冲器上端有用来引导水流至前端喷嘴的管道设施，上端的端口用来穿电机线缆以及安装减振器，减振器的作用主要是减缓上端导管因振冲器偏心块旋转而产生的振动。电机由50Hz的交流电驱动并带动偏心块旋转，由此产生75kN的激振力以及20mm的振幅。

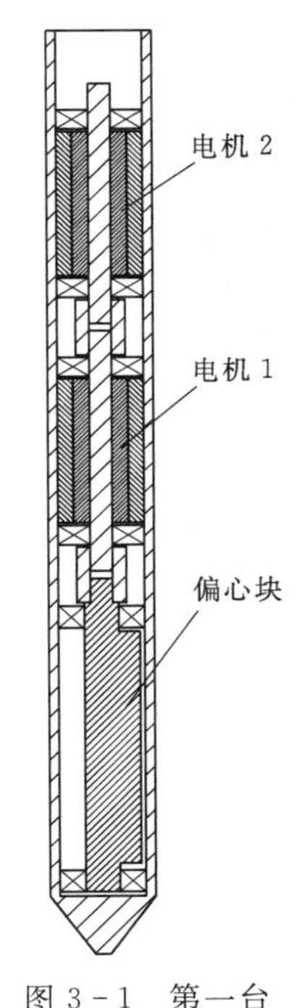

图3-1 第一台振冲器结构图

德国人在1936年注册了振冲器的专利。1945年后，第二次世界大战结束后，德国经济飞速发展，大量基建项目给振冲法提供了巨大的展示空间。为了提高施工效率和降低成本，德国开始对振冲法施工中配套的机具进行改进，对吊装形式、导杆强度、振冲器的轴承寿命等进行研究和创新。

1956年，基于大量的施工经验及新的理论研究，工程师们对振冲器进行了改进和重新设计，以满足新工艺的需求。德国凯勒公司开发出了一种新的振冲器（见图3-2），这种振冲器由一个35kW的电机驱动，1min可以旋转3000次，产生156kN的水平激振力，空载时，峰值振幅为12mm。这种振冲器具有较为光滑的外套，并且配套有足够重量的吊具，不需水流喷射也能获得足够高的穿透能力。因

图 3-2　1956 年德国凯勒公司设计的振冲器

此，这种振冲器可以用来制作振冲桩。这些被挤密的碎石桩能够很好地与周围的土壤结合，形成复合地基，大大提升了土体承载力。

同时期，美国和英国都相继生产了振冲器，而英国由于在液压泵和马达方面的技术较为先进，所以出现了液压振冲器。

1972 年，为了解决软弱地层无法形成完整振冲桩的问题，研制出了底部出料振冲器。这种振冲器的结构允许石料从振冲器外部独立的一个管道输送石料，并随着压缩空气一起从振冲器前端排出。

与最初发明时相比，现代振冲器在设计原则上并无实质改变。其发展集中体现在工程适用性方面。另外，随着各种类型设备的发展，设备间相互借鉴趋势明显，如液压振冲器原仅限于高频使用，通过在低频、大直径方面所做的改进，提高了工作效率；而底部出料方式的振冲施工设备从振冲器的性能配套、现场维修的简易程度等方面做了大量的改进，提高了施工效率和可操作性。

21 世纪，发达国家的振冲设备在性能、施工、自动控制及记录、桩形检测等方面已经形成了一套完整的系统，并且在工艺等方面针对不同的地质条件及施工特点开发出了各系列及型号的振冲器及配套设备，随着市场对施工质量和施工效率的要求提高，振冲设备在智能化、质量监控方面得到了发展，施工中的水量、气量、造孔电流、填料量等数据均可以进行全过程监控。双头振冲施工监测设备见图 3-3，水上施工监测设备见图 3-4。

（2）国内振冲器的发展。我国振冲技术发展大体可分为引进试验（1977—1983 年）、推广应用（1984—1999 年）与大规模广泛应用（2000 年至今）三个阶段。

我国岩土工程界在 20 世纪 70 年代中期开始了解并注意到国外振冲技术的应用情况，在 1976 年唐山大地震后，我国开始重视对地基与基础的抗震加固处理的技术研究。

1）引进试验阶段（1977—1983 年）。1976 年，南京水利科学研究院和交通部水运规划设计院开始研究振冲技术。1977 年制造出 13kW 振冲器，首次应用于南京船厂船体车间软土地基加固。

同期，原水利电力部北京勘测设计院振冲队（现北京振冲工程股份有限公司）于 1977 年自行研制出 30kW 振冲器，并成功地应用于北京官厅水库主坝下松散中细砂坝基的抗震加固处理工程。1982 年为了满

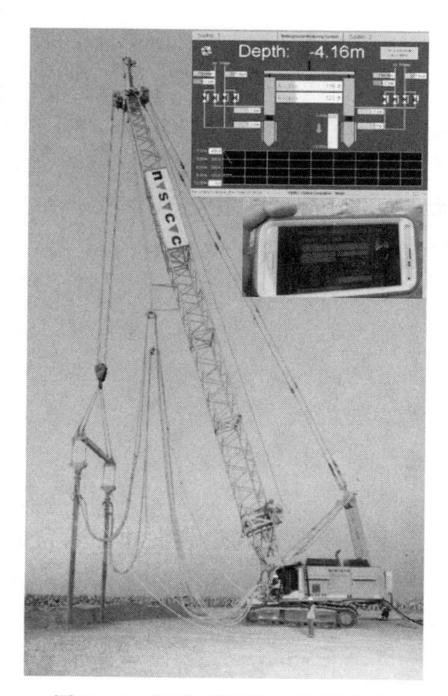


图 3-3　双头振冲施工监测设备

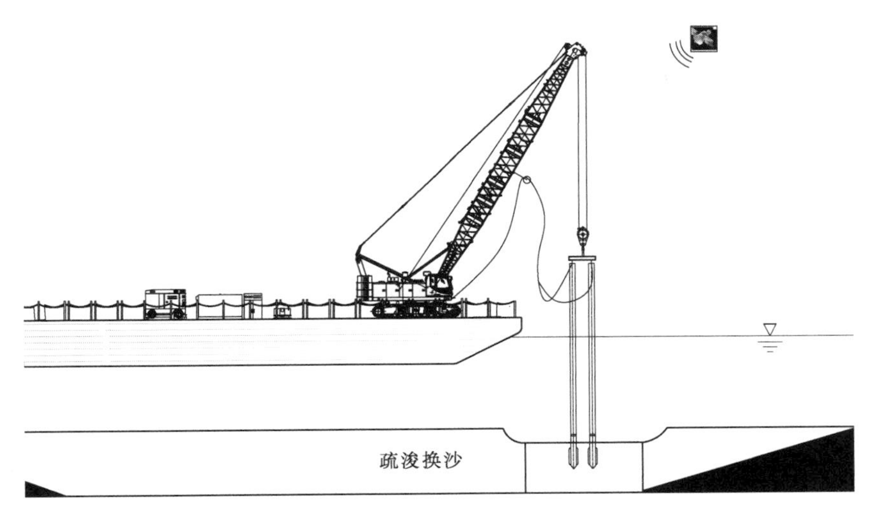


图 3-4　水上施工监测设备

足三峡水利枢纽工程的需要，国家组织北京振冲工程股份有限公司承担了75kW振冲器的研制工作，并于1995年在三峡水利枢纽一期工程纵向围堰完成了生产工艺性试验。

2）推广应用阶段（1984—1999年）。1986年在铜街子水电站应用75kW振冲器穿过厚8m漂卵石夹砂层，加密粉细砂层，建成40余米高堆石坝。铜街子水电站项目见图3-5。1997年75kW振冲器成功地应用于三峡水利枢纽二期工程围堰24～30m深度抛填风化砂振冲加固处理工程。三峡水利枢纽二期工程围堰见图3-6。

图 3-5　铜街子水电站

图 3-6　三峡水利枢纽二期工程围堰

3）广泛应用阶段（2000年至今）。2000年以后振冲法施工技术迅速发展，应用范围快速扩大。为适应振冲施工技术的广泛应用，达到最后的处理效果，2001年在大连大亚湾陆域振冲强夯地基处理工程中采用了振冲法施工，并结合采用强夯处理多重复合地基加固技术。2001年国内首次采用75kW振冲桩加固定州电厂（2×600MW）主厂房、烟囱、圆筒仓等建（构）筑物地基并取得成功，其中烟囱高达240m。2005年北京振冲工程股份有限公司研制出我国第一台底部出料振冲集成设备。

2006年我国陆续研制出150kW及以上的电动振冲器并成功应用。2004年在青岛丽东化工有限公司地基处理工程中采用了振冲加排水板或超真空预压预处理方法软土地基加固处理技术。

2006年向家坝水电站一期土石围堰边坡加固，上部砂卵石地层，下部中砂地层，采用液压振冲器最大处理深度达21.6m。2007年普渡河鲁基厂水电站，上部砂卵石地层，下部粉土或砂土地层，采用液压振冲器处理地基，最大处理深度达32.7m，建成高32m的混凝土闸坝，其最大处理深度在国内乃至国际上尚属首次。

### 3.1.2 各厂商产品型号及性能

（1）国外振冲器厂家的典型振冲器、型号及参数如下（见表3-1～表3-8）。凯勒公司振冲器见图3-7。PTC公司液压振冲器施工现场见图3-8。排难公司振冲器见图3-9。

表3-1 Betterground振冲器参数表

| 参数＼型号 | B12 液压 | B12 电动 | B15 液压 | B15 电动 | B27 电动 | B44 电动 | B54 电动 |
|---|---|---|---|---|---|---|---|
| 功率/kW | 94 | 90 | 114 | 105 | 140 | 250 | 360 |
| 转速/(r/min) | 3000 | 3000 | 3000 | 3000 | 1800 | 1800 | 1800 |
| 激振力/kN | 170 | 170 | 190 | 190 | 270 | 520 | 842 |
| 振幅/mm | 9 | 9 | 12 | 12 | 24 | 42 | 54 |
| 直径/mm | 292 | 292 | 310 | 310 | 354 | 418 | 460 |
| 长度/mm | 2840 | 2840 | 3430 | 3430 | 3480 | 4250 | 4570 |
| 质量/kg | 1530 | 1530 | 1840 | 1840 | 2200 | 3960 | 4500 |

表3-2 法国地基公司振冲器参数表

| 参数＼型号 | V12 | V23 | V32 | V48 |
|---|---|---|---|---|
| 功率/kW | 130 | 130 | 130 | 175 |
| 转速/(r/min) | 3600 | 1800 | 1800 | 1800 |
| 激振力/kN | 300 | 450 | 500 | 750 |
| 振幅/mm | 12 | 23 | 32 | 48 |
| 直径/mm | 350 | 350 | 350 | 378 |
| 长度/mm | 3570 | 3570 | 3570 | 4080 |
| 质量/kg | 2150 | 2200 | 2200 | 2600 |

表3-3 德国凯勒公司振冲器参数表

| 参数＼型号 | M | S | A | L |
|---|---|---|---|---|
| 功率/kW | 50 | 120 | 50 | 100 |
| 转速/(r/min) | 3000 | 1800 | 2000 | 3600 |
| 激振力/kN | 150 | 280 | 160 | 201 |
| 振幅/mm | 7.2 | 18.0 | 13.8 | 5.3 |
| 直径/mm | 290 | 400 | 290 | 320 |
| 长度/mm | 3300 | 3000 | 4350 | 3100 |
| 质量/kg | 1600 | 2450 | 1900 | 1815 |

表 3-4　　PTC公司液压振冲器参数表

| 参数＼型号 | Vibrolance 140HR | Vibrolance 160HR | Vibrolance 400HR |
| --- | --- | --- | --- |
| 功率/kW | 112 | 150 | 176 |
| 频率/Hz | 50 | 40 | 28 |
| 激振力/kN | 181 | 116 | 354 |
| 振幅/mm | 12 | 12 | 26 |
| 动力型号 | V220 | V260 | V350 |
| 柴油机动力 DIN6271 | 138kW/185Hp at 2500r/min | 205kW/275Hp at 2300r/min | 242kW/325Hp at 2200r/min |
| 流量/(L/min) | 225 | 280 | 335 |

表 3-5　　排难公司振冲器参数表

| 参数＼型号 | HD130 | HD150 | BD300 | BD400 | BD500 |
| --- | --- | --- | --- | --- | --- |
| 液压压力/bar | 325 | 325 | 360 | 290<br>350 | 300<br>325 |
| 额定激振力/kN | 140 | 200 | 175 | 310 | 314 |
| 最大激振力/kN | 202 | 288 | 252 | 426 | 397 |
| 振幅/mm | 8 | 11 | 14 | 17 | 45 |
| 直径/mm | 310 | 310 | 310 | 400 | 500 |
| 流量/(L/min) | 180<br>216 | 240<br>280 | 200<br>230 | 450<br>525 | 426<br>480 |
| 质量/kg（处理深度8m） | 1850 | 2550 | 2575 | 4400 | 5500 |

表 3-6　　ICE公司振冲器参数表

| 参数＼型号 | V180 | V230 |
| --- | --- | --- |
| 转速/(r/min) | 1800 | 1500 |
| 振幅/mm | 35 | 40 |
| 流量/(L/min) | 360 | 450 |
| 质量/kg | 3000 | 3180 |

表 3-7　　VIBRO公司振冲器参数表

| 参数＼型号 | V330 | V550 | V750 | V1000 |
| --- | --- | --- | --- | --- |
| 功率/kW | 130 | 212 | 350 | 500 |
| 转速/(r/min) | 1000～2000 | 1000～1800 | 900～1500 | 800～1200 |

续表

| 参数 \ 型号 | V330 | V550 | V750 | V1000 |
|---|---|---|---|---|
| 激振力/kN | 128～341 | 245～570 | 385～858 | 527～1000 |
| 振幅/mm | 12 | 13 | 14 | 15 |
| 直径/mm | 298 | 406 | 457 | 508 |
| 长度/mm | 3445 | 4050 | 5800 | 7600 |
| 质量/kg | 2400 | 4000 | 5800 | 7500 |

**表 3-8　　VFA 公司振冲器参数表**

| 参数 \ 型号 | VF170 | VF230 | VF330 | VF410 |
|---|---|---|---|---|
| 最大频率/(r/min) | 3600 | 3600 | 2160 | 1800 |
| 激振力/kN | 172 | 331 | 331 | 414 |
| 振幅/mm | 9.5 | 12 | 26 | 26 |
| 直径/mm | 320 | 320 | 400 | 520 |
| 长度/mm | 3200 | 3200 | 4000 | 4600 |
| 质量/kg | 1200 | 1300 | 2100 | 3200 |
| 动力箱型号 | VFP300 | VFP300 | VFP375 | VFP375 |
| 功率/（Hp/kW) | 290/220 | 290/220 | 375/280 | 375/280 |
| 流量/(L/min) | 350 | 350 | 350 | 350 |
| 最大压力/bar | 340 | 340 | 340 | 340 |

图 3-7　德国凯勒公司振冲器

图 3-8 PTC公司液压振冲器施工现场

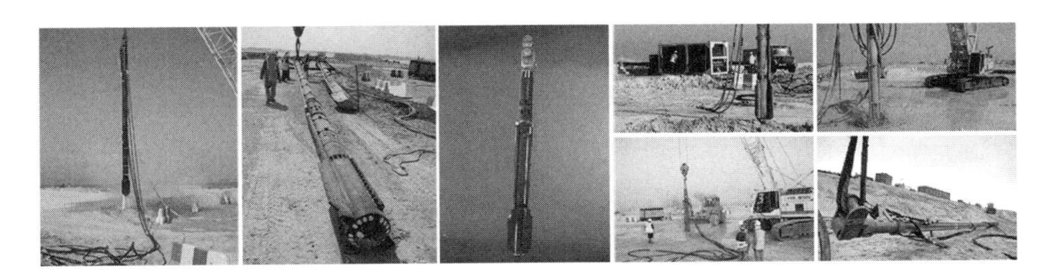

图 3-9 排难公司振冲器

(2) 国内各厂家常用水平向振动振冲器的型号参数（见表 3-9～表 3-11）及代表产品（见图 3-10～图 3-12）如下。

**表 3-9　　　　北京振冲工程机械股份有限公司振冲器参数表**

| 参数＼型号 | BJ-ZC-30-377 | BJ-ZC-45-377 | BJ-ZC-55-377 | BJ-ZC-75-426 | BJ-ZC-75-377 | BJ-ZC-100-426 | BJ-ZC-130-426 | BJ-ZC-130-377L | BJ-ZC-150-377L | BJ-ZC-180-426 |
|---|---|---|---|---|---|---|---|---|---|---|
| 额定激振功率/kW | 30 | 45 | 55 | 75 | 75 | 100 | 130 | 130 | 150 | 180 |
| 转速/(r/min) | 1450～1800 | 1450～1800 | 1450 | 1450 | 1450 | 1450 | 1450～1800 | 1450～1800 | 1450～1800 | 1450 |
| 额定激振力/kN | 150～230 | 150～230 | 150～230 | 180 | 188 | 208 | 208 | 180～276 | 180～276 | 276 |
| 振幅/mm | 20 | 20 | 20 | 16 | 17.5 | 17.2 | 17.2 | 19 | 19 | 18.9 |
| 直径/mm | 377 | 377 | 377 | 426 | 377 | 426 | 426 | 377 | 377 | 426 |
| 长度/mm | 2300 | 2300 | 2300 | 2783 | 2800 | 2883 | 2963 | 2760 | 2760 | 3100 |
| 质量/kg | 1300 | 1380 | 1560 | 2018 | 1828 | 2073 | 2320 | 1900 | 2100 | 2586 |

表 3-10 **江阴振冲器厂振冲器参数表**

| 参数＼型号 | ZCQ30 | ZCQ55 | ZCQ75C | ZCQ75II | ZCQ100 | ZCQ132 | ZCQ180 |
|---|---|---|---|---|---|---|---|
| 功率/kW | 30 | 55 | 75 | 75 | 100 | 132 | 180 |
| 转速/(r/min) | 1450 | 1460 | 1460 | 1460 | 1460 | 1480 | 1480 |
| 偏心力矩/(N·m) | 38.5 | 55.4 | 68.3 | 68.3 | 83.9 | 102 | 120 |
| 激振力/kN | 90 | 130 | 160 | 160 | 190 | 220 | 300 |
| 头部振幅/mm | 4.2 | 5.6 | 5.0 | 6.0 | 8.0 | 10.0 | 8.0 |
| 直径/mm | 351 | 351 | 426 | 402 | 402 | 402 | 402 |
| 长度/mm | 2440 | 2642 | 3162 | 3047 | 3100 | 3315 | 4470 |

表 3-11 **西安振冲器厂振冲器参数表**

| 参数＼型号 | | ZQC45 | ZQC55 | ZQC75 | ZQC100 | ZQC130 | ZQC150 | ZQC180 |
|---|---|---|---|---|---|---|---|---|
| 电机 | 电机额定功率/kW | 45 | 55 | 75 | 100 | 130 | 150 | 180 |
| | 转速/(r/min) | 1450 | 1450 | 1450 | 1450 | 1450 | 1450 | 1450 |
| | 额定电流/A | 80 | 100 | 150 | 190 | 250 | 290 | 350 |
| 振动机体 | 振动频率/Hz | 24 | 24 | 24 | 24 | 24 | 24 | 24 |
| | 偏心力矩/(N·m) | 47 | 56 | 69 | 78 | 88 | 96 | 106 |
| | 激振力/kN | 110 | 130 | 160 | 180 | 200 | 225 | 250 |
| | 空振振幅/mm | 10.0 | 9.8 | 9.5 | 9.2 | 9 | 8.8 | 8.5 |
| | 空振电流/A | 35 | 45 | 55 | 65 | 75 | 90 | 105 |
| 直径/mm | | 360 | 390 | 426 | 426 | 426 | 426 | 426 |
| 长度/mm | | 2230 | 2465 | 2600 | 2750 | 2860 | 3000 | 3150 |
| 总质量/kg | | 1000 | 1350 | 1800 | 1950 | 2200 | 2350 | 2600 |

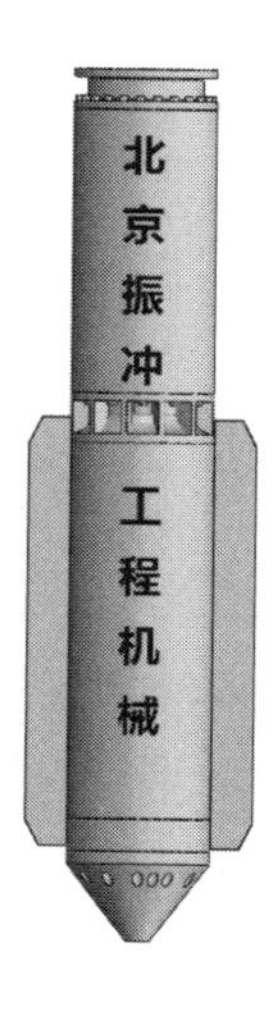


图 3-10 北京振冲工程股份有限公司振冲器

图 3-11 江阴振冲器厂振冲器

图 3-12 西安振冲器厂振冲器

## 3.2 设备原理、主要要求和分类

### 3.2.1 振冲器原理

振冲器是一种利用自激振动、配合水力冲击进行作业的工具。它利用潜水电机带动偏心块，使激振体产生高频振动，同时启动水泵，通过喷嘴喷射高压水流，在边振边冲的共同作用下，将振冲器沉到土中的预定深度，经清孔后，从地面向孔内逐段填入碎石，使其在振动作用下被挤密实，达到要求的密实度后即可提升振动器，如此反复直至地面，在地基中形成一个大直径的密实桩体，与原地基构成复合地基，提高地基承载力，减少沉降，是一种快速、经济有效的加固方法。主要用于松砂地基加密，提高地基承载力及土体强度并消除或减弱土、砂层液化的影响。

当振冲器做圆周运动时，迫使周围土体颗粒一起振动，使土体颗粒产生相对位移，破坏了原有颗粒间的黏结力，而起到了改变颗粒之间孔隙的作用。振冲器处于工作状态时，必须克服与其接触的土体所产生的摩擦力才能振动，然后才能使土体颗粒重新分布。土体使振冲器振动传播沿径向衰减，在一定程度上限制了振冲器的压实作用。因此，振冲器需要一个最低额定动力和足够高的加速度用来打破原状土的固有平衡，使得振冲器在一定范围（有效影响半径）内具有稳定的挤密效果。振冲器工作原理及结构见图 3－13。

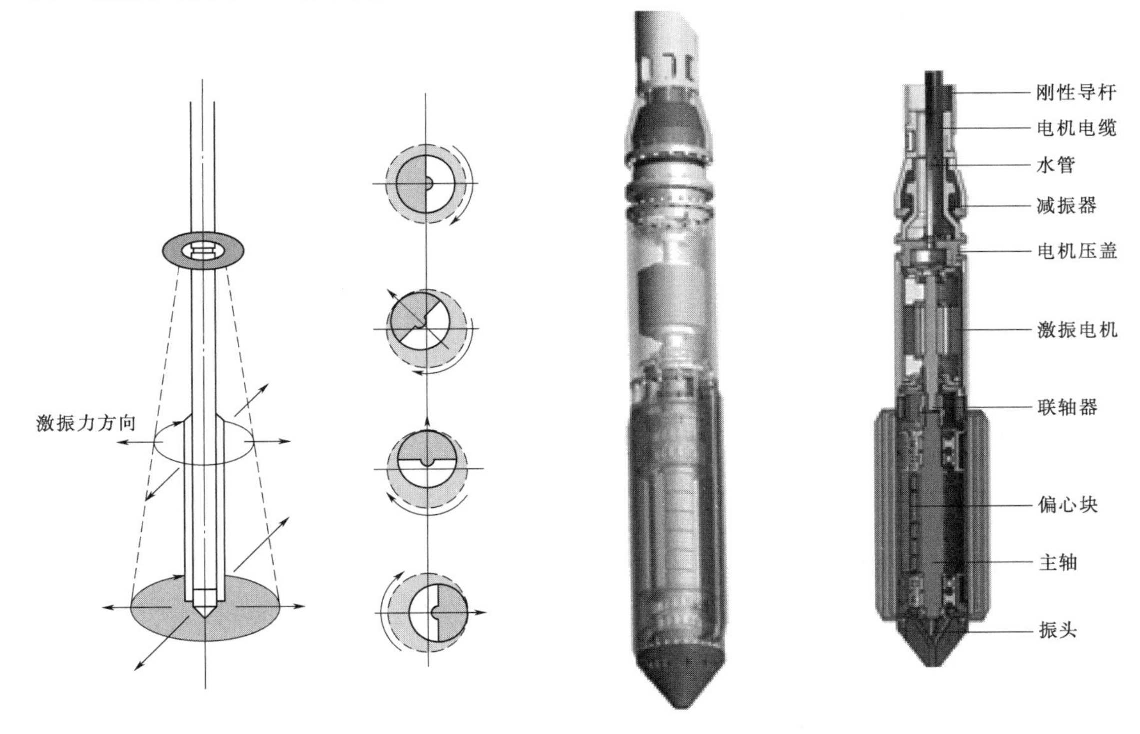


(a) 激振力随偏心块位置改变而变化示意图　(b) 偏心块在振冲器壳体内旋转图　(c) 振冲器结构图

图 3－13　振冲器工作原理及结构图

### 3.2.2 振冲器主要要求

(1) 能够连续工作。

(2) 有足够的穿透性能。

(3) 有较高的施工效率。

(4) 能够满足现场环境恶劣条件的施工要求，易于维修。

### 3.2.3 振冲器设备分类

(1) 按振动方向分为水平向振动振冲器、垂直向振动振冲器和水平垂直双向振动振冲器。

1) 水平向振动振冲器。最常用的一种形式，依靠电机带动纵向布置的偏心块产生水平向振动作用于土体。目前法国地基公司、德国凯勒公司的电动振冲器，以及英国排难公司的液压振冲器均采用水平向振动形式。国内现有振冲器亦多为此类型。

2) 垂直向振动振冲器。英国、日本早期相继开发过垂直向振动振冲器，垂直向振动振冲器通常有两种形式，一种是将偏心块横向布置在吊车吊具和导杆顶端之间；另一种是将偏心块竖向放置在电机下方，虽然放置位置不同，但是都要通过电机产生旋转后，带动偏心块产生纵向振动，再通过导杆传入地下，产生垂直振动效果。

虽然垂直向振动振冲器与水平向振动振冲器相比，在加固粗颗粒土方面有自己的优势，并且在国外已经有一定的经验和理论依据，但是这种振冲器有两个明显的缺陷，一是加固后土体的均匀性很难保证；二是有深度限制。这是由于垂直向振动振冲器在其整个贯入深度范围内会激发周围土体振动，因此上部土体振动时间较长而下部土体振动时间较短，从而有可能使土体沿深度变化产生不一致的密实度。此外，由于振动器及导杆本身的柔性，所以其振幅沿振动方向将逐渐减小，限制了振冲加固的最大深度。

3) 水平垂直双向振动振冲器。综合水平向和垂直向振动各自的优势，近年来，在水平向振动振冲器和垂直向振动振冲器的基础上，国内外有关专家开始设计制造水平垂直双向振动振冲器，如国外的SVS联合法、Toyomenka法，其振动部分包括一个产生垂直向振动的振动驱动锤和一个产生水平振动的Vilot深度密实器。我国在1981年在ZCQ30型水平向振冲器基础上研制出的具有水平激振力9t和垂向激振力4t的双向振冲器，在沧州市造纸厂工程和德州平板玻璃厂工程进行了试用。虽然该型振冲器由于损坏率较高，进行大面积推广尚需进一步改进，但该型振冲器贯入速度和垂直冲击力更大，随着施工环境对振冲器要求的提高，该型振冲器具有一定的应用前景。

(2) 按照振冲器驱动方式可分为电动振冲器和液压振冲器。电动振冲器由电动机驱动偏心块产生振动，液压振冲器由液压马达驱动偏心块产生振动。

与电动振冲器相比，液压振冲器的优势在于频率可调整，针对不同的地层可设置不同的振动频率。对于地基原状土硬度大、土层结构组成复杂时，可加大频率，使穿透性更强；当地层结构单一，相对松散时，可采用小频率，以节约能源。但是，由于液压振冲器附属件较多，对液压油管的安全性能要求较高，同时液压油的泄漏会导致环境污染，所以液压振冲器应用较少；而电动振冲器组成较为简单，操作方便，所以被广泛应用。从目前的施工记录看，最长的振冲桩是使用电动振冲器在挤密砂层中完成的70m深桩（如阿联酋棕榈岛项目）。

最近10多年来，为了满足更多的地层条件的要求，达到液压振冲器可调整频率的效果，变频电动振冲器的研发也得到了不同程度的发展，主要是通过电机变频或变频器来实现。现在也有一些专家学者在研究通过改变偏心块的偏心距，使得振冲器具有不同振动效果。但是由于电动振冲器受到动力源即电机的限制，频率的改变是有限的，所以电动振冲器不能实现液压振冲器无级调速的功能，因此，在适用性上与液压振冲器有较大的差别。

（3）按照施工成孔工艺不同可以将振冲器分为干法振冲器、湿法振冲器、水气联动振冲器。根据地层的结构组成、硬度、湿度等不同物理特性的差异，可采用不同的成孔工艺配套方法进行施工，其区别主要在于是水和气的配置，包括水量、水压、气压、出水孔与出气孔的位置设置等。配合水、气施工以适应不同地层需要，振冲器内部结构和外部配置会有所变化，干法振冲器中，水实现自循环，只作为冷却电机用；湿法振冲器中，水从振冲器内部穿过，从振冲头流出；水气联动振冲器侧向布置管出水，配合内部水流使用。

原则上，对于环境保护有严格要求的地区以及其他有形象要求的特殊工程可以采用干法振冲施工；对于常规要求的地层采用湿法振冲；对于地基原状土硬度大、土层组成结构复杂难以快速成孔的工程，可以采取加大出水压力、加泵供水等调整手段以增大穿透力，效果仍不明显时可以配套使用空压机供气，即“水气联动”的方式进行施工作业。

（4）按照喂料形式的不同，将振冲器分为孔口喂料振冲器和底部出料振冲器。石料由地表填入孔内称为孔口喂料，使用这种方式填料，方便、快捷。底部出料最初是针对软弱土层造孔易塌孔，不能正常填料的问题而产生的工艺，20世纪末，由于大规模填海工程需要，振冲法在海上施工，海上振冲底部出料方法得到广泛应用。

1）底部出料方法的适用范围。现行规范中规定，对于不排水抗剪强度$C_u<20$kPa的软土地基，限于传统振冲投料方法不易成桩及成桩时对桩周土扰动大，易造成地基恶化的原因，建议慎用振冲地基处理方法。近年来，国内工程实践表明，通过（被动）加大置换率与利用桩体的排水作用，加速桩间土的排水固结，振冲法适用于淤泥地基的处理。随着我国大型填海工程与近岸工程的增多，大量的近岸海相流塑—软塑淤泥质软黏土地基加固处理工程，需要人们采用更有针对性的高效能、低成本的施工技术以满足建（构）筑物设计要求。为此，迫切需要开发与研制适用于以振冲置换为主的软黏土振冲地基处理专用设备与工艺技术，以满足国内沿海经济发达地区发展与建设的要求。

振冲底部出料工艺在国外称SC工法，主要有两个分支：一是针对处理深度为8～12m的软黏土进行复合地基的加固处理；二是利用底部出料振冲设备，用于一般竖向荷载比较小的建（构）筑物素混凝土桩的成桩，适用深度一般在10m左右。上述工法在欧洲与北美洲已有10余年的历史，属成熟工法。这种工法的适用范围比预期的软黏土与灵敏度较高的淤泥质土等要更加宽泛，即在工程应用中可利用水气联动作用与利用桩机架的反压装置穿透一定厚度的较硬粉细砂层（标贯击数17～23）。

2）底部出料方法的分类。根据其施工平台的情况分陆上和水上底部出料振冲，陆上底部出料施工见图3-14。

图 3-14　陆上底部出料施工

典型的水上底部出料见图 3-15。

图 3-15　典型水上底部出料施工

按照上料方式，底部出料方法亦可以分为两种：一种是采用上料斗上料（见图 3-16），处理深度根据导料管的深度确定，有一定的限制。另一种是采用砂石泵上料，据国外的资料表明，可以施工水深 200m 下的底部出料振冲桩，石料通过砂石泵，在高压气流的携带下到达振冲器的出口处。

（5）根据功率大小分为小功率振冲器和大功率振冲器。通常认为 55kW 以下的振冲器为小功率振冲器，55kW 以上的振冲器为大功率振冲器。小功率振冲器因为其施工成本较低，现在也在不同场合有所应用。近年来，由于大功率振冲器的高效性能，因此被更多地应用于大规模振冲施工中，其影响范围比小功率振冲器大，一方面可以减少孔数；另一方面也可增强造孔和加密能力。

图 3-16　采用上料斗上料的施工

## 3.3 电动振冲器

### 3.3.1 设备组成

电动振冲器及配套装置组成见图 3-17。

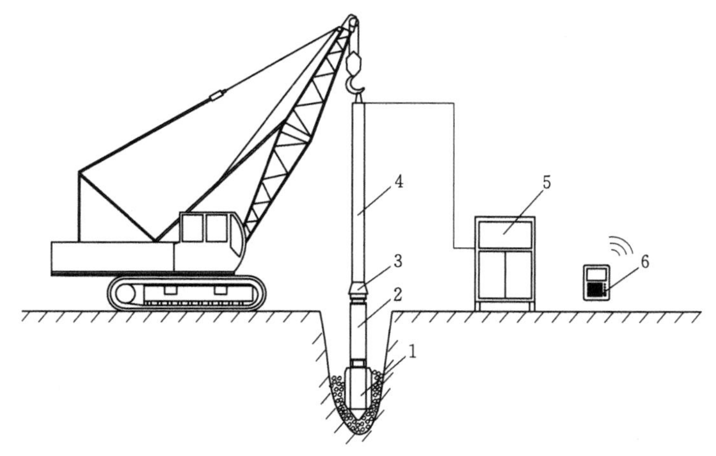


图 3-17 电动振冲器及配套装置组成示意图

1—激振器；2—电机；3—减振器；4—导杆；5—电控箱；6—自动记录仪

(1) 振冲器结构见图 3-18。

(2) 结构说明。振冲器主要由壳体、电机、轴承座、轴承、主轴及偏心块组成。电机通过连接法兰、联轴器等将动力传给主轴并带动主轴旋转；主轴再带动偏心块旋转产生离心力即为振冲器的激振力，使振冲器产生高频振动。

### 3.3.2 振冲器动力学分析

(1) 振冲器中偏心块重心与振冲器壳体重心在同一水平面时，对其运动规律的分析如下。假定空气的阻尼为零，振冲器受到偏心块离心力的作用，振冲器和偏心块的运动见图 3-19。

由图示可以得到振冲器壳体质心点的运动微分方程式 (3-1)：

$$\begin{cases}(M+m)\dfrac{d^2x}{dt^2}=m\omega^2e\cos\omega t\\(M+m)\dfrac{d^2y}{dt^2}=m\omega^2e\sin\omega t\end{cases}\tag{3-1}$$

式 (3-1) 微分方程的特解式 (3-2)：

$$\begin{cases}x=-\dfrac{me}{M+m}\cos\omega t\\y=-\dfrac{me}{M+m}\sin\omega t\end{cases}\tag{3-2}$$

式 (3-2) 可以得出在 $x$ 轴和 $y$ 轴上振幅 $A_x$，$A_y$ 见式 (3-3)：

$$A=A_x=A_y=-\frac{me}{M+m}\tag{3-3}$$

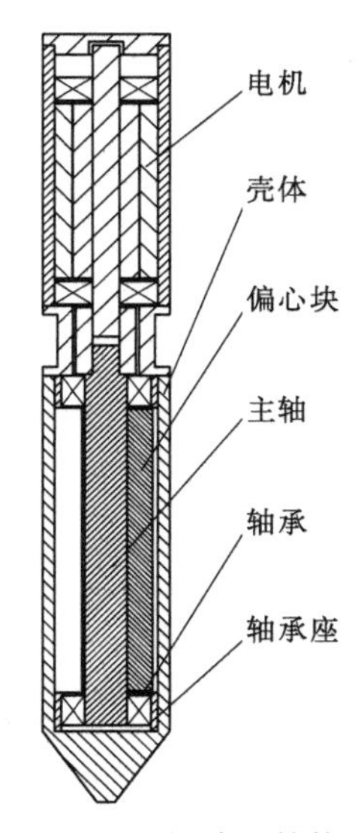


图 3-18 振冲器结构示意图

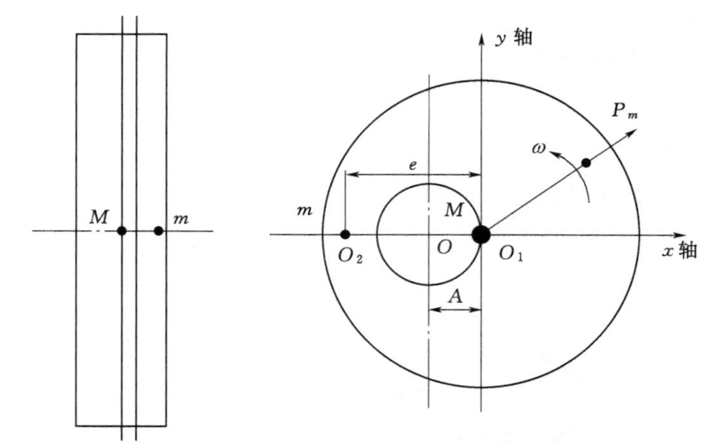

(a) 偏心块重心与振冲器壳体重心位置　　(b) 振冲器和偏心块运行

图 3-19　振冲器和偏心块运动示意图

$M$—振冲器壳体质量（不包含偏心块质量），kg；$m$—偏心块质量，kg；$e$—偏心距，mm；
$A$—振冲器壳体产生的振幅，mm；$\omega$—偏心块的转速，r/min；$P_m$—偏心块产生的激振力，kN；
$O_1$、$O_2$—振冲器壳体质心和偏心块质心；$O$—振冲器振动的原点，又称零振幅点

因此，振冲器壳体质心的运动轨迹是以振冲器振动的原点为圆心，以振幅为半径的圆。

（2）振冲器中偏心块质心在振冲器壳体质心之下时，对其力学特性的分析如下。偏心块的质心偏离振冲器壳体质心，并在其下方时，振冲器外壳长度方向上各点振幅呈三角形分布，与振冲器中心线的交点即为零振幅点。一般情况下，减振器的质心与零振幅点重合，这时减振器的减振、隔振效果最好，使用寿命也最长。

振冲器中心轴线的运动轨迹是一个圆锥面（见图 3-20），这个圆锥的顶点就是零振幅点。圆锥的顶角为 $2\beta$，由于 $\beta$ 角很小，所以距零振幅点处的振幅 $x\tan\beta \approx x\beta$，整个振冲器壳体与偏心块所产生的离心力，则可以设想为许多不同振幅的刚盘所产生的离心力的总和，通过积分的方式求得［式（3-4）、式（3-5）］。

$$\begin{aligned}P_M &= \int_M \mathrm{d}M(\beta x)\omega^2 = \int_{L_0}^{L} q(\beta x)\omega^2 \mathrm{d}x \\ &= q\beta\omega^2\int_{L_0}^{L} x\mathrm{d}x = \frac{1}{2}q\beta\omega^2(L^2 - L_0^2) \\ &= \frac{1}{2}q\beta\omega^2(L+L_0)(L-L_0) = \frac{1}{2}M\beta\omega^2(L+L_0) \\ &= M\beta\omega^2(L_1+L_0) \end{aligned} \tag{3-4}$$

$$P'_m = \int_m \beta x\omega^2 \mathrm{d}x = m\beta\omega^2(L_0+L_2) \tag{3-5}$$

偏心块产生的激振力为

$$P_m = m\omega^2 e \tag{3-6}$$

由于偏心块产生的激振力与整个振冲器产生的离心力相等，因此，可求得 $\beta$ 为

$$P_m = P_M + P'_m \tag{3-7}$$

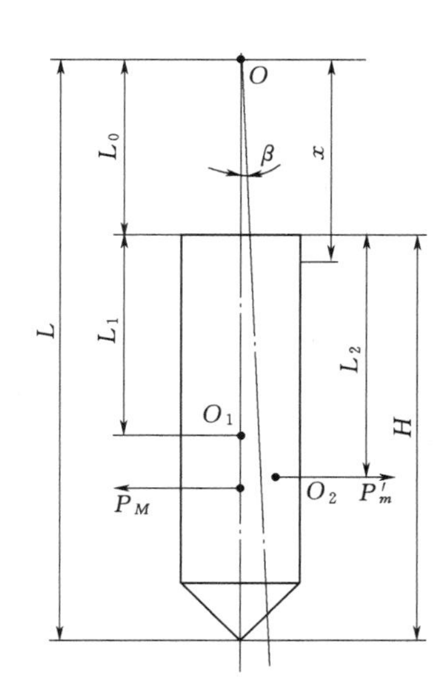


图 3-20　振冲器中心轴线的运动轨迹示意图
O—零振幅点；$O_1$—振冲器壳体重心位置；
$O_2$—偏心块重心位置；$P_M$—振冲器壳体产生的离心力；$P'_m$—偏心块产生的离心力；
$\rho_1$—振冲器壳体对其重心位置 $O_1$ 的惯性半径；
$\rho_2$—偏心块对其重心位置 $O_2$ 的惯性半径；
$L_1$—电机上端边缘处到振冲器壳体重心距离；
$L_2$—电机上端边缘处到振冲器偏心块重心距离；
$L_0$—振冲器零振幅点到电机上端边缘处距离；
L—振冲器零振幅点到振冲器底端距离；
H—振冲器电机上端到振冲器底端距离

$$m\omega^2 e=M\beta\omega^2(L_1+L_0)+m\beta\omega^2(L_2+L_0)$$

$$me=M\beta(L_1+L_0)+m\beta(L_2+L_0) \quad (3-8)$$

$$\beta=\frac{me}{M(L_1+L_0)+m(L_2+L_0)}$$

振冲器壳体重心 $O_1$ 点处的振幅为

$$A'=\beta(L_1+L_0) \quad (3-9)$$

$$A'=\frac{me(L_1+L_0)}{M(L_1+L_0)+m(L_2+L_0)}=\frac{me}{M+m\dfrac{(L_2+L_0)}{(L_1+L_0)}} \quad (3-10)$$

对比偏心块重心和振冲器壳体重心在同一水平面时的振冲器壳体振幅 A 和偏心块重心在振冲器壳体重心下面时的振幅 $A'$，可以看出 $A'$ 比 A 稍微小一些，所以，在初步计算空载振幅时可以按偏心块重心和振冲器壳体重心在同一水平面时的振幅 A 进行估算。

另外，振冲器壳体产生的离心力 $P_M$ 与偏心块产生的离心力 $P'_m$ 对零振幅点 O 的力矩可按式（3-11）～式（3-13）计算：

$$P_M L=\int_M(\beta x\omega^2 \mathrm{d}M)x \quad (3-11)$$

此积分式相当于求转动惯量，因此可以运用平行轴定理进行计算：

$$P_m L=M\beta\omega^2[\rho_1^2+(L_0+L_1)^2] \quad (3-12)$$

$$P'_m L=\int_m(\beta x\omega^2 \mathrm{d}m)x=\beta\omega^2\int_m x^2 \mathrm{d}m=m\beta\omega^2[\rho_2^2+(L_0+L_2)^2] \quad (3-13)$$

同时偏心块产生的激振力 $P_m$ 对零振幅点 O 的力矩为

$$P_m L=m\omega^2 e(L_0+L_2) \quad (3-14)$$

因为偏心块产生的激振力 $P_m$ 对零振幅点 O 的力矩与振冲器壳体产生的离心力 $P_M$ 和偏心块产生的离心力 $P'_m$ 对零振幅点 O 的力矩之和相等，即

$$P_M L+P'_m L=P_m L$$

$$M\beta\omega^2\ [\rho_1^2+(L_0+L_1)^2]\ +m\beta\omega^2\ [\rho_1^2+(L_0+L_2)^2]\ =m\omega^2 e\ (L_0+L_2) \quad (3-15)$$

$$\beta=\frac{me(L_0+L_2)}{M[\rho_1^2+(L_0+L_1)^2]+m[\rho_2^2+(L_0+L_2)^2]} \quad (3-16)$$

由式（3-8）和式（3-16）消去 β 得

$$M\rho_1^2+m\rho_2^2=M(L_0+L_1)(L_2-L_1) \tag{3-17}$$

$$L_0=\frac{M\rho_1^2+m\rho_2^2}{M(L_2-L_1)}-L_1$$

振冲器壳体重心位置 $O_1$ 与偏心块重心位置 $O_2$ 的距离越远，半圆锥角 $\beta$ 越大。$\beta$ 角可按式（3-8）计算。偏心块重心应位于振冲器壳体重心位置之下，即 $L_2>L_1$，但是过于往下，$L_0$ 可能出现负值，使振冲器同时出现倒圆锥运动，所以 $L_1$、$L_2$ 应该选择合适的值。

（3）对振冲器在工作时的力学分析。假定壳体与偏心块为极薄的两个刚盘，在离心力的作用下，在一个平面内作圆周运动形式的振动（见图 3-21）。

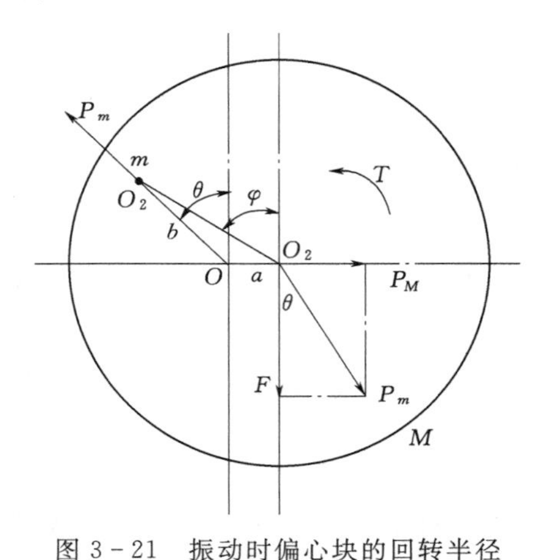


图 3-21　振动时偏心块的回转半径

$\varphi$—偏心块重心对棒壳运动方向的超前角；$\theta$—偏心块离心力方向对棒壳运动方向的超前角；$F$—工作时作用于棒壳的土体阻力，kN；$T$—电动机作用于转轴上的力矩（不计轴承阻力），kN·mm；$O$—振动中心（不动中心）；$OO_1$—振幅，圆周运动半径 $a$，mm；$OO_2$—偏心块重心与振动中心的距离，即振动时偏心块的实际回转半径 $b$，mm

$$P_M=Ma\omega^2 \tag{3-18}$$

$$P_m=mb\omega^2 \tag{3-19}$$

$$P_m=\frac{P_M}{\sin\theta}=\frac{F}{\cos\theta}=\sqrt{P_M^2+F^2} \tag{3-20}$$

由图中三角形 $OO_1O_2$ 的几何关系，可以得到

$$b\sin(\varphi-\theta)=a\cos\varphi \tag{3-21}$$

$$e\cos\varphi=b\cos\theta \tag{3-22}$$

由式（3-20）关系，得到 $P_M=F\tan\theta$，因此与式（3-18）可以得到

$$a=\frac{F\tan\theta}{M\omega^2} \tag{3-23}$$

同样可以得到

$$P_m=mb\omega^2=\frac{F}{\cos\theta} \tag{3-24}$$

$$b=\frac{F}{m\omega^2\cos\theta}$$

将式（3-23）和式（3-24）代入式（3-22）可得

$$F=me\omega^2\cos\varphi \tag{3-25}$$

分析：$F=me\omega^2\cos\varphi$ 表示随着土体阻力 $F$ 大小的不同，$\varphi$ 角也有所不同。当空载时 $F=0$，$\varphi=90°$，也就是说 $OO_1O_2$ 三点在同一直线上，$O_1$ 与 $O_2$ 分别位于振动中心 $O$ 的两侧。

当阻力 $F$ 增加时，$\varphi$ 角减小，当 $\varphi=0$ 时，可得到最大激振力为

$$F_{\max}=me\omega^2 \tag{3-26}$$

由式（3-25）和式（3-26）可得到

$$\cos\varphi=\frac{F}{F_{\max}} \tag{3-27}$$

将式（3-23）和式（3-24）代入式（3-21）：

$$\frac{F\sin(\varphi-\theta)}{m\omega^2\cos\theta}=\frac{F\tan\theta\cos\varphi}{M\omega^2}$$

$$\tan\varphi\left(\frac{M}{M+m}\right)=\tan\theta \tag{3-28}$$

$$\tan\theta=\frac{M}{M+m}\sqrt{\frac{1}{\cos^2\varphi}-1}=\frac{M}{M+m}\sqrt{\left(\frac{F_{max}}{F}\right)^2-1}$$

将式（3-28）代入式（3-23）：

$$a=\frac{F\tan\theta}{M\omega^2}=\frac{F}{\omega^2(M+m)}\sqrt{\frac{1}{\cos^2\varphi}-1}=\frac{1}{\omega^2(M+m)}\sqrt{F_{max}^2-F^2} \tag{3-29}$$

因此，当 $F=0$ 时，振幅 $a$ 为最大值 $a_{max}$，称为空载振幅：

$$a_{max}=\frac{F_{max}}{\omega^2(M+m)}=\frac{me}{M+m} \tag{3-30}$$

偏心块在绕振动中心回转时所产生的离心力随 $b$ 的大小而变化。因此把式（3-28）代入式（3-22），可得到

$$b=e\cos\varphi\sqrt{1+\left(\frac{M}{M+m}\right)^2\tan^2\varphi}=e\sqrt{\cos^2\varphi+\left(\frac{M}{M+m}\right)^2\sin^2\varphi}$$

$$b=e\sqrt{1-\left[1-\left(\frac{M}{M+m}\right)^2\right]\sin^2\varphi} \tag{3-31}$$

分析：①由式（3-31）可知，当 $\varphi=0$ 时，$b$ 有最大值 $e$，这时偏心块产生的离心力最大，也就是最大激振力 $F_{max}=me\omega^2$，与式（3-26）相同。②在一般工作情况下，$0<F<F_{max}$，此时偏心块产生的离心力可以分解为 $F=P_m\cos\theta$，用来克服土体阻力；$P_M=P_m\sin\theta$，用来平衡壳体离心力。

电动机作用于偏心块转轴上的力矩为

$$T=Fa=\frac{F}{\omega^2(M+m)}\sqrt{F_{max}^2-F^2} \tag{3-32}$$

振冲器对土体作用的功率为

$$N=\frac{Tn}{9545.45} \tag{3-33}$$

当 $F=0$ 或 $F=F_{max}$ 时，$T=0$，可知振冲器空载或处于钳紧状态时，振冲器不做功。下面采用微分法求做功的最大值：

$$\frac{dT}{dF}=\frac{1}{\omega^2(M+m)}\times\frac{F_{max}^2-2F^2}{\sqrt{F_{max}^2-F^2}} \tag{3-34}$$

令 $\frac{dT}{dF}=0$，可得

$$F=\frac{F_{max}}{\sqrt{2}} \tag{3-35}$$

由此可知，当土体阻力为最大激振力的 $\frac{1}{\sqrt{2}}$ 时，振冲器作用于土体的功率为最大。此时

$$N_{max}=\frac{m^2e^2n^3}{1742647.775(M+m)} \tag{3-36}$$

### 3.3.3 电机的设计

(1) 电机设计要求。振冲器用的电机首先要满足性能的要求，重点考虑以下方面。

1) 线圈电流密度不宜过大或过小。由于电机线圈具有一定的电阻，当电流通过线圈时就产生损耗，绕组温度升高。电机设计希望减小电阻，以减小损耗，提高效率。加粗线径，降低电流密度可以减小电阻，但会导致线圈材料用量增加，槽面积增大。由于槽面积的加大，引起铁芯的磁通密度增加，使电机的励磁电流和铁损增加。通常感应电机其线圈电流密度取 3～7A/mm$^2$，对于大电机及封闭式电机取较小值。

2) 电机铁芯的磁通密度不宜过高或过低。当铁芯材料频率和硅钢片厚度一定时，铁损决定于铁芯的磁通密度的大小，铁芯的磁通密度过高使铁损增加，电机效率降低，铁芯发热使电机温升增高。并由于励磁安匝数增加电机功率因数降低，所以铁芯的磁通密度不宜过高，尽量避免用在磁化曲线的过饱和段。磁通密度过低则使电机材料用量增加，成本提高。

3) 电机槽形的设计尽可能选用平行齿梯形槽。硅钢片工作在磁化曲线的饱和段，单位长度励磁消耗的安匝数随磁通密度的增加而显著增加。为了充分合理地利用电机内部空间，电机设计时总是使硅钢片比较饱和。如果采用梯形齿形槽，则齿的窄部由于磁通密度大，励磁安匝数大量增加，电机的功率因数降低。如果采用平行齿形槽，则沿齿部长度内磁通密度均匀，励磁消耗的安匝数大为减少。槽形边缘不要有尖角，尽量用圆底槽，因为圆槽铸铝时填充效果好，做模简便，定子芯片嵌线容易。

4) 电机需要在水下工作时，因工作环境恶劣，因此在电机设计时要考虑泥沙、水压和振动、海水盐雾腐蚀等影响。

(2) 电机的型式与参数。

1) 振冲器应具备水下工作的能力。

2) 电机外壳的防护型式应符合《旋转电机外壳防护分级（IP 代码）》（GB/T 4942.1—2006）规定的 IP68 级。

根据国际电工委员会推荐的电机防护等级标准，用 IP 表示抗接触与抗水的能力，IP 后面的第 1 个数字表示抗固体接触与击穿能力；IP 后面的第 2 个数字表示抗水的能力。IP68 指电机需要防止灰尘进入及防止淹没的保护，属于电气防护等级里面的最高级别。

3) 电机的冷却方式应符合《旋转电机冷却方法》（GB/T 1993—93）规定的 IC-WO8U40 级。

4) 电机的定额应是以连续工作制 S1 为基准的连续定额。

5) 电机的额定电压为三相 380V，额定频率为 50Hz。

6) 常用电机的同步转速为 1500r/min，电机的最大外径和额定功率的关系见表 3-12。

表 3-12　电机的最大外径和额定功率的关系表

| 最大外径/mm | 额定功率/kW | 最大外径/mm | 额定功率/kW |
|---|---|---|---|
| 310 | 30，45，55，75，100，130 | 350 | 55，75，100，130，150，180 |

注　表中没有的最大外径和额定功率，用户可与制造厂协商制造。

7) 电机与激振器的安装和外形尺寸，须满足振冲器整体系统的需要。电机轴伸中部圆跳动公差不得低于《形状和位置公差未注公差值》（GB/T 1184）规定的8级精度。

（3）电机的使用条件。

1）电机内充有洁净的25号变压器油。油面宜浸没电机上部轴承及绕组端部，并适当留有空间。应记录实际用油量，供日后生产和维修参考使用。

2）电机宜采用水流降温冷却，冷却水的流速和流量应能有效满足电机降温要求。

3）电机运行时的电压和频率相对于额定值的变化对电机性能的影响应符合《旋转电机　定额和性能》（GB 755）的有关规定。

4）电机的绝缘耐热等级不应低于F级。

5）电机应进行温升试验，用电阻法测量温升值，测量方法应符合《三相异步电动机试验方法》（GB/T 1032）的有关规定。

（4）电机的电气性能和要求。

1）电机的电压、频率为额定状态时，根据输出功率不同，其效率为85%～90%，功率因数为0.80～0.86。

2）电机电气性能保证值的容差应符合《旋转电机　定额和性能》（GB 755）的规定。

3）在额定电压下，电机最大转矩不应低于2倍的额定转矩；堵转转矩不应低于1.6倍的额定转矩。堵转电流与额定电流之比的保证值倍数应不大于7.0。

4）在额定电压下，电机启动过程中的最小转矩不应低于0.8倍额定转矩。

5）电机在额定电压、额定频率时，在热状态和逐步增加转矩的情况下，应能承受1.6倍额定转矩历时15s，不发生转速突变或停转及有害变形。

6）振冲器电机常温时定子绕组的对地和三相间的绝缘电阻不低于300MΩ，在热态下的绝缘电阻不低于0.38MΩ。

7）电机的定子绕组应能承受历时1min的耐电压试验而不发生击穿。试验电压频率为50Hz、且宜为正弦波形，试验电压有效值为2倍额定电压再加上1000V。试验时，电压自50%试验电压有效值开始，10s内升至全值后维持1min。验收时若需再次检查，试验电压应降至试验电压有效值的80%。此试验进行时，同一台电机的其余绕组应接地以保证安全。

8）当三相电源平衡时，电机三相空载电流中任何一相与另外两相的偏差不得大于三相平均值的10%。

9）电机的引出电线应符合《额定电压450/750V及以下橡皮绝缘电缆　第2部分：试验方法》（GB/T 5013.2）的有关规定。电缆接头及电气易磨损的部位应用高压绝缘材料处理，严格保证密封和绝缘。

（5）电机的机械性能和要求。

1）电机的机械结构应能承受振动冲击而不影响运行。

2）电机外壳应能防止影响使用的锈蚀。

3）电机装有可靠的密封装置，防止进水或漏油。

4）装配后检查所有紧固件是否旋紧，转子转动应灵活，轴承无异响。

5）电机轴的材料宜采用40Cr，调质处理280～300HBS。也可采用力学性能相当或更高的材料。

（6）电机输出转矩的计算。电机输出转矩与输出功率和额定转速的关系式（3－37）：

$$T=\frac{9550P}{n} \tag{3-37}$$

式中 $T$——输出转矩，Nm；

$P$——输出功率，kW；

$n$——额定转速，r/min。

输出转矩（N·m）＝输出功率（kW）×9550/额定转速（r/min）

额定转速（r/min）＝（1－额定转差率）×同步转速（r/min）

同步转速（r/min）＝60×额定频率/极对数

计算实例：电机极对数为2（即4极电机），额定频率为50Hz（由电源决定），额定转差率 $S=0.01194$（由转矩与转差曲线查到对应额定输出的转差率值），电机额定输出功率为165kW，则电机的同步转速$=\frac{60\times50}{2}=1500$r/min，则电机的额定转速＝（1－0.01194）×1500＝1482r/min，则电机输出转矩$=\frac{165\times9550}{1482}=1063.26$N·m，电机功率的计算按式（3－38）：

$$P=\sqrt{3}UI\cos\varphi \tag{3-38}$$

式中 $U$——电源输入的线电压；

$I$——电源输入的线电流；

$\varphi$——相电压与相电流的相位差角。

电机功率计算可用式（3－39）进行估算：

$$W=\frac{1}{10.2}A^2\omega^2\rho \tag{3-39}$$

式中 $W$——振冲器功率，kW；

$A$——空载载幅，mm；

$\omega$——振动体振动角速度，rad/s；

$\rho$——阻力系数。

目前国内外的振冲器其电机功率在施工选择时不是按工艺条件与使用范围计算确定的，而是先试制一台，再对不同地质条件进行适用，取得一定数据进行分析修改，然后再应用到工程中。

常见的振冲器功率在50～180kW之间，目前已制造出200kW以上振冲器，正处于试验阶段。振冲器的转速取决于电机驱动器电流频率和电机的极性，在振冲器设计上可以分成两个或多个部分进行。例如50Hz电源振冲器的转速按单极性或双极性驱动，分别约为1500r/min或3000r/min。而在60Hz时，振冲器的运行转速分别是1800r/min或3600r/min。

### 3.3.4 转子-轴承系统的设计

转子-轴承系统是旋转机械的核心部件（图3－22），轴承负荷发生变化将引起转子系统的剧烈振动。偏心轴问题是指由其自身结构不对称引起的旋转振动问题，属于转子-轴承系统中问题。对振冲器偏心轴系统进行有限元分析，并进行优化分析，研究并解决其在振冲器作业过程中存在的各种问题，对振冲器的结构设计和安全运行具有十分重要的指导意义。

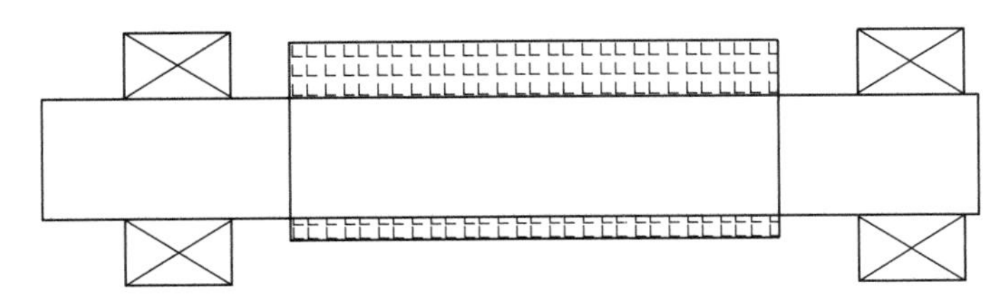

图 3-22 转子-轴承系统结构图

（1）偏心轴系统关键部件与理论计算。

1）偏心部分结构。偏心部分主要包括偏心套筒和偏心块。偏心套筒主要起连接偏心块和连接轴的作用；偏心块旋转时产生偏心力，带动整个机器产生高频振动，是振冲器能够正常工作的主要部件。单独的偏心块是无法安装在连接主轴上的，必须安装在套筒上，由偏心套筒与偏心块组装成一个偏心块单元，然后将多个偏心块单元组装就可以得到振动偏心体（见图 3-23），最后将振动偏心体通过键联结安装在连接轴上，得到了振动偏心结构总成（见图 3-24）。

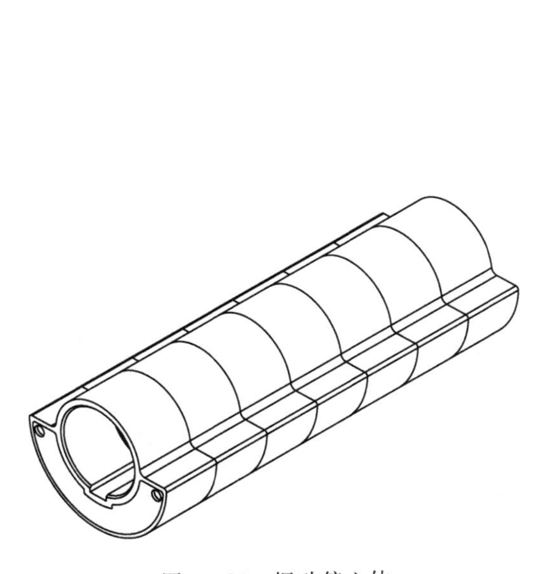

图 3-23 振动偏心体

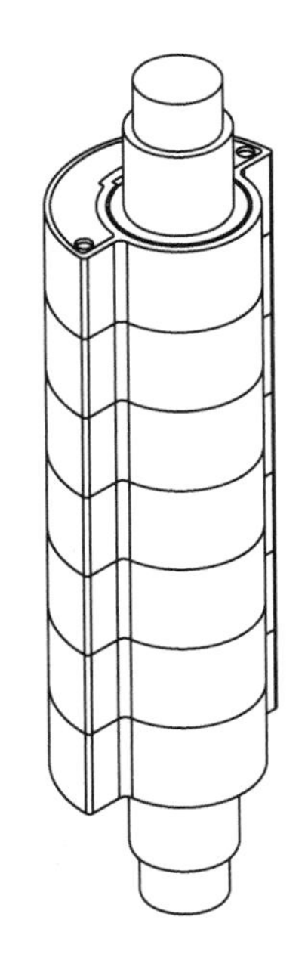

图 3-24 振动偏心结构总成

2）偏心块计算方法。振冲器偏心块采用半圆形的结构形式（见图 3-25），常用式（3-40）～式（3-42）对半圆偏心块面积和偏心距进行计算。面积计算见式（3-40）：

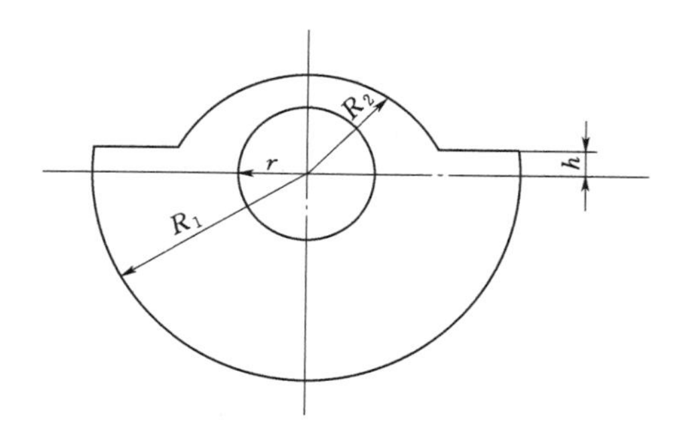


图 3-25　半圆形偏心块结构示意图

$$A=\frac{\pi}{180}(R_1^2\theta_1+R_2^2\theta_2)\pm\frac{b}{2}(c_1-c_2)-\pi r^2 \tag{3-40}$$

偏心距计算见式（3-41）：

$$r_0=\frac{1}{12A}(c_1^3-c_2^3) \tag{3-41}$$

其中

$$\begin{cases} c_1=2\sqrt{R_1^2-h^2} \\ c_2=2\sqrt{R_2^2-h^2} \\ \theta_1=\arccos\left(\mu\dfrac{h}{R_1}\right) \\ \theta_2=\arccos\left(\pm\mu\dfrac{h}{R_2}\right) \end{cases} \tag{3-42}$$

式中　$c_1$、$c_2$——偏心块小圆弧、大圆弧弧长；

　　$\theta_1$、$\theta_2$——大小圆弧半中心角。

半圆形偏心块具有结构简单，加工方便的优点，但它所需启动力矩大，在大振力的振冲器设计中是不宜采用的。可以用灌铅的方法增加偏心块的重量，减少体积，也有采用在偏心块内灌注水银的方法，这不仅可以增加重量，还可以减少启动力矩。

3）离心力。偏心块振动是依靠电动机运转，通过弹性联轴器来带动振动器内偏心轴转动产生离心力使振冲器壳体产生振动。振动的激振力是偏心块转动时产生的离心力 $F$，$F$ 的大小为

$$F=M\omega^2 e \tag{3-43}$$

式中　$\omega$——转动角速度，rad/s；

　　$e$——偏心距，m；

　　$m$——偏心块质量，kg。

4）轴承受力计算（以 75kW 为例）。轴承性能参数：型号：NJ324；额定动载荷：550kN；极限转速：1450r/min；功率：75kW；偏心块产生离心力 $F=337.1$kN；径向采用 NJ 型圆柱滚子轴承即内圈单挡边的圆柱滚子轴承；轴向采用 30000 型圆锥滚子轴承即单列圆锥滚子轴承，具体型号为 313 系列具有较大的接触角，可以承受更大的轴向载荷，轴承受力情况见图 3-26。

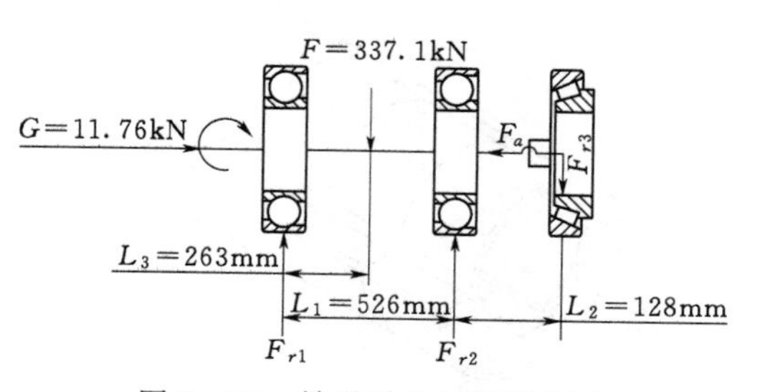


图 3-26　轴承受力情况示意图

$G$—自重；$F$—偏心块产生的离心力；$F_{r1}$—作用在振冲器上部轴承的反力；$F_{r2}$—作用在振冲器下部轴承的反力；$F_{r3}$—作用在圆锥滚子轴承上的力；$F_a$—作用在圆锥滚子轴承上的竖向反力；$L_3$—圆柱滚子轴承间距；$L_2$—下圆柱滚子轴承到圆锥轴承距离；$L_1$—两套圆柱滚子轴承间距

由平衡公式（3-44）：

$$
\left.\begin{aligned}
&F_a=G\\
&F_{r1}+F_{r2}=F+F_{r3}\\
&F_a/F_{r3}=\tan\alpha \quad (10^\circ\leqslant\alpha\leqslant 18^\circ)\\
&F_{r1}(l_1+l_2)+F_{r2}\times l_2=F\times l_3
\end{aligned}\right\} \tag{3-44}
$$

可得：$F_a=11.76\text{kN}$；$F_{r1}=152.5\sim159.9\text{kN}$；$F_{r2}=391.6\sim213.4\text{kN}$；$F_{r3}=66.35\sim36.19\text{kN}$。

轴传递转矩见式（3-45）：

$$
T=\frac{P\times955\times10^4}{n}=494\text{N}\cdot\text{m} \tag{3-45}
$$

不考虑轴向力，忽略偏心块轴的特殊性，对偏心轴系统工作时实际破坏面进行校核，针对半径受力最大面作强度校核计算，按照第三强度理论，计算弯曲应力，由于扭转切应力为对称循环，因此变应力 $\alpha$ 取 1。最大扭转力矩见式（3-46），弯曲应力见式（3-47）：

$$
M_{\max}=F_{r2\max}\times(l_1-l_3)=102.99\text{kN}\cdot\text{m} \tag{3-46}
$$

$$
\sigma_{ca}=\frac{M_{ca}}{W}=\frac{\sqrt{M^2+(\alpha T)^2}}{W}=\frac{\sqrt{M^2+T^2}}{0.1d^3}=245\text{MPa} \tag{3-47}
$$

（2）偏心轴有限元分析。

1）定义单元特性。考虑其振动偏心机构的实际情况，采用四面体三维实体单元 SOLID92 对主轴进行建模。在 ANSYS 软件中对轴承的处理，一般都是采用弹簧单元进行模拟，本文对轴承部分进行模拟的弹簧单元是 COMBIN14。COMBINE14 通常是一维线性弹簧单元，可以有三个方向的自由度 $U_X$、$U_Y$、$U_Z$，只沿弹簧方向传递力。在材料选择上振动偏心机构的主轴部分主要采用 45 号钢，偏心块部分采用铅材料，材料性能参数见表 3-13。

**表 3-13　偏心块材料性能参数表**

| 名称 | 弹性模量 /(N/m²) | 泊松比 | 密度 /(kg/m³) | 强度极限/(N/m²) | 屈服极限/(N/m²) |
|---|---|---|---|---|---|
| 45 号钢 | $2.05\times10^{11}$ | 0.3 | 7850 | $5.4\times10^8\sim6.5\times10^8$ | $2.7\times10^8\sim3.6\times10^8$ |
| 铅 | $1.70\times10^{10}$ | 0.42 | 11340 | | |

2）模型的建立。为了满足设计和分析要求，采用命令流方式对振动偏心结构进行有限元分析。用实体来显示偏心结构模型，能够形象地表示出振动偏心结构，偏心结构实体模型见图 3-27。建模时，对主要受力区域进行倒角处理。为了弹簧加载的顺利完成，建模时利用面对轴与轴承接触区域进行切割，得到模型中线圈，然后对线圈进行等分，这样就可以得到均匀分布的节点，通过这种方式加载弹簧充分模拟轴承内径。

在对模型进行网格划分时，为提高计算精度，节约计算时间，采用上述混合网格划分方式，对倒角部分、轴承加载部分与主体部分采用不同的方法进行网格划分，并且对倒角部分网格进行细化处理，对实体模型进行有限元网格的划分后，共生成 63423 个单元，91157

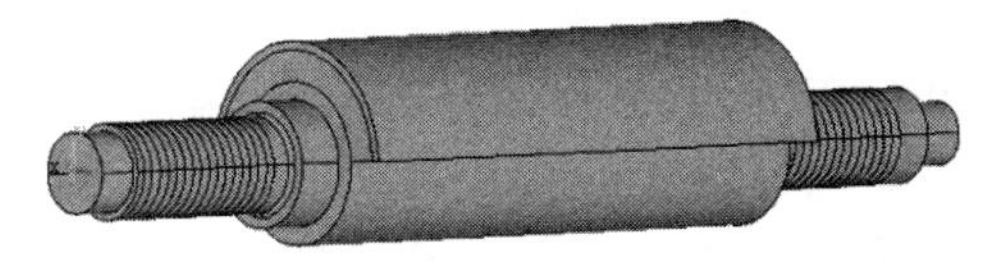

图 3-27　偏心结构实体模型

个节点。

3）模型加载。本文模型对节点的要求比较高，故采用有限元模型的加载方式。此模型上的载荷主要是自由度约束与惯性载荷。在偏心结构工作时，其中一个端面被轴向轴承约束，所以对此端面上的节点进行约束，限制其 $UZ$ 方向的自由度，而与轴表面直接接触的径向轴承，是对这些面上的节点进行加弹簧单元，模拟径向轴承工作状态，直接添加旋转角速度 $\omega$ 和惯性加速度 $g$，网格划分与模型加载见图 3-28。

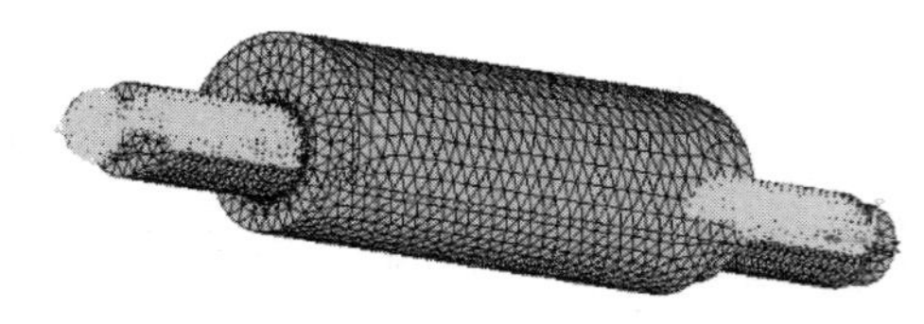

图 3-28　网格划分与模型加载

4）偏心轴结果分析与优化。

A. 优化改进。由于倒角对应力集中情况具有良好的改进，所以在阶梯轴的设计中，都会对其进行倒角。正常的倒角都很小，一般只有 2mm 左右，偏心轴倒角大小也是如此。而稍微增大倒角半径就可能对偏心轴的应力状况有很大的改善，而偏心轴属于特殊的阶梯轴，工作环境恶劣，容易发生破坏，因此，改变偏心轴系统的倒角半径，对其进行分析。

在不改变偏心轴主要参数尺寸情况下，通过改变倒角，实现对偏心轴的应力应变的情况的优化，当然改变倒角时对轴承位置有微小的改变。把轴肩圆角由原来的 2mm 改为 5mm，再进行有限元计算，倒角改变后综合应力图见图 3-29，倒角改变后综合应变见图3-30。

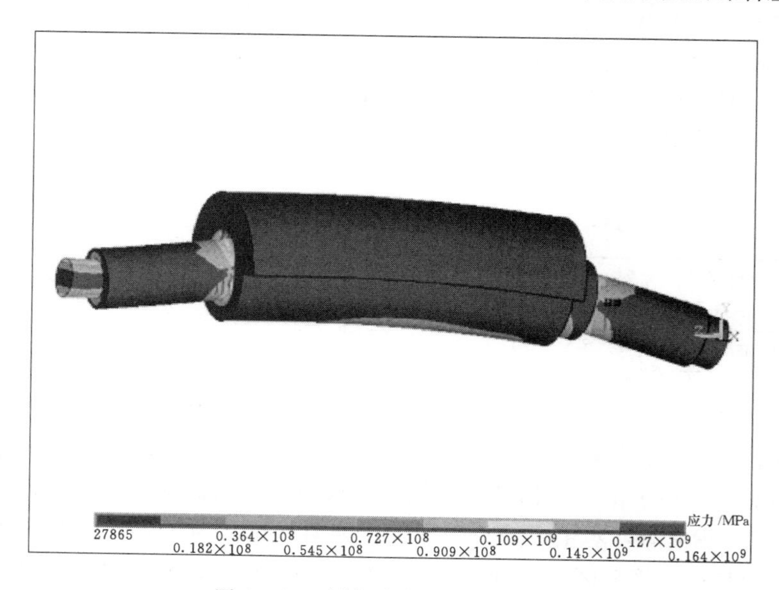


图 3-29　倒角改变后综合应力图

从倒角改变后的综合应力图可以看出，最大应力为 164MPa，远小于倒角改变前的 265MPa，倒角的改变有效改善了偏心轴的应力集中情况。由此可知，改变关键部位倒角大小对偏心轴的受力状况有很大影响，在条件允许的情况下，设计过程中应尽量增大倒角，改善应力集中情况。

通过对比前后应变图，发现倒角的变化对偏心轴的最大应变基本没什么影响，不影响

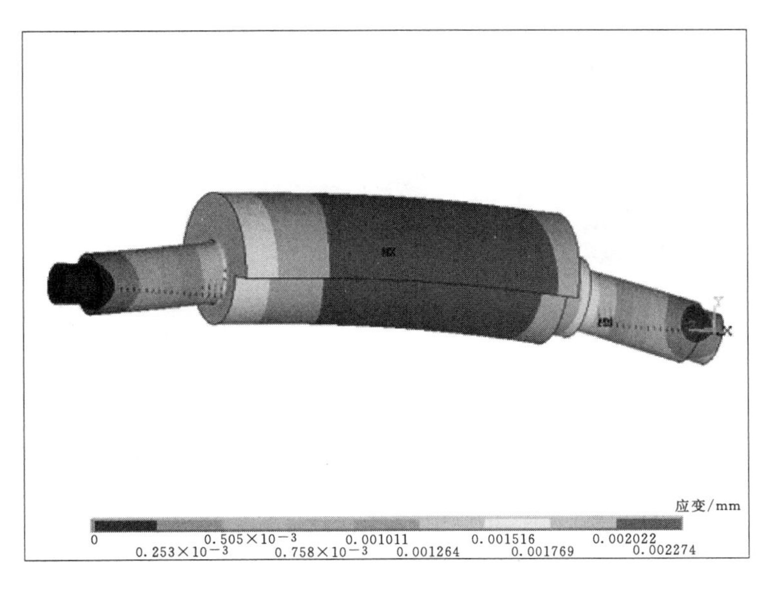


图 3－30　倒角改变后综合应变图

偏心轴工作效率。

B. 再次优化改进。由于最大应力的产生一定程度上是由轴径的突变并且突变程度比较大而造成，为了改善应力情况，在不改变主要参数尺寸条件下，可以从轴径方面考虑，利用套环等零件改善其受力状况。因此，在改变倒角大小后，加入套环改善轴径的突变情况，加入套环后综合应力见图 3－31，加入套环后综合应变见图 3－32。

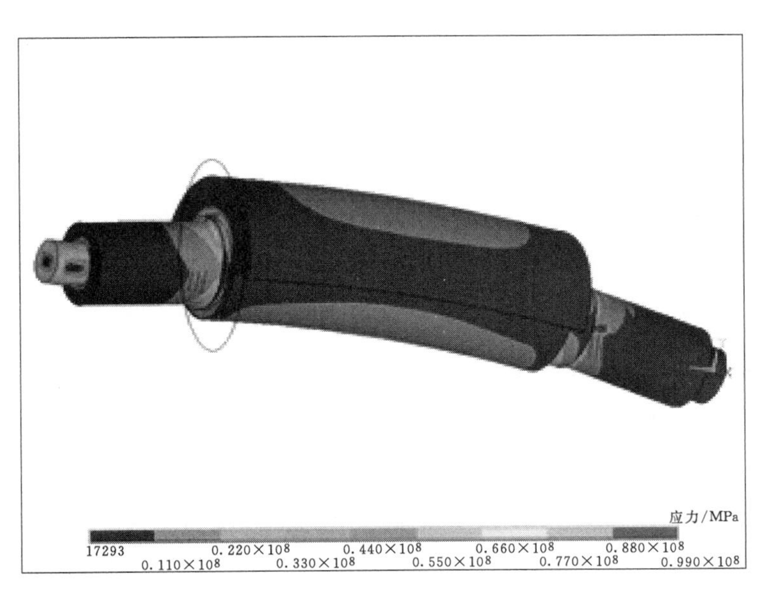


图 3－31　加入套环后综合应力图

从应力图（见图 3－31）中可以看出，最大应力位置没有改变，大小却降到了

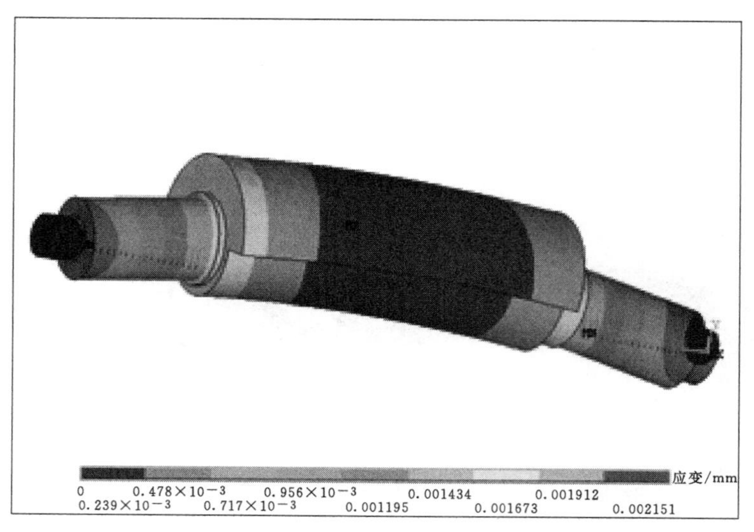


图 3-32　加入套环后综合应变图

99MPa，从最大应力角度来看，在不超过极限强度情况下，可以较大幅度的增加转速或者偏心块质量，提高偏心轴工作效率。

从应变图（见图 3-32）中可以看出，最大应变有比较小的变化，只减小了 0.1mm，影响不大，而且由于最大应力的大幅减小，可以通过改变偏心块质量等手段，增大偏心轴最大应变。

从以上优化结果中可以看出，对结构的微小变化就可能会对整个系统的受力状况产生很大影响，在不改变主要参数条件下，改变倒角和增加套环能够有效地改善应力集中状况，而且基本不改变偏心轴变形情况，不影响其工作效率，后面对轴承刚度等参数的分析，均是针对优化后模型进行分析。

（3）滚动轴承对偏心轴影响分析。

1）轴承刚度对振动偏心轴的影响。在保持偏心轴其他参数不变的情况下，将轴承刚度 $K$ 在 $10^6 \sim 10^9$ N/m 之间变化，分别进行有限元分析，多种轴承刚度下，利用 ANSYS 软件对优化后偏心轴进行分析，偏心轴综合应力应变情况见表 3-14。

通过多项式回归分析，偏心轴综合应力随轴承刚度变化公式见式（3-48）：

$$y=0.0707x^4-2.7072x^3+37.936x^2-223.61x+563.71 \tag{3-48}$$

通过多种曲线（如多项式曲线、指数曲线、乘幂曲线等）拟合，得出与表 3-14 中数据变化趋势最接近的曲线，偏心轴综合应变随轴承刚度变化曲线公式见式（3-49）：

$$y=8.386x^{-0.8147} \tag{3-49}$$

通过对轴承刚度 $K$ 在 $10^6 \sim 10^9$ N/m 之间变化时偏心轴的综合应力应变变化曲线公式的分析，可以看出，随着刚度的增加，偏心轴最大应力并不是一直增加或减小的，而是先减小后增加，最大应力减小的幅度非常大，而后增加的幅度相对较小，所以在设计安装轴承时，为防止最大应力过大，轴承刚度应不小于某值，例如，此偏心轴的最佳刚度在 $10^7$ N/m 附近，轴承刚度应不低于此。

**表 3-14　　偏心轴综合应力应变情况表**

| 轴承刚度/(N/m) | 综合应力/MPa | 综合应变/mm | 轴承刚度/(N/m) | 综合应力/MPa | 综合应变/mm |
|---|---|---|---|---|---|
| $1.00\times10^{6}$ | 363 | 8.362 | $5.00\times10^{7}$ | 125 | 1.050 |
| $2.00\times10^{6}$ | 283 | 4.850 | $7.00\times10^{7}$ | 133 | 1.062 |
| $5.00\times10^{6}$ | 145 | 2.927 | $1.00\times10^{8}$ | 141 | 0.957 |
| $7.00\times10^{6}$ | 109 | 2.509 | $2.00\times10^{8}$ | 153 | 0.807 |
| $8.00\times10^{6}$ | 105 | 2.366 | $3.00\times10^{8}$ | 157 | 0.746 |
| $9.00\times10^{6}$ | 102 | 2.249 | $4.00\times10^{8}$ | 159 | 0.712 |
| $1.00\times10^{7}$ | 99 | 2.151 | $5.00\times10^{8}$ | 160 | 0.691 |
| $2.00\times10^{7}$ | 107 | 1.632 | $7.00\times10^{8}$ | 160 | 0.664 |
| $3.00\times10^{7}$ | 114 | 1.406 | $1.00\times10^{9}$ | 160 | 0.643 |
| $4.00\times10^{7}$ | 120 | 1.273 | | | |

随着刚度的增加偏心轴最大变形是在一直减小的，同样是在轴承刚度在 $10^7$N/m 附近时，最大应变减小幅度发生明显改变，并且在刚度大于 $5\times10^7$N/m 以后，偏心轴最大变形基本不发生改变。因此，在确定偏心轴工作变形要求后，可根据其变化曲线选取一定的刚度，但是如果此刚度小于 $10^7$N/m，可以考虑使用其他方法满足其工作变形要求。

2）轴承数与偏心轴相互影响分析。从轴承配置方式可以看出，轴承数的选择很重要，它对轴承的总体承载能力等性能都有一定的影响。在保持偏心轴其他参数不变的情况下，改变轴承数，分别进行有限元分析，偏心轴综合应力应变情况见表 3-15，各列轴承所承受径向力情况见表 3-16。

**表 3-15　　偏心轴综合应力应变情况表**

| 轴承数 | 综合应力/MPa | 综合应变/mm | 应力最大点位置 |
|---|---|---|---|
| 1 | 232 | 2.257 | 右边界 |
| 2 | 99 | 2.151 | 右轴承面 |
| 3 | 95 | 2.128 | 左轴承面 |
| 4 | 87.4 | 2.051 | 左轴承面 |

**表 3-16　　各列轴承所受径向力情况表**　　单位：MPa

| 轴承数 | 左 1 | 左 2 | 左 3 | 左 4 | 右 1 | 右 2 | 右 3 | 右 4 |
|---|---|---|---|---|---|---|---|---|
| 2 | 52.28 | 37.70 | — | — | 49.36 | 36.34 | — | — |
| 3 | 48.00 | 31.00 | 12.00 | — | 45.20 | 29.70 | 12.00 | — |
| 4 | 48.45 | 32.00 | 14.00 | 2.20 | 45.10 | 32.00 | 14.00 | 1.40 |

**注**　左为靠近振冲头配置轴承，右为靠近电机一侧轴承，1、2、3、4 代表离振动轴距离依次增大的位置。

分析可知，在轴承数从 1 增加到 2 时，系统应力应变变化最大，且综合应力变化幅度非常大，改善最明显。随着轴承数的增加，系统综合应力应变在不断减小，轴承所承受的最大径向力也呈减小趋势，但是由于轴承数的增加，对轴承的安装等要求也变高。因此，在偏心轴设计时，一定要选择两个或两个以上轴承进行支撑。如果再考虑成本等情况，可确定偏心轴设计的最佳轴承数，例如此偏心轴最佳轴承数为 2。从最大变形角度来看，同样如此。

（4）滚动轴承使用寿命分析。

1）滚动轴承损坏机理。对已损坏的振冲器滚动轴承观察发现，该轴承都在轴承内圈沟道上某一部位首先出现疲劳剥落，产生麻点，而且内圈半个滚道出现严重点蚀，此时噪声增大，继而钢球出现麻点，最后导致保持架断裂，轴承完全损坏。通过对振冲器工作原理与工作工况的分析研究，振动轴轴承损坏可能是由振动轴与轴承传统配合方式的缺点、接触疲劳失效、边缘效应、润滑不良、振动冲击、保持架断裂等引起的。

A. 振动轴与轴承传统配合方式的缺点。振冲器的工作原理就是利用偏心块产生的激振力和振动来对土体进行加密，常常将偏心块用键固定在振动轴上。因此，对轴来说，激振力（径向力 $F_r$）永远指向轴上的某一固定方向。振冲器轴承传统配合模式，即内圈与轴是过盈配合（图 3 - 33），两者紧固在一起，虽然激振力方向随轴的旋转而不断变化，但由于工作时，轴承内圈一起跟着轴转动，轴承内圈的受力与轴是一样的，激振力方向相对于轴承内圈沟道是固定不变的，因此，内圈沟道最大受力部位一直不变，因此影响了轴承的使用寿命。轴承所受的径向力 $F_r$ 主要来自于偏心块产生的激振力，轴承与轴通过过盈配合固定在一起，随着轴的转动而转动，但是振动轴所受的激振力方向相对于轴的方向是相对不变的，轴承内圈也同样只有一半受力，所以，轴承内圈滚道受力很不均匀，导致轴承内圈滚道一半过早的出现点蚀而损坏，由受力图（图 3 - 33）可知，轴承内圈滚道上受力最大的点在 $A$ 点，因此 $A$ 点也是最早出现点蚀的地方。

B. 接触疲劳失效。接触疲劳失效是各类轴承最常见的失效模式之一，接触疲劳失效是指轴承表面受到循环接触应力的反复作用而产生的失效。轴承零件表面的接触疲劳剥落是一个疲劳裂纹从萌生、扩展到断裂的过程。初始的接触疲劳裂纹首先从接触表面下最大正交切应力处产生，然后扩展到表面形成麻点状剥落或小片状剥落，前者为点蚀或麻点剥落，后者被称为浅层剥落。

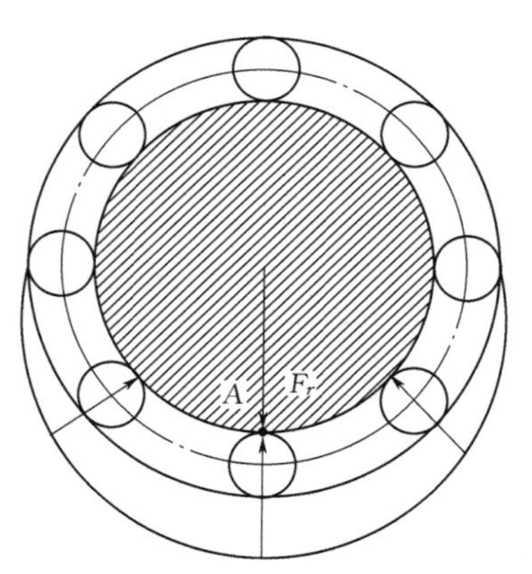

图 3 - 33　振动轴承内圈与轴过盈配合时受力示意图

C. 边缘效应。普通的直母线滚子轴承的滚动体与滚道间的早期接触疲劳点蚀常常发生在滚子或滚道上靠近滚子端部的区域，这是因为直母线滚子轴承在受载后，滚动体两端不可避免地存在边界应力集中，即所谓的边缘效应。研究表明轴承的使用寿命与应力的 7 次方成反比，边缘效应使得轴承边缘部分应力是中间部分的数倍，使得轴承的使用寿命大大降低。

D. 润滑不良。润滑不良主要是指轴承运转处于贫油状态，易形成黏着磨损，使工作表面状态恶化，黏着磨损产生的撕裂物，进入保持架或滚道，大大降低了轴承的使用寿命。

E. 振动冲击。振冲器在作业过程中产生过大的振动冲击，使得轴承承受较大的冲击性载荷，会在滚道表面上形成凹痕或划痕，凹痕或划痕引起的冲击载荷会进一步引起附近表面的剥落。

F. 保持架断裂。由于安装不到位、倾斜、过盈量大而游隙减少、润滑不良等原因使得外来物侵入保持架或滚道，使工作表面恶化，加剧了保持架的附加载荷与磨损，恶性循环最终造成保持架断裂。

2）基于有限元的轴承分析研究。在滚动轴承的设计与应用分析中，经常遇到轴承的承载能力、预期寿命、变形与刚度等问题，这些问题都与轴承的受力和应力分布状态密切相关，因此对滚动轴承的内外圈和滚动体进行应力分析具有十分重要的意义。采用大型有限元仿真软件 ANSYS 建立了振冲器轴承的有限元模型并加以求解，进行应力场分析，得出应力场分布，为振冲器轴承损坏分析和改进提供一定的依据。

振冲器轴承有限元模型与网格划分见图 3-34，选用 solid 186 单元模拟，轴承内外圈与滚动体的接触采用 Conta174 和 Targe170 模拟，对轴承外圈施加全约束，对滚动体在柱坐标下，约束其径向和轴向自由度，使其能绕自身中心轴旋转，在轴承内圈施加轴承载荷(Bearing Load)，轴承综合应力见图 3-35，轴承内圈综合应力分布见图 3-36。

分析可知：

A. 振动轴承内圈与轴过盈配合时受力最大部位位于轴承内圈与最下端滚子接触线附近，采取过盈配合时内圈沟道最大受力部位一直不变，此处为轴承使用过程中的最薄弱环节。

B. 在内圈与滚子接触线上，出现明显的边缘效应，轴承内圈边缘应力是其中间应力的数倍，故轴承破坏时应从接触线边缘部分开始，大大影响轴承使用寿命。

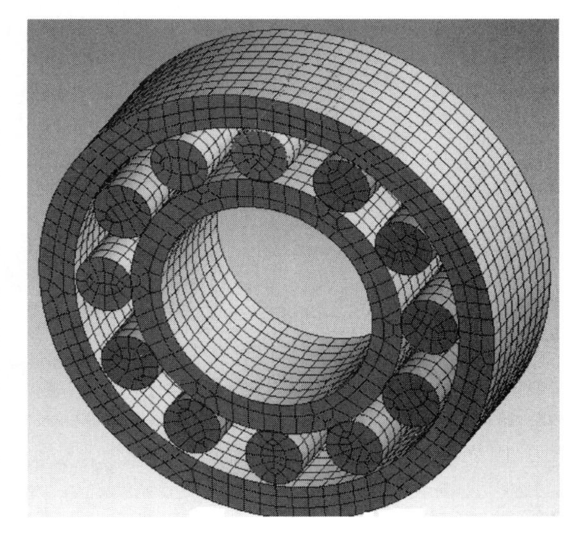

图 3-34　振冲器轴承有限元模型与网格划分图

3）延长振冲器振动轴轴承使用寿命的途径。

A. 改变振动轴与轴承的配合方式。由上述分析可知，轴承损坏是由于轴承内圈与轴颈配合太紧，最大受力部位不变所致。传统的轴承配合模式对振动机械并不合适，因此，改变其配合方式，将内圈配合由过盈改为间隙，将轴承外圈由间隙改为过盈，即将普通机械的“内紧外松”配合，在振动机械中改为“内松外紧”。当振动轴旋转时，由于与轴颈间隙配合的轴承内圈将与轴颈之间产生周向“游动”，而使轴承内圈沟道上最大受力部位不再固定不变，而是随着轴的旋转，在进行微小改变，从而使轴承内圈沟道受力比较均匀。由于周向“游动”，内圈沟道最大受力部位随着轴的旋转而不断移动，以致整圈移动；而对外圈沟道来说，采用紧配合对振动机械也是合理的，因为外圈固定不动，激振力方向相对于外圈沟道是在不断沿周向变化的，故外圈沟道受力机会均等，从而延长

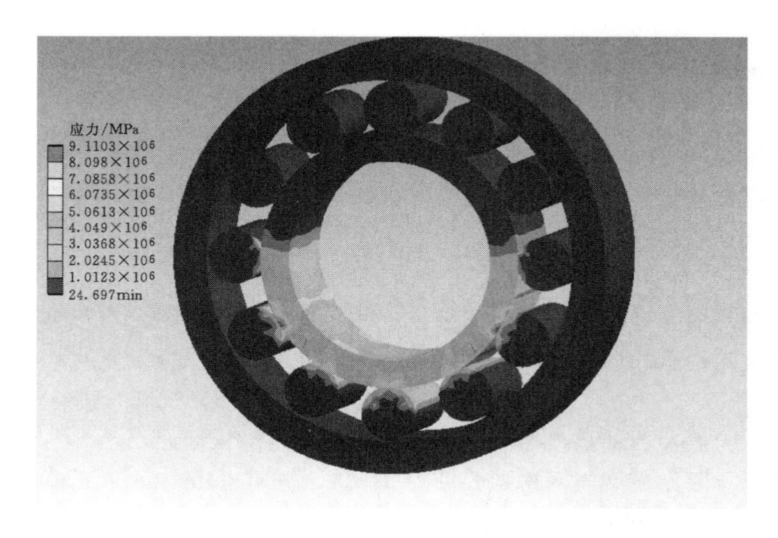


图 3-35　轴承综合应力图

图 3-36　轴承内圈综合应力分布图

了轴承使用寿命。经过改进，在其他工况相同时，振动机械的轴承使用寿命可提高 1～3 倍，从而提高了振动机械的可靠性。

B. 选用合适保持架。根据以上分析，振冲器振动轴轴承工作中，径向受力大是关键。所以，可以选择承受径向载荷大的圆柱滚子轴承，考虑到安装和维修的方便，应该选择轴承内外圈可分离的轴承。振冲器工作时，轴承受的载荷是冲击载荷，因此要选择刚性较好的轴承。轴承的保持架要选铜保持架，因为铜保持架比钢保持架刚性好一些，轴承的使用寿命要长一些。

C. 改善润滑条件。保证轴承运转处于有油状态，能有效地避免滑道、滚子以及保持架间黏着磨损，保持工作表面良好，防止黏着磨损产生的颗粒物进入保持架或滚道，有效地提高轴承的使用寿命。

D. 选用加强型、深穴或空心滚子轴承。基于弹性变形可以减少圆柱滚子接触应力的理论，深穴或空心滚子轴承具有较大的弹性，可以更好地适应振动机械振动冲击性载荷；经过改进深穴空心滚子轴承，能降低或避免边缘效应；深穴或空心滚子轴承具有较轻的重量，可以提高轴承的极限转速；深穴或空心滚子轴承结构的改变能大大改善轴承系统的润滑冷却条件，进一步提高轴承的承载能力和使用寿命。

### 3.3.5 通水管路流量和水道的设计

(1) 通水管路流量的计算。

根据式 (3-50)：

$$V_o=\varphi\sqrt{2gH};Q=\mu A\sqrt{2gH} \tag{3-50}$$

式中 $\varphi$——流速系数，圆柱形喷嘴，$\varphi=0.82$；

$g$——重力加速度，$m/s^2$；

$H$——喷嘴处的水头，m，取 $H=47.5m$，即 $4.75kg/cm^2$；

$\mu$——收缩系数，$\mu=0.82$。

所以 $V_o=\varphi\sqrt{2gH}=0.82\times\sqrt{2\times9.8\times47.5}=25m/s$，

出口直径 $\phi=35mm=0.35m$。

(2) 水道的设计原则。

1) 水道的位置设计不能影响振冲器的穿透性能。

2) 水道的出水口可设计多处，以提高针对不同地层的适用性。出水口在不需要水的情况下用堵丝堵住。

### 3.3.6 振冲器零件热处理工艺方案

从振冲器的使用工况考虑，振冲器各部件必须具有一定的强度和韧性，并具有较好的耐磨性及抗腐蚀性。针对以上的工况，以振冲器外壳为例，说明振冲器零件热处理工艺方案的操作流程。材料选用优质碳素结构钢 45 号钢，为使其具有较好的刚性（综合机械性能），又具备一定的防腐、防锈能力，其热处理方案为粗加工后“调质”处理＋半精加工后“氮碳共渗”处理。

(1) 综合力学性能的保证。45 号钢毛坯一般为正火态或退火态，该状态下的材料机械性能不佳，金相组织复杂且不理想。除了珠光体外，往往存在粗大铁素体组织，甚至会出现铁素体沿晶析出分布，容易引起在腐蚀介质中零件内部微电池式的沿晶腐蚀，加快零件的穿透腐蚀失效。同时，铁素体和珠光体复相组织会对后期表面处理产生极大的不利影响。因此，振冲器零部件经粗加工后，均作调质热处理。通过调质处理硬度控制 210～240HBS，材料基体获得回火索氏体组织，回火索氏体组织使工件具有强韧性与较好的综合机械性能。同时，调质处理又能保证下一步表面处理——氮碳共渗层和基体的牢固结合，提高氮碳共渗的效果。

(2) 表面防锈、防腐及耐磨处理——氮碳共渗处理。调质处理的工件通过半精加工后，再进行低温氮碳共渗处理。低温氮碳共渗又称软氮化，其原理是在铁素体-氮共析转变温度以下，使工件表面在主要渗入氮的同时也渗入碳，碳渗入后形成的微细碳化物能促进氮的扩散，加快高氮化物的形成。

1）氮碳共渗简介。又称软氮化，通常在 560℃±10℃的熔盐或气体介质中进行。有特殊要求的零件共渗温度允许低至 500℃，有时也可提高到 650℃以上，但以基体不发生相变为界。

2）气体氮碳共渗工艺参数。常用气体氮碳共渗渗剂为氨与醇的混合介质，气体氮碳共渗法的主要特点：出炉的工件无需清洗；成本较低；获得同样深度渗层的生产周期比熔盐法短 30%～50%。温度可在 500～680℃之间，从共渗速率、尺寸变化、渗层硬度、化合物致密度与脆性等方面综合考虑，多数钢种的最佳共渗温度为 550～570℃。保温时间：结构钢大多保温 2～4h，超过 4h，致密的化合物层不再增厚。疏松区宽展，渗层硬度降低。45 号钢氮碳共渗工艺见图 3-37。

3）检测结果。

A. 共渗层的组织。氮碳共渗时，碳原子在 $\alpha$ 铁中的扩散速度比氮原子大，但固溶度小。碳渗入表层迅速形成 Fe3C 微粒，而后氮原子以 Fe3C 微粒为核心，依次形成 Fe4N（$\gamma$ 相）Fe2-3N（$\varepsilon$ 相）。钢铁件共渗层组织依次是 Fe2-3N，Fe3N 和 Fe4N 构成的化合物层，45 号钢氮碳共渗后金相组织见图 3-38。

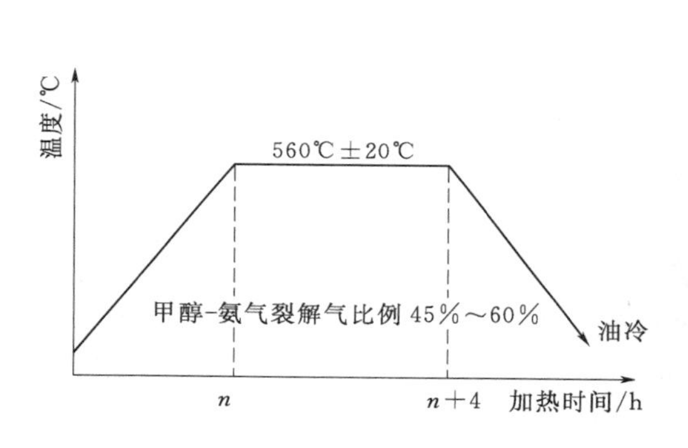

图 3-37　45 号钢氮碳共渗工艺图

图 3-38　45 号钢氮碳共渗后金相组织

B. 调质+渗氮。以 45 号钢为例，前期处理工艺为调质+渗氮，化合物深度 10～17$\mu$m，主要扩散层 0.30～0.40$\mu$m，总深度控制要求不小于 0.5mm。按照相关标准，以比基体硬度高 30HV0.1 为参考，表面（层）显微硬度不小于 500HV0.1，硬度的显著提高使耐磨性大幅度提高，与调质、高频淬火相比较，磨损失重分别减少 1～2 个数量级或成倍降低。共渗层的抗疲劳性能，由于表面处于压应力状态以及 $\gamma$ 等弥散析出物阻碍位错运动，氮碳共渗后的疲劳极限高于渗碳或碳氮共渗淬火以及高频高音淬火处理后的疲劳极限，低、中碳钢可提高 40%～80%。

C. 共渗层的耐蚀性。氮碳共渗后以 $\varepsilon$ 相为主的化合物层，具有抗大气、雨水（与镀锌，发兰效果相同）及抗海水腐蚀（与镀镉效果相同）性能。

4）热处理工艺方案小结。从以上原理、处理结果以及现有的研究成果来看。

A. 抗腐蚀性方面。从盐雾试验结果看，渗氮+氮碳共渗复合表面处理的零件，耐海水腐蚀性单项性能略低于奥氏体不锈钢，与马氏体不锈钢 1Cr17Ni2、2Cr13 等相同或略低。

B. 耐磨损性能方面。从硬度值推测，表面复合处理后，单项性能远高于奥氏体不锈钢，高于或相当于马氏体不锈钢。

C. 零件的实际工况较为复杂，必须同时具备抗海水腐蚀及抗砂砾冲击磨损，因此，实际结果可能高出单项比较的预期。而目前尚未见此方面试验和应用对比的报道。因本设计考虑制作成本，优先选择优质碳素结构钢的表面处理，实际效果仍需经台架应用检验，如效果不够理想，或以后随着制作水平升级而进一步改进设计，则建议应重视选择用马氏体不锈钢制作。选择既具有一定抗腐蚀、耐磨损、可焊接性又较佳的低碳马氏体不锈钢，如1Cr17Ni2、2Cr13等，此类材料经过适当的热处理，如1Cr17Ni2经过淬火回火处理，控制硬度35～40HRC、2Cr13通过调质处理，控制硬度25～30HRC，能达到较为理想的效果。

D. 综上所述，振冲器设计选用45号钢并经以上方案热处理后，根据实际使用效果，在同等的条件下，工件表面耐磨损性能提高5倍以上，在海水中长时间浸泡后，虽不如不锈钢（如1Cr17Ni2等）的抗海水腐蚀性能，但其表面常见的腐蚀特点为点坑状腐蚀（局部锈点），不会出现因锈蚀大面积整片脱落现象，满足实际使用工况要求。

## 3.4 附属设备

### 3.4.1 减振器

减振器，是一种连接振冲器与导杆的装置，用来避免振冲器的强大振动力传至导杆或吊装设备，降低噪声，延长吊装设备使用寿命。

减振器结构见图3-39。

(1) 减振器的作用。在振冲法施工中，为避免振冲器产生的振动传至吊管，振冲器与吊管之间设置了一个橡胶减振器，它在振冲器与吊管之间可产生一定的相对位移，防止连接螺钉被剪切。

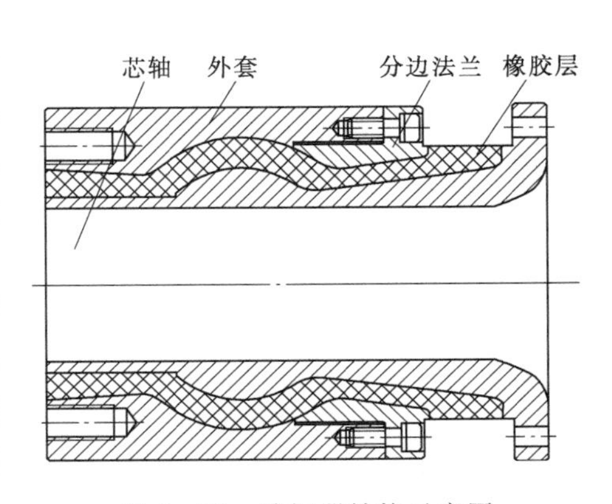

图3-39 减振器结构示意图

(2) 减振器的结构。减振器主要由外套、芯轴、分边法兰及减振橡胶层组成。在外套、分半法兰与心轴之间所形成的中间隔层为橡胶灌注层。使用时，通过心轴上的法兰孔、外套上的连接螺孔分别与吊具、振冲器连接，能缓冲振冲器对吊具所产生的振动，是振冲器的关键部件之一。因此，要求中间灌注的减振橡胶具备较好的强度（≥24MPa）及伸长率（≥650%），并且具备较好的耐冲击性和耐老化性。

(3) 橡胶减振器的减振机理。

1) 橡胶材料的性质和力学特性。橡胶属于高分子材料，是重复单元构成的长链分子。

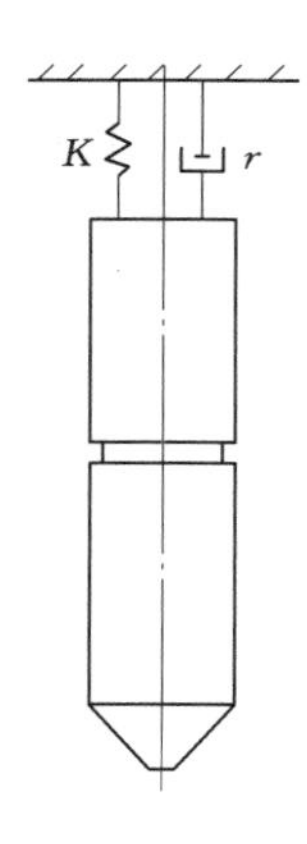

图 3-40　减振系统示意图

链状高分子根据其分子的旋转情况有非常多的分子形态。分子形态的多样性实际上是橡胶具有弹性的根本原因。橡胶独特的应力应变特性使它能存储大量的能量，在卸载时释放出绝大部分。但由于时间效应，橡胶分子没有时间自行重排，使得卸载时的应力-应变曲线与加载曲线不重合，因而有能量损失。橡胶因具有天然的内阻尼以及能进行可逆的大变形，因而在发挥良好弹性作用的同时，又是很好的阻尼材料，因此橡胶部件广泛用于隔离振动和吸收冲击。

2）橡胶减振器减振机理。为减小振冲器的振动对导向管和吊具的影响，在振冲器顶部与导向管之间用减振器连接（见图 3-40），其实质为隔振措施。

设计时可按单自由度的减振系统计算，振冲器的振源是简谐振动，激振力为 $P_x \sin\omega t$，则隔振系数可按式（3-51）计算：

$$\eta=\frac{\sqrt{1+(2\xi\lambda)^2}}{\sqrt{(1-\lambda^2)+(2\xi\lambda)^2}} \tag{3-51}$$

$$\lambda=\bar{\omega}_n/\bar{\omega}_i$$

$$\xi=r'/2m\bar{\omega}$$

式中　$\eta$——隔振系数；

$\lambda$——频率比，

$\bar{\omega}_n$——激振频率；

$\bar{\omega}$——减振器固有频率；

$\xi$——阻尼比；

$r'$——隔振材料阻尼系数；

$m$——激振系统的质量。

由于一般隔振材料的阻尼系数不大，在频率比 $\lambda=2.5\sim5.0$ 的范围内计算隔振系数时，可以不考虑阻尼的影响，则隔振系数的计算式（3-52）可以简化为

$$\eta=\left|\frac{1}{1-\lambda^2}\right| \tag{3-52}$$

（4）橡胶减振器的设计与分析。

1）橡胶减振器的设计。在振冲过程中，减振器的受力比较复杂，受到拉力、压力、剪切力以及扭转作用。振冲器上应用的减振器，大部分是橡胶减振器，它具有刚度大、阻尼系数小、隔离高频振动效果好的优点，橡胶减振器结构见图 3-41。

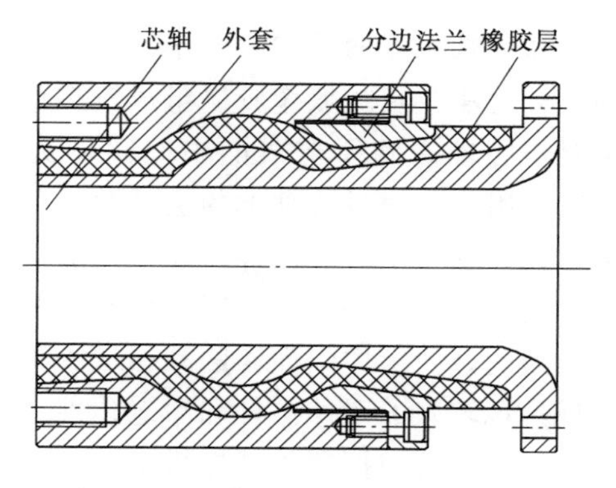

图 3-41　橡胶减振器结构示意图

为了提高承载能力，隔振器以天然橡胶为隔振材料，并在橡胶内增加了高拉力尼龙线帘布，钢胶接触面用高强度黏接剂黏接。

2）基于 ANSYS 软件的橡胶减振器分析。

橡胶材料由于具有良好的黏弹性，被广泛用于减振部件。但橡胶材料在外力作用下发生的变形为几何和物理双重非线性变形，因此其力学性能的计算非常困难。随着计算机技术，特别是有限元分析法的广泛应用，橡胶材料的力学性能计算才能得以简化。大型通用非线性有限元程序一般采用 Mooney - Rivlin 模型分析和计算橡胶材料的力学性能。

Mooney - Rivlin 本构模型，是一种比较经典的模型。它几乎可以模拟所有橡胶材料的力学行为，适合于中、小变形，一般适用于应变大约为 100%（拉）和 30%（压）的情况，其应变能密度函数的表达式（3 - 53）：

$$W=C_{10}(I_1-3)+C_{01}(I_2-3) \tag{3-53}$$

式中　$W$——应变势能；

$I_1$、$I_2$——变形张量；

$C_{10}$、$C_{01}$——Mooney 常数。

众所周知，橡胶的力学特性常数 $C_{10}$、$C_{01}$ 由试验确定，需要进行多组试验，而且需要专门加工橡胶试样，并且测试结果受到时间、滞后效应及材料不均匀性影响，在实际工程应用中很不方便，并且代价高昂。

本次分析对 $C_{10}$、$C_{01}$ 的确定采取了适当简化。对于不可压缩橡胶材料（$\mu=0.5$），在小应变时，其泊松比 $\mu$，弹性模量 $E_0$、剪切模量 $G$ 和材料系数的关系见式（3 - 54）：

$$G=\frac{E_0}{2(1+\mu)}=\frac{E_0}{3}=2(C_{10}+C_{01}) \tag{3-54}$$

根据橡胶硬度 $HS$ 与弹性模量 $E_0$ 的试验数据拟合得到两者之间的关系式（3 - 55）：

$$E_0=\frac{15.75+2.15HS}{100-HS} \tag{3-55}$$

通过橡胶硬度就可以将其转换成弹性模量，再通过式（3 - 54），只要确定 $C_{10}$、$C_{01}$ 的比值就可以确定材料系数。由于实际应用中橡胶硬度 $HS$ 非常容易测得，因此用此方法来确定橡胶材料系数比较简单。

根据振冲器减振器所采用的橡胶的性能参数，选取 $C_{10}/C_{01}=0.25$，硬度 $HS=50\sim60$，泊松比 $\mu=0.44$，由以上计算得出弹性模量 $E=3.62$MPa，Mooney - Rivlin 本构模型 $C_{10}=0.12$MPa、$C_{01}=0.48$MPa。

从选用橡胶的硬度来看，橡胶的选用硬度在 40～60HS 之间硬度越大，橡胶的综合应力、应变、位移越小，越安全，越不易破坏，但其减振效果略有降低。

（5）减振器的加工技术要求。

1）铸造件不应有气孔、夹砂、砂眼、缩松、缩孔、缺肉，肉瘤等铸造缺陷。

2）与胶体黏结面的部分需喷砂处理。

3）所用橡胶应满足邵氏 B 硬度 50～65。

4）抗拉强度及伸展率满足施工要求。

5）减振器同轴度公差不得低于《形状和位置公差术语及定义》（GB 1183—80）中同轴度公差等级的 8 级公差的要求。

### 3.4.2　电控箱

电控箱是连接振冲器和电源，启动和控制振冲器及相关辅助设备的装置。一般电控箱电源采用380V交流电压，频率50Hz，自耦降压启动器，以减少电动机启动时对电网的影响。

（1）电控箱分类。

主要按启动方式分：可以有自耦降压电控箱（见图3-42）、软启动电控箱（见图3-43）、变频启动电控箱（见图3-44）。

图3-42　自耦降压电控箱

图3-43　软启动电控箱

图3-44　变频启动电控箱

A. 自耦降压电控箱的工作原理。电动机启动时利用自耦变压器来降低加在电动机定子绕组上的启动电压。待电动机启动后，再使电动机与自耦变压器脱离，从而在全压下正常运动。这种降压启动方式分为手动控制和自动控制两种。

B. 软启动电控箱的工作原理。软启动器是一种集电机软启动、软停车、轻载节能和多种保护功能于一体的新型电机控制装置，国外称为Soft Starter。软启动器采用三相反并联晶闸管作为调压器，将其接入电源和电动机定子之间。这种电路如三相全控桥式整流电路。使用软启动器启动电动机时，晶闸管的输出电压逐渐增加，电动机逐渐加速，直到晶闸管全导通，电动机工作在额定电压的机械特性上，实现平滑启动，降低启动电流，避免启动过流跳闸。待电机达到额定转数时，启动过程结束，软启动器自动用旁路接触器取代已完成任务的晶闸管，为电动机正常运转提供额定电压，以降低晶闸管的热损耗，延长软启动器的使用寿命，提高其工作效率，又使电网避免了谐波污染。

C. 变频启动电控箱的工作原理。变频器也叫电动机变频调速器，是一种静止的频率变换器。它把电力配电网50Hz恒定频率的交流电变成可调频率的交流电。供普通的交流异步电动机作电源用。其最主要的特点是具有高效率的驱动性能和良好的控制特性。应用变频器不仅可以节约大量电能，又可以提高产品质量和数量。在各行业中均可用其改造传统生产方式，实现机电一体化，运用其空间电压矢量控制技术，使得在低速时能够输出较大力矩。

（2）电控箱技术要求。

1）电控箱应安装保护装置（包括过载保护、过热保护、缺相保护）及报警装置。

2）电控箱输入交流电源电压380V±5%，频率50Hz。

3）宜使用降压启动器，以减少电动机启动时对电压的影响。

4）电控箱应配置220V和380V输出，供临时用电使用。

5）电控箱主体采用母排分配方式进行各路供电，各电路控制应安装漏电断路器以防漏电造成人身安全事故。

6）电控箱电源进线、功能输出、中性线母排（N）、接地母排（PE）均应有明显标识。

7）电控箱必须有保护接地。

8）电控箱安装完毕，应检查电器元件固定螺栓是否有松动，输入电源电压是否相符，保护接地是否良好。送电前应检查各路漏电断路器是否在断开状态，送电后检查各路漏电断路器试验按钮是否正常工作。

9）使用发电机电源时应注意功率及频率匹配。

10）电控箱的工作环境温度不宜高于+50℃、不宜低于-20℃，相对湿度不宜高于80%，使用地点的海拔不超过4000m。

11）电控箱应安装在无显著摇动、冲击振动和不受雨雪袭击的地方，应保持电控箱通风、干燥。电控箱安装地点应无爆炸危险介质，且介质中无足以腐蚀金属和破坏绝缘的气体、尘埃。

12）依据施工要求，调整电控箱的静态电流继电器和时间继电器相应数值。

### 3.4.3 自动监控系统

（1）自动监控系统的使用意义。由于地基加固多属一次性隐蔽工程，振冲施工也不例外，施工过程中主要靠人跑现场、人盯人、人盯机的管理模式进行质量管理，施工人员的责任心和现场到位情况决定着地基处理的质量。因此，为确保按设计的工艺流程施工，确保振冲资料真实可靠，振冲自动监控系统就应运而生。振冲自动监控系统主要对振冲过程进行全面的监控，对原始数据包括振冲深度、密实电流、振冲过程中各项时间进行采集，并在采集数据的基础上形成施工曲线，能够直观形象地表现振冲过程。

自动监控系统是控制振冲施工质量的重要环节，此系统在国外的振冲施工中应用较多，并且各个振冲器生产厂家根据自己的需求和振冲器的特点，开发了适用自己的自动监控系统（见图3-45、图3-46），并没有形成统一标准的产品。国内在20世纪80年代也开发出了自动控制系统（见图3-47），由于各种原因，在近20年的施工过程中，虽然自动监控系统也经历几代产品的演变，但是始终没有在工程项目中有大规模的应用。无论国内还是国外，自动监控系统的开发都是向着操作方便、人机互动、准确性、多终端集成电脑系统和无线传输等方向发展。

图 3-45　国外某厂家自动监控系统

图 3-46　国外某厂家自动监控系统手机 APP

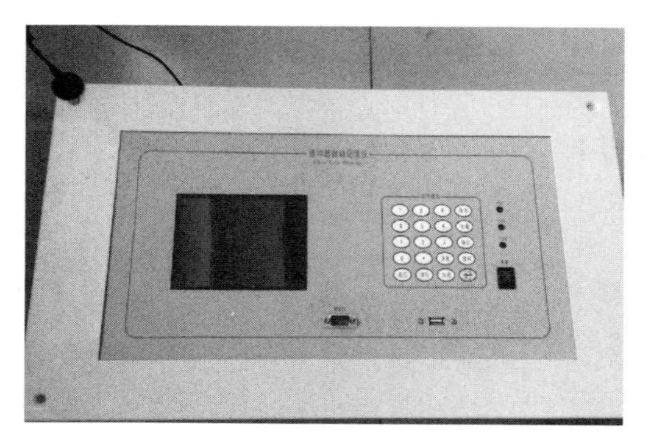

图 3-47　北京振冲自动监控系统

（2）自动监控系统的组成。自动监控系统主要由自动记录仪、传感器采集装置两个部分组成。其中自动监控系统为操作界面、基本数据输入和数据采集终端及存储系统；传感器采集装置包括深度采集装置、垂直度采集装置、电流采集装置、气压采集装置、石料控制系统采集装置（上料量采集装置和出料量控制装置）等。

（3）自动监控系统的功能。

1）监视功能。该系统能够监视振冲过程中的电流、振冲器在孔中的位置等参数，并以电流波形图（$I-t$）和振冲器在孔中的位置波形图（$d-t$）及动画显示（见图 3-48）。

2）数据存储功能。所监视的数据可在线存入数据库中。

3）参数设置功能。可在软件界面上设置被监控参数的范围（如电流上限值）。

4）报警功能。当被监控的参数超出预设范围时，能够自动发出报警信号，提示工作人员操控设备，并将有关信息存入数据库。

5）管理功能。

A. 用户管理 。设定能够使用本系统的用户、权限及其登录密码。

B. 数据库管理。数据库的自动备份和恢复仅最高权限用户能够使用该功能，没有最高权限的用户，即使拥有备份数据也无法查看或使用。

C. 日志管理。可记录操作人员的名称、使用日期和相应的操作等。

6）统计和查询功能。自动监控系统能够将施工检测数据保存到数据库中，并自动完成施工数据的记录和统计，方便以后的使用。

7）报表打印。可输出已记录的施工过程的有关信息和数据的报表。

8）安全措施。通过数据库管理系统设定用户权限，最高权限用户可以对数据进行修改和查询，普通用户仅具有查询权限，非授权用户无法查询数据，确保了施工记录数据的安全。

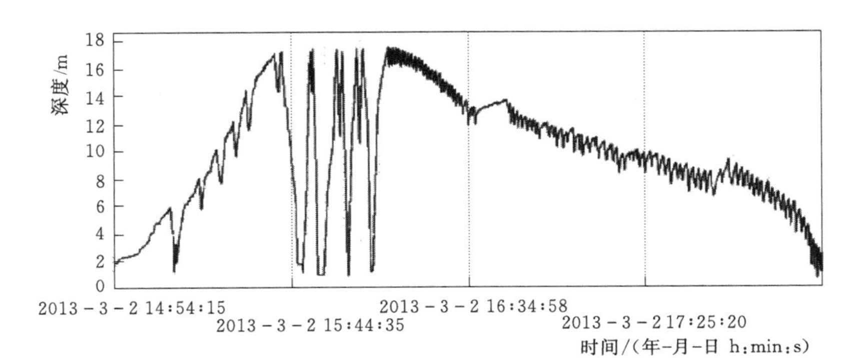


(*a*) 深度时间曲线

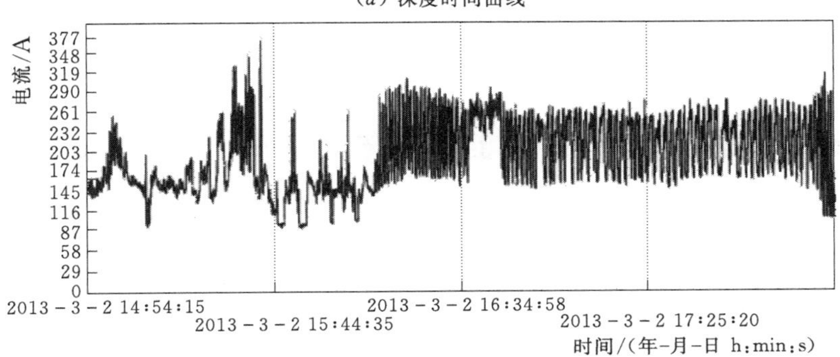


时间 (min)
深度 (m)
0 10 20
电流 (A)
0 200 400
填料量 (m³)
0 10000 20000
造孔
清孔
填料

(*c*) 自动监控系统输出波形样图

图 3－48　某厂家自动监控系统输出的波形图

### 3.4.4 附属配套设备

（1）供水供气系统。振冲设备在施工作业过程中绝大部分时间离不开水、气。对于供水系统，通常采用二级供水。第一级为自水源地供水至施工用储水箱；第二级为储水箱供水至振冲设备。对于供气系统，通常采用螺杆泵供气。

（2）起吊设备。常规的起吊设备主要有全地面汽车起重机、履带式起重机。

（3）石料铲运设备。对于常规振冲桩而言，孔口喂料一般选择装载机，斗容量为1.0～2.0$m^3$，对于地面相对湿滑的淤泥地层振冲桩施工，孔口喂料选择挖掘机，常规型号以200型为主。

（4）排污设备。在振冲施工过程中会产生大量污水：一方面为了保证施工场地的整洁；另一方面为了满足环保的要求，需根据排浆量选用合适的排污泵。

## 3.5 振冲器的组装、使用、维修和保养、故障与排除

### 3.5.1 组装

（1）所有装配的零部件应符合产品图样，技术文件，并必须有质量检查部门的合格标记。外购件必须有证明其合格的文件。

（2）所有螺栓紧固件均应采用高强度螺栓，其强度级别不应低于《紧固件机械性能螺栓、螺钉和螺柱》（GB/T 3098.1—2010）中的10.9级。

（3）所有螺纹孔必须均匀涂抹螺纹防松胶。

（4）电机与激振器装配后，主传动轴应转动灵活，无卡滞现象，轴向间隙应在1～3mm之内。

（5）整机装配完成后，应测试水道密封性能，通过进水口通水加压至1.0MPa，保压3min，检查电机水套、振冲器外壳、水道及所有接缝处不得渗漏。所有受压部位无可见的异常变形。

### 3.5.2 使用

（1）每次施工前，对振冲器各部位进行检查，外观是否有开裂变形，保护焊接是否牢固，连接螺丝是否松动，电机、电缆绝缘阻值是否正常，连接线是否破损，振冲器或电机是否渗油，减振器铸胶是否有溢出或开裂。

（2）振冲器使用前，应进行试运转。试运转应按照以下步骤完成。

1）所有线缆连接完成后，启动输入电源。启动后电控箱控制面板电源指示灯（黄、绿、红三色）亮起。旋转面板上的换项开关，检查三项电压是否平稳、齐全。

2）电控箱三项电压测试正常后，检查振冲器转换启动时间继电器及电流继电器，根据产品型号调整相应数值。

3）调试潜水泵达到正常工作状态。

4）检查振冲器油位。

5）振冲器正常出水后，启动振冲器，进行空载测试，观察设备是否有异响。

(3) 测试完毕，振冲器开始造孔、加密工作。

(4) 根据设计要求，设置造孔电流及加密电流。

(5) 设备运行过程中应时刻注意电压、电流表针摆动是否正常。

(6) 振冲器试运转及每完成进尺200m后，应按照装配要求紧固所有螺栓，每次成桩后检查螺栓有无松动。

(7) 振冲器及配套机具在每次施工前后都要妥善保管，避免在露天及含有腐蚀性气体、液体的环境中存放，在运输过程中，避免硬物外力撞击及高空坠落。

(8) 在施工中，为保证振冲器正常运行并保证桩体质量，振冲器应配置供水供气系统。振冲器的供水和供气系统应有压力和流量调节装置。供水系统的压力为0.1～0.8MPa，流量为15～50$m^3$/h。供气系统的压力为0.4～0.8MPa，流量为10～30$m^3$/h。

### 3.5.3 维修和保养

振冲器在工作中，工作环境恶劣及自身负荷较大，必须及时维护保养，维护保养的程度直接影响振冲器使用寿命及工作效率。

(1) 新设备投入使用后，根据施工现场地质条件和对振冲器的磨损程度，要对振冲器进行保护处理。

(2) 保护处理是对振冲器外表进行抗磨材料焊接，抗磨材料以材质较硬、耐磨的材料为主。

(3) 保护处理从振冲器头部开始，根据不同的磨损部位及受力程度逐一进行抗磨材料焊接，焊接范围应合理、均匀分布，在焊接时尽量避开连接螺丝孔及各油孔。

(4) 在施工过程中，随时观察振冲器各部位连接螺丝，如有松动应及时加以坚固。

(5) 在施工过程中应注意振冲器是否有杂音，如有应及时检修处理。

(6) 新设备在投入使用1周后（1000延米），应对振冲器进行换油保养，依据技术参数所规定的数量添加润滑油。正常使用每2个月更换润滑油进行保养，具体更换时间根据设备使用运转情况确定。

(7) 根据设备使用周期及工作负荷量，对设备定期检修保养，更换易损件。一般情况工期3个月左右，施工进尺5000m以上。

(8) 机油润滑的振冲器每钻5000m须进行换油处理。

(9) 使用时间在1个月左右或完成进尺5000m后应对设备检修保养，更换易损件。

(10) 工作中或是刚刚停止运转后禁止立即放油或加油，以免螺栓射出、溅出的热油烫伤人员。工作人员在放油过程中应站在油孔的侧面。

(11) 维修前，应先将振冲器腔体内的油排放干净，并保证油堵处于开放状态，以防在切割焊接过程中油温过高引起爆燃，烫伤工作人员。

### 3.5.4 故障与排除

常见设备故障及检查和排除办法见表3-17。

表 3-17　　　　常见设备故障及检查和排除办法表

| 设备故障情况 | 检查和排除 |
| --- | --- |
| 振冲器不能正常启动 | 检查线路电源是否缺相，检查电源电压，检查振冲器联轴器间隙，检查振冲器和电机轴承是否损坏（冬季检查润滑油黏稠度，加温处理） |
| 振冲器空载电流过大 | 检查电压，检查润滑油量及黏稠度，检查振冲器和电机轴承是否损坏 |
| 工作时振冲器有异响 | 检查轴承及连接部位 |
| 工作时振冲器轴承部分温度上升 | 检查润滑油量，检查轴承 |
| 振冲器运转正常突然停机 | 检查电机电缆是否漏电，检查控制线路与保护装置 |
| 振冲器整体带电 | 检查漏电保护装置 |

## 3.6　出厂外观要求及产品检测

### 3.6.1　外观要求

（1）振冲器涂漆前，必须对金属表面进行预处理，清除油污、铁锈、焊接飞溅和其他杂物。

（2）涂面漆前应涂两道防锈底漆。

（3）涂膜干透后应牢固地黏附在被涂金属表面上，外观应光亮、颜色一致，不得有气泡、剥落、皱皮、黏附颗粒杂质等缺陷。

（4）采用抗耐磨、抗腐蚀的涂装材料。

### 3.6.2　产品检测

（1）检测内容包括空载电流、振幅、零振幅点、空载噪声的测定。

（2）检测标准不应低于设计标准。

（3）检测方法。

1）空载电流的测定。同时测量三相电流，取三相读数的算术平均值作为测量的实际数值。

2）振幅的测定。用测振仪测量底部振幅 3 次，取平均值。建议提出各型号振幅范围的标准。

3）零振幅点的测定。从振冲器底部向上到顶部平均分布 10 个测量点，测量各标记点处的振幅，将测量数据记录列表，用直角坐标纸作图，$X$ 轴上标出各测量位置尺寸（比例采用 1∶10）记为（$X_1$，$X_2$，…，$X_{10}$）；$Y$ 轴上标出各点的振幅值（比例采用 1∶1）记为（$Y_1$，$Y_2$，…，$Y_{10}$）。依次计算出 $\overline{X}$、$\overline{Y}$、$k$、$b$。其中 $b$ 的绝对值即为最大振幅。计算式（3-56）为

$$\overline{X}=\frac{\sum_{i=1}^{n}X_i}{n},\overline{Y}=\frac{\sum_{i=1}^{n}Y_i}{n},n=10$$

$$k = \frac{\sum_{i=1}^{n}(X_i - \overline{X})(Y_i - \overline{Y})}{\sum_{i=1}^{n}(X_i - \overline{X})^2} \tag{3-56}$$

$$b = \overline{Y} - k\,\overline{X}$$

在以振冲器为中心，10m半径处进行噪声测量，测量值应符合《土方机械　噪声限值》（GB 16710）的有关规定。

# 4 施 工 组 织 设 计

施工组织设计是项目施工管理与控制的纲领性文件，是用于指导施工的技术、经济、组织、资源、进度等全过程管理的依据，是保证项目施工过程管理高效、有序和科学合理进行的必要条件。施工组织设计包括工程概述、平面布置、施工方案、施工进度计划及保证措施、劳动力及材料供应、施工设备配置、质量保证体系、安全文明施工、环境保护以及施工合同管理等内容。施工组织设计的编制要结合工程对象的实际特点、施工条件和技术水平进行综合考虑。

振冲工程属于隐蔽工程，应根据设计要求，分析水文、地质条件，进行技术经济比较，选择并优化技术可行、安全可靠、节省工期、经济合理的施工组织设计方案。由于工程地质条件的复杂性，振冲工程施工组织管理需要强调动态管理的理念，结合项目特点、设计要求，在充分理解设计意图的基础上注重施工过程的信息反馈，发现问题及时处理，确保施工质量达到设计意图、满足设计要求。

施工组织设计编制程序见图 4－1。

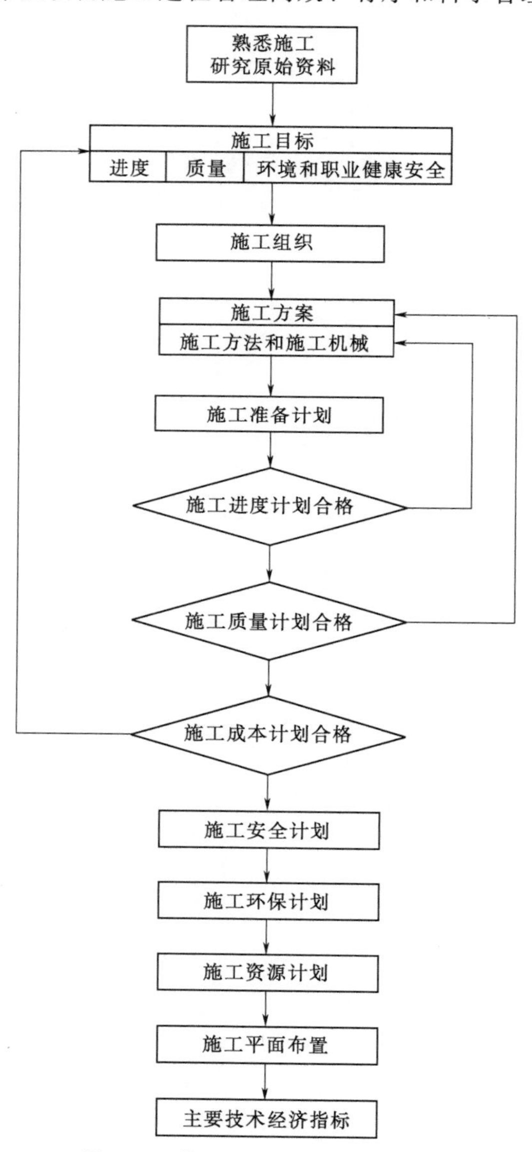

图 4－1　施工组织设计编制程序图

## 4.1　工程概述

### 4.1.1　工程概况

工程概况指工程的基本情况，是对工程项目的规模、类型、使用功能、建设目的、建设工期、质量要求和投资额及工程建后的地位和作用等一般性的说明，主要包括以下内容。

（1）项目名称、地理位置、项目规模、

主要工程量、合同工期等宏观概念。

（2）结合项目的具体情况，简要叙述施工场地、交通、水文、气象、工程地质条件等基本情况。

（3）建设单位、设计单位、勘察单位、监理单位、施工单位以及检测单位等主要参建单位名录。

### 4.1.2 工程地质条件

工程地质条件是编写施工组织设计方案的基本依据，施工进度、设备选型、资源配置以及技术质量管理计划等内容的编制与地质条件密切相关，一般可以选择性摘录岩土工程勘察报告的重点内容。

（1）区域地质环境。施工场区地形、地貌、气象、水文、区域地质构造等宏观概念。

（2）场地岩土工程条件。地基土的构成与特征、水文地质条件。对于地质条件复杂、设计技术要求较高或施工难度大的项目，应在熟悉掌握岩土工程勘察报告的基础上，对施工现场的地层情况进行归纳分析、分区描述。在制定施工组织设计方案过程中，针对地质条件差异性较大的区域分别制订相应的施工技术与质量控制计划，进而对场地各区域的施工进度、工效、技术质量控制措施等做出评价。

（3）场地和地基的地震效应。重点关注建筑场地类别、设防烈度、液化土及软土地基判别的结论。振冲工程施工需要熟悉场地液化土及软土地层的分布情况、埋藏深度及其物理力学性质指标，以利于准确把握施工质量管理的重点。

### 4.1.3 项目环境条件

与振冲工程相关的项目环境条件主要包括交通条件和气象条件（海上振冲作业尤其重要）。

交通条件指满足施工设备、材料等运输需求的交通条件，分为场内交通与场外交通。场内交通属于总平面布置工作的组成部分，主要根据施工场地各区域施工设备进场和转场、材料运输的要求，尽可能利用建设场地既有道路或临时道路进行规划布置，一般需要修建必要的临时道路。场外交通条件相对复杂，受地方交通部门规定制约。

振冲工程的施工一般处于工程全面启动的起点，许多项目在该阶段并未完全具备充分的交通条件，制定振冲工程施工组织设计方案时，应事先对现场交通条件做好评估调查工作，做好交通规划方案，避免因交通问题对项目的组织计划产生严重影响。

气象条件，包括工程所在地极端天气情况，高温温度，低温温度，霜冻情况，旱季、汛期时间分布，雷电，风力分布等情况。结合施工工期，做好施工的各类相关预防措施。

### 4.1.4 设计方案及要求

设计方案及要求可以通过设计单位提供的施工图纸得到清晰体现，但在某些项目中可能存在设计图纸与其他技术文件并存的情况，需要施工单位综合理解并组织实施。

根据设计单位提供的施工图等设计文件，摘录复合地基承载力、桩距（点距）、桩径、桩长、布桩方法、消除或减少部分地基液化等明确量化的设计要求。此外，有些设计文件中可能涉及施工技术质量管理方面的内容，例如根据设计要求的程度不同，在设计文件中可能规定振冲器功率、施工工艺、材料质量、检验与检测方法、桩体与桩间土密实度、桩端持力层以及施工顺序等要求。

设计技术交底是施工组织设计的一个重要环节。施工单位可以通过设计技术交底，进一步理解设计意图，研究探讨施工图纸与设计文件中可能存在的技术问题。

#### 4.1.5 项目施工范围

项目施工范围指招标文件、项目合同、施工图纸所规定的施工区域以及相应的工程量。

根据项目前期工作的准备情况，在施工组织设计方案中，施工范围的引用可视具体条件分层次、分阶段进行。招标文件所列出的施工区域及其相应工程量一般不够准确，仅供招标阶段引用，不作为施工组织设计方案的依据；项目施工合同约定的工程量更加趋于准确，对于设计与施工交叉进行的项目，在施工图纸不能及时发放至现场的条件下，可以引用施工的合同约定，待所有施工图纸齐备后，遵照监理要求，对施工组织设计进行必要的修改。施工范围应以施工图纸的规定为依据，按施工图纸划分方法分别详述各区域的工作内容、设计要求以及相应的工程量。

施工过程中常因多种原因发生设计变更，这些原因主要来自两方面。一是建（构）筑物结构方案发生局部调整；二是出现桩端土层起伏幅度较大、局部地层条件突变等地质条件方面的异常情况。设计变更将对施工范围产生直接影响。

#### 4.1.6 项目总体目标

项目总体目标是对施工进度、质量、安全环保等项目管理工作的总体要求，在符合相关法律、法规、规范、标准的基础上，依据招标文件、施工合同以及投标书承诺的相关内容制定项目总体目标。项目总体目标以技术、质量、进度、安全环保等方面满足项目需求的各分项目标为基础，是各分项目标达成程度的综合结果。

## 4.2 编制原则及编制依据

#### 4.2.1 编制原则

（1）符合施工合同或招标文件中有关工程进度、质量、安全、环境保护、造价等方面的要求。

（2）在满足技术、质量要求的基础上，积极采用新技术、新工艺，推广应用新材料和新设备。

（3）在满足工期要求的条件下，坚持科学的施工程序和合理的施工顺序，采用流水施工和网络计划等方法，科学配置资源，合理布置现场，力争实现均衡施工，达到合理的经济技术指标。

（4）采取先进的技术和管理措施，注重节能减排、保护环境、绿色施工。

（5）建立质量、环境和职业健康安全的管理体系，注重过程控制和可追溯性。

#### 4.2.2 编制依据

（1）国家与地方有关的法律、法规和文件。

（2）国家、行业以及地方现行的有关标准、规范、规程。

(3) 项目合同、招标文件、投标文件以及其他具有约束性的文件。

(4) 岩土工程勘察报告、设计文件以及现场试验报告。

(5) 项目现场交通、资源供应、现场施工环境等满足项目施工所必需的相关条件。

(6) 施工生产能力、技术支持能力、机具设备状况等。

## 4.3 工程特点分析

主要结合工程具体的施工条件、技术要求、进度要求、质量要求等，分析找出施工全过程的关键线路、关键工序、主要技术控制参数、主要质量控制要点、安全生产隐患等，并从施工方法和措施方面给以合理化解决。

振冲工程项目的特点主要包括与施工组织管理直接相关以及非直接相关的两方面内容。施工现场的环境、工程地质、设备材料供应、水电与通讯等条件以及施工工期、技术质量、安全健康环境（安健环）等管理要求与施工组织管理直接相关，是构成项目特点的重要因素；非直接相关的内容随项目具体条件变化而不尽相同，例如施工现场当地民族习俗、地方性行政批文、海外项目涉及当地的法律法规等。对于具体项目而言，涉及内容不同，因此需要根据项目的具体情况进行具体分析，针对项目特点编制施工组织设计方案。

值得注意的是在采用振冲技术消除地基液化的项目中，技术质量控制工作具有特殊性。振冲技术对消除地基液化、提高地基承载力、降低和减少地基不均匀沉降等效果显著，因此振冲技术一般是消除地基液化的首要技术措施。大量的工程实践表明，在以消除地基液化为控制性技术指标的地基处理工程中，当出现液化砂土地层中存在细颗粒夹层、局部区域土层黏粒含量较高等特殊情况时，可能需要通过调整振冲施工工艺、甚至修改设计方案等技术措施才能满足设计要求，类似项目更需要强化施工过程的动态管理。

## 4.4 施工组织机构

项目组织机构应依据项目管理目标的需求设置，是实现管理目标最重要的人力资源保障。配合默契、团结协作、各司其职、相互支持的组织机构有利于提高工作效率，是实现项目总体目标的基础。

### 4.4.1 组织机构

项目组织机构的设置应符合项目的管理需求。项目经理的管理方式和管理习惯决定项目组织机构的设置方式，同时机构设置又依据项目具体条件、管理方式、项目特点等而有所区别，振冲工程的施工组织机构一般实行 4 个层次的分级管理。

### 4.4.2 组织机构框架图

根据施工目标，确定施工管理组织目标，建立项目管理组织机构。组织机构形式通常有直线式、直线职能式和矩阵式三种形式，振冲工程作为单项工程，组织相对单一，适宜采用直线职能式的组织模式。

项目组织机构框架图是施工组织设计方案中的一个重要组成部分，机构框架图中应明确管理层次、个人岗位、部门以及施工班组的设置情况。振冲工程项目组织机构见图 4-2。

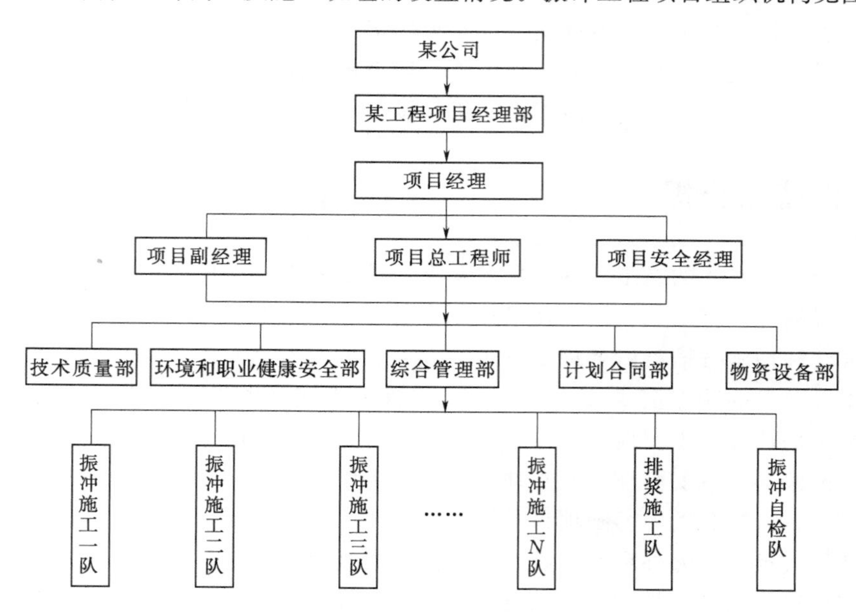


图 4-2　振冲工程项目组织机构图

### 4.4.3 选派管理人员

按照岗位职责需要，选派称职的管理人员，组成精干高效的项目经理部，签订相应项目管理协议，项目经理部人员明细表格式可参考表 4-1 的形式。

**表 4-1　项目经理部人员明细表**

| 序号 | 姓名 | 职务 | 职称 | 工作职责 | 备注 |
|---|---|---|---|---|---|
| 1 | | | | | |
| 2 | | | | | |

### 4.4.4 主要职责

根据项目组织机构的设置，明确技术、质量、进度、安全环保等各方面管理工作岗位的职责，做到制度严谨、有据可依、分工明确、责任清晰。

第一层次是项目经理。振冲工程项目经理均应具备相应的执业职格。项目经理是施工项目管理的责任人，全面负责施工准备、施工技术管理、质量管理、进度管理、合同计划管理、安全管理、环境保护等工作以及总体的组织协调，并承担重大质量事故、所施工工程拖延工期、重大安全事故、由于管理不善而发生的重大治安灾害性事故、材料浪费赔偿等问题的责任。

第二层次是项目副经理、项目总工程师、安全经理。根据项目特点和管理需求，可以设置多位项目副经理岗位。第二层次人员在项目经理的领导下，负责施工生产的组织与管理措施的监督执行，根据分工主管部门开展工作。

第三层次是各主责部门。各主责部门按计划要求负责主责范围内施工组织工作执行与

落实。

第四层次是现场施工操作层，主要是基层施工班组。振冲工程的施工班组长在工程施工中发挥着至关重要的作用。施工班组长的主要职责包括以下内容。

(1) 对机台（班组）施工质量负责。

(2) 严格执行技术标准，贯彻工艺纪律，做到精心操作，精心施工。

(3) 认真负责，如实做好各项原始施工记录，做到本道工序质量符合设计和规范要求后转入下一道工序。

(4) 做好各节点的工作，发现隐患或异常情况要及时分析原因，并采取有效措施予以排除。

(5) 认真做好机台（班组）自检、互检工作。

(6) 将质量管理小组活动与班组建设相结合，依靠机台（班组）全体人员共同努力，切实保证工程施工质量。

### 4.4.5 制度与措施

施工管理制度与管理措施是组织机构有序运转的基础，施工管理制度与管理措施主要涉及技术、质量、进度、安全、资金成本等对施工组织和施工计划产生直接影响的各个方面，此外应针对现场可能出现的突发事件而制定应急预案。

振冲施工项目的施工管理制度与管理措施应具有较强的针对性和可操作性，特别是技术、质量管理措施应充分结合现场地质条件、设备性能、类似工程施工经验等项目特点制定，确保措施的合理和有效性。

为了提高施工管理工作效率，应按照施工管理客观规律，制定出相应的施工管理工作流程和考核标准，以备定期检查其落实状况。

## 4.5 施工部署

振冲工程的施工部署应符合总体工程施工部署要求，确定分阶段、分区施工的合理顺序，满足总体工程节点工期的计划要求。按照总体工程的进度计划对振冲施工过程、施工顺序、进度计划做出统筹规划和全面安排。

### 4.5.1 施工管理目标分解

在满足项目施工总体目标要求的条件下，制定施工进度、质量、安全、环境和成本等分项目标。振冲工程的分项目标应符合项目实际情况，目标制定应具备科学性、合理性、可行性和可操作性。为确保目标的实现，应在施工组织设计方案中制定相应的保证措施。

### 4.5.2 施工部署的内容

(1) 建立工程管理组织。主要内容包括组建管理机构、确定各部门职能、确定岗位职责分工和选聘岗位人员，以及部门之间和岗位之间的相互关系。

(2) 施工技术准备。

1) 编制施工进度控制实施细则。主要内容包括分解工程进度控制目标，编制施工作业计划；认真落实施工资源供应计划，严格控制工程进度目标；协调各施工部门之间关系，做好组织协调工作；收集工程进度控制信息，做好工程进度跟踪监控工作，以及采取有效控制措施，保证工程进度控制目标。

2）编制施工质量控制实施细则。主要内容包括分解施工质量目标，建立健全施工质量体系；认真确定分项工程质量控制点，落实其质量控制措施；跟踪监控施工质量，分析施工质量变化状况；采取有效质量控制措施，保证工程质量控制目标。

3）编制施工成本控制实施细则。主要内容包括分解施工成本控制目标，确定分项工程施工成本控制标准；采取有效成本控制措施，跟踪监控施工成本；全面履行承包合同；按时结算工程价款，加快工程资金周转；收集工程施工成本控制信息，保证施工成本控制目标。

4）做好工程技术交底工作。主要内容包括单项（位）工程施工组织设计、工程施工实施细则和施工技术标准交底。技术交底方式有书面交底、口头交底和现场示范操作交底3种，通常采用自上而下逐级进行交底。

（3）劳动组织准备。

1）建立工作队组。根据施工方案、施工进度和劳动力需要量计划要求，确定工作队组形式，建立队组领导体系，在队组内部，工人技术等级比例要合理，并满足劳动组合优化要求。

2）做好劳动力培训工作。根据劳动力需要量计划要求，组织劳动力进场，组建好工作队组，并安排好工人进场后生活，然后按工作队组编制组织上岗培训，培训内容包括规章制度、安全施工、操作技术和精神文明教育4个方面。

（4）施工物资准备。包括建筑材料准备和施工机具准备。

（5）施工现场准备。

1）清除现场障碍物，实现“四通一平”。

2）现场控制测量。

3）建造各项施工设施。

4）做好冬雨期施工准备。

5）组织施工物资和施工机具进场。

### 4.5.3 编制施工准备工作计划

为落实各项施工准备工作，加强对施工准备工作监督和检查，通常施工准备工作计划可采用表4-2的形式。

**表4-2　　施工准备工作计划表**

| 序号 | 准备工作名称 | 准备工作内容 | 主办部门 | 协办部门 | 完成时间 | 负责人 |
|---|---|---|---|---|---|---|
| 1 | | | | | | |
| 2 | | | | | | |

### 4.5.4 施工准备

（1）设计技术交底是振冲工程施工准备的首要环节，一般由建设单位组织施工单位、监理单位参加，由设计、勘察单位对设计意图、施工图纸内容以及工程地质条件进行说明，使参建单位正确贯彻设计意图，加深对设计文件特点、难点、疑点的理解，掌握工程设计的重点与关键点。

施工单位应在熟悉掌握现场地质条件、现场试验报告、设计文件的条件下参加设计技术交底。通过设计技术交底，研究探讨设计方案及设计要求中可能存在的问题，以备在施工组织设计方案中制定相应的应对措施。

(2) 施工场地具备“三通一平”条件，水源、电源应接至施工现场 50m 以内；振冲施工一般处于建设工程的起点，特别是对于新建项目而言，水、电、交通条件不够完善，往往成为振冲工程施工组织的难点之一。

(3) 查清施工场地范围内的地上、地下设施及障碍物，制定相应的施工处理措施。

(4) 熟悉并分析施工场地地质资料。

(5) 了解现场试验的资料和检测成果。

(6) 配备相应性能的振冲器和配套机具设备。

(7) 编制施工组织设计。

(8) 根据建（构）筑物坐标控制点测放桩位。

(9) 陆域施工场地宜划分若干区域，分区设置土埂或排浆地沟，保证泥浆及时排放，满足环保要求。

(10) 水上施工时，应设置稳定的水上作业和维修工作平台。

### 4.5.5 施工区域划分与施工顺序

结合总体工程的施工部署进行施工区域划分、设备调遣与资源配置，确定施工顺序、分区组织施工，满足总体进度计划的节点工期要求。

结合现场平面布置情况进行施工区域划分，避免交叉施工。施工顺序应符合场地规划、道路运输、设备管线布置等管理要求。

## 4.6 施工进度计划

### 4.6.1 编制施工进度计划依据

(1) 工程承包合同、设计资料和全部施工图纸。

(2) 建设地区原始资料（主要包括当地气候、交通条件、地质条件、资源情况以及民风民俗等）。

(3) 施工总进度计划对本工程有关要求。

(4) 工程设计概算和预算资料。

(5) 主要施工资源供应条件。

### 4.6.2 施工进度计划编制

振冲施工工作效率是制订施工进度计划的基础，施工工作效率应在充分了解工程地质条件、施工桩长、施工深度、施工设备有效利用率折减等影响因素的基础上综合确定，并在实施过程中予以修正调整。

施工进度计划应满足施工部署要求。对于工程规模较大或较复杂的工程，振冲施工进度计划可按照划分的施工区域制定。

施工进度计划采用横道图表示，附注必要的设备配置、转场调遣等说明。对于工程规模较大或较复杂的工程，宜采用网络图表示。

（1）施工网络进度计划编制步骤。

1）熟悉审查施工图纸，研究原始资料。

2）确定施工起点流向，划分施工段和施工层。

3）分解施工过程，确定施工顺序和工作名称。

4）选择施工方法和施工机械，确定施工方案。

5）计算工程量，确定劳动量和机械台班数量。

6）计算各项工作持续时间。

7）绘制施工网络图。

8）计算网络图各项时间参数。

9）按照项目进度控制目标要求，调整和优化施工网络计划。

（2）施工横道进度计划编制步骤。

1）熟悉审查施工图纸，研究原始资料。

2）确定施工起点流向，划分施工段和施工层。

3）分解施工过程，确定工程项目名称和施工顺序。

4）选择施工方法和施工机械，确定施工方案。

5）计算工程量，确定劳动量或机械台班数量。

6）计算工程项目持续时间，确定各项流水参数。

7）绘制施工横道图。

8）按项目进度控制目标要求，调整和优化施工横道计划。

（3）施工进度计划编制要点。

1）确定施工起点流向和划分施工段。

2）计算工程量。如果工程项目划分与施工图预算一致，可以采用施工图预算的工程量数据，工程量计算要与采用的施工方法一致，其计算单位要与采用的定额一致。

3）按式（4－1）确定工程劳动量或机械台班数量：

$$P_i=\frac{Q_i}{S_i}=Q_iH_i \tag{4-1}$$

式中 $P_i$——某工程劳动量或机械台班数量；

$Q_i$——某项工程的工程量（一般以总桩长、总方量或总处理面积计算）；

$S_i$——某项工程计划产量定额（可以依据企业定额）；

$H_i$——某项工程计划时间定额（可以依据企业定额）。

4）按式（4－2）确定工程持续时间：

$$t_i=\frac{P_i}{R_iN_i} \tag{4-2}$$

式中 $t_i$——某项工程持续时间；

$R_i$——某项工程工人数或机械台数；

$N_i$——某项工程工作班次（一般按3班制，特殊情况下进行调整）；

其他符号意义同前。

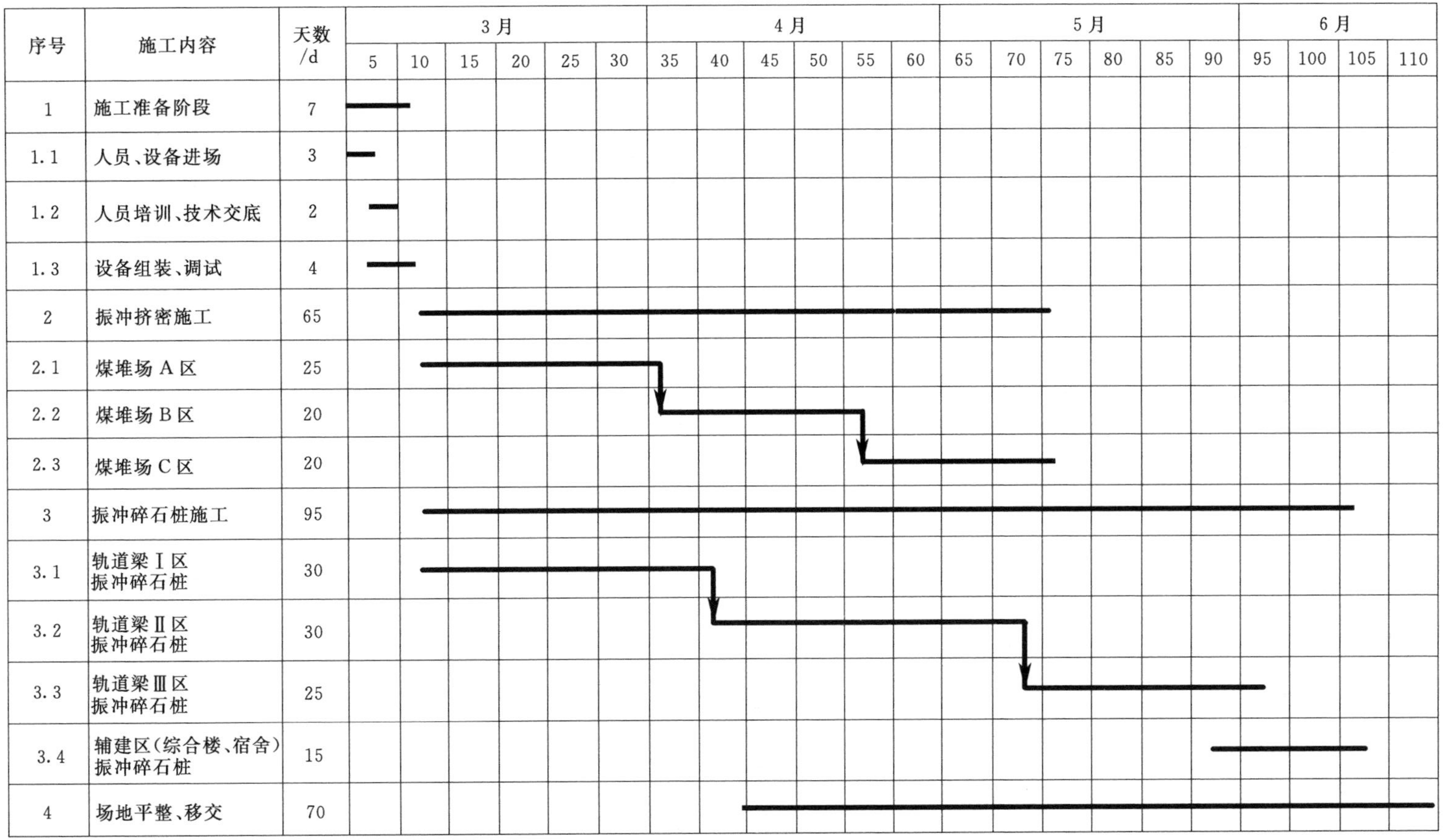

| 序号 | 施工内容 | 天数/d | 3月 | | | | | | 4月 | | | | | | 5月 | | | | | | 6月 | | | |
|---|---|---|---|---|---|---|---|---|---|---|---|---|---|---|---|---|---|---|---|---|---|---|---|---|
| | | | 5 | 10 | 15 | 20 | 25 | 30 | 35 | 40 | 45 | 50 | 55 | 60 | 65 | 70 | 75 | 80 | 85 | 90 | 95 | 100 | 105 | 110 |
| 1 | 施工准备阶段 | 7 | | | | | | | | | | | | | | | | | | | | | | |
| 1.1 | 人员、设备进场 | 3 | | | | | | | | | | | | | | | | | | | | | | |
| 1.2 | 人员培训、技术交底 | 2 | | | | | | | | | | | | | | | | | | | | | | |
| 1.3 | 设备组装、调试 | 4 | | | | | | | | | | | | | | | | | | | | | | |
| 2 | 振冲挤密施工 | 65 | | | | | | | | | | | | | | | | | | | | | | |
| 2.1 | 煤堆场 A 区 | 25 | | | | | | | | | | | | | | | | | | | | | | |
| 2.2 | 煤堆场 B 区 | 20 | | | | | | | | | | | | | | | | | | | | | | |
| 2.3 | 煤堆场 C 区 | 20 | | | | | | | | | | | | | | | | | | | | | | |
| 3 | 振冲碎石桩施工 | 95 | | | | | | | | | | | | | | | | | | | | | | |
| 3.1 | 轨道梁Ⅰ区<br>振冲碎石桩 | 30 | | | | | | | | | | | | | | | | | | | | | | |
| 3.2 | 轨道梁Ⅱ区<br>振冲碎石桩 | 30 | | | | | | | | | | | | | | | | | | | | | | |
| 3.3 | 轨道梁Ⅲ区<br>振冲碎石桩 | 25 | | | | | | | | | | | | | | | | | | | | | | |
| 3.4 | 辅建区(综合楼、宿舍)<br>振冲碎石桩 | 15 | | | | | | | | | | | | | | | | | | | | | | |
| 4 | 场地平整、移交 | 70 | | | | | | | | | | | | | | | | | | | | | | |

图 4-3 某地基处理工程 C 标段施工进度计划横道图

5）安排施工进度。同一性质主导分项工程尽可能连续施工；非同一性质穿插分项工程，争取最大限度搭接；计划工期要满足合同工期要求；要满足均衡施工要求；要充分发挥主导机械和辅助机械生产效率。

6）调整施工进度。如果工期不符合要求，应改变某些施工方法（比如调整振冲器型号、设备配置、施工顺序等），调整和优化工期，使其满足进度控制目标要求。

如果资源消耗不均衡，应对进度计划初始方案进行资源调整。如网络计划的资源优化和施工横道计划的资源动态曲线调整。

### 4.6.3 制订施工进度控制实施细则

（1）编制月、旬和周施工作业计划。

（2）落实劳动力、原材料和施工机具供应计划。

（3）协调设计单位，保证图纸及时到位。

（4）协调业主单位，保证材料供应、设备、设施到位，外部协调顺畅。

（5）跟踪监控施工进度，保证施工进度控制目标实现。

### 4.6.4 施工进度计划横道图的编制

此处举一例说明施工进度计划横道图的编制。某地基处理工程C标段施工进度计划横道见图4-3。

## 4.7 施工资源配置计划

振冲工程施工资源配置计划包括劳动力需要量计划、建筑材料需要量计划、资金需要量计划、技术资源计划、施工机具需要量计划。资源配置计划的制定以满足项目需求为原则，以实现资源优化配置、动态控制、节约成本为目标。振冲工程的资源配置需求有其特殊性。

资金管理是项目管理的重要组成部分，良好的资金资源供给是项目施工顺利进行的保障，优化的现金流管理是降低资金成本、提高项目管理品质的标志。

技术资源在振冲工程施工中至关重要，技术资源配置工作贯穿项目施工的全过程。技术资源来自施工单位的内部、外部两个方面，按照以内部资源为主导、外部资源为补充的原则进行资源整合。对于施工技术管理工作而言，在充分发挥内部技术资源潜力的基础上，力争在建设单位、监理单位的组织领导下，充分借助各参建单位的技术能力与技术优势，有利于技术资源的拓展和技术管理水平的提高。

### 4.7.1 人力资源配置计划

振冲施工项目的人力资源主要包括管理人员、技术人员与现场施工人员，其中技术人员、现场施工人员是人力资源配置的重点。把握好人员分批进场的节奏是提高人力资源利用水平的关键。

振冲工程施工的工作内容相对单一，但是由于地质条件的复杂性与离散性，决定了振冲施工技术质量管理工作的复杂性。振冲工程的设计与施工之所以强调经验，是因为其技术与施工均处于半理论半经验阶段，工程实践表明，只有经验丰富的技术人员和现场施工人员才有可能发现局部地质条件的异常现象，及时采取应对措施，避免工程隐患的发生。优秀的技术人员与经验丰富的现场施工人员是保证振冲工程施工质量的重要基础。

（1）人力资源配备总体原则。

1）根据施工总进度安排及各节点工期的要求，以及各月平均强度、高峰期的施工强度进行相应的资源配置。

2）劳动力配置力求人尽其才，人员配置按正常施工考虑。

3）根据需要和监理工程师指示，及时补充人员，以满足各项施工需要。

4）对作业层的生产班组长，进行内部选择，抽选技术较好、工作积极、素质较高的熟练技术人员担任，在施工过程中加强技术交底和管理，确保工程顺利进行。

（2）人员培训。

1）培训内容包括与本工程有关的国家法律、法规，业主方相关管理规定以及公司的有关规章制度，同时还应包括项目部的生产管理制度。

2）所有施工人员在上岗前必须经过技术培训以及安全培训考试。特种工均须持证上岗。

3）焊工、起重工、机械工要根据现场的技术质量标准加强技能培训，促进安全文明施工。

4）针对本工程项目的环境条件和重要环境因素的具体控制和预防措施进行培训。

5）讲解工程的安全生产目标和质量标准及质量管理目标。

6）制定个人工作守则并签订个人安全生产协议书。

（3）劳动力需要量计划。劳动力需要量计划是根据施工方案、施工进度和施工预算，依次确定的专业工种、进场时间和工人数，然后汇集成表格的形式，可作为现场劳动力调配的依据，可参考表4-3的形式。

**表4-3　　劳动力需要量计划表**

| 序号 | 专业工种 | | 劳动量/工日 | 需要人数和时间 | | | 备注 |
|---|---|---|---|---|---|---|---|
| | 名称 | 级别 | | ×月 | ×月 | ×月 | |
| 1 | | | | | | | |
| 2 | | | | | | | |

### 4.7.2　建筑材料需要量计划

振冲工程主要材料为石料，可以采用碎石或卵石，在有些工程中也可采用矿渣和炉渣。工程施工前，应对建筑材料料场位置、材料储量、品质、运输条件进行实地考察，以便施工时进行优选。

建筑材料需要量计划是根据施工预算工料分析和施工进度，依次确定的材料名称、规格、数量和进场时间，并汇集成表格形式，可作为备料、确定堆场面积，以及组织运输的依据，可参考表4-4的形式。

表 4-4　材料需要量计划表

| 序号 | 材料名称 | 规格 | 需要量 | | 需要人数和时间 | | | 备注 |
|---|---|---|---|---|---|---|---|---|
| | | | 单位 | 数量 | ×月 | ×月 | ×月 | |
| 1 | | | | | | | | |
| 2 | | | | | | | | |

### 4.7.3　施工机具配置计划

（1）施工机具配置原则。振冲施工的主要施工机具包括振冲器及其配套设备、起吊机具、装载机或推土机以及其他辅助设备。适宜的设备型号、稳定的设备性能、设备按时调遣是物资设备资源保障的基本条件。

一般在施工阶段，要求采用的振冲器型号或功率必须与前期试验设备保持一致，特殊情况下不排斥设备型号的变更，但需要通过试验进行技术性的验证和参数调整。

施工设备应注重选择经过维护保养、机械性能稳定的振冲器及其配套设备。国产振冲器及其配套设备的质量与运行稳定性还需要进一步改善，许多项目在施工过程中设备维修频次过高，客观上增加了现场的额外工作量、影响施工进度，增加了施工成本。优质的设备在振冲工程施工项目中至关重要。

施工组织设计方案中还应详细拟订施工机具进场的具体时间、台套数量以及备用设备数量，避免因窝工及设备闲置而增加施工成本。

（2）施工机具需要量计划。施工机具需要量计划是根据施工方案和施工进度计划而编制，可作为落实施工机具来源和组织施工机具进场的依据，可参考表 4-5 的形式。

表 4-5　施工机具需要量计划表

| 序号 | 施工机具名称 | 型号 | 规格 | 功率/kW | 需要量/台 | 使用时间 | 备注 |
|---|---|---|---|---|---|---|---|
| 1 | | | | | | | |
| 2 | | | | | | | |

### 4.7.4　施工设施需要量计划

根据项目施工需要，确定相应施工设施，通常包括施工安全设施、施工环保设施、施工用房屋设施、施工运输设施、施工通信设施、施工供水设施、施工供电设施和其他设施。

### 4.7.5　确定施工供水、排水系统

因为振冲器施工时用水量较大，因此施工时供水、排水系统必须安排好。

（1）水源选择。建筑工地供水水源，一般利用现场现有供水管道。如果工地附近没有现成的给水管道，或现有管道无法利用时，宜另选天然水源。天然水源可以是：地面水或地下水，水量应充沛可靠，水质应满足相关要求。

（2）施工供水和排水。在布置施工供水管网时，应力求供水管网总长度最短，供水管径大小要根据计算确定，并按建设地区特点，确定管网埋设方式。在确定施工项目生产和生活用水同时，还要确定现场消防用水及其设施。

为排除现场地面水和地下水，要接通永久性地下排水管道，不具备条件的应设置排水

泵；同时做好地面排水，修筑好排水明沟。

（3）用水量计算。

1）现场施工用水量可按式（4－3）计算：

$$q_1=K_1\sum\frac{Q_1N_1}{T_1t}\frac{K_2}{8\times3600} \tag{4-3}$$

式中 $q_1$——施工用水量，L/s；

$K_1$——未预计的施工用水量系数，取值在1.05～1.15之间；

$Q_1$——年（季）度工程量（以实物计量单位表示）；

$N_1$——施工用水定额，L；

$T_1$——年（季）度有效作业日，d；

$t$——每天工作班数，班；

$K_2$——用水不均衡系数（主要为现场施工用水，取1.5）。

2）施工现场生活用水量可按式（4－4）计算：

$$q_3=\frac{P_1\times N_3\times K_4}{t\times8\times3600} \tag{4-4}$$

式中 $q_3$——施工现场生活用水量，L/s；

$P_1$——施工现场高峰昼夜人数，人；

$N_3$——施工现场生活用水定额［一般为20～60L/(人·班)，需视当地气候而定］；

$K_4$——施工现场用水不均衡系数；

$t$——每天工作班数，班。

### 4.7.6 施工供电设施

振冲施工的用电量很大，因此要做好施工供电设施的规划。

（1）选择电源，选择施工临时电源时需考虑的因素如下。

1）建筑工程的工程量和施工进度。

2）各个施工阶段的电力需要量。

3）施工现场的大小。

4）用电设备在建筑工地上的分布情况和距离电源的远近情况。

5）现有电气设备的容量情况。

（2）临时供电电源的几种方案。

1）完全由工地附近的电力系统供电，包括在全面开工前的永久性供电外线工程做好，设置变电站。

2）工地附近的电力系统只能供给一部分，尚需自行扩大原有电源或增设临时供电系统以补充其不足。

3）利用附近高压电力网，申请临时配电变压器。

4）工地位于边远地区，没有电力系统时，电力完全靠临时电站供给。

5）临时电力供应一般采用柴油式发电机。采用发电机组供电时，要做好燃油的采购、现场存储、安全、环保等方面的管理。

（3）确定供电数量。建筑工地临时供电，包括动力用电与照明用电两种，在计算用电量明，从下列各点考虑。

1）所使用的机械动力设备，其他电气工具及照明用电的数量。

2）施工总进度计划中施工高峰阶段同时用电的机械设备最高数量。

3）各种机械设备在工作中需用的情况。

总用电量可按式（4-5）计算：

$$P=1.05\sim1.10\left(K_1\frac{\sum P_1}{\cos\varphi}+K_2\sum P_2+K_3\sum P_3+K_4\sum P_4\right) \tag{4-5}$$

式中 $P$——供电设备总需要容量，kVA；

$P_1$——电动机额定功率，kW；

$P_2$——电焊机额定容量，kVA；

$P_3$——室内照明容量，kW；

$P_4$——室外照明容量，kW；

$\cos\varphi$——电动机的平均功率因数（在施工现场最高为0.75～0.78，一般为0.65～0.75）；

$K_1$、$K_2$、$K_3$、$K_4$——需要系数，可参考表4-6选择。

**表4-6　　用电量计算需要系数表**

| 用电名称 | 数量 | 需要系数 | | 备　注 |
|---|---|---|---|---|
| | | $K$ | 数值 | |
| 电动机 | 3～10台 | $K_1$ | 0.7 | 如施工中需要电热时，应将其用电量计算进去。为使计算结果接近实际，式中各项动力和照明用电，应根据不同工作性质分类计算 |
| | 11～30台 | | 0.6 | |
| | 30台以上 | | 0.5 | |
| 加工厂动力设备 | | | 0.5 | |
| 电焊机 | 3～10台 | $K_2$ | 0.6 | |
| | 10台以上 | | 0.5 | |
| 室内照明 | | $K_3$ | 0.8 | |
| 室外照明 | | $K_4$ | 1.0 | |

注　单班施工时，用电量计算可不考虑照明用电。

由于照明用电量所占比重较动力用电少得多，所以在估算总用电量时可以简化，在动力用电量之外再加10%作为照明用电量即可。

施工现场供电线路，通常要架空铺设，并尽量使其线路最短。如不能架穿，须作深埋处理，埋置深度须满足相关要求，且在地面做好标识。

## 4.8　施工现场总平面布置

### 4.8.1　布置依据

（1）建设地区原始资料。

（2）现有和拟建工程位置及尺寸。

（3）全部施工设施建造方案。

（4）施工方案、施工进度和施工资源配置计划。

（5）建设单位可提供的房屋和其他设施。

### 4.8.2 布置原则

（1）平面布置科学合理，施工道路规划、材料临时堆场满足施工部署要求，避免交叉干扰、减少二次搬运。

（2）充分利用既有设施，降低临时设施费用。

（3）办公区、生活区和生产区宜分离设置。

（4）符合节能、环保、安全和消防等要求。

（5）遵守当地主管部门和建设单位关于施工现场安全文明施工的相关规定。

### 4.8.3 总平面布置图

通过绘制施工总平面布置图表达施工现场总平面布置计划，对图中各区域的使用功能进行必要的标注，主要内容包括以下各部分。

（1）现场施工区域轮廓范围，交通道路布置及走向。

（2）划分的各施工作业区、临时料场、储备料场、泥浆处理及循环系统、设备存放区位置及面积。

（3）施工水源电源位置、水电管线布置及走向、排污管线布置及走向。

（4）现场办公、生活用房位置及面积。

（5）安全、消防等设施位置。

（6）场区地上、地下既有建（构）筑物、障碍物位置及必要的说明。

（7）确定运输道路位置。

（8）某振冲项目总平面布置见图 4-4。

### 4.8.4 施工流程

振冲工程施工根据施工合同规定的工程内容编制，主要分为施工准备、施工、检测与验收、交付使用 4 个阶段。主要施工流程为施工组织及相关文件交底、场地三通一平、料场准备与备料、施工、自检、检验与检测、交付等，振冲工程施工流程见图 4-5。

### 4.8.5 施工准备

（1）查清地下障碍物。在施工前应对场区内的地下管线、原有地下建（构）筑物进行清查，对于影响施工和有安全隐患的情况，应进行相应处理和采取针对性的保护措施。

（2）场地“三通一平”。三通一平是施工项目开工的前提条件，具体是指：水通、电通、路通、场地平整。水通：专指施工用水接到施工场内，且供水量满足施工要求。电通：指施工用电线路接到施工场内，且用电量满足现场施工设备负荷要求并有一定的余量。路通：指场外道路已接通至施工场地，可以满足施工机具、设备和运料车辆进入场内。场地平整：指施工现场基本平整，通过简单整平即可进入施工状态。

振冲施工现场布置时，各个分区布置应和现场条件相结合，尽可能保证施工便捷。现场管路、线路的布置应不妨碍施工机械运行。振冲施工产生的泥浆应及时通过管线、沟渠和排浆车排出场外，以保证施工现场文明施工要求。

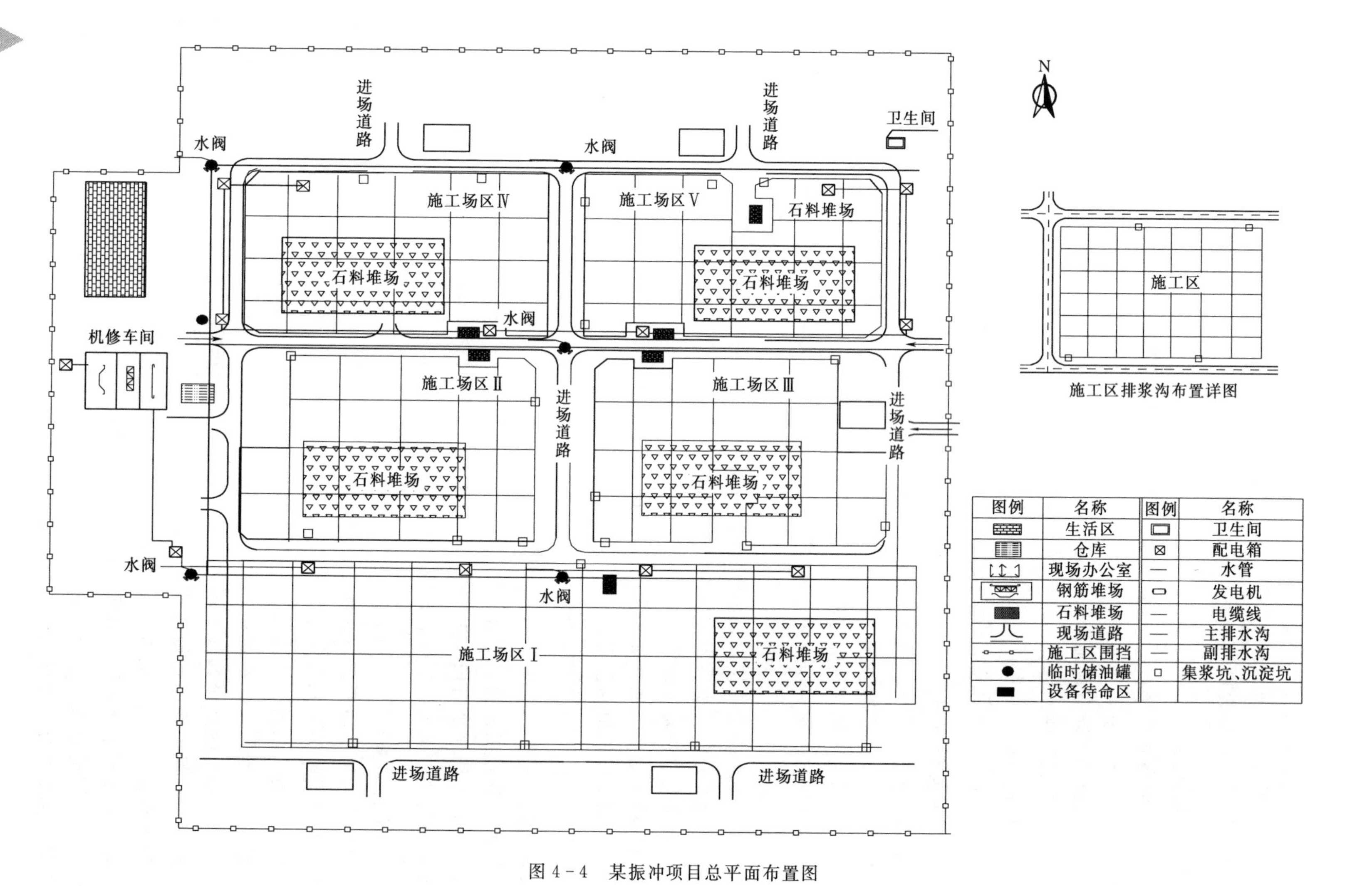


图 4-4　某振冲项目总平面布置图

### 4.8.6 施工技术交底

施工技术交底是由现场施工技术主责部门向参与施工管理的技术人员、现场施工人员进行技术质量管理要求的交底说明，提出施工范围、工程量、施工进度、工程质量要求，讲解施工组织相关内容的计划安排，强调工程特点、难点及关键点等技术要求。

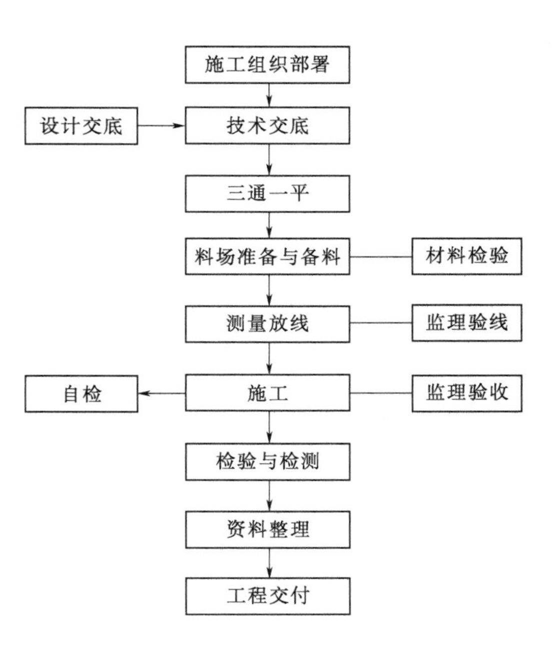


图 4-5 振冲工程施工流程图

### 4.8.7 设备配置与工艺试验

(1) 根据施工进度计划及各区域投入的设备计划进行施工设备调遣，组织人力资源就位。振冲法施工机械布置见图 4-6。

(2) 选择振冲器类型应根据地基处理技术要求及土的性质通过现场试验确定。

(3) 起吊设备的起吊吨位和起吊高度应满足振冲器贯入到设计深度的要求。

(4) 填料设备宜选用轮式装载机，其容量根据填料强度确定。

(5) 供水泵扬程不宜小于 80m，流量不宜小于 $15m^3/min$。

(6) 泥浆泵应满足排浆距离和排浆量的要求。

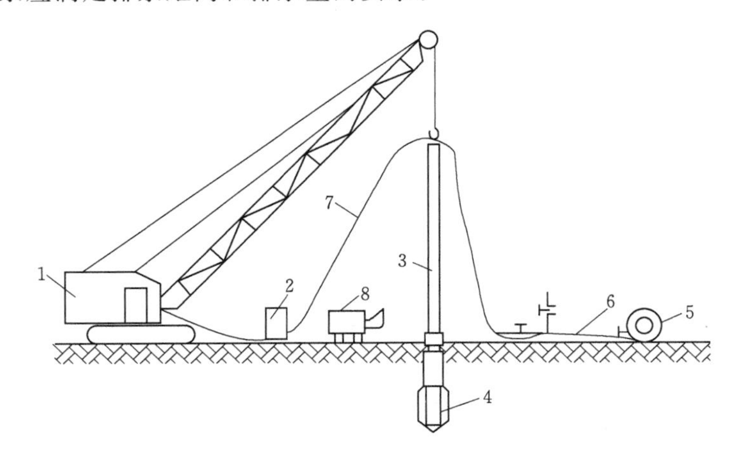


图 4-6 振冲法施工机械布置示意图

1—起重机；2—电气控制设备；3—导杆；4—振冲器；5—水泵；6—水管及阀门；7—电缆；8—装载机

(7) 工艺试验。振冲工程正式开工前，为验证地基处理效果、调整确认施工工艺、验证施工技术参数以及施工机具的运转调试，按计划进行工艺试验。

由于工程地质条件的复杂性，虽然施工前期做过现场试验，但是由于施工机具性能的差异性以及场地存在的特殊地质条件等因素，对地基处理结果均可能产生一定程度的影响，因此要求正式施工前，每台施工机组都应进行工艺试验。

**4.8.8 施工**

（1）施工工艺。根据施工过程的填料方式，振冲施工可分为顶部填料、底部出料、无填料振冲挤密三种主要的施工工艺方法。施工工艺应遵照有关规范、标准编制施工程序与操作步骤。

（2）施工技术参数。施工技术参数一般包括造孔水压、加密水压、造孔电流、加密电流、加密段长度、留振时间等。施工技术参数依据现场试验、工艺试验确定，并可以在施工过程中随地质条件的变化、施工反馈信息进行适当调整，实施施工的动态管理。

（3）施工工艺过程流程。振冲法施工一般包括造孔、清孔、填料、加密4个工序（见图4-7）。振冲法施工工艺流程见图4-8。施工主要要求如下（具体施工过程和要求见第5章）。

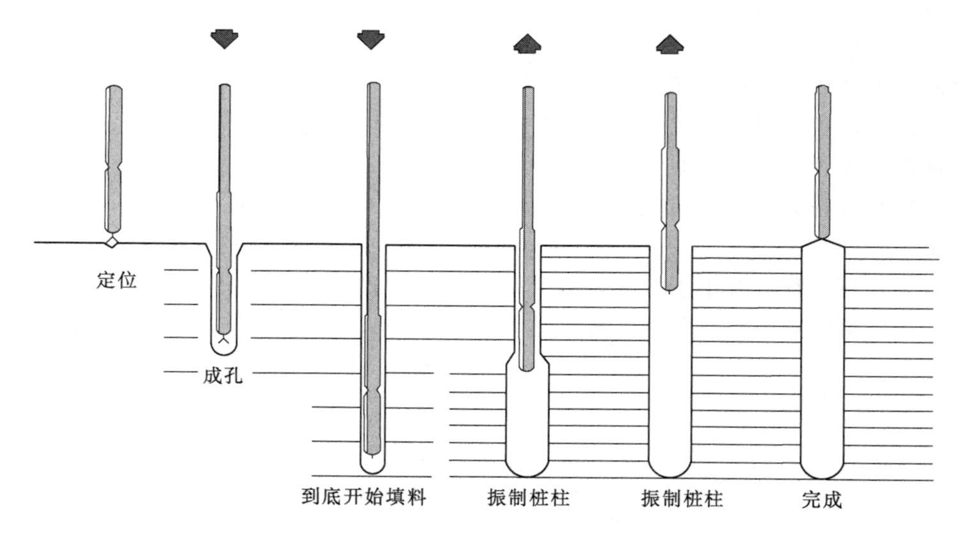


图4-7 振冲填料施工工序流程图

1）造孔应符合相关规范和设计要求。

2）造孔时返出泥浆过稠或存在桩孔缩颈现象时宜进行清孔。

3）填料方式可采用强迫填料法、连续填料法或间断填料法。大功率振冲器宜采用强迫填料法，深孔宜采用连续填料法，在桩长小于6m且孔壁稳定时采用间断填料法。

4）桩体加密控制标准应符合相关规范和设计要求。

5）加密过程中，电流超过振冲器额定电流时，宜暂停或减缓振冲器的贯入或填料速度。

6）施工中发现串桩，可对被串桩重新加密或在其旁边补桩。

7）造孔时每贯入1.0～2.0m应记录电流、水压、时间；加密时每加密1.0～2.0m应记录电流、水压、时间、填料量。

（4）施工质量控制。应建立完善的施工质量保证体系，制定质量计划或质量保证措施。

施工应进行施工质量控制与监测，做好各项施工记录。当处理效果达不到设计要求时，应及时会同设计单位及有关部门研究解决。

施工质量参数控制主要包括施工桩位、桩长误差控制，振冲器垂直度校核以及与填料制桩过程相关的参数（加密电流、填料量、留振时间、加密段长度）控制等。根据设计要求以及设计意图不同，可以针对施工质量控制的重点、难点对控制指标予以适当调整。

桩位标识应明显、牢固，在施工中应注意复核，保证其准确度。

填料应经过质量检验方可使用，填料的粒径、含泥量及强度等指标应符合设计要求。填料应按 2000～5000m³ 作为 1 组试样进行质量检验，不足 2000m³ 时按 1 批次送检。

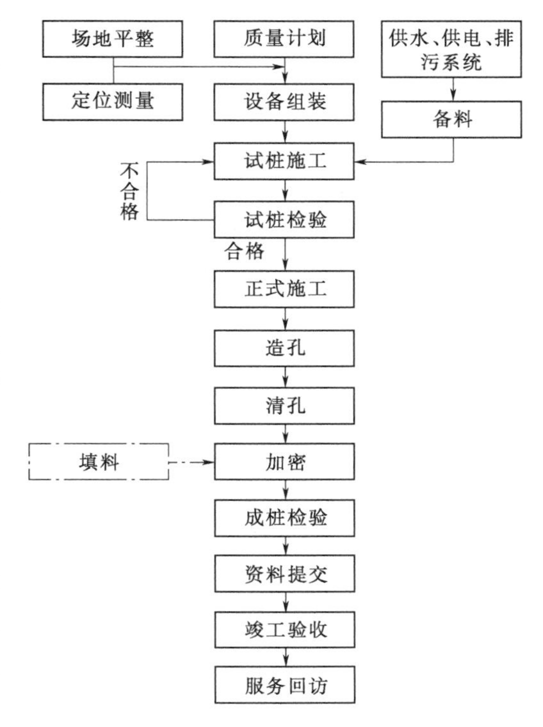


图 4-8　振冲法施工工艺流程图

对于桩体的密实度、桩间土的加密效果和地基承载力应采用适用的方法进行检测，检测时间和检测数量应满足相关规范和具体设计要求。

### 4.8.9 “四新技术”的应用

为了有效地促进生产力的提高，降低工程成本，减轻工人的操作强度，提高工人的操作水平和工程质量，在施工中应把先进工艺和施工方法、先进技术应用到工程上去，大力推广新材料、新设备、新工艺、新技术；确保项目工期，质量和安全要求并降低成本。

基于振冲工程本身的技术特点，新的施工工法、新设备等发展较快，因此在工程施工中应重视四新技术应用的管理。对于项目施工中开发和使用的新技术、新工艺应做出部署，对新材料和新设备的使用应提出技术及管理要求。

### 4.8.10 特殊情况下的施工措施

根据现场情况以及管理方要求，还需制定有针对性的特殊施工措施，一般包括季节性施工措施（冬季、雨季、防台、防雷、防暑等）、夜间施工措施、临时用电施工措施等。

## 4.9 施工质量计划

为提高项目管理水平，强化施工过程控制与可追溯性，使项目管理工作规范化、标准化、程序化，遵照管理体系要求开展项目管理工作是施工项目管理的重要发展方向。建立质量、环境、职业健康管理体系，有助于更好的贯彻建设单位、施工单位的管理要求，保证施工质量，全方位满足项目总体目标。

### 4.9.1 编制施工质量计划的依据

（1）工程承包合同对工程造价、工期和质量有关规定。

（2）施工图纸和有关设计文件。

（3）设计概算和施工图预算文件。

（4）国家现行施工验收规范和有关规定。

（5）劳动力素质、材料和施工机械质量以及现场施工作业环境状况。

### 4.9.2 施工质量计划内容

（1）设计图纸对施工质量要求和特点。

（2）施工质量控制目标及其分解。

（3）确定施工质量控制点。

（4）制定施工质量控制实施细则。

（5）建立施工质量体系。

### 4.9.3 编制施工质量计划步骤

（1）施工质量要求和特点。根据工期和建（构）筑物结构特点、工程承包合同和工程设计要求，认真分析影响施工质量的各项因素，明确施工质量特点及其质量控制重点。

（2）施工质量控制目标及期分解。根据施工质量要求和特点分析，确定工程施工质量控制目标，然后将该目标逐级分解为各工序质量控制子目标，作为确定施工质量控制点的依据。

（3）确定施工质量控制点。根据工程施工质量目标要求，对影响施工质量的关键环节、部位和工序设置质量控制点。

（4）制订施工质量控制实施细则。主要内容包括建筑材料质量检查验收措施；工序工程质量控制措施；以及施工质量控制点的跟踪监控办法。

（5）建立施工质量管理体系。应根据项目特点、质量要求、施工环境以及施工单位的管理体系要求建立适合于本项目的施工质量管理体系。

## 4.10 施工安全、环保和职业健康计划

### 4.10.1 施工安全计划内容和编制步骤

（1）工程概况。主要内容包括工程性质和作用；建（构）筑物结构特征；建造地点特征；以及施工特征等。

（2）安全控制程序。主要内容包括确定施工安全目标；编制施工安全计划；安全计划实施；安全计划验证；以及安全持续改进和兑现合同承诺。

（3）安全控制目标。主要内容包括业主及企业自身要求的工程施工安全目标。

（4）安全组织结构。主要内容包括安全组织机构形式、安全组织管理层次、安全职责和权限、安全管理人员组成以及建立安全管理规章制度。

（5）安全资源配置。主要内容包括安全资源名称、规格、数量、使用地点和部位，并

列入资源需要量计划。

（6）安全技术措施。主要内容包括防火、防毒、防爆、防洪、防尘、防雷击、防坍塌、防物体打击、防溜车、防机械伤害、防高穿坠落和防交通事故，以及防寒、防暑和防环境污染等各项措施。

（7）安全检查评价和奖励。主要内容包括确定安全检查时间、安全检查人员组成、安全检查事项和方法、安全检查记录要求和结果评价、编写安全检查报告以及兑现奖励制度。

### 4.10.2 施工环保计划内容与编制步骤

（1）施工环保目标。主要内容包括业主及企业自身要求的工程施工环保目标。

（2）施工环保组织机构。主要内容包括施工环保组织机构形式、环保组织管理层次、环保职责和权限、环保管理人员组成以及建立环保管理规章制度。

（3）施工环保事项内容和措施。主要内容包括现场泥浆、污水和排水处理，现场爆破危害预防，现场振桩振害预防，现场防尘和防噪声，现场地下旧有管线或文物保护，现场及周边交通环境保护，现场卫生防疫和绿化工作等。

### 4.10.3 建立施工安全、环保和职业健康体系

应根据项目特点、安全健康环保要求、施工环境以及施工单位的管理体系要求建立适合于本项目的安全、环保和职业健康管理体系。

## 4.11 项目施工成本控制计划

工程施工主要成本分为施工预算成本、施工计划成本和施工实际成本 3 种，其中施工预算成本是由直接费和间接费两部分费用构成。编制施工成本计划步骤如下。

（1）收集和审查有关编制依据。

（2）做好工程施工成本预测。

（3）编制单项（位）工程施工成本计划。

（4）制定施工成本控制实施细则。包括优选材料、设备质量和价格；优化工期和成本；减少赶工费；跟踪监控计划成本与实际成本差额，分析产生原因，采取纠正措施；全面履行合同，减少业主索赔机会；健全工程施工成本控制组织，落实控制者责任；保证工程施工成本控制目标实现。

# 5 施　　工

## 5.1　施工准备

施工准备主要包括：技术准备、施工场地准备、设备选型、组装与调试等。

### 5.1.1　技术准备

技术准备主要包括：技术资料准备，技术交底等。

（1）技术资料准备。施工技术资料主要指场地地质资料和施工技术要求的收集、整理、分析以及施工组织设计的编制等（见表 5-1）。

表 5-1　　施工前准备的技术资料表

| 资料名称 | 内　　容 |
| --- | --- |
| 地质资料 | 场地地质勘察报告、地质剖面图、钻孔柱状图、土的特性指标、水文地质资料等 |
| 建（构）筑物资料 | 建（构）筑物等级、荷载分布、基础类型与尺寸、基础埋深、地震设防裂度、对地基沉降变形的要求等 |
| 地基处理要求 | 设计桩（孔）布置图、柱长、桩距、桩径、复合地基承载力、抗剪强度、压缩（变形）模量、抗震要求等 |
| 施工技术参数 | 加密电流、留振时间、加密段长、水压和填料量等 |
| 施工组织设计 | 根据工程合同、设计文件和现场条件等，编制包括工程要求、施工计划、施工管理与劳动组合、施工机械、施工工艺、质量保证体系等内容的施工组织设计 |

（2）技术交底。施工技术交底是施工单位内部的管理要求，是由现场施工技术主要负责部门向参与施工管理的技术人员、现场施工人员进行施工技术、质量、安全管理等要求的交底说明，明确施工范围、工程量、施工进度、工程质量、安全文明施工等管理要求，阐述施工组织计划及相关责任，针对工程特点、难点及关键点提出要求以及应对措施。

各专业技术管理人员应通过书面形式配以现场口头讲授的方式进行技术交底，技术交底的内容应单独形成交底文件。交底内容应有交底的日期，有交底人、接收人签字，并经项目经理审批。具体交底内容如下。

1）现场施工条件。

2）施工范围、工程量、工作量和施工进度要求。

3）施工技术、质量、安全文明施工要求。

4）施工设备维护保养、检测要求。

5）施工工艺、保证质量安全的措施。

6）施工质量检测与检验要求，施工自检、抽检标准。

7）技术记录内容、施工日志要求。

8）其他施工注意事项。

### 5.1.2 施工场地

（1）查清地下障碍物。施工场地内的地下障碍物，如地下水管、煤气管、电缆、光缆、地下建（构）筑物等，应查清它们的位置、埋置深度，并予以清除、移动或采取避开和保护的措施。否则在施工中可能造成事故，甚至危及人身安全。

（2）完成三通一平。应当做到路、水、电通和场地平整。

1）道路应满足施工机械和运料车辆进入施工场地要求。

2）供水管线宜接到离施工场地 50m 以内，水量应满足施工要求，一般用水量可按单台机组 10～20$m^3$/h 考虑。

3）电源宜接至施工场地 50m 以内，防止电压降过大，影响地基处理质量。用电量应满足振冲器、供水泵、排污泵、夜间施工照明需要。工作电压应保持在 380V±20V。

4）施工场地布置时，可划分施工作业区、石料堆放区、临时建筑物和机修场地区、泥浆收集和排放区等。供水管、排泥浆管沟、电缆线的安置应不妨碍施工机具运行。填料宜堆放在施工场地附近，比较大的工程可以划出部分施工场地堆料，施工后的场地亦可作为堆料场地。施工场地宜划分若干施工作业区。各作业区之间应有土垅、地沟相隔。作业区内也应挖若干沟渠，使泥浆能流入集浆池，用泥浆泵泵送至指定地点或用车辆运走。振冲施工时应防止泥水漫流，做到文明施工。

5）振冲桩位应根据主要建（构）筑物轴线或主要桩位按设计图纸测放，放线允许偏差小于 30mm。

当建（构）筑物主要轴线由建设单位测放时，施工单位必须复核；当主要轴线或主要桩位由施工单位测放时，建设单位必须验收，测量放线应有正式记录和验收单。

（3）排污系统设置。振冲作业一般会产生大量的污水，应精心设计现场排污系统，妥善解决泥浆漫流，实施文明施工，满足环保要求。

1）排污沟与排污坑。施工作业面上的排污沟与排污坑的布置主要依据现场具体情况确定。通常在作业区边缘设置数个排污坑（一般深 1～1.5m），各坑之间以排污沟相连，排污坑内设置排污泵，将污水排至消纳点或沉淀池。

2）沉淀池。当施工场地附近没有可供排放的消纳点时，则应在现场设置沉淀池，使污水流入沉淀池。沉淀池通常要分隔成 2～3 个小池逐渐沉淀，沉淀后的清水排放或抽取循环使用。

（4）水上作业要求。水上作业时，为保证施工安全与工作效率，应建立稳定的作业平台及维修平台，并对作业方驳平台、桩机架的型号、运料驳船等应合理计划，统筹安排。

### 5.1.3 设备选型、组装与调试要点

（1）振冲设备选型。应依据设计文件要求选择振冲器；当设计文件对振冲器型号无明

确要求时，振冲器的选型应综合工程地质条件、施工质量要求、施工进度计划、设计桩长以及最大施工深度等因素选定。

国内外电动型振冲器都由电机的功率确定，常用国产电动机型振冲有 30kW 型和 75kW 型振冲器，此外还有 55kW 型、100kW 型、120kW 型和 150kW 型振冲器等。目前国内还没有制定振冲器制造的统一标准，不同厂家制造的振冲器性能也有较大的差别，具体见第 3 章振冲施工设备相关内容。

（2）施工辅助机具。振冲法施工主要辅助机具和设施有起吊机械、填料机械、电气控制设备、供水设备、排泥浆设施及其他配套的电缆、水管等。

1）起吊机械。起吊机械用来吊起振冲器进行施工作业，起吊力和起吊高度必须满足施工要求。常用的起吊机械有汽车吊、履带吊、打桩机架和扒杆等。

汽车吊调遣机动性强，常为施工单位采用。履带式吊车虽然运进施工场地比较难，但对场地要求比较低，运行方便，机动性强，吊臂长度可根据需要进行装卸，施工中也很少发生吊臂弯折事故，因此有条件宜选用汽车吊。采用桩机架作为起吊设备，费用低，但桩机架移动不灵活，对施工场地平整度要求较高。扒杆轻便简易，但起吊力低，移动比较困难，一般用于深度较小的振冲桩的施工。

当在海上作业时，一般采用桩基架或者大功率的履带式吊车作为起吊设备。

2）填料机械。使用填料机械将石料填到振冲孔中，一般采用装载机。采用装载机填料可保证及时供料，以利提高振冲施工效率，缺点是装载机运行需用石料填筑道路，施工中弃料较多。

近岸工程采用振冲施工时，施工用料可以采用运料方驳、装载机、挖掘机、皮带机系统、大型空压机等机械进行运送石料和填料。振冲采用底部出料的方式，可有效提高送料质量和振冲加密效果。

3）电气控制设备。电气控制装置除用于施工配电外，还具有控制施工技术指标的功能，即可控制振冲施工中造孔电流、加密电流、留振时间等。目前常用的有手动控制式和自动控制式两种。手动控制式，即在施工中，电流和留振时间是人工按键钮控制；自动控制式，可以人工设定加密电流和留振时间，施工中当电流和留振时间达到设定值，会自动发出信号。

4）供水设备。供水设备为振冲施工提供压力水，由储水设备、水泵、分水盘、压力表等组成。储水设施可用水箱或蓄水池，施工中一般采用水箱，储水体积以大于 $4m^3$ 为宜。

水泵是将储水设施中的水加压送至振冲器供水。根据施工需要可选用多级泵或单级泵，以满足施工水压和水量为原则。一般情况下，选择供水压力 0.3～1.0MPa，供水量 $10\sim20m^3/h$ 的水泵即可。

分水盘和压力表用来配置水量和水压，分水盘一般为三叉式水管结构。主管与水泵出口相连，一支叉管与振冲器水管相连，安装压力表调节供水压力；另一支叉管将多余水量返回水箱。

5）排泥浆设备。用于排放施工中的泥浆水，由排泥浆泵和泥浆存储池组成。当没有储存泥浆场地，可用罐车将泥浆外运。泥浆泵应根据排泥浆量与排泥浆距离选择。

6）电缆与胶管。电缆用于振冲器、水泵、排泥浆泵供电，电缆应与使用的电机功率相匹配。

胶管分用于供水管与排泥浆管。供水管一般选用耐压大于1.0MPa的胶管，管径应与振冲器进水口相配合。排污管可选择一般的胶管或塑料管、布织管，当排浆量大、距离远也可选择钢管。

（3）设备组装。机械设备、水电管线等连接应符合操作规程，避免强行违规操作，消除因设备组装问题造成系统运行的隐患。

（4）设备调试。

1）设定振冲施工的水压、电流、留振时间等技术参数。

2）检测振冲器电机空载电流及其波动的稳定性。振冲器设备电流表见图5-1。

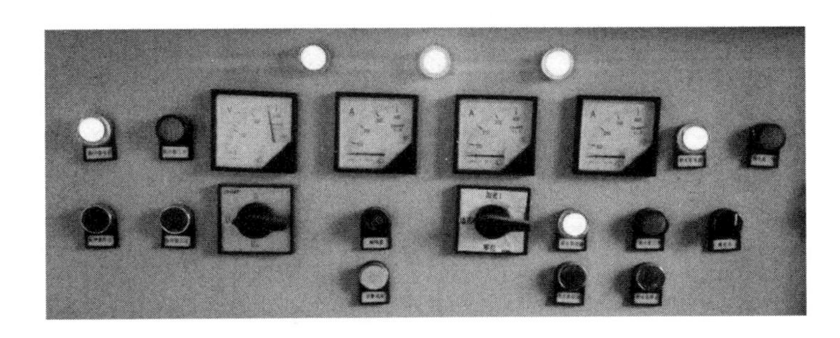

图5-1　振冲器设备电流表

3）检查设备法兰、各类管线连接部位的可靠性。

4）检查各类仪表仪器运行情况。

5）对水、电、排污系统进行全线复查。

## 5.2　生产性工艺试验

### 5.2.1　试验桩位选定

工艺试验是在前期现场试验基础上的验证性试验，通过工艺试验检验施工设备及配套设备的运行状态。

（1）工艺试验可选择护桩等建（构）筑物非重要部位的桩位。

（2）尽可能布置在已有的勘察钻孔附近。

### 5.2.2　试桩施工

（1）调试校正水、电表等各类仪器仪表。

（2）提高记录频次，记录不同土层中振冲器造孔、加密电流的波动变化规律以及填料量浮动误差。

（3）系统性复查设备运行情况。

（4）施工质量检测评估。

### 5.2.3 试验结果分析

根据工艺试验结果，对施工工效、施工设备、施工质量及其保证措施、施工工艺要点、工程地质条件及各土层的施工特性、造孔与加密过程进行综合分析，为施工工艺优化调整提供依据。造孔电流、加密电流见图 5-2。

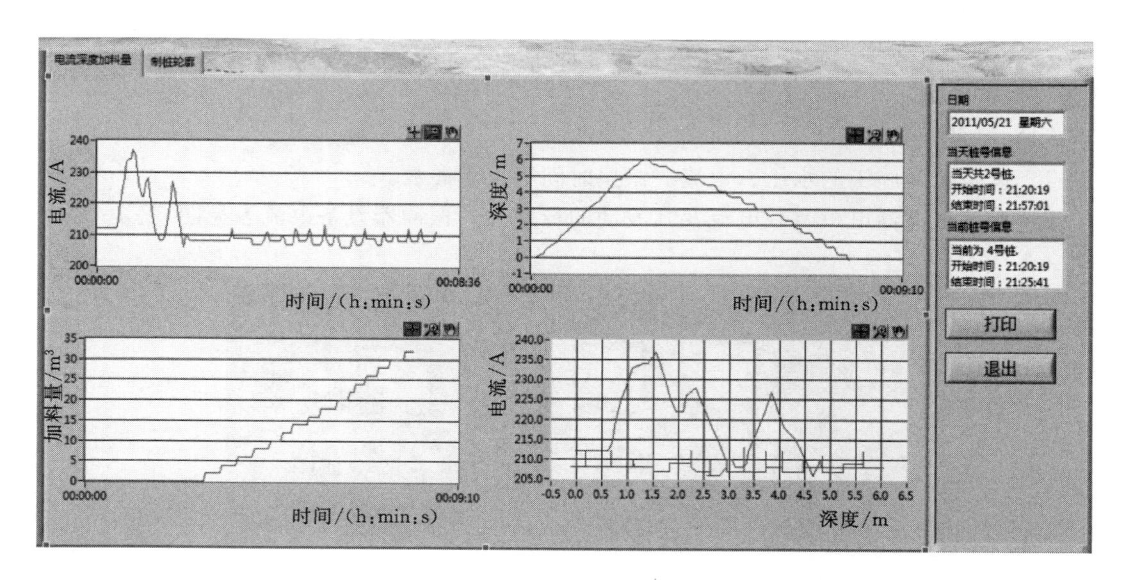


图 5-2 造孔电流、加密电流示意图

### 5.2.4 施工工艺优化调整

根据工艺试验分析结论，在保证施工进度与施工质量的条件下对施工工艺进行适当调整，优化施工参数、针对不同土层制定施工质量控制要点。

## 5.3 施工顺序

单项振冲法加固工程的施工顺序可采用排打法、围打法、跳打法。

(1) 排打法。由一端开始，依次到另一端结束。

(2) 围打法。先施工外围的桩孔，逐步向内施工。

(3) 跳打法。一排孔施工完后隔一排孔再施工，反复进行。

一般情况下常采用排打法。该法施工方便、难度小。当地基为强度低的软黏土或易液化的粉土、粉细砂，可采用跳打法。对中粗砂，围打法可以取得较好加密效果，但在孔距较小的情况下，采用围打法施工可能出现地基土加密后造孔困难的情况。

对于抗剪强度很低的软黏土地基，为减少制桩时对原土的扰动，宜用跳打法施工。

当桩（孔）附近有建（构）筑物时，为减小对邻近建（构）筑物振动影响，宜先从靠近建（构）筑物的一边开始施工，逐步向外推移。施工顺序见图 5-3。

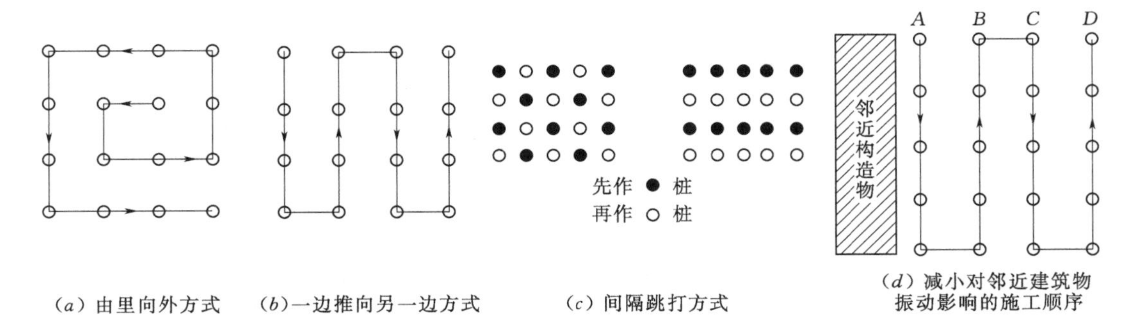


图 5-3　施工顺序示意图

## 5.4　振冲挤密施工

无填料振冲挤密技术在大隆水库坝基加固、洋山港粉细砂地基处理、曹妃甸吹填粉细砂地基处理等大型工程中得到了成功的应用，根据处理深度、振冲器型号、场地条件、起吊设备能力等可以选用单点、双点以及多点法进行施工。双点振冲挤密法施工现场见图5-4。

图 5-4　双点振冲挤密法施工现场

### 5.4.1　施工工序

（1）清理场地，接通电源、水源。

（2）施工机具就位，起吊振冲器对准桩位。

（3）启动水泵，待水从振冲器底部喷出后启动振冲器。

（4）造孔速度不宜超过 6.0m/min 或符合设计要求。

（5）孔底留振、中间段留振、孔口留振，各段留振时间符合工艺要求。

（6）重复上述过程，重复次数应符合设计要求。

（7）关闭振冲器、水泵。

（8）振冲挤密施工结束，移至后续点位。

振冲挤密施工工序见图5-5。

### 5.4.2　振冲挤密施工应符合的规定

（1）放线允许误差不大于 300mm，振冲器开孔允许偏差不大于 100mm。

（2）造孔过程中，应保持振冲器处于悬垂状态，发现桩孔偏斜应立即纠正。

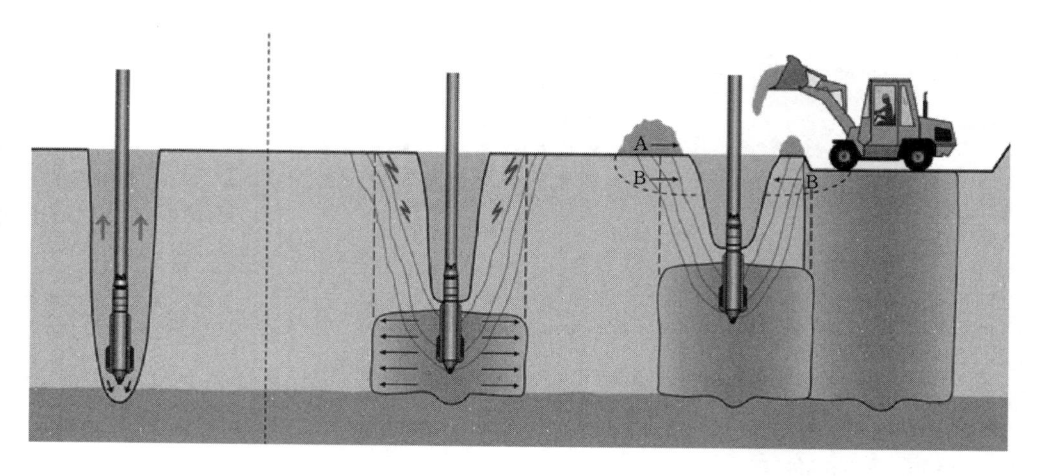


图 5-5　振冲挤密施工工序示意图

A—加入外部填料（砂为主）；B—原有场地土的塌陷回填

（3）造孔水压应满足施工要求，以孔口不大量返砂为宜。

（4）造孔速度不宜超过 6.0m/min。

（5）造孔深度应满足设计要求。

针对细砂及粉砂土地基，采用振冲挤密法进行处理时，可以采用如下的施工参数进行施工。

（1）留振时间。为保证加固效果，留振时间宜取 15～20s。

（2）下沉和上提速度。2～2.5m/min。

（3）水压。上部 2m 成孔时水压为 0.3MPa，2m 以下水压为 0.2MPa。

（4）提升间距。每段提升高度为 0.3～0.5m。

（5）振冲过程中应记录分段液化电流。

（6）桩位偏差小于 200mm、孔深偏差小于 200mm。

### 5.4.3　加密控制标准应符合的规定

施工过程中质量控制要素主要有桩位偏差控制、孔深控制、施工技术参数控制。

（1）桩位偏差控制。造孔过程中发生孔位偏移的原因及纠正方法如下。

1）由于土质不均匀，造孔时易向土质软的一侧偏移。纠正方法为使振冲器向硬土一侧对桩位并开始造孔，偏移量的多少在现场施工中确定。

2）振冲器导管上端横拉杆拉绳方向或松紧程度不合适造成振冲器偏移。纠正方法为调整拉绳方向和松紧程度。

3）当制桩结束发现桩位偏移超过规范或设计要求时，应找准桩位重新造孔至偏移处，加密成桩。

（2）孔深控制。

1）在振冲器和导管安装完后，应用钢尺丈量并在振冲器和导管标出长度标记，一般情况下 0.5m 为一段，使操作人员据此控制振冲器入土深度。

2）应了解地面高程变化情况，依据地面高程确定应造孔的深度。

3）施工中当地面出现下沉或淤积抬高时，振冲器入土深度也要做相应的调整，以确保成桩长度。

（3）施工技术参数控制。施工技术参数有加密电流、留振时间、加密段长、水压。施工技术参数控制时应注意下列事项。

1）为保证加密电流和留振时间的准确性，在振动条件下设定的加密电流值、留振时间可能发生变化，应及时检查。

2）施工中应确保留振时间和加密段长都已达到设计要求，否则不能结束一个段长的加密。

3）应定期检查电气设备，不合格、老化、失灵的原器件应及时更换。

4）当地质条件发生变化或施工出现异常情况，应及时研究解决。

### 5.4.4 施工工艺流程图

振冲挤密法施工工艺流程见图 5－6。

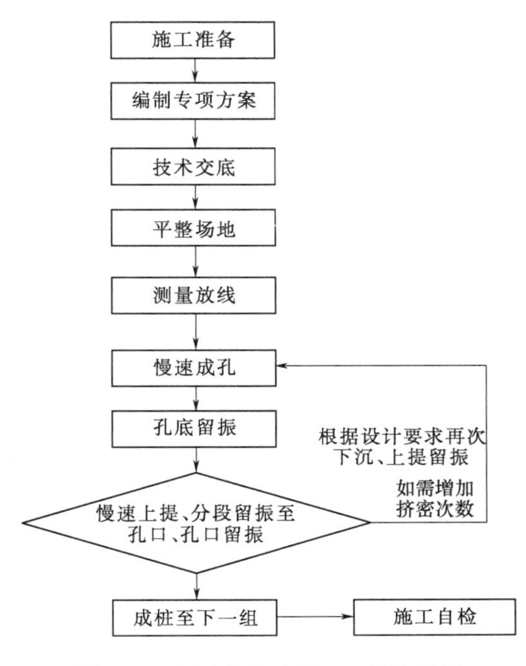


图 5－6　振冲挤密法施工工艺流程图

## 5.5 振冲桩施工

### 5.5.1 顶部填料振冲桩施工

（1）施工工序。

1）清理场地，接通电源、水源。

2）施工机具就位，起吊振冲器对准桩位。

3）启动水泵，待水从振冲器底部喷出后启动振冲器。

4）造孔速度一般不宜超过 2.0m/min。

5）清孔至孔口返出泥浆变稀，保证振冲孔顺直通畅以利于填料沉落。

6）加密制桩，石料从顶部填入孔口，待石料沉入孔底后开始从孔底逐段向上加密制桩。

7）关闭振冲器与水泵。

8）振冲桩施工结束，移至后续桩位。

顶部填料振冲桩施工工序见图 5－7。

（2）造孔。造孔是保证施工质量的首要环节，造孔应符合下列规定。

1）振冲器对准桩位，对准偏差应小于 100mm。先开启压力水泵，待振冲器末端出水口喷水后，再启动振冲器，待振冲器运行正常后开始造孔。

2）造孔过程中振冲器应处于悬垂状态。振冲器与导管之间由橡胶减振器连接，因此

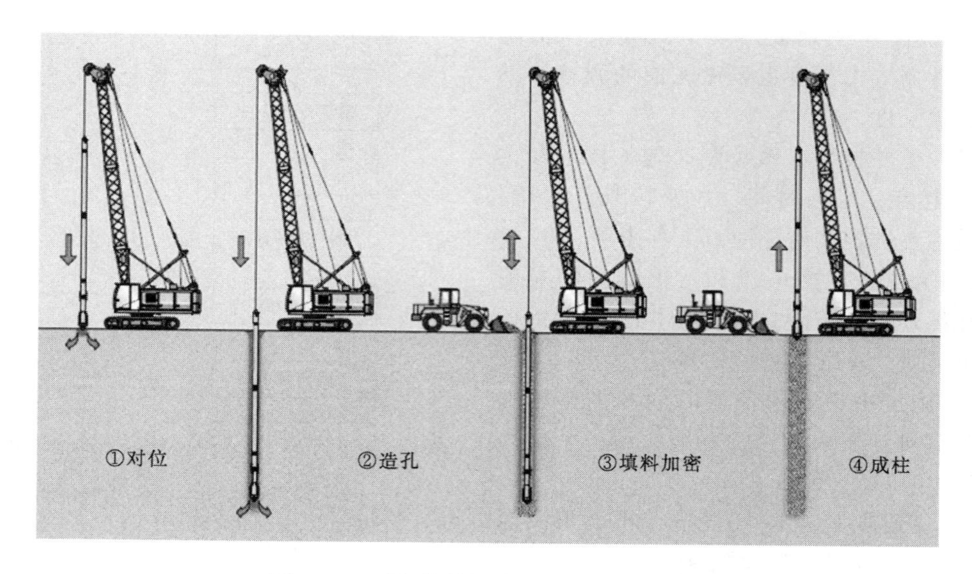


图 5-7 顶部填料振冲桩施工工序示意图

导管有稍微偏斜是允许的，但偏斜不能过大，防止振冲器偏离贯入方向。

3）造孔速度和能力取决于地基土质和振冲器类型及水冲压力等，因此造孔速度不是完全可以人为控制的。为此，在施工中宜控制最大造孔速度，并不大于 2m/min。

4）松散粉细砂、粉土、粉煤灰、淤泥土等易被压力水冲刷的土质情况，造孔深度可小于设计深度 300mm。待倒入填料后振冲器夹带石料再向下贯入至设计深度，以减轻压力水对设计孔深下的土层的冲刷破坏。

5）造孔水压大小取决于振冲器贯入速度和土质条件。造孔速度慢或土质坚硬可加大水压；反之宜减小水压。一般造孔水压可控制在 0.3～0.8MPa，对松散的粉细砂、砂质粉土、粉煤灰地基造孔水量宜少，防止随返水带出大量泥砂。

6）当造孔时振冲器出现上下颠动或电流大于电机额定电流，经反复冲击不能达到设计深度时，宜停止造孔，并及时报告监理研究解决。

7）造孔时返出的泥浆较稠或孔中有狭窄或缩孔地段应进行清孔。清孔可将振冲器提出孔口或在需要扩孔地段上下提拉振冲器，使孔口返出泥浆变稀，振冲孔顺直通畅以利填料沉落。

（3）填料方式。填料方式可采用强迫填料法、连续填料法或间断填料法。大功率振冲器宜采用强迫填料法；深孔宜采用连续填料法；在桩长小于 6m 且孔壁稳定时可采用间断填料法。

1）连续填料。在制桩过程中振冲器留在孔内，连续向孔内填料，填料自动沉落孔底并被挤密，直至设计要求高程。

2）间断填料。填料时先将振冲器提出孔口，倒入一定数量填料（一般填料高度在 1.0m 左右），再将振冲器贯入孔中，将填料振捣密实。

3）强迫填料。利用振冲器的自重和振动力将孔上部的填料挟送到下部需要填料的地方。

连续填料时要求填料速度和数量能保持孔中不缺填料。若缺乏填料或填料不足，由于振冲器在孔中振动和压力水冲刷，孔径不断扩大，难以加密成桩。连续填料一般采用装载机作业。

间断填料时每次将振冲器提出孔口。但因提放振冲器所用时间多，当孔的深度较深时，填料较难沉落到孔底，施工效率低。

强迫填料时要求振冲器在填料满孔条件下向下贯入，所受贯入阻力大，因此强迫填料一般只适用于大功率振冲器施工，同时要避免电流超过电机额定电流，而使填料不能达到需要加密地段的情况发生。

(4) 填料加密方式选择。填料振冲加密是将填入孔中的填料挤振密实，加密是振冲法的关键环节，加密控制标准基本上可分 3 种。

1) 填料量控制。加密过程按每延米填入填料数量控制。该标准适合均匀土质场地。当场地土质变化大，强度不均匀，相同填料量加密后，地基在沿垂直方向和水平方向都不能达到均匀，加密效果会不够理想。目前采用单纯填料量控制较少。

2) 电流控制。按振冲器的电流达到设计确定值控制。振冲器启动后在贯入土层前运行的电流称空载电流。贯入土层中受土约束，为克服周围土阻力保持自由振动状态，振冲器运行电流就会升高，即电机输出功率增大。周围土约束力越大，振冲器运行电流越大。设计确定的加密电流实际上是振冲器空载运行电流增加上某一增量电流值。当采用统一的加密电流值，若地基土松软就需要填入较多的填料量，反之，地基土坚硬填入填料量就少，地基处理后强度相对比较均匀。由于制造或使用的原因，相同型号的振冲器空载电流有差别。因此，在施工中设计确定的加密电流宜根据振冲器空载电流不同而适当增减。这在多台机组处理同一建（构）筑物时更应注意。

3) 加密电流、留振时间、加密段长度综合指标法。采用这 3 种指标是为了使加密质量更有保证，因为加密效果不仅与加密电流值大小有关，也和在该电流值维持的时间长短有关。留振时间是指振冲器达到加密电流后的振动时间。加密段长度小效果好，段长大效果差，甚至产生漏振。目前，振冲法处理已逐渐采用综合指标法来控制。

由于采用加密电流、留振时间、加密段长度作为加密控制标准，填料数量由上述标准所决定，因此，填料数量仅作为参考标准。若施工中出现填料数量过少，特别对于以置换性质为主的加固，应予以充分关注，当与设计要求相差比较大时，应及时向监理报告，通过变更设计加密技术参数，增减填料量，保证工程质量。

无论采用哪一种加密控制标准，加密时均应从孔底开始，逐段向上，中间不得漏振。

(5) 桩体加密控制标准应符合下列规定。

1) 采用加密电流、留振时间、加密段长度作为控制标准时，填料量作为参考值。

2) 桩体加密应从桩底标高开始，加密段长度不宜超过 0.5m，逐段向上进行，中间不得漏振。

3) 加密水压宜控制在 0.1～0.5MPa。

4) 填料量与设计要求相差较大时，应及时研究解决。

(6) 施工工艺流程图。振冲桩（顶部填料）施工工艺流程见图 5-8。

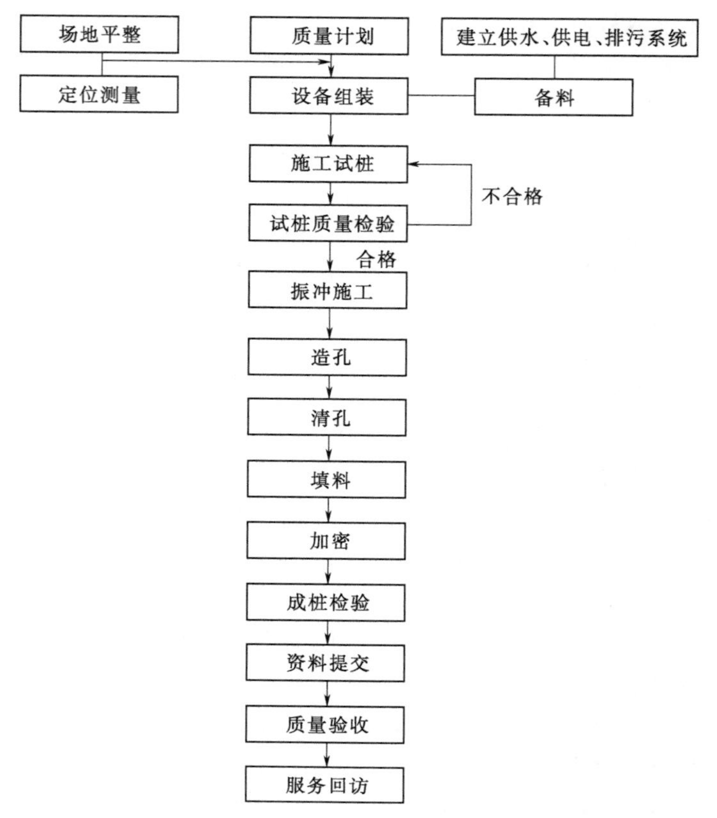


图 5-8 振冲桩（顶部填料）施工工艺流程图

### 5.5.2 底部出料振冲桩施工

（1）施工工序。

1）清理场地，接通电源、水源、气源。

2）施工机具就位，起吊振冲器对准桩位。

3）造孔。

A. 对位。采用 GPS 定位仪 RTK 定位方法，仪器测量精度 5～8mm。

B. 振冲器应悬挂在驳船上配置的 A 型桩架系统上，靠振冲器自重下放振冲器至碎石垫层顶面上。填入碎石，直至充满石料管。

C. 开启振冲器及空压机，压力仓控制阀门应处于关闭状态，风压为 0.1～0.5MPa 风量 0.2～$3m^3/min$。

D. 造孔至冲积层时，如有需要，可通过桩架施加外压协助振冲器造孔至设计桩底标高。

4）振冲器造孔速度不大于 1.5～3m/min，深度大时取小值，以保证制桩垂直度。

5）振冲器造孔直至设计深度。造孔过程应确保垂直度，形成的振冲桩的垂直度偏差不大于 1/20。

6）加密。采用提升料斗的方式上料，并通过振冲器顶部受料斗、转换料斗过渡至压

力仓，形成风压底部干法供料系统。

A. 造孔至设计深度后，振冲器提升 0.5～1m（取决于周围的土质条件），匀速向上提升，提升速度不大于 1.5m/min。石料在下料管内风压和振冲器端部的离心力作用下贯入孔内，填充至提升振冲器所形成的空腔内。

B. 振冲器再次反插加密，加密长度 300～500mm，形成密实的该段桩体。

C. 在振冲器加密期间，需维持相对稳定的气压 0.1～0.5MPa，保持侧面的稳定性并确保石料通过探头的环形空隙达到要求的深度。

D. 重复上述工作，直至达到振冲桩桩顶高程。

E. 由于浅部覆盖层厚度较浅，应注意浅部振冲桩的密实度，碎石垫层内不需挤密。

7）关闭振冲器、空压机，制桩结束。

8）打桩驳船移位进行下一组桩的施工。

海上底部出料振冲桩工序见图 5-9。

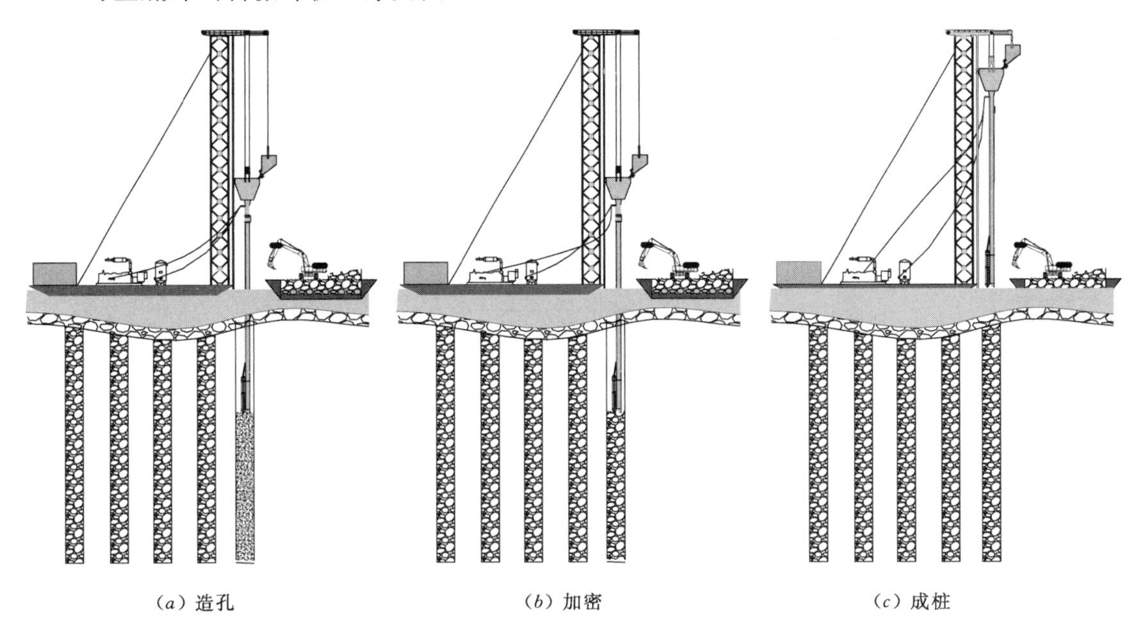

(a) 造孔　　(b) 加密　　(c) 成桩

图 5-9　海上底部出料振冲桩工序示意图

(2) 造孔应符合下列规定。

1）振冲器开孔允许偏差不大于 100mm。

2）造孔过程中，应保持振冲器处于悬垂状态，发现桩孔偏斜应立即纠正。

3）造孔前料管与料斗宜装满填料。

4）造孔气压应满足施工要求。

5）振冲器造孔速度不大于 2.0m/min。

(3) 桩体加密控制标准应符合下列规定。

1）采用填料量、加密段长度作为控制标准，加密电流、留振时间为参考值。

2）桩体加密应从桩底标高开始，加密段长度不宜超过 0.5m，逐段向上进行，中间不得漏振。

3）加密过程中提升速度不大于1.5m/min。

4）加密气压宜根据处理深度、土体条件、地下水位高度确定。

5）填料量与设计要求相差较大时，应及时研究解决。

（4）施工工艺流程图。海上底部出料振冲桩施工工艺流程见图5-10。

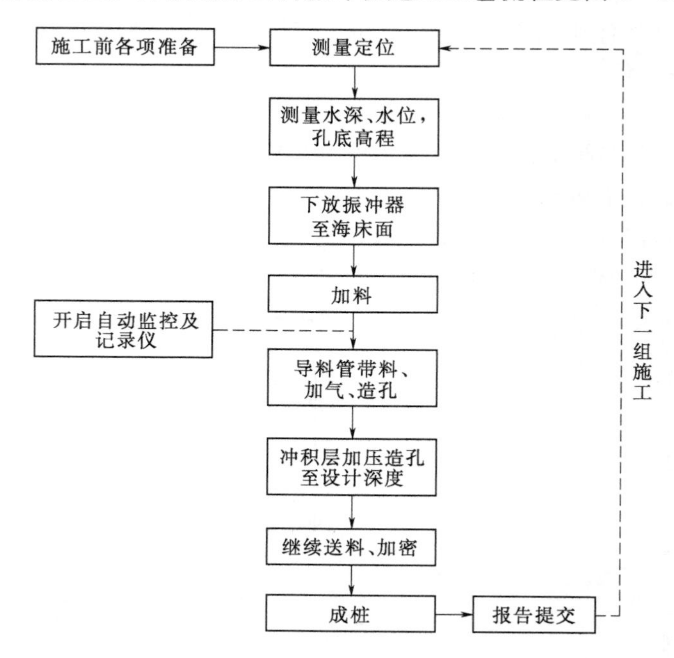


图5-10 海上底部出料振冲桩施工工艺流程图

## 5.6 施工记录

振冲法施工记录格式见表5-2。

**表5-2** **振冲法施工记录格式**

工程名称　　　　　　　　桩号　　　　年　　月　　日　　天气

| 序号/累计序号 | 深度/m | 工作内容 | 时间/min | | | 电流/A | 水压/气压/MPa | 填料量/m³ | 备注 |
|---|---|---|---|---|---|---|---|---|---|
| | | | 起 | 止 | 小计 | | | | |
| | | | | | | | | | |
| | | | | | | | | | |
| | | | | | | | | | |
| | | | | | | | | | |
| | | | | | | | | | |

施工队长：　　　　　　　　　　　　吊机操作员：　　　　　　　　　　　　记录员：

## 5.7 施工中常见问题处理

### 5.7.1 针对性质量保证措施

施工过程中质量控制要素主要有桩位偏差、施工深度、填料量、施工技术参数及在施工过程中对桩体密实度和桩间土加密效果。

(1) 桩位偏差控制。

要使成桩后的桩位偏差达到规范要求，首先在造孔时要控制孔位偏移。造孔过程中发生孔位偏移的原因及纠正方法如下。

1) 土质不均匀，造孔时向土质软的一侧偏移。纠正方法为使振冲器向硬土一边开始造孔，偏移量的多少由现场施工确定，也可在软土一侧倒入填料，阻止桩位偏移。

2) 振冲器导管上端横拉杆拉绳方向或松紧程度不合适造成振冲器偏移。纠正方法为调整拉绳方向和松紧程度。

3) 振冲器与导管安装时两者的中心线不在垂直线上或导管弯曲。纠正方法为调整振冲器与导管使两者的中心线在垂直线上，对弯曲的导管应调直或更换。

4) 施工从一侧填料挤压振冲器导致桩位偏移。纠正方法为改变填料方向，从孔的四周加入填料。

5) 当制桩结束发现桩位偏移超过规范或设计要求时，应找准桩位重新造孔，加密成桩。

(2) 桩长控制。

1) 在振冲器和导管组装完后，应用钢尺丈量并在振冲器和导管上标出长度标记，一般情况 0.5m 为一段，使操作人员据此控制振冲器入土深度。

2) 应了解地面高程变化情况，依据地面高程确定造孔深度。

3) 施工中当地面出现下沉或淤积抬高时，振冲器入土深度也要做相应的调整，以确保成桩长度。

(3) 填料量控制。

1) 要注意每次装载机铲斗所装填料量及散落在孔外的填料数量。

2) 要核对进入施工场地的填料的总量和填入孔内填料的总量，发现后者大于前者时，应检查施工记录并妥善处理。

(4) 施工技术参数控制。施工技术参数有加密电流、留振时间、加密段长、造孔水压、加密水压、填料数量。

当采用加密电流，留振时间，加密段长作为综合指标时，填料数量受上述这些指标所约束。但在振冲置换处理时，填料量多少关系到成桩直径的大小和置换率大小，因此，如果填料数量比设计要求过多或过少时，应及时与设计单位分析原因，必要时通过变更设计，适当改变加密电流、留振时间，以保证工程质量。

施工技术参数控制应注意下列事项。

1) 为保证加密电流和留振时间的准确性，施工中应采用电气自动控制装置。在振动条件下使用时，设定的加密电流值，留振时间可能发生变化，应及时调整。

2) 施工中应确保加密电流、留振时间和加密段长均达到设计要求，否则不能结束一个段长的加密。

3）振冲器的空载电流由于某种原因会有一定的波动，空载电流的控制也是施工中应注意的一个环节。因此，在施工中应经常对振冲器的空载电流进行测量记录，当与常规的空载电流差别较大时，应及时检修设备或者适当调整加密电流，以保证施工质量。

4）定期检查电气设备，老化或失灵的原器件应及时更换。

（5）防止抱卡导管的措施。工程振冲施工涉及的地层在施工过程中可能会发生抱卡导管的情况，将会影响施工效率和质量。为确保顺利成桩，可采取以下措施。

1）采用大直径高强度导管，减小导管与振冲器连接处的直径突变，增加造孔设备自重，增强穿透能力，可降低砂层抱卡导管的机会。

2）当出现抱卡导管的迹象时，应及时停止下放振冲器，让振冲器停留在原深度，加大水压预冲一段时间，然后缓慢下放振冲器，在该地段附近多次上下提拉振冲器清孔，防止卡孔，实现穿透。

3）当振冲器不慎卡埋在孔中，采用以上措施无效时，可使用大吨位吊车提住振冲器，启动振冲器慢慢上提，多次启动直至提出；若一时不能提出，可暂停电机运行，继续水冲，过一段时间待障碍物束缚振冲器及导管的应力解除后再按上面的步骤提拔；而当振冲器电机损坏，吊车不能提出时，可采用其他振冲器在其周围打孔，或用反铲开挖一定深度，减小阻力，再使用反铲或装载机配合吊车提拔。

（6）保证桩头密实程度的技术措施。

1）加密位置应达到基础设置高程以上的1.0～1.5m之间，以保证桩顶密实度。

2）当加密接近桩顶时，在孔口堆料强打，反复振捣，适当延长桩顶部的留振时间并增加振捣次数。

### 5.7.2 振冲施工中常见问题的处理方法

振冲施工中常见问题的处理方法见表5-3。

表5-3 振冲施工中常见问题的处理方法表

| 类别 | 问题 | 原因 | 处理方法 |
|---|---|---|---|
| 造孔 | 贯入速度慢 | 土质坚硬 | 加大水压 |
| | 振冲器电流大 | 振冲器贯入速度快 | 减小贯入速度 |
| | | 砂类土被加密 | 加大水压，必要时可增加旁通管射水，减小振冲器振动力；采用更大功率振冲器 |
| | 孔位偏移 | 周围土质有差别 | 调整振冲器造孔位置，可在偏移一侧倒入适量填料 |
| | | 振冲器垂直度不好 | 调整振冲器垂直度，特别注意减振器部位垂直度 |
| 孔口返水 | 孔口返水少 | 遇到强透水性砂层 | 加大供水量 |
| | | 孔内有堵塞部分 | 清孔，增加孔径，清除堵塞 |
| 填料 | 填料不畅 | 孔口窄小，孔中有堵塞孔段 | 用振冲器扩孔口，铲去孔口泥土 |
| | | 石料粒径过大 | 选用粒径合理的石料 |
| | | 填料把振冲器导管卡住，填料下不去 | 填料过快、过多所至，暂停填料，慢慢上下提拉活动振冲器直至石料下沉 |

续表

| 类别 | 问题 | 原　　因 | 处 理 方 法 |
|---|---|---|---|
| 加密 | 电流上升慢 | 土质软，填料不足 | 加大水压，继续填料 |
| | | 加密电流标准过高 | 适当降低加密电流标准 |
| | 振冲器电流过大 | 土质硬 | 加大水压，减慢填料速度，放慢振冲器下降速度 |
| 串桩 | 已经完成的桩的碎石进入附近正在施工的某孔中 | 土质松软；<br>桩距过小；<br>成桩直径过大 | 减小桩径或扩大桩距。被串桩应重新加密，加密深度应超过串桩深度。当不能贯入实现重新加密，可在旁补桩，补桩长度超过串桩深度 |

## 5.8　振冲施工技术的拓展

近年来，振冲施工技术取得了较大的发展，特别是在吹填地基中的无填料振冲挤密法、海上振冲施工技术、“水气联动”技术、振冲多桩型复合地基处理技术（包括振冲法结合塑料排水板、振冲法结合强夯法、振冲法结合CFG桩、振冲长短桩技术等）、超深振冲桩等均取得了较大的突破，提升了振冲施工技术的实用性，创造了较好的经济效益，拓宽了振冲技术的应用领域和社会效应。

### 5.8.1　海上振冲施工技术

（1）概述。港口码头等近岸工程的地基多属海底松、软土层，其孔隙率大、含水量高，呈软塑和流塑状态，强度低，稳定性差，压缩性高，沉降量大，抗震性能极弱。通过工程实践，我国已初步形成了海上振冲施工技术体系，有关的技术设备、技术措施和技术参数基本实现了整合与配套，并在多个海上工程中获得了应用。

（2）海上振冲施工的几个关键问题。

1）在海面作业如何提供振冲施工的作业平台。

2）如何有效地进行工程定位和测量。

3）振冲施工用料的供应如何保证。

4）振冲施工中石料如何填送到位。

5）如何对海底振冲复合地基进行合理有效的检测与评价。

6）海上施工中的安全生产保证措施。

（3）海上振冲施工的技术措施。

1）施工作业平台。海上作业方驳可以作为海上振冲施工的作业平台，将振冲设备等施工机具安置在方驳，构成海上可移动的施工场地。非自移式方驳还应配备拖轮，保证方驳的移动。方驳规格的选择应综合考虑施工海域气象条件、风浪情况、吃水深度、施工设备数量、桩位布置、工期要求及经济性指标等因素确定。

2）海上测量定位。随着信息科技的迅速发展，应用信号卫星建立了全球定位系统（GPS），可以准确、方便、快速地测量定位，即通过信号卫星接收机，接收其发出的信号定位，既准确又方便，现已广泛用于测量技术中。

3）施工石料的供应与填送。海上振冲施工用石料可用运料方驳于码头料场装料后，以拖轮拖至作业方驳处，兼作振冲桩上料的平台，上料机械可以选择装载机、挖机、皮带机系统、大型空压机等各种机械。

为保证石料的有效填送，可在振冲导管辅一根特制的顺料筒，将填料送至振冲桩孔口。对于海上不易下料的软黏土层，则采用底部出料的方式送料至振冲器底部，可有效提高送料质量和加密效果。

4）海上振冲复合地基的检测。陆域振冲工程一般采用复合地基荷载试验，结合一定数量的桩体重型动力触探和桩间土的标贯试验进行分析评定。而海上振冲工程受条件所限无法进行有效的地基荷载试验，故需建立相应的动力触探检测技术。

振冲桩中心位置的确定。在每一振冲桩施工完毕后由潜水员潜入海底，查明桩头位置，放一小砂袋。待检测时再由潜水员入水寻找砂袋，指引检测人员调整探杆位置，对准后再进行试验。

桩间土中心即数根振冲桩所包围的桩间土的中心，其位置确定应通过上述已确定的振冲桩中心位置结合施工图的布桩参数进行计算和水下测量确定，此确定过程也需要潜水员配合完成。

阻止探杆弯曲过大的措施。为防止检测过程中探杆的弯曲变形过大，可在送料筒内将一内径约200mm的铁管立于振冲桩桩头上，检测触探杆穿过铁管进行检测，可以较好地解决探杆弯曲过大的问题。

5）海上振冲的安全及环保施工措施。海上施工安全隐患较多，必须加强安全意识和防范措施。每天要详细记录天气预报，当有恶劣天气时必须及时撤离；海上施工人员要做好海上安全培训；上船施工必须穿好救生衣、戴好安全帽，作业方驳需配备足够的救生设备；所有施工电源和设备必须经过严格检查，并且有详细的用电管理制度；配备足够数量的交通船；要做好对施工海域的环境保护，施工用油不得泄漏，生产、生活垃圾需由专门的船只定期运到陆域进行处理；严禁进行海上捕捞等；严格遵守国家、行业等部门对海上作业的相关法律和规定要求。

### 5.8.2 水气联动法在振冲法施工工艺中的应用

在超深振冲处理粉细粒土时（一般处理深度超过20m）容易产生“抱管”的情况，这是因为在施工过程中连续注水进行振冲，超深处理部分孔壁在长时间浸泡下受振动扰动而坍塌，滞留于振冲器和导管周围，逐渐被振密形成板砂，将振冲器卡在孔内无法移动。采用加大冲水量和高压水冲击的方法在一定程度上解决了抱管问题，但因为孔壁受大流量的高压水冲刷，孔径不停加大，极易形成串孔，严重影响施工质量；因大量用水导致孔内土粒被冲出，导致石料用量增大，降低了工艺的经济性；冲出的泥浆大增，加大了现场的泥浆排放及处理难度，影响环保。

随着空气压缩设备的在地基处理工程中的广泛应用，在施工中辅以高压气体代替部分高压水冲，既能使孔内砂粒基本保持悬浮状又不致引起严重的串孔和大量的泥浆排放，水气联动法（或称气冲法）应运而生（见图5-11）。

水气联动法的优越性如下。

（1）有利于振冲器在致密砂层中的提降，下料容易，便于制桩，施工速度快，工程质量好。

（2）基本不会产生抱管问题，所需吊车较小，因而施工机械费用较低，且土颗粒流失少，相应投入的石料少，提高工艺的经济性。

（3）泥浆排放量少，减少泥浆的排放和处理难度，施工环保程度高。

图 5-11　水气联动法施工

### 5.8.3　振冲法多桩型复合地基施工技术应用

（1）振冲桩与塑料排水板相结合。当建（构）筑物位于强度低、压缩性高、灵敏度大和透水性小的地基上时，地基无论是承载力还是变形控制均不能满足设计与施工要求。采用振冲桩与塑料排水板相结合的多桩复合地基施工技术可以满足此类场地地基处理的目标如下。

1）消除部分地基土的液化。

2）提高地基的承载力以满足工程要求。

3）减小沉降与不均匀沉降使其在允许范围内。

4）投资少，施工速度快，满足工期工标。

当场地条件较好时，宜先进行塑料排水板的施工，再进行振冲桩的施工。振冲施工时产生的超静孔隙水压力可以通过塑料排水板加速排出，加快软土地基的固结速度，减少施工工期。而当现场条件较差时，宜先进行振冲桩的施工再进行塑料排水板的施工。

（2）振冲桩与强夯法相结合。在振冲桩桩顶部范围内，由于所承受地基土的上覆压力小，该处的约束力也就小，制桩时顶部桩体的密实程度很难达到要求。尤其在软土地基施工时，上部复合地基的密实度、压缩模量均较低，不加处理可能会产生较大的后期沉降，影响建筑物的使用。采用强夯法进行表层处理可以起到如下效果。

1）提高上部复合地基的压缩模量，减少工后沉降。

2）在强夯震动力的影响下，可以加速桩间土的排水，加快土体固结。

3）可有效提高桩间土和振冲桩体的相互作用，提高复合地基承载力。

当采用振冲桩与强夯法相结合工艺时应注意以下问题。

1）处理效果宜通过试验进行确定，并与振冲桩进行对比。

2）强夯夯击能不宜过大，以防止桩间土及上部振冲桩被破坏。

3）振冲桩施工完成后，宜等一段时间后再进行强夯施工（粗颗粒土间隔时间短、细颗粒土间隔时间长）。

4）强夯施工时宜先铺设一定厚度的山皮石或者碎石，以改善传力条件，使震动力传递较为均匀，并且可以起到水平排水的作用。

（3）振冲桩和 CFG 桩相结合。当建（构）筑物对于承载力要求较高（振冲桩不能满足要求）并且地基为可液化地基或湿陷性地基时，可以采用振冲桩与 CFG 桩组合成多桩型复合地基，其中振冲桩不仅可以提高一定的地基承载力，减小沉降与不均匀沉降，更能有效地消除或降低地基的液化或湿陷性，而 CFG 桩可以提供较大的负荷强度，以补偿地基承载力的不足。

当采用振冲桩和CFG桩相结合的工艺时应注意以下问题。

1）考虑到振冲器的振动力较大，因此宜先施工振冲桩后再施工CFG桩，以避免振动力对CFG桩体的破坏。

2）振冲桩位测量及对桩应准确，并且施工中应严格控制振冲器的垂直度，防止串桩。

### 5.8.4 超深振冲施工时的注意问题

超深振冲处理易发生孔壁坍塌和抱管的问题，虽辅以水气联动工艺后有了很大的改进。但由于超深振冲处理，加以造孔、制桩的作业时间相对较长，施工中稍有不当仍可能发生塌孔的现象。因此施工中还应注意以下几点。

（1）现场放线布桩以及施工对桩应准确，防止桩位偏差较大时串桩。

（2）掌握适中的造孔速度。造孔速度过慢，振冲时间长，易发生塌孔，若速度过快又会影响桩孔的垂直度而倾斜，引发串桩。

（3）超长导管宜在现场组装连接，每节导管之间不设法兰盘。这样既可保证导管的垂直度，又减小了填料下滑的阻力。再者，若发生塌孔时易于拔出振冲器。

（4）宜选用新型减振器，因其橡胶较硬，造孔过程若遇到较硬地层时振冲器与导管间不致产生较大的弯曲，保证桩孔的垂直度，可保证桩体的质量。

（5）由于孔深较长，现场应配备备用发电机，一旦发生停电状况，可保证连续作业。

#  质量控制与检测验收

本章主要包括振冲法施工质量控制、施工检测、验收 3 个方面的内容。

振冲法施工的质量控制贯穿于施工管理的全过程，因此，施工单位项目部建立健全质量保证体系是施工质量得以保证的前提。针对“人、机、料、法、环”5 个影响质量的因素，项目部应从组织、制度、措施方面入手，制定相应的管理办法和管理细则，最终做到有序施工，有效施工。

振冲法施工为隐蔽工程，施工的过程质量控制尤其重要。本章主要针对振冲法施工中涉及的设备、材料、施工方法以及过程自检的质量控制及保证措施进行了阐述，并提出了特殊条件下如雨季汛期、暑期高温、冬季、夜间、水上施工的质量保证措施。

振冲法施工质量的检测方法包括：载荷试验、标准贯入试验、圆锥动力触探试验、静力触探试验、现场剪切试验、波速试验以及必要的土工试验等。国内常用的是载荷试验、标准贯入试验、圆锥动力触探试验；国外常用载荷试验、标准贯入试验和静力触探试验。但对于特殊条件下的振冲法施工，根据设计意图，在检测受条件限制的情况下，设计人员可能会采取其他方式检测施工质量，如港珠澳大桥海上振冲施工，设计提出严格按填料量进行控制，即用过程控制代替了最终的检测。

## 6.1 施工质量控制

项目施工质量控制主要依据包括以下内容。

(1) 项目质量保证体系。

(2) 岩土工程勘察报告。

(3) 设计文件及图纸。

(4)《水电水利工程振冲法地基处理技术规范》(DL/T 5214)。

(5)《水电水利基本建设工程单元工程质量等级评定标准　第 1 部分：土建工程》(DL/T 5113.1)。

(6)《水利水电工程施工质量检验与评定规程》(SL 176)。

(7)《水利水电建设工程验收规程》(SL 223)。

(8)《水利水电单元工程施工质量验收评定标准——地基处理与基础工程》(SL 633)。

### 6.1.1 质量保证体系

质量保证体系（Quality Assurance System，简称 QAS）是指企业以提高和保证产品

质量为目标，运用系统方法，依靠必要的组织结构，把组织内各部门、各环节的质量管理活动严密组织起来，将产品研制、设计制造、销售服务和情报反馈的整个过程中影响产品质量的一切因素统统控制起来，形成的一个有明确任务、职责、权限，相互协调、相互促进的质量管理的有机整体。

振冲法施工为隐蔽工程，施工单位应建立健全质量保证体系，这对于施工的质量保证尤其显得重要。一方面，施工单位在编制施工组织设计时，就需要制定质量目标，确立质量方针，建立质量控制体系，针对"人、机、料、法、环"5个方面，从组织、制度、措施等方面制定质量管理和质量控制的细则，确保工程质量；另一方面，要对工程参与人员不断灌输质量意识，使工程参与人员意识到现场开展的一切行为都应围绕工程质量展开，人人都是初级质量检查监督员；再一方面，施工现场应坚持前序施工质量不合格，后序施工不实施的工作态度，坚持计划、实施、检查、改进的工作方法，施工企业质量体系的建立目前一般执行《质量管理体系 要求》(GB/T 19001)、《工程建设施工企业质量管理规范》(GB/T 50430)。

#### 6.1.1.1 质量方针

质量方针是由企业最高管理者正式发布的关于质量方面的全部意图和方向。其作用是为企业提供关注的焦点，统一全体员工的质量意识准则，形成全体员工的凝聚力，显示组织对外的质量承诺，争取顾客的信任。

施工企业的质量方针与本企业的管理方针相适应，体现施工企业的质量管理宗旨和方向。包括以下内容。

(1) 遵守国家法律法规，满足合同约定的质量要求。

(2) 在工程施工过程中及交工后，认真服务于业主和社会，增加其满意程度，树立施工企业在市场中的良好形象。

(3) 追求质量管理改进，提高质量管理水平。

#### 6.1.1.2 质量管理目标

项目部应根据本企业的质量方针，并结合业主的质量目标，明确项目部的质量管理和工程质量应达到的水平。

项目部为满足技术标准、规程规范的质量标准及实现业主的质量目标要求，应提高项目部的质量目标管理要求。

项目部在管理过程中，为实现项目部的质量目标，应将项目部的质量目标，分解到关键过程或关键工序中。如振冲施工过程中，可将质量目标分解到主材、设备功率、加密电流、加密段长度控制等。

#### 6.1.1.3 质量控制体系

为确保质量目标的实现，应严格遵照《质量管理体系 要求》(GB/T 19001)、《工程建设施工企业质量管理规范》(GB/T 50430) 中关于质量体系规定的程序操作运行，建立并落实组织保证、制度保证、措施保证的管理措施，制定质量管理计划，并自始至终贯彻执行。

项目部应强化施工过程中的质量管理职能，推行目标管理负责制，对施工全过程工程质量进行全面的管理与控制，使质量保证体系延伸到各施工部位和施工工序。建立以项目经理直接领导，项目技术负责人重点控制，施工工程师和质检工程师检查、施工班组自查的四级管理系统，形成一套从项目经理到各施工队的质量管理网络，对工程进行全面动态的管理，确保工程质量目标的实现。

**6.1.1.3.1** 组织保证

建立健全项目质量管理组织机构是保证工程质量的关键。明确项目经理是施工质量第一责任人，应做到各级质量管理机构及质量管理人员的质量责任清晰、工作内容清楚。

振冲法施工现场的质量管理组织机构设置见图 6－1。

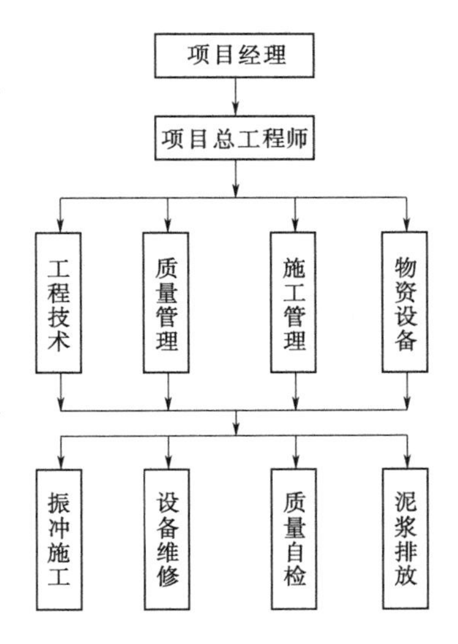

图 6－1 质量管理组织机构设置图

根据各项目部的管理要求，质量管理的相关职责可进行相应的调整，但不可缺失。一般情况下，相关部门及人员质量管理职责可参考如下设置。

(1) 项目经理。

1) 施工质量第一责任人。

2) 主持制定质量目标，并使其在相关职能部门和作业班组得到分解，确保质量方针的贯彻和质量目标的实现。

3) 确保质量管理体系的建立和有效运行，指定总质检工程师分管质量管理体系的运行管理。

4) 审查批准质量计划。

(2) 项目总工。

1) 负责质量计划的建立、实施和管理，并加以保持。

2) 监督相关部门有效地实施质量检查和控制。

3) 贯彻执行国家和行业发布的各项技术规范、规程和质量管理措施，并在施工过程中严格落实，严防工程质量事故发生。

4) 掌握工程项目的质量情况，严格执行质量奖罚制度，按“三不放过”的原则处理质量事故。

5) 负责技术管理和重大技术方案的制定，对技术问题和质量问题提出改进措施。

(3) 工程技术部。

1) 负责质量管理体系运行的具体工作，对质量计划的实施进行监督。

2) 负责质量管理体系文件和质量记录的管理。

3) 负责施工组织设计编制和设计图纸会审。

4) 负责组织技术交底工作。

(4) 质量管理部。

1) 负责进场材料的验收、化验，保证材料质量。

2) 复核施工放样，检查放样精度。

3) 全过程检查振冲桩的施工质量，对整个工程进行质量监督和检测。

4) 检查原始记录、工序交接程序，发现问题及时纠正并上报。

(5) 施工管理部。

1) 参与技术交底工作。

2）合理安排生产计划，组织施工设备进场，适时检测施工机械性能，从机械方面确保工程的施工质量。

3）严格按项目技术文件、规程、规范要求，组织项目的生产。

4）应对生产过程中的半成品、成品作好保护。

（6）物资设备部。

1）根据现场施工生产任务需要，做好材料、工具设备的采购和运输供应工作。

2）熟悉各种材料的规格和验收标准，对进场材料认真核实出厂说明书或材料合格证，并对原材料进行复试检测。

3）严格区分现场的材料、设备，做好标识，严禁不合格的材料设备用于工程中。

（7）各施工队。

1）根据设计交底要求，高标准、严要求实施相应的工作。

2）在项目实施过程中，全力配合相关机构的质量检查。

3）对生产过程中发现的质量问题及时反馈。

**6.1.1.3.2** 制度保证

为达到项目的质量目标，项目部应从工程施工的各个方面，不留缝隙的进行全面管理，《工程建设施工企业质量管理规范》（GB/T 50430）中质量体系规定应从16个方面制定相应的制度。在制定相应制度时，可根据本企业现有的制度，并结合本项目振冲工程的实际情况、特点，本着“有效、实用”的目的进行编制。涉及施工质量管理的16个制度如下。

（1）质量目标管理制度。

（2）文件管理制度。

（3）记录管理制度。

（4）人力资源管理制度。

（5）员工绩效考核制度。

（6）施工机具管理制度。

（7）工程项目投标及工程承包合同管理制度。

（8）建筑材料、构配件和设备管理制度。

（9）分包管理制度。

（10）工程项目施工质量管理制度。

（11）施工质量检查制度。

（12）试验检测管理制度。

（13）质量问题处理制度。

（14）质量事故责任追究。

（15）质量管理自查与评价制度。

（16）质量信息管理和质量改进制度。

**6.1.1.3.3** 措施保证

针对不同施工平台、不同振冲施工工艺（如海上施工、底部出料等）施工中的重要工序和关键工序，制定相应的质量保证措施。对于施工中不可预见因素制定一系列的应急预案，提前采取应变措施。

### 6.1.2 施工过程质量控制

#### 6.1.2.1 质量控制环节

##### 6.1.2.1.1 质量控制影响因素

影响工程质量的5大因素包括“人、机、料、法、环”，控制这5大因素的质量是确保工程施工过程的质量的关键和根本。

（1）人的因素。振冲法地基处理是一种复合地基，是隐蔽工程。对于不同地区、同一地区不同场地、同一场地不同部位，地层情况有时复杂多变，这就要求作为工程施工主体的“人”应具备相应的素质、观察能力、敏感性和应变能力等。振冲工程施工主体的人主要分为两大部分，一部分是作为项目管理的管理人员；另一部分是具体实施项目的施工队作业人员，不同岗位人员的心理行为、职业道德、质量意识、文化修养、技术水平和身体状况将直接影响其岗位对应的工作质量，进而影响工序质量和整个工程项目的质量。

1）项目管理人员。与工程质量相关的主要项目管理人员有项目经理、技术负责人、技术员。

项目经理。施工企业目前通常实行项目经理负责制，任命项目经理后，由其组建项目部。振冲项目施工活动中，从踏勘现场开始，直至工程竣工验收、工程移交结束，项目经理基本全程介入，全面管理，同时，项目经理也是施工质量的第一责任人，因此，项目经理应具备较高的管理能力、技术水平、职业道德、质量意识等素质，确保项目的顺利实施。

技术负责人。是振冲法施工的关键岗位，直接对工程施工的技术和工程质量负责。因此，技术负责人应该具备较强的责任心、理论知识、丰富的现场技术管理经验以及对技术边界条件变化的敏感性和应变能力等。特殊情况下如海上施工、吹填地层的地基处理等振冲施工工程，对于技术负责人应有更高的要求。

技术员。是振冲法工程施工的重要岗位，负有施工技术和工程质量重要的责任。作为现场管理的技术人员，在施工中起到承上启下的作用，因此，必须十分清楚地掌握振冲法技术，具备解决常规技术问题的能力，出现影响施工质量的问题时，应及时向技术负责人反馈，所谓的施工过程质量控制，也主要是通过技术员体现。因此，责任心强、技术好、人品优是一个技术人员的基本要求。

2）施工作业人员。与工程质量相关的主要施工作业人员有吊车手（振冲器操作手）、电工。

吊车手（振冲器操作手）。目前，振冲器自动控制系统还未普及，常规的未安装自动控制系统的振冲法施工过程中，振冲加密段长度、施工的垂直度、加密电流等施工主要技术参数的实施均由吊车手完成（底部出料工艺为振冲器操作手），因此，吊车手（振冲器操作手）是施工作业质量保证的关键岗位，责任心强、经验丰富是吊车手（振冲器操作手）岗位的基本要求。

电工。振冲法施工质量控制的一个重要施工指标就是是否达到加密电流。由于振冲器存在空载电流，且随着设备的使用时间变长，空载电流一般会加大，如不及时调整加密电流，将会造成加密效果的减弱，从而影响工程质量。因此，及时测量现场使用的振冲器空载电流（空载过大的振冲器将进行维修）显得尤为重要。责任心强是电工岗位的基本要求。

（2）机械设备因素。振冲法施工机械化程度较高，机械设备主要包括振冲器、起吊设备、电（液）控系统、供（送）料设备、供水（气）系统、排污系统等，施工项目的完成靠“人”操作相关设备，最终完成并达到设计的要求。机械设备的性能、稳定性等因素将对施工的质量产生直接的、重要的影响。

1）振冲器。振冲挤密法靠振冲器对桩间土进行挤密，并对桩体进行加密；振冲置换法靠振冲器对桩体进行加密，最终达到设计效果。因此，在所有振冲施工的机械设备中，振冲器设备性能将会对施工质量产生最直接、最重要的影响。

目前，振冲器已成系列发展，包括30kW、45kW、55kW、75kW、100kW、130kW、150kW、180kW等，不同型号振冲器的功率不同、振幅不同、影响半径不同，因此，施工效果也会不同，因此施工中应严格按试桩后设计确定的振冲器型号进行施工。同一种振冲器其空载电流一般会随着设备的使用而变大，空载电流过大，往往会减弱加密效果，应即时进行维修。

2）电（液）控系统。振冲器分为电动和液动两种驱动形式，振冲器的施工控制参数如加密电流、加密油压，主要靠电（液）控系统进行控制。控制系统的精确性、稳定性也将对施工质量产生直接的影响，应及时对系统进行检查。

3）供水（气）系统。在振冲法施工中，湿法振冲采用水冲辅助成孔及清孔，成孔及清孔的质量将会对成桩质量产生较为重要的影响，同时水对振冲器还具有冷却降温作用。对于造孔困难的地层，施工中往往加入高压空气进行辅助成孔。在施工过程中，水压、气压也是施工的重要参数。因此，供水（气）系统对施工质量也会产生较为重要的影响。

（3）材料的因素。材料一是工程施工过程的加工对象；二是工程产品的物质客体；三是工程质量的重要载体。材料因素对质量的影响主要针对填料振冲法施工而言。

目前振冲法的填料主要有碎石、卵石、砾石、砾（粗）砂、矿渣等。材料的质量包括硬度、粒径、含泥量、腐蚀性、污染性、稳定性等。材料的质量将对振冲法施工质量产生直接的影响。

（4）施工方案的因素。施工方案包含整个施工建设周期内所采取的技术方案、工艺流程、组织措施、检测手段、施工组织设计等。施工方案考虑不周往往拖延进度，影响质量，增加成本。为此，制定施工方案时，必须结合工程实际，从技术、管理、工艺、组织、操作、经济等方面进行全面分析、综合考虑，力求方案技术可行、经济合理、工艺先进、措施得力、操作方便，有利于提高质量、加快进度、降低成本。

目前振冲施工工艺，按是否填料可分为填料振冲和无填料振冲；按填料方式可分为孔口填料和底部出料；按起吊振冲器数量可分为单点振冲和多点振冲；按是否加水可分为干法振冲和湿法振冲等。振冲法地基处理是一种复合地基，振冲施工工艺有其相应的适应性，不同的地质条件，不同的作业环境，施工方案不同。施工方案的正确与否，直接影响工程质量的实现。在施工方案的选择上，应做到科学性、先进性、合理性、经济可行性。如在淤泥质地层中施工宜采用干法振冲，减少水对淤泥扰动，从而有利于施工质量的保证。

(5) 工程环境的因素。影响工程质量的环境因素较多，有工程地质、水文、气象、噪声、通风、振动、照明、污染等。环境因素对工程质量的影响具有复杂而多变的特点，如气象条件（温度、湿度、大风、暴雨、酷暑、严寒都直接影响工程质量），往往前一工序就是后一工序的环境，前一分项、分部工程也就是后一分项、分部工程的环境。因此，根据工程特点和具体条件，应对影响质量的环境因素，采取有效的措施严加控制。

此外，冬雨期、炎热季节、风季施工时，还应针对工程的特点，拟定季节性保证施工质量的有效措施。同时，要不断改善施工现场的环境，尽可能减少施工所产生的危害对环境的污染，健全施工现场管理制度，实行文明施工。如在海上进行振冲桩施工时，海浪的大小对成桩垂直度会造成影响。冬季振冲施工，需针对供水管路采取防冻措施。

**6.1.2.1.2** 工序过程质量控制

(1) 事前控制。事前控制（也称主动控制）是一种面对未来的控制。质量控制的重点应是贯彻以预防为主，事前控制的原则。振冲法地基处理是隐蔽工程，事前控制尤其重要。振冲法施工的事前控制应注意以下内容。

1) 仔细阅读工程地质勘察报告，详细了解施工场地地质情况，对有地质情况变化的位置应做到心中有数。

2) 根据设计要求，在正式大面积施工前应认真做好试验性成桩，并进行自检，根据自检的结果调整施工参数（如电流、水压等）。

3) 做好设计交底（图纸会审）。设计交底前项目部应仔细阅读设计文件，设计交底过程中项目部应提出设计文件中不清楚的或可能存在的问题，同各参建单位进行沟通，最终使各参建单位对设计意图、结构特点、设计指标、设计参数、施工要求、技术措施达成统一的认识，最大限度地避免施工中出现失误。

4) 开好第一次工地会议。第一次工地会议是检查各参建单位的准备工作，并确定正式施工后的相关工作程序，主要包括：①说明工程质量验收程序，有关表样，明确报表时间；②明确现场工程例会、专题会议等召开时间、地点、出席人员；③明确各单位各个人员职责分工。

5) 施工组织设计未经总监审批，不准开工。施工组织设计编制过程中应注意的事项包括：①总体布置是否合理；②技术措施是否得当；③施工程序安排是否合理；④主要项目的施工方法是否可行。

6) 项目部应做好质量控制计划，确定质量控制的要素并落实到个人。

7) 施工前应向作业班组做好技术交底工作，对施工要求、施工参数、作业流程等进行详细的说明及解读。

8) 严格执行进场材料报验制度。原材料进场验收及复试必须合格，不合格材料不得使用。

9) 进场设备［如振冲器、电（液）控系统等］必须经过检验，不符合的设备不得使用，立即退场。

10）前道工序未经监理验收，后道工序不准施工。前道工序经监理验收，就是对后道工序的事先控制。

（2）事中控制。事中控制是指施工过程中的质量控制。振冲法施工过程中具体应做到以下几点。

1）项目部施工过程中，应针对“人、机、料、法、环”5个因素影响振冲施工质量的方面进行质量控制。

“人”：相应工种持证上岗，合理安排施工作业班组的工作时间，不得疲劳作业。

“机”：应对振冲器空载电流、空载油压、电（液）控系统的精确性、稳定性进行检查。

“料”：应按批对材料进行检测，同时，对于填料量应进行监控，对填料量异常的情况应分析原因并采取针对性措施。

“法”：施工过程中，应监控施工方案、工艺流程、组织措施等是否合理，如不合理，应及时调整。

“环”：施工过程中，应监控环境的变化，及时做出调整。如在海上施工，应监控海浪的变化，台风的预报。施工过程中，对地质条件发生变化的情况应及时反馈，如有必要，应通过设计变更，调整设计参数。

2）进行质量跟踪检测控制。振冲法施工过程中应按规范要求进行自检，对不合格的情况应采取补救措施。

3）在建筑工程项目施工过程中，对于重要的工程变更或者图纸修改，项目部必须组织有关人员进行研究、分析、讨论、确认后予以实施。

4）严格检查验收程序。振冲法施工在自检合格后，向监理工程师提交质量验收通知单，监理工程师在收到通知后，在合同规定的时间内检查其工序质量，在确认其质量合格后，签发质量验收单，此时方可进入下道工序。

5）及时处理已经发生的质量问题和质量事故，保证工程项目的施工质量。

（3）事后控制。工程质量的事后控制，是指根据当期施工结果与计划目标的分析比较，提出控制措施，在下一轮施工活动中实施控制的方式。它是利用反馈信息实施控制，控制的重点是今后的生产活动。其控制思想是总结过去的经验与教训，把今后的工作做得更好。

1）工程质量的事后控制要点是：①以计划执行后的信息为主要依据。②要有完整的统计资料。③要分析内外部环境的干扰情况。④计划执行情况分析要客观，控制措施要可行，确保下一轮计划执行的质量，事后控制的重点是确保每个产品合格，并把不合格产品及时反馈给设计单位和施工单位进行设计变更或返工、整改。

2）严格按单元评定、分项、分部（子分部）工程进行质量验收，并进行质量评价，对于工程质量存在的问题提出整改意见，直至整改合格于以验收。

3）技术事故的事后控制包括查明原因，及时上报设计院、专家会诊，提出整改方案并予实施整改。

振冲工程事后控制一般有：复打、补桩、桩顶部碾压以及采用其他方式弥补施工缺陷。

#### 6.1.2.2 施工质量过程控制

##### 6.1.2.2.1 一般性质量控制要求

（1）设备与仪器仪表。

1）测量仪器。振冲法施工所常用的测量仪器为全站仪、经纬仪、水准仪、钢尺等，在施工前必须对测量仪器进行检查和验收，制定专项的检查规定，常规做法如下。

A. 检测仪器设备的验收，由质检负责人组织进行，同时组织其安装、调试和检定工作。

B. 检测仪器设备由专人负责保管，使用和日常保养，定期进行检定工作。

C. 仪器设备的使用必须严格遵守操作规程。严禁超负荷、超范围和“带病”工作。使用中如有异常情况，应立即停机检查，查明原因，及时处理，待恢复正常，并经检验后，方可继续使用。

D. 仪器设备每季度进行一次保养。

E. 仪器设备要按期请计量部门进行计量检定。当精度达不到规定时，应按检定结果降级使用，并更换标志。

F. 当仪器设备的计量精度经检定达不到最低精度标准，且无法修复时，由质检部负责人提出报废申请，上报批准报废。

G. 仪器设备由各项目试验组统一管理，每台仪器均应有使用说明、操作规程和检验校准时间、记录及保管人，建立仪器设备档案。

H. 新购的仪器设备必须进行全面检查，合格方可使用，能正常使用的各种仪器应定期检查，所有检查都应做好记录。

I. 仪器设备调试、校准记录应由技术负责人负责记录。在使用中自检情况和故障情况应有测试人员做好记录。

J. 检验设备、计量仪表使用时要做到用前检查，用后清洁干净。

K. 检测人员必须自觉爱护仪器设备，保持仪器设备整洁、润滑、安全、正常的使用状态。

2）振冲器。振冲法施工前要对振冲器进行检查，以避免施工时造成事故，检查项目及内容如下。

A. 查看振冲器外观，测量振冲器尺寸。

B. 通电测试振冲器的正反转，确保振冲器处于正转情况下使用。

C. 检查振动频率。以振冲器振密松散土体时，振冲器将迫使周围土粒振动，产生相对位移而密实。当土粒的振动与强迫振动处在共振状态时振密效果最佳。

D. 振幅。振冲器的振幅在一定范围内可压密土体，在相同的振动时间内，振幅大沉降量亦大，加密效果好。

E. 振冲器与电机匹配。振冲器与电机的匹配也是一个很值得注意的问题。匹配恰当，振冲器使用效果好，适用性强。

F. 振冲器的空载电流。振冲器的空载电流直接影响振冲器的加密效果，因此，在使用前应进行检测。

3）自动控制系统。自动控制系统为振冲施工控制的“中枢”，既担负振冲施工的供电，还具有控制施工质量的功能，在施工前必须对自动控制系统进行检查。

A. 电控箱。电控箱由进户电源、继电器、各种按钮、磁力启动器以及指示灯等主要部件组成。电流继电器为控制造孔、加固作业的电流的设施。当电流达到规定的电流值时，即自动发出信号，表示达到要求。时间继电器是控制留振时间的设施。在振动过程中，当时间继电器发出信号，表示该段振冲已满足要求时，为确保施工段的振冲质量，仍需留振一定时间。因此，应定期对电控箱进行精度、灵敏度、耐用性检查。

B. 启动柜。启动柜是为克服振冲器启动时电压过高，而采用自耦变压器进行振冲器降压启动。因此，应在正式施工前对启动柜进行试启动，避免进行强行启动。

C. 保护装置。主要为过载保护、短路保护、欠压保护以及漏电保护等装置，应定期对保护装置的有效性进行检查。

4）水泵。由于振冲施工需要大量的水冲，而且水压较高，故振冲施工中一般采用二级供水系统。一级为自水源至施工用水箱；二级为由水箱至振冲器。一级供水采用潜水泵；二级供水采用高压清水泵。施工中要求供水泵供水量为 15～25$m^3$/h，潜水泵的扬程根据水源距离远近选择，清水泵的出口水压要求 400～1000kPa，供水压力的调节采用人工控制回水大小来实现。在施工中需对水泵做如下检查。

A. 开机前应做必要的检查。水泵转向是否正确；转动联轴是否灵活、平稳；泵内有无杂物；轴承运转是否正常；皮带松紧是否合适；检查所有螺丝是否坚固；检查机组周围有无妨碍运转的杂物；检查吸水管淹没深度是否足够；有出水阀门的要关闭，以减少启动负荷，并注意启动后应及时打开阀门。

B. 运行中的检查。开机后，应检查各种仪表是否工作正常、稳定，电流不应超过额定值；压力表指针是否在设计范围；检查水泵出水量是否正常，检查机组各部分是否漏水。

C. 停机和停机后的注意事项。停机前应先关闭出水阀门再停机，以防发生水倒流，损害机件；每次停机后，应及时擦净泵体及管路的油渍，保持机组外表清洁，及时发现隐患；冬季停机后，应立即将水放净，以防冻裂泵体及内部零件；在使用季节结束后，要进行必要的维护。

5）空压机。由于振冲桩施工在遇到特殊地层时，可采用水气联动的方式进行施工，即主水道由一台多级清水泵供水，两支旁通水气联动管由两台空压机和一台多级清水泵通过专门的分水盘实现，通过在振冲器底部的大水气量和相对较高的风压，有利于提高振冲器的穿透能力和造孔能力，空压机可根据地层情况选用，一般采用风量为 12～25$m^3$/min，风压为 8～17kg/ $m^2$的设备。空压机主要检查内容如下。

A. 应按设备维护保养说明，每日检查油位是否正常、显示屏读数是否正常、加载中是否有冷凝液排出、空气过滤器保养指示器是否正常、软管和所有管接头是否有泄漏情况等。

B. 应定时检查的项目包括空气过滤器滤芯、进气阀密封件、压缩机润滑油、安全阀等。

C. 每月保养事项包括检查油冷却器表面，必要时予以清洗；清洗冷却器；清洗水分离器；检查所有电线连接情况并予以紧固；检查交流接触器触头；清洁电机吸风口表面和壳体表面的灰尘；检查回油系统。

6）导管标尺。振冲器的导管长度及标示也是振冲桩施工的一个质量要素，在振冲施工前，先检查导管的垂直度，并对导管的长度进行丈量，导管长度必须满足设计桩长所要求，并对导管进行标尺，常规做法即在导管上按每50cm的刻度焊接一个钢圈，并在每1m的刻度处表明此处的长度（如5m、6m、7m）。

（2）桩位控制。

1）桩位放样控制。

A. 振冲桩在施工前应该按照设计图纸计算振冲桩施工区域的主控制点坐标和桩位坐标，计算过程必须通过2～3人进行复核，保证桩位的理论坐标没有计算错误。

B. 按照计算核对好的理论坐标进行测量放样，由专业测量人员进行操作，并提请监理工程师进行复核，测量误差应该满足相关规范要求。

2）施工时桩位偏差控制。首先在造孔时要控制孔位偏移。造孔过程中发生孔位偏移原因及纠正方法如下。

A. 由于土质不均匀，造孔时向土质软的一侧偏移。纠正方法可使振冲器向硬土一边开始造孔，偏移量的多少在现场施工中确定，也可在软土一侧倒入填料阻止桩位偏移。

B. 振冲器导管上端横拉杆拉绳方向或松紧程度不合适造成振冲器偏移。纠正方法为调整拉绳方向和松紧程度。

C. 导管弯曲或减振器变形导致振冲器与减振器、导管不在同一垂直线上。纠正方法为调直导管，修理减振器或更换导管和减振器。

D. 施工从一侧填料挤压振冲器导致桩位偏移。纠正方法为改变填料方向从孔的四周均匀加入填料。

E. 当制桩结束发现桩位偏移超过规范或设计要求时，应找准桩位重新造孔，加密成桩。

（3）造孔控制。

1）造孔过程中应控制好吊机卷扬的下放速度，不易过快，一般以0.5～2m/min为宜，并始终保持振冲器处于悬挂状态，以免造成斜孔。

2）造孔过程中若遇到电流值超过电机的额定电流的情况时，应暂停振冲器的下沉，或减速下沉，或上提一段距离，借助高压水冲松土层后再继续下沉造孔。

3）当造孔达到设计深度时，上提振冲器。造孔过程中应及时记录各深度的水压、造孔电流等的变化以及相应的时间，以定性的掌握地基土层的变化情况。

4）造孔时应控制垂直度，特别注意减振器部位的垂直度。

（4）填料质量控制。

1）材料要求。填料材料质量应符合相关规定要求，一般要求桩体骨料含泥量应不大于5%，填料为有一定级配的碎石、砾石、矿渣或其他无腐蚀性、无环境污染的硬质材料。当设计有特殊要求时，填料质量应符合设计要求。

2）检测项目。

A. 含泥量检测，常规要求含泥量不大于5%。

B. 筛分检测，检测材料是否满足设计粒径要求。

C. 石料强度检测，填料为无污染、性能稳定的碎石、卵石、砾石、砾（粗）砂、矿渣，或其他无腐蚀性的硬质材料，应满足强度要求。

**6.1.2.2.2** 振冲施工质量控制关键点和要求

（1）振冲桩孔口填料质量控制。

1）加密。

A. 加密电流与留振时间控制。加密电流与留振时间是控制振冲桩桩体密实度的主要因素。

振冲器在加密过程中，一旦桩周围的约束力与振冲器的激振力相等，桩径就不再扩大。此时振冲器电机的电流值迅速增大，当电流达到规定值时，控制系统则及时发出信号。这时桩仍继续加密，当达到留振时间，时间继电器又自动发出信号，标志该段次的加密过程完成。应注意切不能将振冲器刚接触填料的瞬时电流作为加密电流。瞬时电流有时远高于规定的加密电流值，但只要振冲器停止下降，电流值即刻减小。瞬时电流实质上并不反映填料的密实度，只有当振冲器于固定深度处振动一定时间（即规定的留振时间），而电流稳定在某一数值时，该稳定电流值方为填料时的加密电流。

B. 加密段控制。加密段长度不宜过长，通常每一加密段取 0.3～0.5m。过长的加密段，填料过多，难以保证各处都能达到振冲密实的效果，易产生漏振部分，达不到要求的密实度。

C. 填料量控制。填料量达到一定的数量方能保证设计所需的置换率，满足设计要求。为了能顺利的填入振密，填料不宜过猛，每批不宜加填太多，应采取“少吃多餐”的原则。要记录每次装载机铲斗装料量及散落在孔外的数量。填料量由专职记录员进行记录，确保填料量计量准确，保证每根桩的填料量符合设计要求。要核对进入施工场地的填料的总量和填入孔内填料的总量，发现偏差，应检查施工记录并妥善处理。

2）施工记录。现场记录员必须认真，仔细进行记录，详细记录振冲施工过程中的技术参数，保证施工记录的准确、及时、有效。每施工完成一根桩均由记录员在图纸中标记，在施工现场由质检员每天进行抽检核对桩位，根据施工记录将施工完的桩位填到图纸上，检验校核桩位。将施工记录进行统计汇总，确保不出现漏桩现象。

3）施工过程自检。在施工过程中对振冲桩密实度和桩间土加密效果进行跟踪检测，以便及时发现问题和质量缺陷，采取改进措施。

A. 检查桩体密实度宜用重型动力触探，以每次贯入 10cm 深度的锤击数确定。锤击数应通过现场原位试验确定。

B. 桩间土加密效果检测。可以采用轻便触探、标贯试验、重型动力触探、静力触探等。

（2）振冲桩底部出料质量控制。

1）加密。

A. 造孔至设计深度后，振冲器提升 0.5～1m（取决于周围的土质条件），匀速提升，提升速度不大于 1.5m/min。石料在下料管内风压和振冲器端部的离心力作用下贯入孔内，填充提升振冲器所形成的空腔内。

B. 振冲器再次反插加密，加密长度为 300～500mm，形成密实的该段桩体。

C. 在振冲器加密期间，需维持相对稳定的气压 0.1～0.5MPa，保持振冲器四周土体的稳定性并确保石料通过振冲器的环形空隙达到要求的深度。

2）采用特殊仪器设备进行质量控制。底部出料振冲桩质量控制主要通过自动监控量测系统的实时监控和全过程的记录，对每根振冲桩施工过程及质量进行全过程监控。因此，应定期对监控仪器仪表进行检定。

自动监控量测系统主要由自动记录仪、传感器采集装置两个部分组成。其中自动记录仪为操作界面、基本数据输入和数据采集终端及存储系统；传感器采集装置包括深度采集装置、垂直度采集装置、电流采集装置、气压采集装置、石料控制系统（上料量采集装置和出料量控制装置）等。

A. 自动记录仪。振冲器自动记录仪主要有采集深度数据、振冲器工作电流、垂直度、气压、上料量出料量等数据，记录振冲器工作状态、参数调整、实时数据监测和浏览、数据保存等功能。一方面，施工人员进行操作提供依据；另一方面，将原来手工记录改为自动记录，提高了工作效率，也保证了数据的准确性和真实性；再一方面，通过 USB 数据保存可以为进一步分析地层结构提供准确和实时的数据。自动记录仪显示界面见图 6－2。

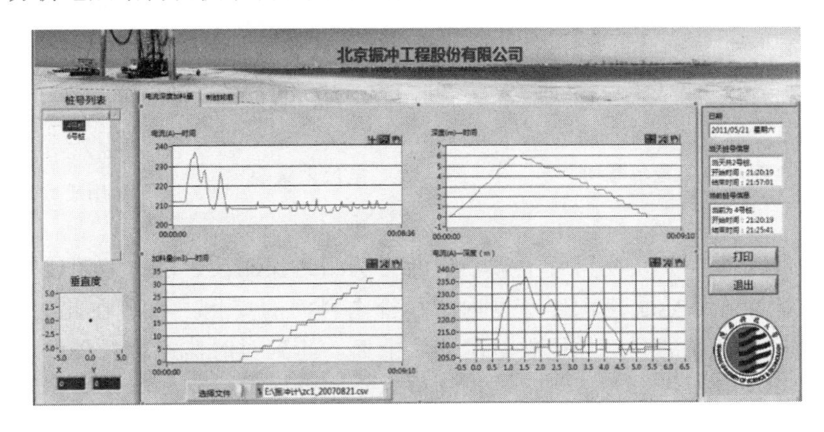


图 6－2　自动记录仪显示界面图

B. 深度采集装置（见图 6－3）。深度采集装置包括机械结构、光电编码器、无线测深模块、天线和电池构成，电池为锂电池，可充电，电压范围为 6.4～8.5V，充满情况下，可持续工作 100 个小时。将电源开关打开以后，系统自动采集钢丝绳走过的距离，采集误差不大于 0.5%。

图 6－3　深度采集装置

C. 垂直度采集装置（见图 6－4）。垂直度采集装置通过安装在振冲器上端的双轴倾角传感器测量振冲器的垂直度。传感器的信号是通过信号线传输到自动记录仪，并且直观地显示并记录实时的振冲器的倾斜的角度。

D. 电流采集装置（见图 6－5）。电流采集装置由霍尔传感器、信号采集电路板、无线模块、天线和电源构成。电流采集装置的供电采用电控箱中的交流220V电源供电。当自动记录仪打开之后，电流采集装置每隔一定时间向自动记录仪发送一次采集到的电流。在自动记录仪上面实时显示振冲器的电流数值，并且通过自动记录仪的处理，实时显示对应深度的电流值。

E. 石料控制系统。石料控制系统包括上料采集装置和出料控制装置两个部分。上料采集装置是安装在上料料斗钢丝绳上的重量传感器（见图6-6），精确测量并且自动记录每一斗石料的重量，并将其换算成体积以确保在转换仓容积准许的误差范围内。每一次的上料重量都在自动记录仪实时显示。

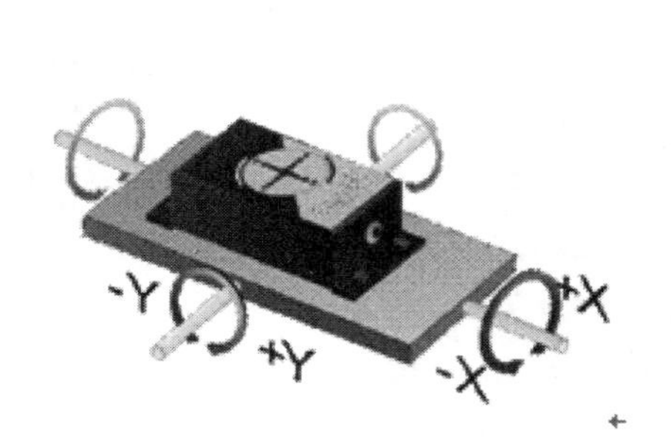

图6-4　垂直度采集装置示意图

图6-5　电流采集装置

图6-6　拉力传感器
（用于称重石料设备）

出料控制装置包含安装在料管上端中间的雷达测距探测仪、供电电源线和信号线。通过雷达测距仪测量在一定加密深度范围内的料管内料面的变化，确定在此深度的填料量，并且反应在自动记录仪的深度和填料量的曲线上面，达到时时监控填料量的目的。确定实际成桩直径，并且对比设计成桩直径，以确保不小于设计桩径95%。

（3）振冲挤密质量控制。对于不外加填料的中、粗砂振冲挤密工程，多以加密电流作为质量控制的重要指标，一般选用75kW以上较大功率振冲器为宜。造孔下沉过程应保持连续直至设计深度，密实电流达到规定时，上提0.5m，逐段振密至孔口。

对于细砂、粉砂等土层采用无填料振冲挤密法时，多以留振时间作为质量控制的主要指标，一般选用75kW以下功率振冲器为宜。造孔过程下沉速度不宜超过6.0m/min。针对粉、细砂类土无填料难以振冲密实的基本原理，相应可以采用如下的技术措施。

1）将施工场地划分为若干小区，于振冲施工前根据各小区表层砂土的含水率，提前2～3h对含水率偏低的小区进行灌水，使表层砂土充分饱和以消除其毛细压力，使其在振冲过程中冲孔周围砂土能塌入孔内，起到填料的作用。

2）选用适当功率的振冲器（如75kW振冲器）进行振冲，以缩小振冲点侧的流态区，扩大振冲密实区，提高振冲密实的范围。

3）对于粉砂、细砂土层，应慢速下沉和上提振冲器，适当加长留振时间，在某些段反复振冲数次等措施解决由于砂粒越细越易在振冲下产生较大的流态区，从而使振冲密实效果变差的问题。

4）最后在上拔振冲器的过程中就地用人工或机械往振冲孔内填砂密实，保证不形成孔洞。

5）可以采用两头或三头振冲器同时施工，达到多点共振的效果，在经济上、施工速度和施工质量上都有较明显的优势。

**6.1.2.2.3** 特殊条件下的施工质量控制措施

（1）雨季汛期施工质量控制措施。

1）严格按防汛要求设置连续、畅通的排水设施和应急物资，如水泵及相关的器材、塑料布、油毡等材料。场内雨季施工采用泥浆泵排水，在施工区域内挖设30cm×30cm排水沟，并设集水坑。场地内雨水通过排水沟排至集水坑，然后用泥浆泵抽至泥浆中转池排出。

2）各类排水设施应及时维修和清理，保持其完整状态，临时排水设施应尽量与永久设施结合起来。

3）雨天不进行电焊工作，如确实需要，应在室内进行。

4）在雨天进行施工的工作班组人员需配备雨具等劳保用品，如遇中到大雨，应停止施工。

5）施工过程中应随时检查电路情况，如遇中到大雨，不能进行施工时，应切断施工电源。

6）施工中如遇六级以上大风不进行施工。

7）雨季施工时，为了保证文明施工，应在现场设排水沟、集水井。

8）在施工区域外设梯形挡水围堰，防止外部的积水流入施工作业区；在施工区主要道路四周挖断面集水沟和集水坑，然后用泥浆泵抽排至场外，避免施工区积水。

（2）冬季施工质量控制措施。

1）机械设备施工顺序、施工临时设施排放应仔细研究，合理有序，互不影响，严禁现场管道泄漏，保持现场整洁干净。

2）施工人员加强防寒措施，冬季施工的劳保用品按时发放。

3）施工车辆（履带吊、装载机等）及各种设备加强维护保养并采取防寒措施。

4）办公区、施工营地经常性的进行防火安全检查，不准生火取暖。注意防冻检查，避免水管冻结。

5）根据当地冬季多年最低气温的统计，为施工机械配备相应的油料。

6）对加水、加油润滑部件勤检查、勤更换，防止冻裂设备。严格执行定机定人制度，机械保管人员要坚守岗位，看管好设备，并作好相应的记录。

7）泥浆坑防冻，在泥浆坑内安装两台泥浆泵进行泥浆循环，安排专人检查，根据天气温度，定时搅动，防止泥浆沉淀及结冰。泥浆管线防冻，在结束向孔内供应和向泥浆坑回浆后，必须将泥浆管中的泥浆排净，防止夜间冻结。

8）水管线路防冻。水源接口在地下2m，在接好水管后用棉被覆盖，覆盖厚度必须大于20cm，在结束供水后，必须将水管中的水排净，防止夜间冻结。

（3）夜间施工质量控制措施。

1）振冲桩施工为连续作业，为满足施工需求，管理人员及各施工作业人员分为白班、夜班两班进行施工。

2）夜间作业人员应有适当的休息时间，并提供夜餐，减轻夜间作业人员的劳动强度。

3）夜间机械作业时，必须保证各个机械作业的安全距离，作业过程中应派专人监护，避免人员交叉流动造成伤亡事件。

4）机械的照明设备应完好，保证足够的照明度，如夜间作业时遇机械损坏，为保证人身安全，必须等到白天进行维修。

5）夜间施工用电设备必须有专人看护，确保用电设备及人员安全。

6）夜间气候恶劣（大风、大雨、大雾）的情况下严禁施工作业。

7）根据危险源分析与辨识，对施工现场进行点对点分析及预防，建立和健全应急预案的救援应急措施。

8）必须保证夜间施工期间的照明。

9）建立夜班值班制度，配备足够的物资，确保夜间施工顺利进行。

10）保证各施工工序的衔接，节省施工过程中的搭接时间。严格落实各项检查制度，确保各项技术质量指标准确无误，符合设计及规范要求。

11）测量施工时，白班尽量为夜班施工提前安排测量好，交班并进行逐个移交，尽量避免夜间进行测量施工；必须在夜间测量时，必须保证足够的照明。

（4）水上施工质量控制措施。

1）在通航江、河、海上施工的安全管理工作应符合国家有关海上交通安全法，内河交通安全管理条例以及水上、水下施工作业通航安全管理规定，开工前应向当地港航监督部门报告、申请，并获得水上、水下作业许可证。

2）施工所使用地的船只应经船检部门的检查合格，颁发合格证书，并进行注册登记后方可使用。

3）施工期间按规定应设置临时码头、航行作业标志、防撞装置及救护、消防等设施。

4）船只应设专人管理和调度，由具备准驾证件的专人驾驶。船只航行前，应检查各部位机械与设施是否良好，严禁“带病”作业。

5）应及时了解和掌握当地气象和水文情况，遇有大风天气应检查和加固船只的锚缆等设施。遇有雨、雪、雾天，视线不清时，船只应显示规定信号，必要时应停止航行或作业。

6）定位船及作业船锚碇后，应在涉及航域范围内设置警示标志。抛锚时，锚链滚滑附近不得站人。

7）船只靠岸后（或在两船间倒运货物时）应搭设牢固的跳板，跳板两侧加设护栏、扶手或安全网，经踏试稳固牢靠，人员方可上下或装卸货物。

8）装船时严禁超载、偏载，必要时应加配重，调整平衡。卸船时，应分层均匀卸货。

9）抛锚、就位应保持船体平稳。如用两船体连接时，必须连接牢固，稳定可靠，牵引或旁拖拉（带）作业船时，严禁超载，牵引（或拖带）用的钢丝绳必须连接牢固。

10）交通船必须符合客运船只的标准要求，并按事先规定的固定线路行驶，按固定的载人数量渡运，严禁超员强渡。

## 6.2 施工检测

### 6.2.1 检测的目的

振冲复合地基能否满足建筑设计对地基的要求，振冲桩的功能与复合地基的各种功能是否能充分地发挥，是与振冲桩的设计、施工及土层情况等因素直接相关的。由于振冲复合地基是隐蔽工程，除过程中的质量控制外，对于振冲桩复合地基的处理效果，只能在施工完成后进行必要的检测，根据对检测数据整理、分析，才能做出切合实际的、具体的评价。

### 6.2.2 检测的内容

振冲复合地基的检测与评价分两方面。一是施工质量的检测与评价，主要是检测、评价振冲桩的质量好坏，如桩数、桩位偏差、桩径、桩体密实度等是否满足设计要求。若不满足要求，则需研究应采取的补救措施；二是振冲复合地基的功效检验与评价，验证其能否满足设计单位提出的各项功能指标，如复合地基的承载力、沉降量、沉降差、固结度、抗剪强度指标及抵抗地震液化的能力等。一般对于地基土质条件比较简单的中小型复合地基工程，根据具体要求也可不进行复合地基的功效检验，但施工质量检测和评价则不可减免，是必须进行的。施工质量常用的检测方法有单桩载荷试验和桩体动力触探试验。而振冲桩复合地基的功效检验方法，则有单桩复合地基载荷试验、多桩复合地基大型载荷试验，桩间土的载荷试验、标准贯入试验、静力触探试验等。

在振冲施工过程中，地基土产生了较大超静孔隙水压力和土体的扰动，土中的超静孔隙水压力的消散、扰动土工程性能的稳定都需要一定的时间，为使检测能反映地基土的真实工程性能，应在超静孔隙水压力消散后进行检测，故振冲施工结束后，除砂土地基外，均需间隔一段时间再进行检测，一般对于粉质黏土地基需 28 天，对粉土地基可取 21 天，也可根据施工前后的孔隙水压力检测情况确定检测时间。

如果现场检测方法不能准确反映地基土的加固效果，可结合室内土工试验等辅助方法确定土的物理力学性质后综合判定检测效果，对现场的检测结果进行验证。如采用标准贯入试验判定粉土的液化指数时，需根据室内颗粒分析试验确定黏粒含量后进行液化判别。

### 6.2.3 主要检测方法

#### 6.2.3.1 载荷试验

振冲施工结束后对加固后的复合地基和桩体进行载荷试验，确定处理后的承载力特征值，可验证地基土、桩体的承载力是否满足设计要求。对无填料振冲挤密载荷试验可判定处理后的地基承载力特征值，对振冲桩可判定复合地基承载力特征值和桩体、桩间土承载力特征值以及复合地基变形模量。

##### 6.2.3.1.1 试验原理

载荷试验项目包括平板载荷试验和螺旋板载荷试验，它是在一定面积的承压板上向地基土和桩体逐级施加荷载，观测地基土和桩体的承受压力和变形的原位试验，可用于评价处理后的复合地基及桩体的承载力，也可用于计算复合地基的变形模量。

**6.2.3.1.2** 适用范围

平板载荷试验适用于振冲桩单桩承载力、单桩复合地基承载力的检验。它所反映的相当于承压板下1.5～2.0倍承压板直径（或宽度）的深度范围内地基土的强度、变形的综合性状。

螺旋板载荷试验适用于振冲复合地基深层桩间土的承载力检验。

**6.2.3.1.3** 设备仪器

（1）平板载荷试验。

1）承压板。载荷试验的承压板应为刚性，单桩载荷试验的承压板为与振冲桩直径相等的圆形；单桩复合地基载荷试验的承压板可采用圆形和方形，面积为一根桩承担的控制面积；多桩复合地基载荷试验的承压板可用方形或矩形，其尺寸按实际桩数所承担的处理面积确定。载荷作用点的中心应与承压板的中心保持一致。

2）加荷装置。包括压力源、载荷台架或反力构架。

A. 压力源：可用液压装置或重物，其出力误差不得大于全量程的1%。安全过负荷率应大于120%。

B. 载荷台架或反力构架：必须牢固稳定、安全可靠，其承受能力不小于试验最大荷载的1.5～2.0倍。

3）沉降观测装置。其组合必须牢固稳定、调节方便。位移仪表可采用大量程百分表或位移传感器等，相应的分度值为0.01mm。

（2）螺旋板载荷试验。螺旋承压板加荷装置位移观测装置组成见图6-7。

1）螺旋承压板。螺旋板尺寸参数及测力传感器的最大允许压力宜采用《岩土工程仪器基本参数及通用技术条件》(GB/T 15406)标准的规定。

2）加荷装置。包括压力源和反力构架。

A. 压力源：可用液压装置或重物，其出力误差不得大于全量程的1%。安全过负荷率应大于120%。

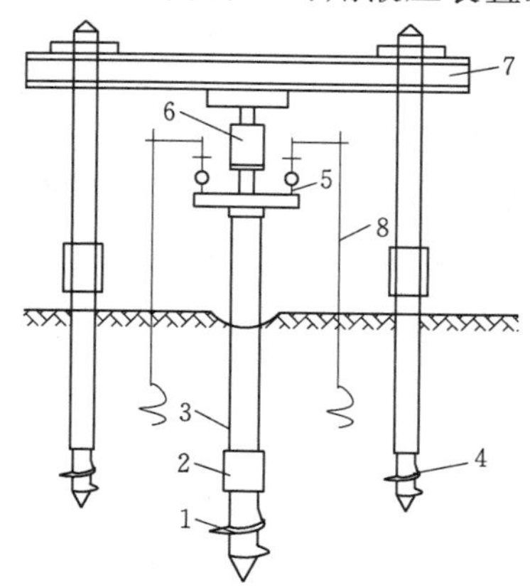


图6-7 螺旋承压板加荷装置位移观测装置组成图

1—螺旋承载板；2—测力传感器；3—传力杆；4—反力地锚；5—位移计；6—油压千斤顶；7—反力钢梁；8—位移固定锚

B. 反力构架：必须牢固稳定、安全可靠，其承受能力不小于试验最大荷载的1.5～2.0倍。

3）位移观测装置。其组合必须牢固稳定、调节方便。位移仪表可采用大量程百分表或位移传感器等，相应的分度值为0.01mm。

**6.2.3.1.4** 设备仪器安装

（1）平板载荷试验。

1）操作步骤。在有代表性的地点，整平场地，开挖试坑。承压板底面高程应与复合地基设计高程相适应，试坑底面宽度不小于承压板直径（或宽度）的3倍。在开挖试坑及安装设备中，应将坑内地下水位降至坑底以下，并防止因降低地下水位而可能产生破坏土体的现象。试验前应在试坑边取原状土样2个，以测定土的含水率和密度。

2）设备安装可参照图 6-8 和图 6-9 的形式，其次序与要求如下。

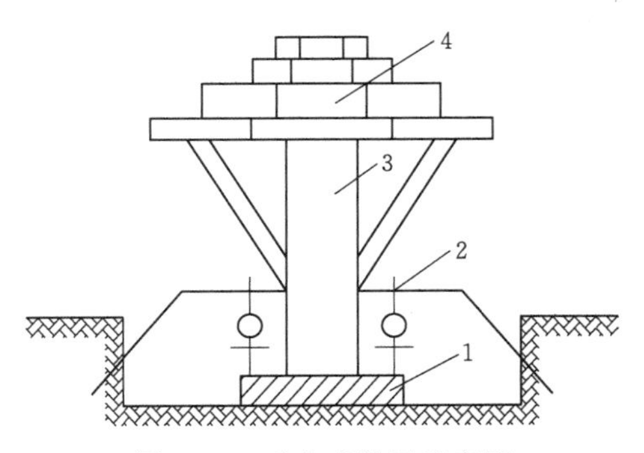


图 6-8　重物式装置示意图

1—承压板；2—沉降观测装置；
3—荷载台架；4—重物

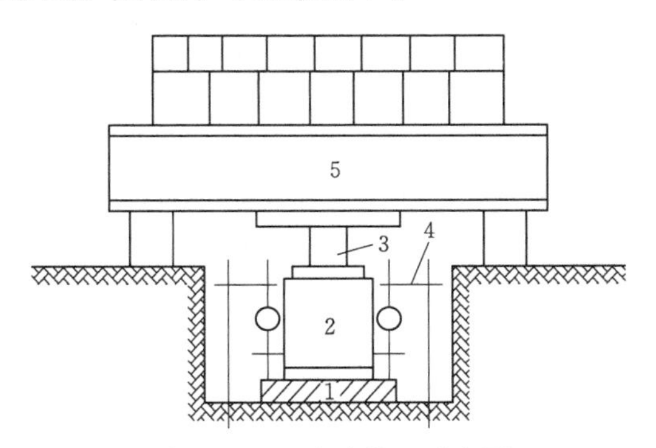


图 6-9　反力式装置示意图

1—承压板；2—加荷千斤顶；3—荷重传感器；
4—沉降观测装置；5—反力装置

A. 安装承压板。安装承压板前应整平试坑面，承压板底面高程应与复合地基设计高程相适应，承压板下宜铺设满足设计要求的垫层，垫层上宜设中砂和粗砂找平层，并用水平尺找平，承压板与试验面平整接触。

B. 安放载荷台架或加荷千斤顶反力构架，其中心应与承压板中心一致。当调整反力构架时，应避免对承压板施加压力。

C. 安装沉降观测装置。其固定点应设在不受变形影响的位置处。沉降观测点应对称设置。

（2）螺旋板载荷试验。操作步骤：将试验场地平整，设置反力装置及位移计的固定地锚；选择适宜尺寸的螺旋承压板旋钻至预定深度。旋钻时应控制每旋转一周钻进一螺距，尽可能减小对土体的扰动程度；安装加荷千斤顶，其中心应与螺旋承压板中心一致；安装位移计，并调整零点。

**6.2.3.1.5**　现场检测

（1）平板载荷试验。

1）试验点应避免冰冻、曝晒、雨淋，必要时设置工作棚。

2）荷载一般按等量分级施加，并保持静力条件和沿承压板中心传递。加载可分 8～12 级，最大加载压力不宜小于设计要求压力值的 2 倍。

3）稳定标准：一般采用相对稳定法，即每施加一级荷载，待沉降速率达到相对稳定后再加下一级荷载。

4）应按时、准确观测沉降量。每级荷载下观测沉降的时间间隔一般采用下列标准。

自加荷开始，按 10min、10min、10min、15min、15min，以后每隔 30～60min 观测 1 次，直至 1h 的沉降量不大于 0.1mm 为止。

5）试验一般宜进行至试验土层达到破坏阶段终止。当出现下列情况之一时，即可终止试验。

A. 沉降量急剧增大，土被挤出或承压板周围出现明显隆起。

B. 承压板的累计沉降量已大于其宽度或直径的 6%。

C. 当未达到极限荷载而最大加载压力已大于设计要求压力值的 2 倍。

6）当需要卸载观测回弹时，每级卸载量可为加载增量的 2 倍，历时 1h，每隔 15min 观测 1 次。荷载安全卸除后继续观测 3h。

（2）螺旋板载荷试验。

1）按下列方式进行加荷。

A. 采用应力控制式时，按等量分级施加，荷载增量分级施加，并保持静力条件和沿承压板中心传递。每级荷载增量一般取预估试验土层极限压力的 1/10～1/8。每级荷载确保稳压。

B. 采用应变控制式时，应连续加荷，控制沉降速度为 0.25～2.0mm/min。

2）按上述规定加荷时，应进行沉降观测。应力控制式加荷沉降观测宜在 0.10min、0.25min、1.00min、2.25min、4.00min 等时刻读取沉降量，直至沉降基本稳定，再加下一级荷载，该时间顺序用于绘制$\sqrt{t}-S$ 曲线；应变控制式加荷沉降观测每隔 30s 等间距读取 1 次，试验至土体破坏。

3）土体破坏后，卸除加载和位移观测装置，再将螺旋承压板旋钻至下一个预定的试验深度，然后安装加荷千斤顶，其中心应与螺旋承压板中心一致。安装位移计，并调整零点。现场监测按照上述规定进行。

**6.2.3.1.6** 数据分析

（1）平板载荷试验。

1）对原始数据检查、校对后，整理出荷载（$P$）与沉降值（$S$）、时间与沉降值汇总表。

2）绘制 $P-S$ 曲线其比例尺一般按最终荷载与所对应的最大沉降量在图幅上之比以 0.9∶1.0～1.0∶1.2 为宜。$P$ 坐标单位为 kPa，$S$ 坐标单位为 mm。$P-S$ 曲线见图 6-10。

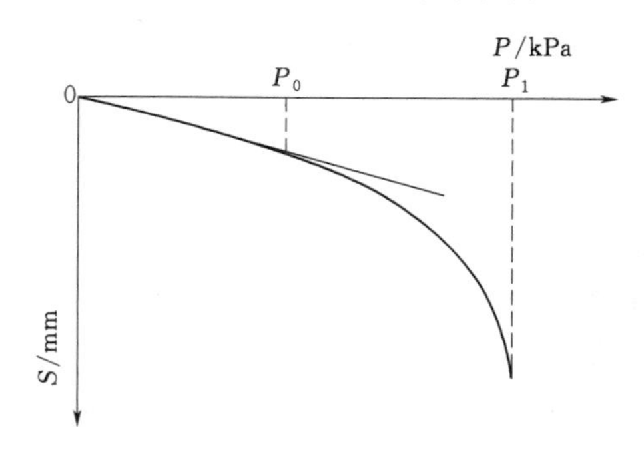

图 6-10　$P-S$ 曲线图

3）特征值的确定。

A. 当曲线具有明显直线段及转折点时，一般以转折点所对应的压力值定为临塑荷载值（比例界限值）。

B. 当出现下列情况之一时，可按下列情况确定荷载值。

a. 沉降量急剧增大，土被挤出或承压板周围出现明显隆起。

b. 承压板的累计沉降量已大于其宽度或直径的 6%。

c. 当未达到极限荷载而最大加载压力已大于设计要求压力值的 2 倍。

4）按式（6-1）、式（6-2）计算变形模量：

承压板为圆形：
$$E_0=0.79(1-\mu^2)d\frac{P}{S} \tag{6-1}$$

承压板为方形：
$$E_0=0.89(1-\mu^2)a\frac{P}{S} \tag{6-2}$$

式中　$E_0$——试验土层的变形模量，kPa；

$P$——施加的压力，kPa；

$S$——对应于施加压力的沉降量，cm；

$d$——承压板的直径，cm；

$a$——承压板的边长，cm；

$\mu$——泊松比。

（2）螺旋板载荷试验。

1）对原始数据检查、校对后，整理出荷载与沉降值、时间与沉降值汇总表。

2）绘制 $P-S$ 曲线，其比例尺一般按最终荷载与所对应的最大沉降量在图幅上之比以 0.9∶1.0～1.0∶1.2 为宜。$P$ 坐标单位为 kPa，$S$ 坐标单位为 mm。$P-S$ 曲线见图 6-11。

3）根据各级荷载下的沉降量 $S$ 与时间 $t$ 的数据绘制 $S-\sqrt{t}$ 曲线（见图 6-12）。

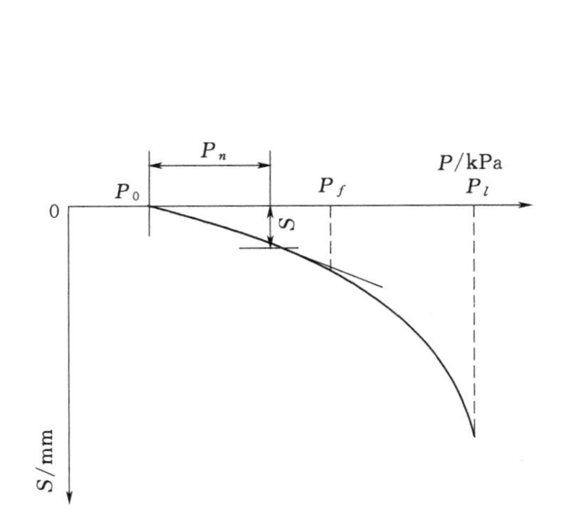


图 6-11　$P-S$ 曲线图

$P_0$—原位有效自重压力；$P_f$—临塑压力；$P_l$—极限压力

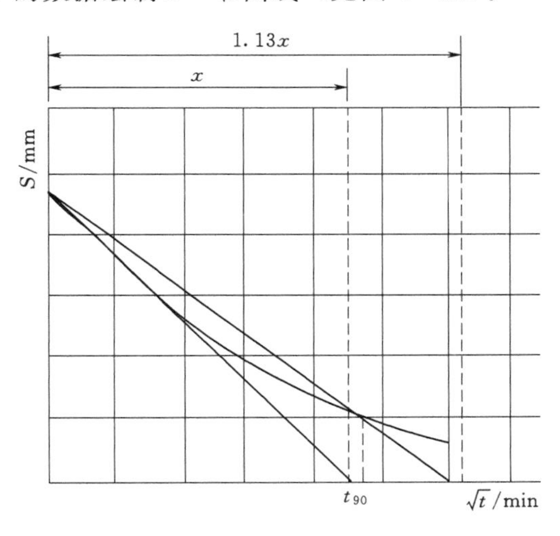


图 6-12　$S-\sqrt{t}$ 曲线图

$t_{90}$—固结度达 90%所需时间

4）特殊值的确定。

A. 原位有效自重压力 $P_0$：取 $P-S$ 曲线的直线段与 $P$ 轴的交点作为 $P_0$ 值。

B. 临塑压力 $P_f$：相应于 $P-S$ 曲线的直线段终点的压力。

C. 极限压力 $P_l$：相应于 $P-S$ 曲线末尾直线段起点的压力。

D. 固结度达 90%所需时间 $t_{90}$：以 $S-\sqrt{t}$ 曲线初始直线段与沉降坐标（纵坐标）的交点作为理论零点，其延长段交于沉降量稳定值的渐近线（横坐标）上，如图 6-12 的 $x$ 段，再作与初始直线斜率 1.13 倍的直线，该直线与 $S-\sqrt{t}$ 曲线的交点所对应的时间为 $t_{90}$。

5）按式（6-3）计算变形模量：

$$E_{sc}=mP_a\left(\frac{P}{P_a}\right)^{1-a} \tag{6-3}$$

根据 $P-S$ 曲线可以求得变形模量系数 $m$ 见式（6-4）：

$$m=\frac{A}{S}\frac{P-P_0}{P_a}D=\frac{A}{S}\frac{P_n}{P_a}D \tag{6-4}$$

式中 $E_{sc}$——螺旋板试验土的变形模量，kPa；

$P$——施加的压力值，取直线段内任一压力值，kPa；

$P_0$——原位有效自重压力，kPa；

$P_a$——标准压力，取 100kPa；

$S$——对应 $P$ 的沉降量，cm；

$D$——螺旋承压板直径，cm；

$A$——无量纲沉降系数，与 $P_0$、$P_n$ 有关；

$a$——应力指数，超固结饱和土取 1；砂与粉土取 1/2；正常固结饱和黏土取 0；

$m$——变形模量系数，对正常饱和黏土一般取 5～50。

6）按式（6-5）估算径向固结系数：

$$C_h=T_{90}\frac{R^2}{t_{90}}=0.335\frac{R^2}{t_{90}} \tag{6-5}$$

式中 $C_h$——固结系数，$cm^2/s$；

$R$——螺旋承压板半径，cm；

$t_{90}$——固结度达 90%的所需时间，s；

$T_{90}$——相应于 90%固结度的时间因数，$T_{90}=0.335$。

**6.2.3.1.7** 经验数据及检测结果的应用

在载荷试验结束后，对比分析检测数据可确定复合地基承载力特征值及复合地基变形模量和压缩模量。

（1）复合地基承载力特征值的确定。

1）当 $P-S$ 曲线上能确定出极限荷载，而其值又大于对应比例界限的 2 倍时，可取比例界限，当其值小于对应比例界限的 2 倍时，可取极限荷载的 1/2。

2）当 $P-S$ 曲线为平缓的光滑曲线时，可按相对变形值确定承载力特征值。对于振冲桩复合地基，当以黏性土为主的地基，可取 $S/b$ 或 $S/d=0.015$ 所对应的压力值（$b$、$d$ 分别为承压板的宽度和直径，当其值大于 2m 时，按 2m 计算）；当以粉土或砂土为主的地基，可取 $S/b$ 或 $S/d=0.01$ 所对应的压力值。其值不应大于最大加载压力值的 1/2。当满足其极差不超过平均值的 30%时，可取其平均值为复合地基承载力特征值。

（2）复合地基变形模量与压缩模量的确定。鉴于复合地基在设计承载力作用下，其沉降量与应力之间近似呈线性关系，可用直线变形体的弹性力学公式求出荷载强度和沉降量之间的关系。

1）变形模量 $E_q$。基于弹性理论中关于半无限弹性体表面上，局部荷载作用下，其荷载强度与沉降量之间的关系见式（6-6）：

$$S_q=\frac{P_qB(1-\nu^2)}{E_q}C_d \tag{6-6}$$

式中 $P_q$——相应于 $q$ 应力区间的试验压力强度，kPa；

$B$——荷载板的宽度与直径，cm；

$\nu$——泊松比；

$E_q$——与某一沉降比 $q$ 相应的割线变形模量，取为荷载试验的变形模量，kPa；

$S_q$——与 $q$ 相应的沉降值，cm；

$C_d$——变形系数，对于方形载荷板 $C_d=0.89$，圆形载荷板 $C_d=0.79$。

由于载荷试验中 $P_q$ 与 $S_q$ 均为已知，泊松比 $\nu$ 值变化不大，可根据地基土的性质按经验选用，则式（6-6）还可写成式（6-7）、式（6-8）的形式：

方形载荷板：
$$E_q=0.89(1-\nu^2)B\frac{P_q}{S_q} \tag{6-7}$$

圆形载荷板：
$$E_q=0.79(1-\nu^2)D\frac{P_q}{S_q} \tag{6-8}$$

式中 $B$、$D$——荷载板的宽度和直径，m。

2）复合地基的压缩模量 $E_S$。土的变形模量 $E_q$ 是土体无侧限条件下的应变的比值，而土的压缩模量 $E_S$ 则是土体在完全侧限条件下的应力与应变的比值。$E_q$ 与 $E_S$ 两者在理论上可基于广义胡克定律求得，它们之间的关系见式（6-9）～式（6-11）：

$$E_q=E_S\left(1-\frac{2\nu^2}{1-\nu}\right) \tag{6-9}$$

令
$$\beta=1-\frac{2\nu^2}{1-\nu} \tag{6-10}$$

可得：
$$E_q=\beta E_S \tag{6-11}$$

式（6-11）为 $E_q$ 与 $E_S$ 之间的理论关系。由于现场载荷试验测定 $E_q$ 与室内压缩试验测定 $E_S$ 时，各自均有些难考虑到的因素，使上式不能准确反映 $E_q$ 与 $E_S$ 之间的实际关系。这些因素主要有压缩试验土样的扰动大；荷载试验与压缩试验的加荷速率、压缩稳定标准等都不相同；土的泊松比 $\nu$ 值不易精确确定等。据统计，$E_q$ 值可能是 $\beta E_S$ 的倍数，一般来说，土越坚硬则倍数越大，而软土的 $E_q$ 值与 $\beta E_S$ 值比较接近。故对于振冲桩加固的松软土地基，式（6-9）～式（6-11）还是比较合适的。

#### 6.2.3.2 标准贯入试验

对于评价无填料振冲挤密和振冲桩桩间土的加固效果，可采用标准贯入试验。经振冲加固后，采用标准贯入试验可判定处理后土层的密实度，推算处理后桩间土的承载力，对于粉土和砂性土，结合取出的土样室内土工试验可判定土层加固后的液化消除情况，另外可结合载荷试验和桩间土的承载力试验验证设计方案的合理性。

（1）试验原理。标准贯入试验是用 63.5kg±0.5kg 的穿心锤，以 0.76m±0.02m 的自由落距，将一定规格尺寸的标准贯入器在孔底先打入土中 0.15m，测记再打入 0.30m 的锤击数，称为标准贯入击数。

标准贯入试验的目的是利用测得的标准贯入击数 $N$，判断砂土的密实程度或黏性土的稠度，以确定振冲桩复合地基桩间土的承载力；评定砂土的振动液化势；并可确定土层剖面和取扰动土样进行一般物理性试验。

（2）适用范围。标准贯入试验适用于砂性土、粉土及黏性土地层。经过无填料振冲挤密处理后砂性土及振冲桩的桩间土都可通过标准贯入试验判定土层的加固效果。

(3) 设备仪器。

1) 标准贯入器。采用《土工试验器贯入仪》(GB/T 12746)，由刃口形的贯入器靴、对开圆筒式贯入器身和贯入器头3部分组成。其机械要求和材料要求应符合《岩土工程仪器基本参数及通用技术条件》(GB/T 15406) 和 GB/T 12746 的规定。标准贯入器规格见表6-1，标准贯入器结构见图6-13。

**表6-1　　标准贯入器规格表**

| | | |
|---|---|---|
| 贯入器靴 | 长度/mm | 75 |
| | 刃口角度/(°) | 18～20 |
| | 靴壁厚/mm | 2.5 |
| 贯入器身 | 长度/mm | >450 |
| | 外径/mm | 51±1 |
| | 内径/mm | 35±1 |
| 贯入器头 | 长度/mm | 175 |

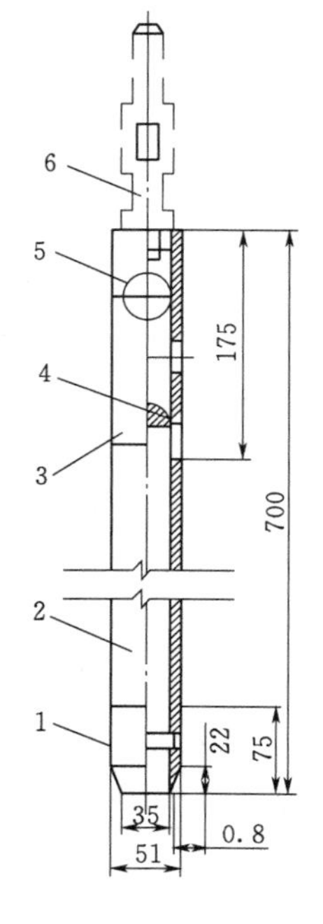


图6-13　标准贯入器结构图（单位：mm）
1—贯入器靴；2—贯入器身；3—贯入器头；4—钢球；5—排水孔；6—钻杆接头

2) 落锤（穿心锤）。质量为63.5kg±0.5kg的钢锤，应配有自动落锤装置，落距为76cm±2cm。

3) 钻杆。直径42mm，抗拉强度应大于600MPa，轴线的直线度误差应小于0.1%。

4) 锤垫。承受锤击钢垫，附导向杆，以两者总质量不超过30kg为宜。

(4) 设备仪器安装。

1) 先用钻具钻至试验土层标高以上0.15m处，清除残土。清孔时应避免试验土层受到扰动。当在地下水位以下的土层进行试验时，应使孔内水位高于地下水位，以免出现涌砂和坍孔。必要时应下套管或用泥浆护壁。

2) 贯入前应拧紧钻杆接头，将贯入器放入孔内，避免冲击孔底，注意保持贯入器、钻杆、导向杆连接后的垂直度。孔口宜加导向器，以保证穿心锤中心施力。贯入器放入孔内，测定其深度，要求残土厚度不大于0.1m。

(5) 现场检测。

1) 采用自动落锤法，将贯入器以每分钟15～30击打入土中0.15m后，开始记录每打入0.10m的锤击数，累计0.30m的锤击数为标准贯入击数$N$，并记录贯入深度与试验情况。若遇密实土层，贯入0.30m锤击数超过50击时，不应强行打入，记录50击的贯入深度。

2) 旋转钻杆，然后提出贯入器，取贯入器中的土样进行鉴别、描述、记录，并量测其长度。将需要保存的土样仔细包装、编号，以备试验之用。

3）按上述规定进行下一深度的贯入试验，直到所需深度。

（6）数据分析。

1）用式（6－12）换算相应于贯入 0.30m 的标准贯入击数 $N$：

$$N=\frac{0.3n}{\Delta S} \tag{6-12}$$

式中　$n$——所选取贯入的锤击数；

$\Delta S$——对应锤击数为 $n$ 的贯入深度。

根据用途及相应规范确定是否需要对 $N$ 值修正。

2）绘制标准贯入击数（$N$）和贯入深度标高（$H$）关系曲线（见图 6－14）。

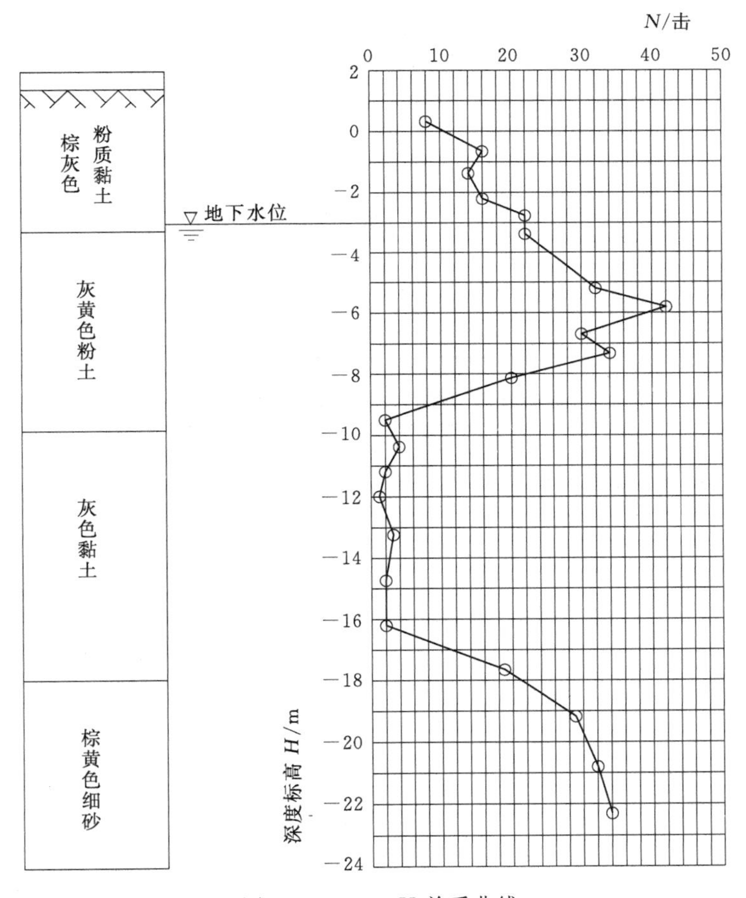


图 6－14　$N-H$ 关系曲线

（7）经验数据及检测结果的应用。标准贯入试验结束后，对试验数据进行整理后对比经验数据，可对处理后土层的密实度、承载力及液化指数进行评价。

1）确定砂土的密实度。经过振冲挤密处理后，砂性土的密实度会有很大的提高，可通过标准贯入击数来判定砂性土的密实度。如需要根据标准贯入试验判定土层相对密实度时，需在现场进行对比试验后再进行评定。

用标准贯入击数 $N$ 判定砂土密实度程度可参考表 6-2。

2）确定桩间土承载力。对采用标准贯入试验判定桩间土的承载力，在选用经验公式进行计算时，需充分考虑当地的地质情况，在没有地区经验时需进行试验对比后再进行评价。标准贯入击数与地基承载力的关系见表 6-3。

3）液化判别。振冲挤密施工对消除粉土、砂性土的液化效果明显。当采用标准贯入试验对振冲挤密处理后的场地进行液化判别时，当饱和土标准贯入击数（未经杆长修正）不大于液化判别标准贯入击数临界值时，应判为液化土，反之则为不液化土。

**表 6-2　国内外按标准贯入击数 N 判定砂土密实度标准表**

| 密实程度 | | 砂土相对密实度 $D_r$/% | 标准贯入击数 $N$ | | | | | 冶金工业建设岩土工程勘察规范 |
|---|---|---|---|---|---|---|---|---|
| 国外 | 国内 | | 国际标准 | 南京水利科学研究院江苏水利厅 | 中国水利水电科学研究院 | | | |
| | | | | | 粉砂 | 细砂 | 中砂 | |
| 极松 | 松散 | 0～0.2 | 0～4 | <10 | <4 | <13 | <10 | <10 |
| 松 | | | 4～10 | | | | | |
| 稍密 | 稍密 | 0.2～0.33 | 10～15 | 10～30 | >4 | 13～23 | 10～26 | 10～15 |
| 中密 | 中密 | 0.33～0.67 | 15～30 | | | | | 15～30 |
| 密实 | 密实 | 0.67～1 | 30～50 | 30～50 | — | >23 | >26 | >30 |
| 极密 | | | >50 | >50 | | | | |

**表 6-3　标准贯入击数与地基承载力的关系表**

| 研究单位 | 回归式 | 适用范围 | 备注 |
|---|---|---|---|
| 江苏省水利建设工程有限公司 | $p_0=23.3N$ | 黏性土、粉土 | 不做杆长修正 |
| 中冶成都勘察研究总院有限公司 | $p_0=56N-558$ | 老堆积土 | |
| | $p_0=19N-74$ | 一般黏性土、粉土 | |
| 中冶集团武汉勘察研究院有限公司 | $N=3\sim23$：$p_0=4.9+35.8N_{机}$ | 第四纪冲、洪积黏土粉质黏土、粉土 | |
| | $N=23\sim41$：$p_{KP}=31.6+33N_{手}$ | | |
| | $N=23\sim41$：$p_{KP}=20.5+30.9N_{手}$ | | |
| 湖北省水利水电规划勘测设计院等单位 | $N=3\sim18$：$f_K=80+20.2N$ | 黏性土、粉土 | |
| | $N=18\sim22$：$f_K=152.6+17.48N$ | | |
| 铁道第三勘察设计院集团有限公司 | $f_K=72+9.4N^{1.2}$ | 粉土 | |
| | $f_K=-212+222N^{0.3}$ | 粉细砂 | |
| | $f_K=-803+850N^{0.1}$ | 中、粗砂 | |
| 中国纺织工业设计院 | $f_K=\dfrac{N}{0.0038N+0.01504}$ | 粉土 | |
| | $f_K=105+10N$ | 细、中砂 | |

续表

| 研究单位 | 回归式 | 适用范围 | 备注 |
| --- | --- | --- | --- |
| 中国有色金属长沙勘察设计研究院有限公司 | $N=8\sim37$：$p_0=33.4N+360$ | 红土 | |
| | $N=8\sim37$：$p_0=5.3N+387$ | 老堆积土 | |
| 太沙基 | $f_K=12N$ | 黏性土、粉土 | 条形基础 $F_S=3$ |
| | $f_K=15N$ | | 独立基础 $F_S=3$ |
| 日本住宅公团 | $f_K=8N$ | | |

依据《建筑抗震设计规范》（GB 50011—2010）第 4.3 节中的有关规定，在地面下 20m 深度范围内，液化判别标准贯入击数临界值可按式（6-13）计算：

$$N_{cr}=N_0\beta[\ln(0.6d_s+1.5)-0.1d_w]\sqrt{\frac{3}{\rho_c}} \tag{6-13}$$

式中　$N_{cr}$——标准贯入击数临界值；

$N_0$——液化判别标准贯击数基准值，$N_0$ 值的选取可参考表 6-4；

$d_s$——饱和土标准贯入点深度，m；

$d_w$——地下水位深度，m；

$\rho_c$——黏粒含量百分率，当小于 3 或为砂土取 $\rho_c=3$；

$\beta$——调整系数，设计地震第一组时取 0.80，设计地震第二组时取 0.95，设计地震第三组时取 1.05。

**表 6-4　　液化判别标准贯入击数基准值 $N_0$**

| 设计基本地震加速度/g | 0.10 | 0.15 | 0.20 | 0.30 | 0.40 |
| --- | --- | --- | --- | --- | --- |
| 液化判别标准贯入击数基准值 | 7 | 10 | 12 | 16 | 19 |

对存在液化砂土层、粉层的地层，应探明各液化土层的深度和厚度，按式（6-14）计算每个钻孔的液化指数，并按表 6-5 综合划分地基的液化等级：

$$I_{lE}=\sum_{i=1}^{n}\left[1-\frac{N_i}{N_{cri}}\right]d_iW_i \tag{6-14}$$

式中　$I_{lE}$——液化指数；

$n$——在判别深度范围内每一个钻孔标准贯入试验点的总数；

$N_i$、$N_{cri}$——$i$ 点标准贯入击数的实测值和临界值，当实测值大于临界值时应取临界值；当只需要判别 15m 范围内的液化时，15m 以下的实测值可按临界值采用；

$d_i$——$i$ 点所代表的土层厚度，m，可采用与该标准贯入试验点相邻的上、下两标准贯入试验点深度差的一半，但上界不高于地下水位深度，下界不深于液化深度；

$W_i$——$i$ 土层单位涂层厚度的层位影响权函数值，$m^{-1}$。当该层中点深度不大于 5m 时取 10，等于 20m 时应采用零值，5～20m 时应按线性内插法取值。

表 6-5　　　　液化等级与液化指数的对应关系表

| 液化等级 | 轻微 | 中等 | 严重 |
| --- | --- | --- | --- |
| 液化指数 $I_{lE}$ | $0<I_{lE}\leqslant 6$ | $6<I_{lE}\leqslant 18$ | $I_{lE}>18$ |

采用振冲加固后构成了复合地基，此时，如桩间土的实测标准贯入击数值仍低于《建筑抗震设计规范》（GB 50011—2010）中第 4.3.4 条规定的临界值，不能简单判别为液化。许多文献和工程实践均已指出，振冲桩有挤密、排水和增大桩身刚度等多重作用，而实测的桩间土标准贯入击数值不能反映排水作用。在新的研究成果与工程实践中，提出了一些考虑桩身强度与排水效应的方法，以及根据桩的置换面积和桩土应力比适当降低复合地基桩间土液化判别临界标准贯入击数值的经验方法。

在《振冲碎石桩复合地基》中何广讷提出一种判别振冲桩复合地基液化势的功效当量标贯法见式（6-15）。

$$
\begin{aligned}
(N_{cr})_F &= \eta_\tau \eta_u N_{cr} \\
&= \frac{0.57K_1K_2}{1+m(n-1)}\left(\frac{1}{mI}\right)^{1/2} N_0\beta[\ln(0.6d_s+1.5)-0.1d_w]\sqrt{3/\rho_c}
\end{aligned}
\tag{6-15}
$$

$$
\begin{cases}
\text{不液化}(N_{63.5})_F \geqslant (N_{cr})_F \\
\text{液化}(N_{63.5})_F < (N_{cr})_F
\end{cases}
$$

式中　$(N_{cr})_F$——振冲桩复合地基的液化判别临界标贯击数；

$K_1$——桩体应力集中效应的分项安全系数；

$K_2$——排水减压功效的分项安全系数；

$m$——置换率；

$\eta_\tau$——桩体应力集中效应的减振系数；

$\eta_u$——桩体排水降压功效的液化势折减系数；

$I$——判别场地地震烈度；

$N_0$——液化判别标准贯入击数基准值；

$\beta$——调整系数，设计地震第一组取 0.80，第二组取 0.95，第三组取 1.05；

$d_s$——饱和土标准贯入点深度，m；

$d_w$——地下水位，m；

$\rho_c$——黏粒含量百分率，当小于 3 或为砂土时，应采用 3。

#### 6.2.3.3　圆锥动力触探试验

振冲桩复合地基中振冲桩桩体的强度直接关系到复合地基功效的好坏，所以及时对桩体质量进行检验可以指导振冲桩施工。目前对桩体进行质量检验采用较多的是动力触探试验，检测振冲桩桩体常用的动力触探试验可分为重型圆锥动力触探和超重型圆锥动力触探，当桩体深度较深、密实度较大，重型圆锥动力触探检测桩体困难时可考虑采用超重型圆锥动力触探。

（1）试验原理。本试验是利用一定的落锤能量，将与触探杆相连接的探头打入振冲桩体中。根据打入的难易程度（表示为贯入度或贯入阻力）来判断桩体密实度的一种原位测试方法。

（2）适用范围。常用于桩体检测的动力触探按锤击能量分为重型和超重型 2 种。当桩体很密实或桩长过长时，重型动力触探难以贯入，往往贯入 10cm 的锤击数在 50 击以上，既浪费时间也影响检测成果，此时可采用超重型动力触探。

触探指标定义为每贯入一定深度所需的锤击数。重型和超重型动力触探以每贯入 0.10m 所需的锤击数，分别以 $N_{63.5}$ 和 $N_{120}$ 表示。也可用动贯入阻力作为触探指标。

（3）设备仪器。

1）动力触探仪。由落锤、探头和触探杆（包括锤座和导向杆）组成，动力触探设备规格见表 6－6。

**表 6－6　动力触探设备规格表**

| 设备类型 | | 重型 | 超重型 |
|---|---|---|---|
| 落锤 | 质量 $m$/kg | 63.5±0.5 | 120±1 |
| | 落距 $H$/m | 0.76±0.02 | 100±0.02 |
| 探头 | 直径/mm | 74 | 74 |
| | 截面积/cm² | 43 | 43 |
| | 圆锥角/(°) | 60 | 60 |
| 触探杆 | 直径/mm | 42 | 50～60 |
| | 每米质量/kg | <8 | <12 |
| | 锥座质量/kg | 10～15 | |

2）重型和超重型动力触探设备须备有自动落锤装置。

3）探头尺寸见图 6－15。重型和超重型动力触探探头直径的最大允许磨损尺寸为 2mm；探头尖端的最大允许磨损尺寸为 5mm。

（4）设备仪器安装。

1）触探杆的接头应与触探杆具有相同的直径，每个接头的允许最大偏心为 0.2mm。

2）重型和超重型动力触探的锤座直径应小于 100cm，并不大于锤底面直径的一半。锤座、导向杆与触探杆的轴中心必须成一直线。锤座和导杆的总质量不应超过 30kg。

（5）现场检测。

1）重型动力触探。

A. 试验前将触探架安装平稳，使触探杆保持垂直地进行。垂直度的最大偏差不得超过 2%。触探杆应保持平直，连接牢固。

B. 贯入时，应使穿心锤自由下落，落锤落距为 0.76±0.02m。地面上的触探杆的高度不宜过高，以免倾斜与摆动太大。

C. 锤击速率宜为每分钟 15～30 击。打入过程应尽可能连续，所有超过 5min 的间断都应在记录中予以注明。

D. 及时记录每贯入 0.10m 所需的锤击数。其方法可在触探杆上每隔 0.10m 画出标记，然后人工（或用仪器）记录锤击数。

E. 对于一般砂碎石、圆砾和卵石，触探深度不宜超过 12～15m，

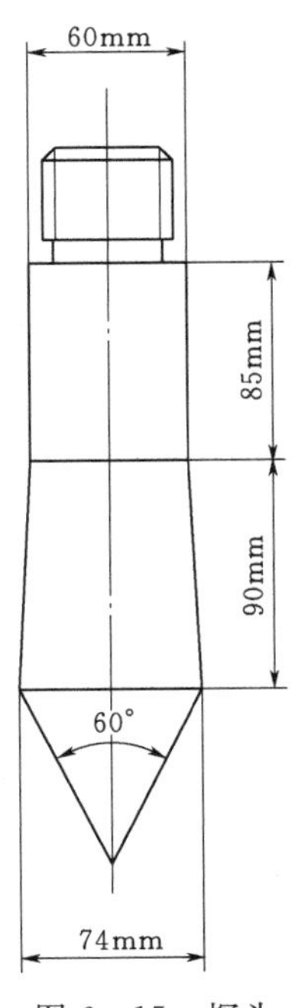

图 6－15　探头尺寸示意图

超过该深度时，需考虑触探杆的侧壁摩阻影响。

F. 每贯入 0.10m 所需锤击数连续 3 次超过 50 击时，应停止试验。如需对土层继续进行试验时，可改用超重型动力触探。

G. 本试验也可在钻孔中分段进行。一般可先进行贯入，然后进行钻探，钻探至动力触探所及深度以上 1m 处，取出钻具将触探器放入孔内再进行贯入。

2）超重型动力触探。

A. 贯入时穿心锤自由下落，落距为 100m±0.02m。贯入深度一般不宜超过 20m，超过该深度时，需考虑触探杆侧壁摩阻的影响。

B. 其他步骤可参照重型动力触探的规定进行。但本试验不可在钻孔中进行。

（6）数据分析。经过现场动力触探试验后，需对现场采集的数据进行分析、判断，可对触探指标、动贯入阻力进行计算，绘制动力触探曲线。但对现场实测数据进行分析时还需考虑其他影响因数对触探数的校正，如侧壁摩擦影响校正、触探杆长校正、地下水影响的校正等。

1）可按式（6-16）、式（6-17）计算触探指标：

$$N_{63.5}=\frac{100}{e} \tag{6-16}$$

$$e=\frac{\Delta S}{n} \tag{6-17}$$

式中 $N_{63.5}$——每贯入 0.10m 所需的锤击数，超重型动力触探为 $N_{120}$；

$e$——每击贯入度，mm；

$\Delta S$——一阵击的贯入度，mm；

$n$——相应的一阵击锤击数；

100——单位换算系数。

2）按式（6-18）计算动贯入阻力 $q_d$：

$$q_d=\frac{Q^2}{(Q+q)}\frac{H}{Ae}\times 1000 \tag{6-18}$$

式中 $q_d$——动贯入阻力，kPa；

$Q$——落锤重，kN；

$q$——触探器即被打入部分（包括探头、触探杆、锤座和导向杆）的重量，kN；

$H$——落距，m；

$A$——探头面积，$m^2$；

$e$——每击贯入度，mm；

1000——单位换算系数。

3）动力触探曲线。

A. 计算单孔分层贯入指标平均值时，应剔除超前和滞后影响范围内极个别指标的异常值。

B. 绘制贯入指标与触探深度曲线，触探曲线见图 6-16。

4）重型动力触探影响因素的校正。

A. 关于侧壁摩擦影响的校正。对于中密以下的砂砾卵石、碎石，触探深度在 1～

15m的范围内时，一般可不考虑侧壁摩擦的影响。

B. 触探杆长度的校正。当触探杆长度大于2m时，需按式（6-19）校正：

$$N_{63.5}=\alpha_1 N'_{63.5} \tag{6-19}$$

式中　$N_{63.5}$——经杆长修正后重型动力触探试验锤击数；

$N'_{63.5}$——贯入10cm的实测锤击数；

$\alpha_1$——触探杆长度校正系数，可参考表6-7选定。

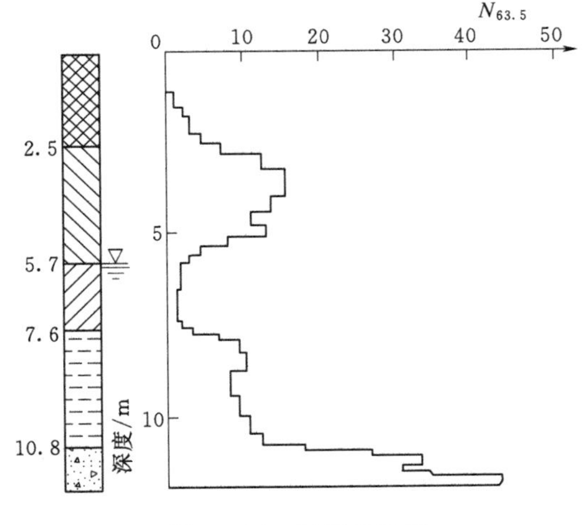


图6-16　触探曲线图

C. 地下水影响的校正。《岩土工程勘察规范》（GB 50021—2001）中规定地下水位对锤击数与土的力学性质没有影响，故触探击数不必进行地下水影响的修正。若需要修正时，根据《工程地质手册》中的规定，对于地下水位以下的中、粗、砾砂和圆砾、卵石、碎石等锤击数可按式（6-20）修正：

表6-7　　　　重型圆锥动力触探杆长度校正系数表

| $L$/m \ $N'_{63.5}$ | 5 | 10 | 15 | 20 | 25 | 30 | 35 | 40 | ≥50 |
|---|---|---|---|---|---|---|---|---|---|
| 2 | 1.00 | 1.00 | 1.00 | 1.00 | 1.00 | 1.00 | 1.00 | 1.00 | |
| 4 | 0.96 | 0.95 | 0.93 | 0.92 | 0.90 | 0.89 | 0.87 | 0.86 | 0.84 |
| 6 | 0.93 | 0.90 | 0.88 | 0.85 | 0.83 | 0.81 | 0.79 | 0.78 | 0.75 |
| 8 | 0.90 | 0.86 | 0.83 | 0.80 | 0.77 | 0.75 | 0.73 | 0.71 | 0.67 |
| 10 | 0.88 | 0.83 | 0.79 | 0.75 | 0.72 | 0.69 | 0.67 | 0.64 | 0.61 |
| 12 | 0.85 | 0.79 | 0.75 | 0.70 | 0.67 | 0.64 | 0.61 | 0.59 | 0.55 |
| 14 | 0.82 | 0.76 | 0.71 | 0.66 | 0.62 | 0.58 | 0.56 | 0.53 | 0.50 |
| 16 | 0.79 | 0.73 | 0.67 | 0.62 | 0.57 | 0.54 | 0.51 | 0.48 | 0.45 |
| 18 | 0.77 | 0.70 | 0.63 | 0.57 | 0.53 | 0.49 | 0.46 | 0.43 | 0.40 |
| 20 | 0.75 | 0.67 | 0.59 | 0.53 | 0.48 | 0.44 | 0.41 | 0.39 | 0.36 |

**注**　表中$L$为杆长。

$$N_{w63.5}=1.1N_{63.5}+1.0 \tag{6-20}$$

式中　$N_{w63.5}$——经地下水修正后重型动力触探试验锤击数；

$N_{63.5}$——经杆长修正未经地下水影响修正的重型动力触探试验锤击数。

5）超重型动力触探影响因素的校正。

《岩土工程勘察规范》（GB 50021—2001）中规定超重型动力触探仅作触探杆长度影响的校正，当触探杆长度大于1m时，锤击数按式（6-21）进行校正：

$$N_{120}=\alpha_2 N'_{120} \tag{6-21}$$

式中　$N_{120}$——经杆长修正后超重型动力触探试验锤击数；

$N'_{120}$——超重型动力触探实测锤击数；

$\alpha_2$——触探杆长度校正系数，可参考表 6－8 选定。

**表 6－8　　超重型圆锥动力触探杆长度校正系数 $\alpha_2$**

| $L$/m \ $N'_{120}$ | 1 | 3 | 5 | 7 | 9 | 10 | 15 | 20 | 25 | 30 | 35 | 40 |
|---|---|---|---|---|---|---|---|---|---|---|---|---|
| 1 | 1.00 | 1.00 | 1.00 | 1.00 | 1.00 | 1.00 | 1.00 | 1.00 | 1.00 | 1.00 | 1.00 | 1.00 |
| 2 | 0.96 | 0.92 | 0.91 | 0.90 | 0.90 | 0.90 | 0.90 | 0.89 | 0.89 | 0.88 | 0.88 | 0.88 |
| 3 | 0.94 | 0.88 | 0.86 | 0.85 | 0.84 | 0.84 | 0.84 | 0.83 | 0.82 | 0.82 | 0.81 | 0.81 |
| 5 | 0.92 | 0.82 | 0.79 | 0.78 | 0.77 | 0.77 | 0.76 | 0.75 | 0.74 | 0.73 | 0.72 | 0.72 |
| 7 | 0.90 | 0.78 | 0.75 | 0.74 | 0.73 | 0.72 | 0.71 | 0.70 | 0.68 | 0.68 | 0.67 | 0.66 |
| 9 | 0.88 | 0.75 | 0.72 | 0.70 | 0.69 | 0.68 | 0.67 | 0.66 | 0.64 | 0.63 | 0.62 | 0.62 |
| 11 | 0.87 | 0.73 | 0.69 | 0.67 | 0.66 | 0.66 | 0.64 | 0.62 | 0.61 | 0.60 | 0.59 | 0.53 |
| 13 | 0.86 | 0.71 | 0.67 | 0.65 | 0.64 | 0.63 | 0.61 | 0.60 | 0.58 | 0.57 | 0.56 | 0.55 |
| 15 | 0.84 | 0.69 | 0.65 | 0.63 | 0.62 | 0.61 | 0.59 | 0.58 | 0.56 | 0.55 | 0.54 | 0.53 |
| 17 | 0.85 | 0.68 | 0.63 | 0.61 | 0.60 | 0.60 | 0.57 | 0.56 | 0.54 | 0.53 | 0.52 | 0.50 |
| 19 | 0.84 | 0.66 | 0.62 | 0.60 | 0.58 | 0.58 | 0.56 | 0.54 | 0.52 | 0.51 | 0.50 | 0.48 |

注　表中 $L$ 为杆长。

(7) 经验数据及检测结果应用。基于重型及超重型动力触探的检验结果，根据相关因素影响校正后的锤击数，可以对振冲桩的施工质量以及某些工程性质指标进行判定，如对振冲桩的桩体密实度、桩身长度、桩径、承载力等指标进行检验。

1) 振冲桩桩体质量的评定。重型动力触探和超重型动力触探试验可沿桩轴自桩顶到桩底，对不同深度处桩体的密实度与均匀性进行检验，以了解振冲桩总体的施工质量。虽然《岩土工程勘察规范》(GB 50021) 和《建筑地基基础设计规范》(GB 50007) 中，均列入了以动力触探击数评定碎石土的密实度，但振冲桩并非地基土中的碎石土层，而是松软土介质中的振冲桩体，周围约束力小，致使其在同样密实度下所反映的锤击数亦小。因此不应按碎石土的标准评定其密实度。一般可按表 6－9 进行判定。而根据经验当重型动力触探锤击数大于 7 击时，此时桩体的内摩擦角可取为 38°～45°。

**表 6－9　　振冲桩体密实度按重型动力触探分类表**

| 相应贯入 10cm 击数 | 密　实　度 | 连续 5 击下沉量/cm |
|---|---|---|
| ＞7 | 密实 | ＜7 |
| 7～5 | 不够密实 | 7～10 |
| ＜5 | 松散 | ＞10 |

振冲桩桩体密实度按超重型动力触探分类可参考表 6－10。

表 6-10　　碎石土密度按 $N_{120}$ 分类表

| 超重型动力触探击数 | 密实度 | 超重型动力触探击数 | 密实度 |
|---|---|---|---|
| $N_{120} \leqslant 3$ | 松散 | $11 < N_{120} \leqslant 14$ | 密实 |
| $3 < N_{120} \leqslant 6$ | 稍密 | $N_{120} > 14$ | 很密 |
| $6 < N_{120} \leqslant 11$ | 中密 | | |

2）振冲桩承载力评估。振冲桩的承载力可根据实践经验，参照《铁路工程地质原位测试规程》（TB 10041—2003）重型动力触探对碎石土地基承载力的经验数值表（表 6-11）选定。

表 6-11　　用动力触探 $N_{63.5}$ 确定地基和桩体的承载力特征值　　单位：kPa

| 击数平均值 $\overline{N}_{63.5}$ | 3 | 4 | 5 | 6 | 7 | 8 | 9 | 10 | 12 | 14 |
|---|---|---|---|---|---|---|---|---|---|---|
| 碎石土 | 140 | 170 | 200 | 240 | 280 | 320 | 360 | 400 | 480 | 540 |
| 中粗、砾砂 | 120 | 150 | 180 | 220 | 260 | 300 | 340 | 380 | — | — |
| 击数平均值 $\overline{N}_{63.5}$ | 16 | 18 | 20 | 22 | 24 | 26 | 28 | 30 | 35 | 40 |
| 碎石土 | 600 | 660 | 720 | 780 | 830 | 870 | 900 | 930 | 970 | 1000 |

注　$\overline{N}_{63.5}$ 为杆长校正后的锤击数。

《成都地区建筑地基基础设计规范》（DB 51/T 5026—2001）中利用 $N_{120}$ 评价卵石的极限承载力，成都地区卵石土极限承载力见表 6-12。由于这方面的资料较少，还有待今后结合大量的工程实践，统计分析有关资料，以充实改进 $N_{120}$ 与振冲桩承载力的关系。

表 6-12　　成都地区卵石土极限承载力表

| $N_{120}$ | 4 | 5 | 6 | 7 | 8 | 9 | 10 | 12 | 14 | 16 | 18 | 20 |
|---|---|---|---|---|---|---|---|---|---|---|---|---|
| $f_{uk}$/kPa | 700 | 860 | 1000 | 1160 | 1340 | 1500 | 1640 | 1800 | 1950 | 2040 | 2140 | 2200 |

3）振冲桩变形模量的评估。初步评估振冲桩的变形模量 $E_0$ 时，可按《动力触探技术规定》（TBJ 18—87）中的经验值表（表 6-13）查选。

表 6-13　　用动力触探 $N_{63.5}$ 确定圆砾、卵石土的变形模量 $E_0$ 表

| 击数平均值 $\overline{N}_{63.5}$ | 3 | 4 | 5 | 6 | 7 | 8 | 9 | 10 | 12 | 14 |
|---|---|---|---|---|---|---|---|---|---|---|
| $E_0$/MPa | 10 | 12 | 14 | 16 | 18.5 | 21 | 23.5 | 26 | 30 | 34 |
| 击数平均值 $\overline{N}_{63.5}$ | 16 | 18 | 20 | 22 | 24 | 26 | 28 | 30 | 35 | 40 |
| $E_0$/MPa | 37.5 | 41 | 44.5 | 48 | 51 | 54 | 56.5 | 59 | 62 | 64 |

超重型动力触探测估碎石土的变形模量很少，对于振冲桩来说还未见到这方面的资料，可参考《成都地区建筑地基基础设计规范》（DB 51/T 5026—2001）中推荐的 $N_{120}$ 与 $E_0$ 的关系（见表 6-14）。

表 6-14　　成都地区卵石土 $N_{120}$ 与变形模量 $E_0$ 的关系表

| $N_{120}$ | 4 | 5 | 6 | 7 | 8 | 9 | 10 | 12 | 14 | 16 | 18 | 20 |
|---|---|---|---|---|---|---|---|---|---|---|---|---|
| $E_0$/MPa | 21 | 23.5 | 26 | 28.5 | 31 | 34 | 37 | 42 | 47 | 52 | 57 | 62 |

4）重型动力触探与超重型动力触探锤击数的经验关系。采用重型动力触探试验锤击数 $N_{63.5}$ 确定地基土的承载力等工程性态与指标，在我国已有30多年的历史，聚集了丰富的经验，常被引用于测定桩体的密实度和强度等指标。通过大量实测结果的统计分析，制定了相应的实用表格供工程使用，非常方便。

随着生产建设的发展，对地基处理的需求越来越高，振冲桩的强度亦越大，往往需要采用超重型动力触探试验进行桩体的检测。由于其可供用的成熟资料较少，工程界常将其锤击数 $N_{120}$ 转换为 $N_{63.5}$ 进行评定。基于统计对比分析，《动力触探技术规范》（TBJ 18—87）获得了经验换算关系式（6-22）为：

$$N_{63.5}=3N_{120}-0.5 \tag{6-22}$$

再将转换的实测值 $N_{63.5}$ 按所采用的表格要求进行影响因素（如杆长、地下水等）校正，根据校正后的击数，查找桩体的密实状态和强度。

由于场地条件及振冲桩的设计参数的不同，在应用重型动力触探与超重型动力触探锤击数的经验关系式（6-22）时，需在现场进行对比试验确定经验公式的准确性。

#### 6.2.3.4 静力触探试验

虽然经过无填料振冲挤密和振冲桩复合地基加固处理后的土层密实度和承载力可通过标准贯入试验进行检测，但由于标准贯入试验只能反应处理深度范围内每间隔1m试验点的检测结果，对于地质条件比较复杂，土层变化较大的地层，静力触探能连续反应处理深度范围内的加固效果，并能取得加固处理后的土层承载力。

静力触探是指利用压力装置将有触探头的触探杆压入试验土层，通过量测系统测土的贯入阻力，可确定土的某些基本物理力学特性，如土的变形模量、土的承载力等。将现场静力触探所得比贯入阻力（$P_s$）与载荷试验、标准贯入试验、土工试验有关指标进行对比分析，综合判定振冲加固效果。

（1）试验原理。静力触探的基本原理就是用准静力（相对动力触探而言，没有或很少冲击荷载）将一个内部装有传感器的触探头以匀速压入土中，由于地层中各种土的软硬不同，探头所受的阻力自然也不一样，传感器将这种大小不同的贯入阻力通过电信号输入到记录仪表中记录下来，再通过贯入阻力与土的工程地质特征之间的定性关系和统计相关关系，来取得土层剖面、土层承载力等工程地质数据。

（2）适用范围。静力触探主要适用于振冲处理后的黏性土、粉土、砂土地层的地基处理效果检测。静力触探可与标准贯入试验检测配合使用。

（3）设备仪器。静力触探的触探头根据其结构及功能，主要分为单桥触探头和双桥触探头两种。尚有带测孔斜测孔隙水压力装置的触探头。

触探头的规格和技术标准，应符合下列规定。

1）单桥触探头和双桥触探头的规格见表6-15。

2）静力触探头的技术标准。触探头的外形和尺寸除应符合表6-15的规定外尚应符合以下要求。双桥触探头的摩擦筒应紧挨锥头当连接部位有倒角时，其倒角应为45°，且摩擦筒与锥头的间距不应大于10mm。双桥触探头锥头等直径部分的高度不应超过3mm。触探头的使用公差应符合表6-16的规定。

表 6-15　单桥触探头和双桥触探头的规格表

| 锥底截面积/cm² | 锥底直径/mm | 锥角/(°) | 单桥触探头 | 双桥触探头 | |
|---|---|---|---|---|---|
| | | | 有效侧壁长度/mm | 摩擦筒表面积/cm² | 摩擦筒长度/mm |
| 10 | 35.7 | 60 | 57 | 200 | 179 |
| 15 | 43.7 | 60 | 70 | 300 | 219 |
| 20 | 50.4 | 60 | 81 | 300 | 189 |

表 6-16　触探头的使用公差表

| 项目 / 锥底面积/cm² | 锥底直径/mm | 锥角/(°) | 摩擦筒长度/mm | |
|---|---|---|---|---|
| | | | 单桥触探头 | 双桥触探头 |
| 10 | ±0.18 | ±1 | ±0.28 | ±0.90 |
| 15 | ±0.22 | ±1 | ±0.35 | ±1.10 |
| 20 | ±0.25 | ±1 | ±0.42 | ±0.95 |

(4) 现场检测。

1) 安装静力触探机应符合下列要求。

A. 检测孔应避开地下电缆、管线及其他地下设施。

B. 根据触探深度和反力要求确定地锚的个数和排列形式，必要时也可采用其他反力形式。

C. 静力触探设备与反力装置安装应平稳、牢固。

2) 静力触探头的选择与率定应符合下列要求。

A. 应根据土层性质和预估静力触探试验贯入阻力，选择分辨率合适的静力触探头。

B. 试验前，触探头及其连接的信号线缆、记录仪等应进行系统率定。

3) 静力触探试验的贯入操作应符合下列规定。

A. 为实现连续贯入，触探前将触探头的电缆线一次穿入需用的全部触探杆。

B. 正式贯入前，应连接测量仪器对触探头进行试压，检查顶柱，锥头、摩擦筒是否能正常工作。

C. 先将触探头贯入土中 0.5～1.0m（在冬季应超过冻结线），然后提升 5～10cm，待量测仪器无明显零位漂移时，记录初始读数或调整零位，方能开始正式贯入。

D. 触探的贯入速率应控制在 0.015～0.025m/s 范围内。在同一检测孔的贯入过程中宜保持匀速贯入。

E. 当遇坚硬地层时，应适当放慢贯入速度，并注意观察反力装置是否失效，记录数值是否超过量程，必要时可终止试验。

4) 静力触探试验记录应符合下列规定。

A. 贯入过程中，每隔 2～4m 提升探头一次，测度或调整空载读数。终止试验时，必须测度和记录空载值。

B. 测度和记录贯入阻力的测点间距宜为 0.1～0.2m，同一检测孔的测点间距应保持不变。

C. 一般每隔 2～4m 应核对记录深度与实际孔深的偏差。当有明显偏差时，应及时记录，并查明原因，予以纠正。

D. 贯入过程中，应及时准确记录所发生的各种异常或影响正常贯入的情况，以便于正确分析资料。

5）当出现下列情况之一时，应终止试验。

A. 达到试验要求的测试深度。

B. 记录显示相关指标已经超过触探头量程。

C. 反力装置发生明显倾斜或失效。

D. 触探设备出现故障，无法继续测试。

6）对原始记录出现下列现象时宜分别进行处理。

A. 记录数据或记录上出现的零点漂移超过满量程时可按线性内插法校正。

B. 记录曲线上出现脱节现象时应以停机前记录为准，并与开机后贯入 10cm 深度的记录连成圆滑的曲线。

C. 记录深度与实际深度的误差超过±1%时，应查明原因，一般可在出现误差的深度范围内，等距离调整。

当触探孔斜大于 1%时，应做深度校正。孔斜即可采用带孔斜测试功能的探头，也可根据式（6-23）进行估算：

$$\theta=\delta_x/h\times100 \tag{6-23}$$

式中 $\delta_x$——终孔时触探杆头圆心在地面的投影偏离触探孔心的距离，m；

$h$——终孔时触探杆头圆心到地面的垂直距离，m；

$\theta$——触探孔孔斜率，%。

（5）数据分析。单桥触探头的比贯入阻力，双桥触探头的锥头阻力、侧壁摩擦力及摩阻比，可分别按下列公式计算：

$$p_s=k_p\varepsilon_p \tag{6-24}$$

$$q_c=k_q\varepsilon_q \tag{6-25}$$

$$f_s=k_f\varepsilon_f \tag{6-26}$$

$$\alpha=\frac{f_s}{q_c}\times100 \tag{6-27}$$

式中 $p_s$——单桥触探头的比贯入阻力，kPa；

$q_c$——双桥触探头的锥尖阻力，kPa；

$f_s$——双桥触探头的侧壁摩阻力，kPa；

$\alpha$——摩阻比，%；

$k_p$——单桥触探头率定系数，kPa/$\mu\varepsilon$；

$k_q$——双桥触探头的锥尖阻力率定系数，kPa/$\mu\varepsilon$；

$k_f$——双桥触探头的侧壁摩阻力率定系数，kPa/$\mu\varepsilon$；

$\varepsilon_p$——单桥触探头的比贯入阻力应变量，$\mu\varepsilon$；

$\varepsilon_q$——双桥触探头的锥尖阻力应变量，$\mu\varepsilon$；

$\varepsilon_f$——双桥触探头的侧壁摩阻力应变量，$\mu\varepsilon$。

当采用单桥触探头测得的资料评价土层性质时，触探曲线可直接绘于工程地质剖面图上。绘制单孔触探曲线时，纵坐标表示深度，横坐标表示比贯入阻力或锥头阻力、侧壁摩擦力。比贯入阻力或锥头阻力随深度的变化曲线可用粗实线表示；侧壁摩阻力随深度的变化曲线可用细虚线表示。

当采用双桥触探头时，应附摩阻比随深度的变化曲线。当采用附有其他功能（如测斜、测孔隙水压力等）的触探头时，可根据实际需要，附以相应的曲线。上述变化曲线的绘图比例可按表 6－17 选用。

**表 6－17　　变化曲线的绘图比例表**

| 项　目 | 比　例 | 项目 | 比　例 |
|---|---|---|---|
| 深度 | 1：100 或 1：200 | 侧壁摩擦力 | 1cm 表示 5kPa、10kPa、20kPa |
| 比贯入阻力或锥头阻力 | 1cm 表示 500kPa、1000kPa、2000kPa | 摩阻比 | 1cm 表示 1%、2% |

侧壁摩擦力和锥头阻力的比例，可匹配成 1：100。单孔触探曲线见图 6－17。

根据触探曲线可进行土层划分。当采用单桥探头测试时，可根据比贯入阻力与深度的关系曲线进行土层力学分层；当采用双桥探头测试时，可以锥尖阻力与深度的关系曲线为主，结合侧壁摩阻力和摩阻比与深度变化曲线进行土层力学分层。划分土层力学分层界线时，应考虑贯入阻力曲线中的超前和滞后现象，宜以超前和滞后的中点作为分界点。当有同孔位钻孔资料时，触探分层界限应综合考虑钻孔分层结果。

进行土力学分层时，每层中最大贯入阻力与最小贯入阻力之比，不应超过表 6－18 的规定。

**表 6－18　　最大贯入阻力与最小贯入阻力之比限值**

| $p_s$ 或 $q_c$/MPa | 最大贯入阻力与最小贯入阻力之比 | $p_s$ 或 $q_c$/MPa | 最大贯入阻力与最小贯入阻力之比 |
|---|---|---|---|
| ≤1.0 | 1.0～1.5 | ≥3.0 | 2.0～2.5 |
| 1.0～3.0 | 1.5～2.0 | | |

当使用装有测斜仪的触探头时测得的孔斜大于 8°，应作深度校正。

每个静力初探孔应计算各层的阻力平均值，计算时应剔除记录中的异常点，一级超前和滞后值。在判别砂土液化时，对于贯入阻力变化较大且为较薄的夹层或互层，应分别计算该层的贯入阻力。

单位工程同一土层的比贯入阻力或锥尖阻力标准值，应按以式（6－28）、式（6－29）计算：

$$\phi_k = \gamma_s \phi_m \tag{6-28}$$

$$\gamma_s = 1 \pm \left(\frac{1.704}{\sqrt{n}} + \frac{4.678}{n^2}\right)\delta \tag{6-29}$$

式中　$\phi_k$——原位试验数据的标准值；

$\gamma_s$——统计修正系数；

$n$——参与统计的检测孔个数。

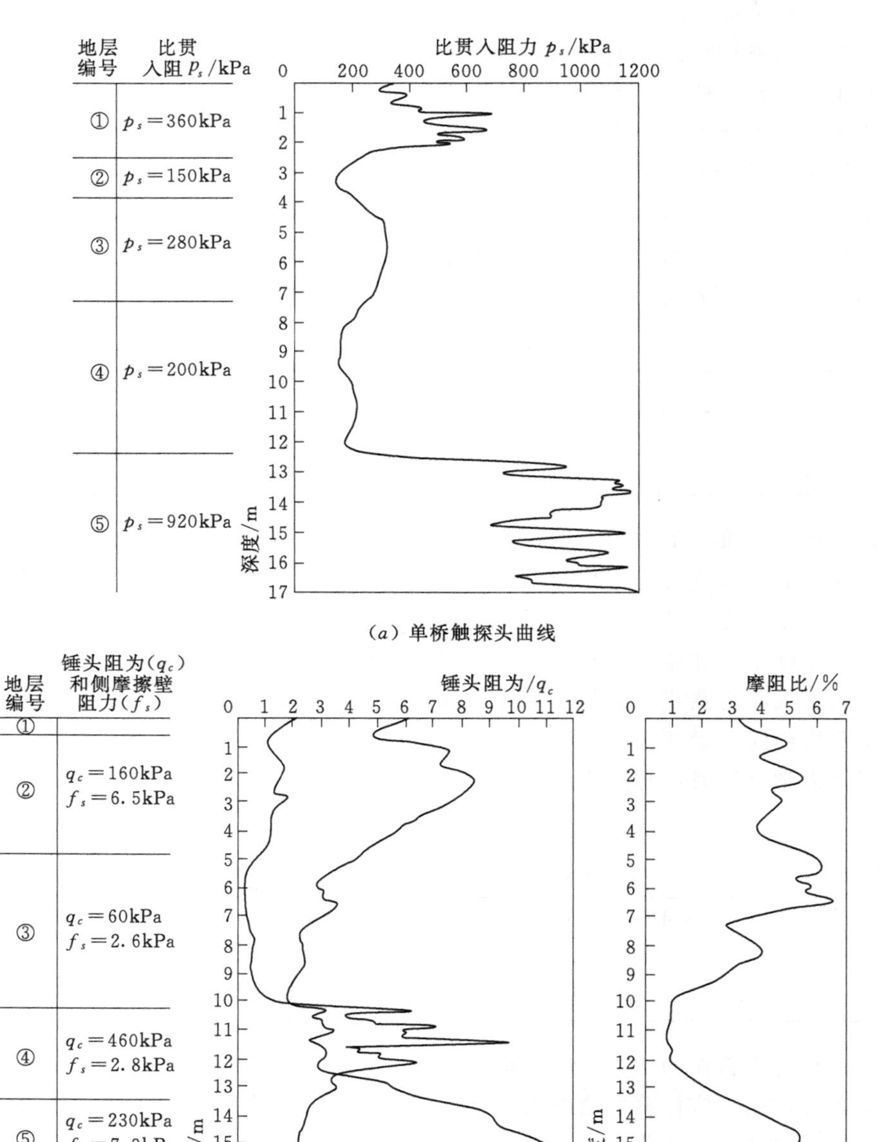


(*a*) 单桥触探头曲线

(*b*) 双桥触探头曲线

图 6-17 单孔触探曲线图

(6) 经验数据及检测结果应用。在无填料振冲挤密和振冲桩施工结束后进行桩间土静力触探检测时，静力触探结果宜结合平板荷载试验结果和标准贯入试验结果对地基承载力特征值做出综合评价。如单独采用静力触探结果评价地基土处理效果时，可按表 6-19～表 6-23 推定地基承载力特征值。

表 6-19　　Ⅰ区、Ⅱ区新近沉积黏性土、粉土地基承载力特征值

| $p_s$/MPa | 0.5 | 0.9 | 1.3 | 1.7 | 2.1 | 2.5 | 2.9 | 3.3 |
|---|---|---|---|---|---|---|---|---|
| $f_{ak}$/kPa | 70 | 85 | 100 | 115 | 130 | 145 | 155 | 165 |

表 6-20　　Ⅰ区、Ⅱ区黏性土、粉土地基承载力特征值

| $p_s$/MPa | 0.6 | 1.2 | 1.8 | 2.4 | 3.0 | 3.6 | 4.2 | 4.8 |
|---|---|---|---|---|---|---|---|---|
| $f_{ak}$/kPa | 105 | 130 | 155 | 180 | 205 | 230 | 255 | 280 |

表 6-21　　Ⅰ区、Ⅱ区中、粗砂地基承载力特征值

| $q_c$/MPa | 10 | 12 | 14 | 16 | 18 | 20 | 22 |
|---|---|---|---|---|---|---|---|
| $f_{ak}$/kPa | 170 | 190 | 215 | 240 | 265 | 290 | 315 |

注　对于Ⅰ区、Ⅱ区的粉、细砂地基，表中的数值可适当降低使用。

表 6-22　　Ⅲ区、Ⅳ区软土地基承载力特征值

| $p_s$/MPa | 0.3 | 0.4 | 0.5 | 0.6 | 0.7 | 0.8 | 0.9 | 1.0 | 1.1 |
|---|---|---|---|---|---|---|---|---|---|
| $f_{ak}$/kPa | 50 | 60 | 70 | 80 | 90 | 100 | 105 | 110 | 115 |

表 6-23　　Ⅲ区、Ⅳ区黏性土、粉土地基承载力特征值

| $p_s$/MPa | 0.3 | 0.6 | 0.9 | 1.2 | 1.5 | 1.8 | 2.1 | 2.4 |
|---|---|---|---|---|---|---|---|---|
| $f_{ak}$/kPa | 70 | 85 | 100 | 115 | 125 | 135 | 145 | 155 |

#### 6.2.3.5　十字板剪切试验

当振冲桩对软黏土地层进行加固时，可采用十字板剪切试验对处理后的桩间土抗剪强度进行检测，可判断处理后复合地基的整体稳定性，也可根据处理后软黏土的抗剪强度推算经振冲桩加固处理后桩间土的承载力特征值。

（1）试验原理。十字板剪切试验是一种用十字板测定软黏性土抗剪强度的原位试验。将十字板头由钻孔压入孔底软土中，以均匀的速度转动，通过一定的测量系统，测得其转动时所需之力矩，直至土体破坏，从而计算出土的抗剪强度。

（2）适用范围。本方法适合检测饱和软黏性土的不排水抗剪强度和灵敏度。

（3）设备仪器。十字板剪切设备有十字板头、试验仪器、探杆、贯入主机等组成，主要有机械式和电测式。机械式十字板剪切仪是利用涡轮旋转插入土中的十字板头，有开口钢环测出抵抗力矩，计算土的抗剪强度。电测试十字板剪切仪是通过在十字板头上连接处贴有电阻片的受挫力矩传感器，用电阻应变仪测剪切扭力。

十字板形状宜为矩形，宽高比为 1：2，板厚宜为 2～3mm；其规格应符合表 6-24 规定。

表 6-24　　十字板主要规格表

| 型号 | 板宽/mm | 板高/mm | 板厚/mm | 刃角/(°) | 轴杆直径/mm | 轴杆长度/mm | 面积比/% |
|---|---|---|---|---|---|---|---|
| Ⅰ | 50 | 100 | 2 | 60 | 13 | 50 | 14 |
| Ⅱ | 75 | 150 | 3 | 60 | 16 | 50 | 13 |

扭力测量设备的主要技术指标应符合表6-25规定。

表6-25　　扭力测量设备主要技术指标表

| 扭矩测量范围/(N·m) | 扭矩角测量范围/(°) | 扭转速度/(°/min) |
|---|---|---|
| 0～80 | 0～360 | 6～12 |

十字板剪切仪的性能指标应符合下列规定。

1）十字板探头应连同量测仪器、电缆进行率定，室内探头率定测力传感器的非线性误差、重复性误差、滞后误差、归零误差均应小于1%FS，现场归零误差应小于3%，温度漂移应小于0.01%FS/℃，绝缘电阻不小于500MΩ。

2）十字板剪切仪的测量精度应达到1kPa。

3）仪器应能在温度－10～45℃的环境中工作。

电测式十字板剪切试验的量测仪器应采用专业的试验记录仪。讯号传输线应采用屏蔽电缆。探杆夹持器应能牢固夹持探杆，不得产生相对转动。

触探杆应顺直，每节触探杆相对弯曲宜小于0.05%，丝扣完好，应能密和。试验深度大于10m的机械式十字板检测孔，应安设导轮，导轮间距不宜大于10m。

（4）现场检测。检测孔应避开地下埋设物，设备安装应平稳。

1）机械式十字板剪切试验操作应符合下列规定。

A. 利用钻孔辅助设备成孔，将套管下至欲测深度以上3～5倍套管直径长处，并清除土内残土。

B. 将十字板头、轴杆与探杆逐节连接并拧紧，然后下放孔内至十字板头与孔底接触。

C. 接上导杆，将底座穿过导杆固定在套管上，固定拧紧，然后将十字板头压入土内欲测深度处。当试验深度处为较硬夹层时，应穿过该层再进行试验。十字板插入至试验深度后，至少应静止3min，方可开始试验。

D. 先提升导杆2～3cm，使离合器脱离，用旋转手柄快速旋转导杆十余圈，使轴杆摩擦减至最低值，然后再合上离合器。

E. 安装扭力测量设备，测读初始读数$P_0$。

F. 施加扭力以（6°～12°）/min的转速旋转，每1°～2°测读数据一次。当出现峰值或稳定值后，再继续测读1min。其峰值或稳定值读数即为原状土剪切破坏时的读数$R_y$。

G. 松开导杆夹具，测读初始读数或调整零位，然后快速将钻杆反方向转动6圈，使十字板头周围土充分扰动，进行重塑土的试验，测得最大读数$R_c$。

H. 依次进行下一个测试深度的剪切试验。

I. 待全孔试验完毕后，逐节提取探杆与十字板头，清洗干净，检查各部件的完好程度，妥善保存，不应使板头暴晒。

2）电测式十字板剪切试验操作应符合下列规定。

A. 十字板探头压入前，宜将探头的电缆线一次穿入需用的全部探杆。

B. 现场量测仪器应与率定探头时的量测仪器相同。贯入前，应连接量测仪器对探头进行试力，检查探头是否能正常工作。

C. 将十字板头直接缓慢贯入至欲测深度处，使旋转装置卡盘卡住探杆。至少应静止3min后，测读初始读数 $\varepsilon_0$ 或调整零位，方可开始正式试验。

D. 施加扭力以（6°～12°）/min的转速旋转，每1°～2°测读数据一次。当出现峰值或稳定值后，再继续测读1min。其峰值或稳定值读数即为原状土剪切破坏时的读数 $\varepsilon$。

E. 松开导杆夹具，测读初始读数 $\varepsilon_0'$ 或调整零位，然后快速将钻杆反方向转动6圈，使十字板头周围土充分扰动，进行重塑土的试验，测得最大读数 $\varepsilon'$。

F. 依次进行下一个测试深度的剪切试验。

G. 待全孔试验完毕后，逐节提取探杆与十字板头，清洗干净，检查各部件的完好程度，妥善保存，不应使板头暴晒，严禁用电缆线提拉探头。每个检测孔的十字板剪切试验次数不应少于3次，深度间距宜为1.0～2.0m，深度间距最小值不应小于0.8m。

3）十字板剪切试验记录应符合下列规定。

A. 应记录初始读数、扭矩的峰值或稳定值。

B. 十字板探头的编号、十字板常数 $k_c$、率定系数。

C. 及时记录贯入过程中发生的各种异常或影响正常贯入的情况。

4）当出现下列情况之一时，可终止试验。

A. 达到检测要求的测试深度。

B. 十字探头的阻力达到额定荷载值。

C. 电信号陡变或消失。

D. 探杆倾斜度超过2%。

（5）数据分析。出现下列情况时，宜对试验数据进行处理。

1）出现零位漂移超过满量程的±1%时，可按线性内差法校正。

2）记录深度与实际深度的误差超过±1%时，可在出现误差的深度范围内进行等距离调整。

机械式十字板剪切仪的十字板常数 $k_c$ 可按式（6-30）计算：

$$k_c=\frac{2R}{\pi B^2\left(\frac{B}{3}+H\right)} \tag{6-30}$$

式中 $k_c$——机械式十字板剪切仪的十字板常数，$mm^{-2}$；

$R$——施力转盘半径，mm；

$B$——十字板板宽，mm；

$H$——十字板板高，mm。

地基土不排水抗剪强度 $c_u$ 可按式（6-31）或式（6-32）计算：

$$c_u=1000k_c(p_f-p_0) \tag{6-31}$$

或

$$c_u=k(\varepsilon-\varepsilon_0) \tag{6-32}$$

式中 $c_u$——地基土不排水抗剪强度，kPa，精确至0.1kPa；

$p_f$——剪损土体的总作用力，N；

$p_0$——轴杆与土体间的摩擦力和仪器机械阻力，N；

$k$——电测式十字板剪切仪的探头率定系数，kPa/$\mu\varepsilon$；

$\varepsilon$——剪损土体的总作用力对应的应变测试仪读数，$\mu\varepsilon$；

$\varepsilon_0$——初始读数，$\mu\varepsilon$。

地基土重塑土强度 $c_u'$ 可按式（6－33）或式（6－34）计算：

$$c_u' = k_c(p_f' - p_0') \tag{6-33}$$

或

$$c_u' = k(\varepsilon' - \varepsilon_0') \tag{6-34}$$

式中 $c_u'$——地基土重塑土强度，kPa，精确至 0.1kPa；

$p_f'$——剪损重塑土体的总作用力，N；

$\varepsilon'$——剪损重塑土对应的最大应变值；

$p_0'$、$\varepsilon_0'$——重塑土强度测试前的初始读数。

土的灵敏度 $c_t$ 可按式（6－35）计算：

$$c_t = c_u / c_u' \tag{6-35}$$

式中 $c_t$——地基土的灵敏度。

应计算每个检测孔不同测试深度地基土的不排水抗剪强度、重塑土强度和灵敏度。绘制地基土的不排水抗剪强度、重塑土强度和灵敏度与深度的关系图表。需要时绘制不同检测孔、不同测试深度的抗剪强度与扭转角度的关系图。

应根据不同深度的十字板剪切试验结果，分层计算每个检测孔的不排水抗剪强度、重塑土强度和灵敏度平均值。

可根据地基土的不排水抗剪强度、灵敏度及其变化对软土地基的固结情况及加固效果进行评价。

十字板剪切试验结果宜结合平板载荷试验结果对地基土承载力特征值做出评价。当单独采用十字板剪切试验统计结果评价地基土时，可根据不排水抗剪强度标准值，参照《建筑地基基础设计规范》(GB 50007—2011) 中第 5.2.5 条，推定地基土承载力特征值。

当偏心距 $e \leqslant 0.033$ 倍基础地面宽度时，根据土的抗剪强度指标确定地基承载力特征值可按式（6－36）计算，并应满足变形要求：

$$f_a = M_b \gamma b + M_d \gamma_m d + M_c c_k \tag{6-36}$$

式中 $f_a$——由土的抗剪强度指标确定的地基承载力特征值，kPa；

$M_b$、$M_d$、$M_c$——承载力系数，按表 6－26 确定；

$b$——基础地面宽度，m，大于 6m 时按 6m 取值，对于砂土，小于 3m 时按 3m 取值；

$c_k$——基底下一倍短边宽度的深度范围内土的黏聚力标准值，kPa。

**表 6－26　　承载力系数 $M_b$、$M_d$、$M_c$ 表**

| 土的内摩擦角标准值 $\varphi_k$/(°) | $M_b$ | $M_d$ | $M_c$ |
|---|---|---|---|
| 0 | 0 | 1.00 | 3.14 |
| 2 | 0.03 | 1.12 | 3.32 |

续表

| 土的内摩擦角标准值 $\varphi_k$/(°) | $M_b$ | $M_d$ | $M_c$ |
|---|---|---|---|
| 4 | 0.06 | 1.25 | 3.51 |
| 6 | 0.10 | 1.39 | 3.71 |
| 8 | 0.14 | 1.55 | 3.93 |
| 10 | 0.18 | 1.73 | 4.17 |
| 12 | 0.23 | 1.94 | 4.42 |
| 14 | 0.29 | 2.17 | 4.69 |
| 16 | 0.36 | 2.43 | 5.00 |
| 18 | 0.43 | 2.72 | 5.31 |
| 20 | 0.51 | 3.06 | 5.66 |
| 22 | 0.61 | 3.44 | 6.04 |
| 24 | 0.80 | 3.87 | 6.45 |
| 26 | 1.10 | 4.37 | 6.90 |
| 28 | 1.40 | 4.93 | 7.40 |
| 30 | 1.90 | 5.59 | 7.95 |
| 32 | 2.60 | 6.35 | 8.55 |
| 34 | 3.40 | 7.21 | 9.22 |
| 36 | 4.20 | 8.25 | 9.97 |
| 38 | 5.00 | 9.44 | 10.80 |
| 40 | 5.80 | 10.84 | 11.73 |

**注**　$\varphi_k$ 为基底下一倍短边宽度的深度范围内土的内摩擦角标准值，(°)。

### 6.2.3.6　室内土工试验

对于有地区处理经验，设计指标要求不是太高的项目，通过载荷试验、标准贯入试验、圆锥动力触探试验等现场检测能判定振冲处理后能否满足设计要求。但对于一些设计要求较高、地层条件较复杂的项目，在通过现场试验不能满足设计意图的条件下，可选择室内土工试验，作为现场试验的补充。

如对粉土、砂土地层振冲后进行液化判别时，在现场标准贯入试验的基础上，结合室内土层黏粒含量的分析，可对处理后的地层液化情况进行综合评价。

通过载荷试验获取的承载力及沉降数据不能完全反应建（构）筑物在后续的使用阶段产生的沉降量，如需对后续建（构）筑物的沉降量进行预估还需对振冲处理完后地层的压缩指标进行评价，通过现场标准贯入试验和静力触探试验取得的数据可通过经验公式推算地基土的压缩性指标，但对于没有地区经验的，还需进行土的固结（压缩）试验、抗剪强度等室内土工试验以确定土层的相关物理力学性质。

### 6.2.3.7　其他检测方法

随着科技水平的提高，各学科的相互交叉使得地基检测领域获得了更大的发展，尤其是工程物探技术在地基检测中的应用越来越多，比较常见的包括瑞利波法、探地雷达法等。新的检测方法可作为原来检测常规检测方法的补充，通过综合评判能更真实地反映振冲工艺的加固效果。

（1）瑞利波法。瑞利波法是一种新的浅层地震勘探方法，该法使用重锤或其他脉冲荷载作为振源，当在介质表面施加一瞬态激振力时，在弹性界面上不仅产生纵波和横波，它们相互干涉产生不同频率的面波（瑞利波），利用测试得到的瑞利波波速与频率曲线转换为瑞利波波速和深度曲线，该曲线的变化规律反映了该点介质随深度变化的规律，拐点、突变点等特征点反映了地层的地质力学特性。瑞利波的传播速度与土层介质的物理力学性质密切相关。在分层介质中，瑞利波具有频散特性，瑞利波在传播过程中波长不同，穿透深度也不同。瑞利波法与传统的检测方法相比，不仅功能上可以间接的反应地基土的特征参数，而且操作简便，可大面积采集数据，能够比较全面地反映整个地基。但由于振冲桩的加固效果和地层有直接的关系，在地质条件复杂的情况下，瑞利波法也需和其他的检测方法综合使用，相互补充。

（2）地质雷达法。地质雷达是采用无线电波检测地下介质分布和对不可见的目标体和地下界面进行扫描，以确定其内部结构形态或位置的电磁技术。依据振冲桩的反射波组特征，如波形、振幅、频率、相位等参数就可以定性判断振冲桩结构的密实度和连续性。若碎石层密实，分布均匀，则表现在雷达剖面上的波形平缓、规则，其振幅、频率、相位基本一致，无杂乱反射存在。当振冲桩结构不密实，则连续性差，与周围介质介电常数有较大差异，造成反射面多而乱，在雷达剖面上表现为反射波多，但波组不连续，反射能量强弱变化大，频率、相位都不稳定，整个剖面显得杂乱无章。目前，地质雷达法不能定量评价振冲桩的施工质量，只能定性评价其密实度和施工效果。

振冲桩检测的方法较多，各种方法都有其适用性和限制性，实际工程检测中，必须结合工程重要程度、现场地质条件、检测费用及工期等因素，采取多种检测手段进行综合评价。

#### 6.2.3.8 典型检测实例

**【案例 6-1】** 沿海某场区振冲桩地基处理检测。

（1）工程概况。

某港区拟建设煤码头，本工程拟建设 2 个 10 万 t 级煤炭装船泊位，以及相应配套设施，码头长 1428m，设计码头通过能力 5000 万 t/a。

其中堆场区域原为海域，经吹沙填海形成陆地，本区域上部为饱和松软土层，需经处理后方可使用。按照设计要求，构筑物所在区域需经过振冲桩进行处理。振冲桩径为 1.00m，呈正三角形布置、间距为 2.5m，地基处理面积置换率 14.5%，设计要求振冲桩处理的底面标高地面以下 12.8m。

检测时地面标高为 4.6～4.7m。

检测依据包括《建筑地基处理技术规范》（JGJ 79）、《建筑地基基础检测技术规程》[DB13(J)148]，以及本工程地基处理相关设计文件。

（2）检测要求。

1）地基处理设计文件对振冲桩处理后的检测项目要求如下。

A. 复合地基承载力检测采用单桩复合地基静载荷试验，检测数量不少于桩总数量的1%。

B. 单桩承载力检测采用单桩静载荷试验，检测数量不少于桩总数量的0.5%。

C. 桩间土质量检测采用在桩点所围成的单元形心处（即正三角形的中心）进行标准贯入试验，检测深度不小于地基处理深度，检测数量不少于桩总数量的2%。

D. 桩体质量检测采用超重型动力触探检测，检测数量不少于桩总数量的1%。

2）对检测应提供的指标要求。检测应符合《建筑地基基础设计规范》（GB 50007）、《港口工程地基规范》（JTS 147—1）、《建筑地基处理技术规范》（JGJ 79）、《建筑地基基础工程施工质量验收规范》（GB 50202）的要求。在地基处理后的检测报告中，应提供以下内容。

A. 浅部地基承载力特征值，并评价其是否满足设计要求（堆场铺面区不小于150kPa，轨道梁下地基不小于200kPa，辅建区不小于120kPa）。

B. 提供地基处理深度范围内的土层的分层压缩模量建议值。

C. 提供地基处理深度范围内（轨道梁、堆场区应不浅于冲填土的层底深度）冲填土是否液化的判断。

（3）现场检测情况及工程量。检测工作自2014年10月底进场，于2014年11月中旬完成现场工作。完成的检测工作量见表6-27。

**表6-27　完成的检测工作量表**

| 序号 | 区　域 | 检测方法 | 检测点数 | 工作量 | 单位 | 备　注 |
|---|---|---|---|---|---|---|
| 1 | $T_4$ 转接机房 | 动力触探检测 | 11个点 | 203.5 | 延米 | 3个点在桩中心；8个点在桩边缘；每点18.5m |
| 2 | $T_4$ 转接机房 | 标准贯入试验 | 5个点 | 92.5 | 延米 | 每点18.5m |
| 3 | $T_4$ 转接机房 | 单桩静载试验 | 3个点 | 235.5 | 10kN | 每点785kN |
| 4 | $T_4$ 转接机房 | 复合地基静载试验 | 3个点 | 649.2 | 10kN | 每点2164kN |

注　检测点抽样方法：在图上随机均布。

（4）检测结果分析。

1）载荷试验检测结果。对3个点进行了单桩复合地基静载试验检测，检测点标高约为地面以下1.2～1.5m。采用方形承压板，边长2.327m，面积5.41m²，最大加载至400kPa。加载采用慢速维持荷载法、逐级加载。单桩复合载荷试验结果汇总见表6-28。

**表6-28　单桩复合载荷试验结果汇总表**

| 序号 | 试验点 | 最大加载情况 | | 承载力特征值 | | 备　注 |
|---|---|---|---|---|---|---|
| | | 荷载/kPa | 对应沉降量/mm | 荷载/kPa | 对应沉降量/mm | |
| 1 | $C-T_4-Z_1$ 复 | 400 | 43.95 | 200 | 18.89 | |
| 2 | $C-T_4-Z_2$ 复 | 400 | 42.83 | 200 | 19.26 | |
| 3 | $C-T_4-Z_3$ 复 | 400 | 34.44 | 200 | 14.65 | |

3处试验点的结果表明，复合承载力特征值均达到200kPa。

对3个点进行了单桩静载试验检测，检测点标高约为地下1.2～1.5m。采用圆形承压板，直径为 1.00m、面积 0.785m²，最大加载至 1000kPa。加载采用慢速维持荷载法、逐级加载。单桩载荷试验结果汇总见表 6－29。

**表 6－29　　单桩载荷试验结果汇总表**

<table>
<tr><th rowspan="2">序号</th><th rowspan="2">试验点</th><th colspan="2">最大加载情况</th><th colspan="2">承载力特征值</th><th rowspan="2">备注</th></tr>
<tr><th>荷载/kN</th><th>对应沉降量/mm</th><th>荷载/kN</th><th>对应沉降量/mm</th></tr>
<tr><td>1</td><td>$C-T_4-Z_4$ 桩</td><td>785</td><td>33.89</td><td>393</td><td>14.57</td><td></td></tr>
<tr><td>2</td><td>$C-T_4-Z_5$ 桩</td><td>785</td><td>37.26</td><td>393</td><td>16.23</td><td></td></tr>
<tr><td>3</td><td>$C-T_4-Z_6$ 桩</td><td>785</td><td>29.76</td><td>393</td><td>12.93</td><td></td></tr>
</table>

3 根桩的试验结果表明，单桩承载力特征值均达到 393kN（500kPa）。

2）标准贯入检测结果。对 5 个点进行了桩间土标准贯入试验检测，标准贯入试验检测数据汇总见表 6－30。

**表 6－30　　标准贯入试验检测数据汇总表**

<table>
<tr><th>序号</th><th>高程/m</th><th>深度/m</th><th>$T_4-B_1$</th><th>$T_4-B_2$</th><th>$T_4-B_3$</th><th>$T_4-B_4$</th><th>$T_4-B_5$</th><th>平均值</th><th>备注</th></tr>
<tr><td>1</td><td>2.60～1.60</td><td>2.0～3.0</td><td rowspan="10">20.9</td><td>7.8</td><td>12.7</td><td>—</td><td rowspan="10">19.1</td><td>15.1</td><td></td></tr>
<tr><td>2</td><td>1.60～0.60</td><td>3.0～4.0</td><td rowspan="9">19.8</td><td rowspan="9">22.7</td><td rowspan="10">19.6</td><td>19.1</td><td>中密</td></tr>
<tr><td>3</td><td>0.60～－0.40</td><td>4.0～5.0</td><td>18.1</td><td>中密</td></tr>
<tr><td>4</td><td>－0.40～－1.40</td><td>5.0～6.0</td><td>19.5</td><td>中密</td></tr>
<tr><td>5</td><td>－1.40～－2.40</td><td>6.0～7.0</td><td>19.8</td><td>中密</td></tr>
<tr><td>6</td><td>－2.40～－3.40</td><td>7.0～8.0</td><td>20.5</td><td>中密</td></tr>
<tr><td>7</td><td>－3.40～－4.40</td><td>8.0～9.0</td><td>18.7</td><td>中密</td></tr>
<tr><td>8</td><td>－4.40～－5.40</td><td>9.0～10.0</td><td>20.0</td><td>中密</td></tr>
<tr><td>9</td><td>－5.40～－6.40</td><td>10.0～11.0</td><td>21.4</td><td>中密</td></tr>
<tr><td>10</td><td>－6.40～－7.40</td><td>11.0～12.0</td><td>25.0</td><td>中密</td></tr>
<tr><td>11</td><td>－7.40～－8.40</td><td>12.0～13.0</td><td rowspan="2">14.9</td><td rowspan="5">5.2</td><td rowspan="5">9.3</td><td rowspan="4">3.1</td><td>12.0</td><td></td></tr>
<tr><td>12</td><td>－8.40～－9.40</td><td>13.0～14.0</td><td rowspan="2">3.1</td><td>9.6</td><td></td></tr>
<tr><td>13</td><td>－9.40～－10.40</td><td>14.0～15.0</td><td rowspan="3">6.9</td><td>5.3</td><td></td></tr>
<tr><td>14</td><td>－10.40～－11.40</td><td>15.0～16.0</td><td rowspan="3">33.6</td><td>11.3</td><td></td></tr>
<tr><td>15</td><td>－11.40～－12.40</td><td>16.0～17.0</td><td>18.1</td><td>12.9</td><td></td></tr>
<tr><td>16</td><td>－12.40～－13.40</td><td>17.0～18.0</td><td>27.2</td><td>18.6</td><td>23.6</td><td>34.4</td><td>27.3</td><td></td></tr>
</table>

注　表中平均值为标贯修正后的分段平均击数（统计时剔除少数异常值）。

根据标准贯入试验检测数据，进行液化判断计算，结果表明，本区域检测深度范围内的冲填土基本无液化现象（混黏性土团块处未参与液化计算）。

3）桩体强度检测结果。在三根振冲桩的中心进行了超重型动力触探检测，桩体超重型动力触探检测数据汇总见表 6－31。

桩体碎石动探沿竖向的检测结果为地面以下 8m 以内 $N_{120}$（修正后）为 3～6 击、密实度为稍密，深度在 8～18m 范围内，$N_{120}$ 为 6～11 击，密实度为中密。

**表 6-31　　　　桩体超重型动力触探检测数据汇总表**

| 序号 | 高程/m | 深度/m | $T_4-D_1$ | $T_4-D_2$ | $T_4-D_3$ | 标准值 | 变异系数 |
|---|---|---|---|---|---|---|---|
| 1 | 3.60～2.60 | 1.0～2.0 | 3.3 | 4.1 | 3.4 | 3.2 | 0.34 |
| 2 | 2.60～1.60 | 2.0～3.0 | 4.0 | 4.7 | 4.5 | 4.0 | 0.30 |
| 3 | 1.60～0.60 | 3.0～4.0 | 3.8 | 4.8 | 4.8 | 4.2 | 0.18 |
| 4 | 0.60～－0.40 | 4.0～5.0 | 4.7 | 4.9 | 4.2 | 4.3 | 0.18 |
| 5 | －0.40～－1.40 | 5.0～6.0 | 4.9 | 4.8 | 3.7 | 4.2 | 0.20 |
| 6 | －1.40～－2.40 | 6.0～7.0 | 4.7 | 5.6 | 3.8 | 4.3 | 0.23 |
| 7 | －2.40～－3.40 | 7.0～8.0 | 5.7 | 6.7 | 3.7 | 4.9 | 0.28 |
| 8 | －3.40～－4.40 | 8.0～9.0 | 6.9 | 8.3 | 4.9 | 6.2 | 0.22 |
| 9 | －4.40～－5.40 | 9.0～10.0 | 7.9 | 8.9 | 7.0 | 7.6 | 0.13 |
| 10 | －5.40～－6.40 | 10.0～11.0 | 8.1 | 10.0 | 7.8 | 8.2 | 0.15 |
| 11 | －6.40～－7.40 | 11.0～12.0 | 8.8 | 10.8 | 9.3 | 9.3 | 0.11 |
| 12 | －7.40～－8.40 | 12.0～13.0 | 8.1 | 11.0 | 7.6 | 8.4 | 0.18 |
| 13 | －8.40～－9.40 | 13.0～14.0 | 7.9 | 9.5 | 7.2 | 7.8 | 0.14 |
| 14 | －9.40～－10.40 | 14.0～15.0 | 9.0 | 10.2 | 7.4 | 8.4 | 0.15 |
| 15 | －10.40～－11.40 | 15.0～16.0 | 9.7 | 10.7 | 9.7 | 9.8 | 0.06 |
| 16 | －11.40～－12.40 | 16.0～17.0 | 9.9 | 11.2 | 11.4 | 10.6 | 0.08 |
| 17 | －12.40～－13.40 | 17.0～18.0 | 10.4 | 10.2 | 12.0 | 10.5 | 0.12 |

注　原位测试数据统计表中对每米取平均值。

4）分层压缩模量建议。根据深层原位测试指标，地基处理后的分层压缩模量建议值汇总见表 6-32。

**表 6-32　　　　地基处理后的分层压缩模量建议值汇总表**

<table>
<tr><th>序号</th><th>高程/m</th><th>深度/m</th><th>复合土层基压缩模量 $E_s$ 建议值/MPa</th><th>备　注</th></tr>
<tr><td>1</td><td>2.60～1.60</td><td>2.0～3.0</td><td>15.0</td><td></td></tr>
<tr><td>2</td><td>1.60～0.60</td><td>3.0～4.0</td><td rowspan="8">16.5</td><td></td></tr>
<tr><td>3</td><td>0.60～－0.40</td><td>4.0～5.0</td><td></td></tr>
<tr><td>4</td><td>－0.40～－1.40</td><td>5.0～6.0</td><td></td></tr>
<tr><td>5</td><td>－1.40～－2.40</td><td>6.0～7.0</td><td></td></tr>
<tr><td>6</td><td>－2.40～－3.40</td><td>7.0～8.0</td><td></td></tr>
<tr><td>7</td><td>－3.40～－4.40</td><td>8.0～9.0</td><td></td></tr>
<tr><td>8</td><td>－4.40～－5.40</td><td>9.0～10.0</td><td></td></tr>
<tr><td>9</td><td>－5.40～－6.40</td><td>10.0～11.0</td><td></td></tr>
<tr><td>10</td><td>－6.40～－7.40</td><td>11.0～12.0</td><td>19.0</td><td></td></tr>
<tr><td>11</td><td>－7.40～－8.40</td><td>12.0～13.0</td><td>10.0</td><td rowspan="5">部分土层混黏性土团块</td></tr>
<tr><td>12</td><td>－8.40～－9.40</td><td>13.0～14.0</td><td>9.0</td></tr>
<tr><td>13</td><td>－9.40～－10.40</td><td>14.0～15.0</td><td>7.0</td></tr>
<tr><td>14</td><td>－10.40～－11.40</td><td>15.0～16.0</td><td rowspan="2">10.0</td></tr>
<tr><td>15</td><td>－11.40～－12.40</td><td>16.0～17.0</td></tr>
<tr><td>16</td><td>－12.40～－13.40</td><td>17.0～18.0</td><td>19.5</td><td></td></tr>
</table>

注　表中为根据经验关系估算的建议值。

（5）结论。

1）浅层复合地基承载力特征值达到200kPa，满足设计要求。

2）振冲桩单桩承载力特征值达到393kN（500kPa）。

3）根据标准贯入数据结果（表6－30）进行液化计算判断。结果为桩间土（吹填土中的砂土）基本消除液化，满足设计要求。

4）在振冲桩中心的超重型动探检测表明，地面以下8m以内$N_{120}$（修正后）为3～6击、密实度为稍密，深度在8～18m范围内$N_{120}$为6～11击、密实度为中密。

5）根据深层原位测试指标，得到复合地基在处理深度范围内的压缩模量建议值（表6－32），供设计人员参考。

（6）原始数据。

1）载荷试验曲线见图6－18～图6－23。

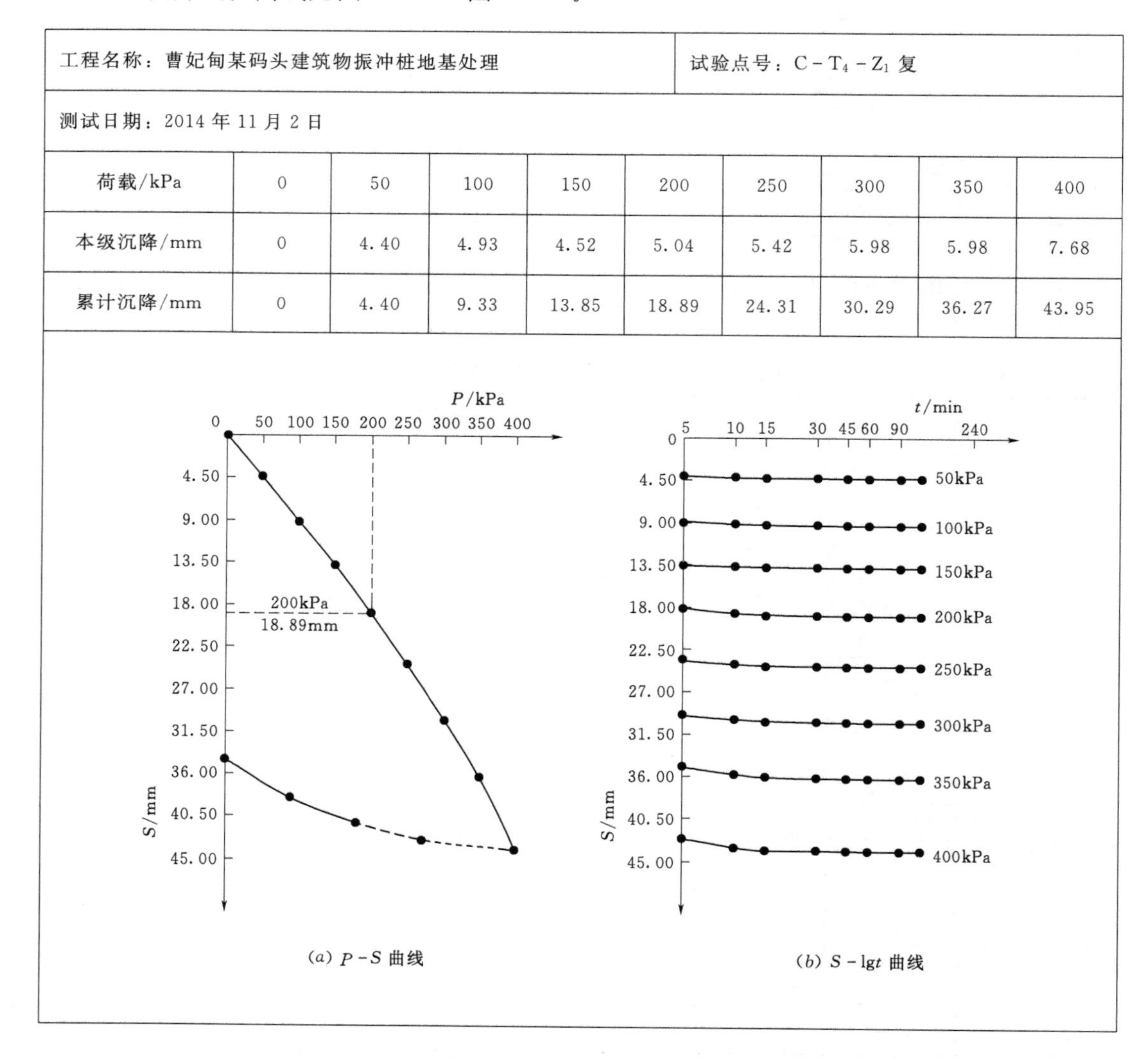

| 工程名称：曹妃甸某码头建筑物振冲桩地基处理 | | | | | 试验点号：C－$T_4$－$Z_1$复 | | | | |
|---|---|---|---|---|---|---|---|---|---|
| 测试日期：2014年11月2日 | | | | | | | | | |
| 荷载/kPa | 0 | 50 | 100 | 150 | 200 | 250 | 300 | 350 | 400 |
| 本级沉降/mm | 0 | 4.40 | 4.93 | 4.52 | 5.04 | 5.42 | 5.98 | 5.98 | 7.68 |
| 累计沉降/mm | 0 | 4.40 | 9.33 | 13.85 | 18.89 | 24.31 | 30.29 | 36.27 | 43.95 |



(a) $P-S$ 曲线

(b) $S-\lg t$ 曲线

图6－18　载荷试验曲线图

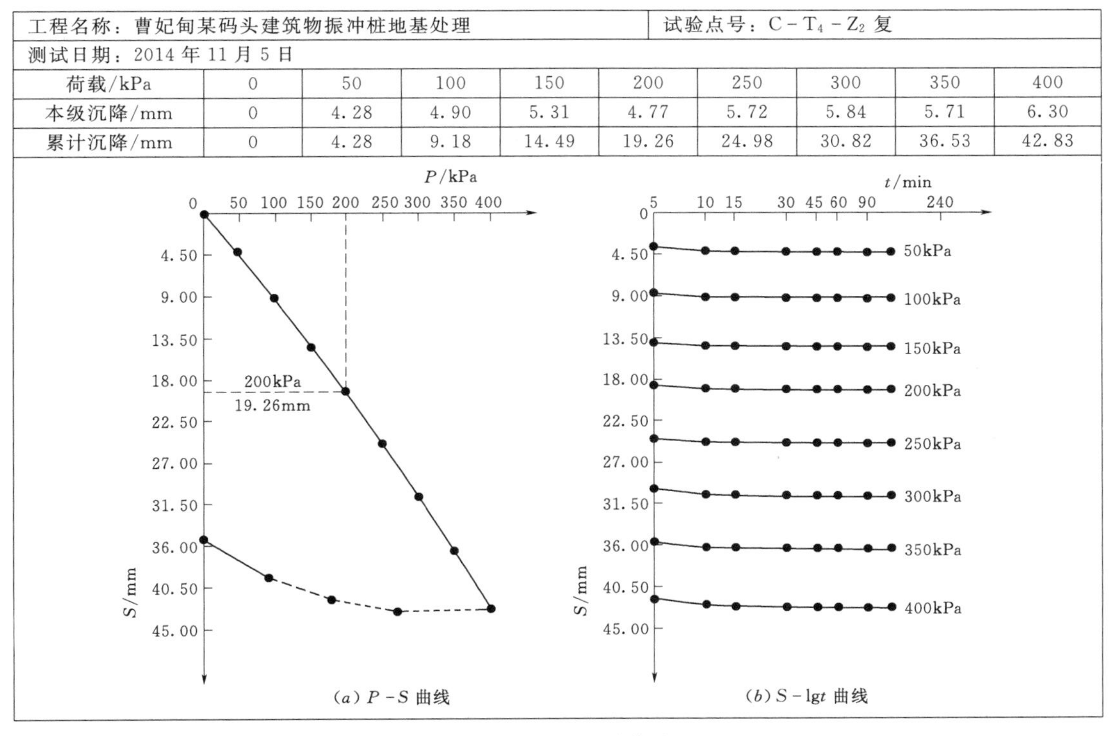

| 工程名称：曹妃甸某码头建筑物振冲桩地基处理 | | | | | | 试验点号：C－$T_4$－$Z_2$ 复 | | | |
|---|---|---|---|---|---|---|---|---|---|
| 测试日期：2014 年 11 月 5 日 | | | | | | | | | |
| 荷载/kPa | 0 | 50 | 100 | 150 | 200 | 250 | 300 | 350 | 400 |
| 本级沉降/mm | 0 | 4.28 | 4.90 | 5.31 | 4.77 | 5.72 | 5.84 | 5.71 | 6.30 |
| 累计沉降/mm | 0 | 4.28 | 9.18 | 14.49 | 19.26 | 24.98 | 30.82 | 36.53 | 42.83 |



图 6－19　载荷试验曲线图

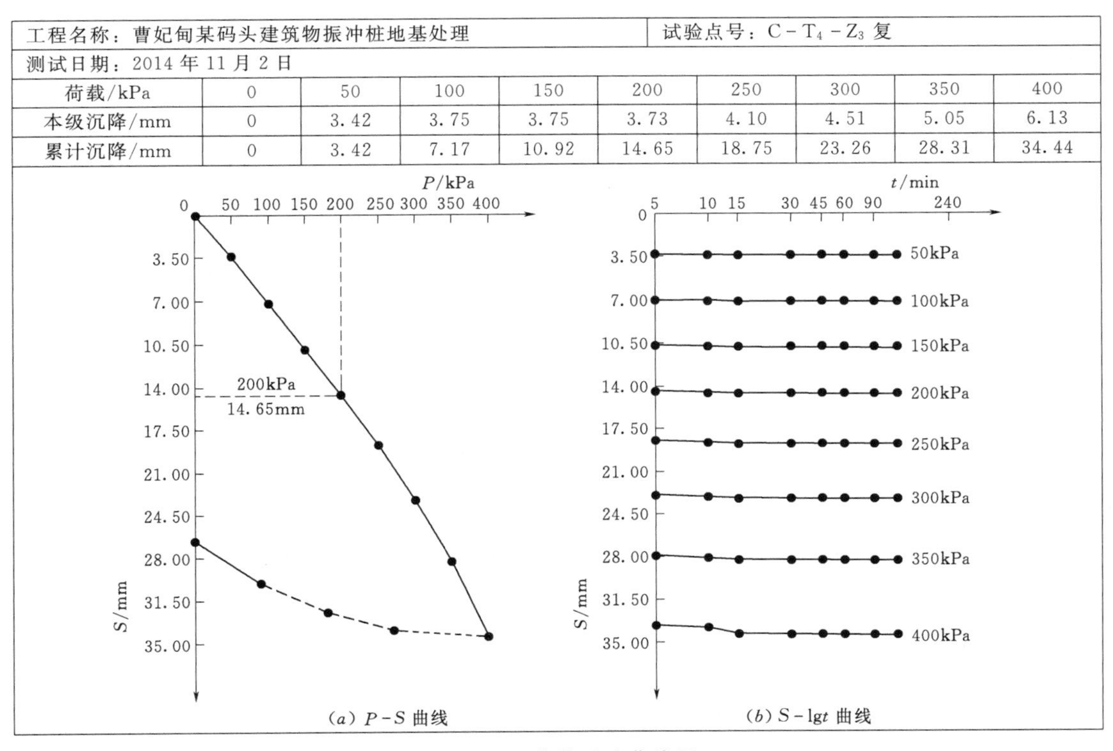

| 工程名称：曹妃甸某码头建筑物振冲桩地基处理 | | | | | | 试验点号：C－$T_4$－$Z_3$ 复 | | | |
|---|---|---|---|---|---|---|---|---|---|
| 测试日期：2014 年 11 月 2 日 | | | | | | | | | |
| 荷载/kPa | 0 | 50 | 100 | 150 | 200 | 250 | 300 | 350 | 400 |
| 本级沉降/mm | 0 | 3.42 | 3.75 | 3.75 | 3.73 | 4.10 | 4.51 | 5.05 | 6.13 |
| 累计沉降/mm | 0 | 3.42 | 7.17 | 10.92 | 14.65 | 18.75 | 23.26 | 28.31 | 34.44 |



图 6－20　载荷试验曲线图

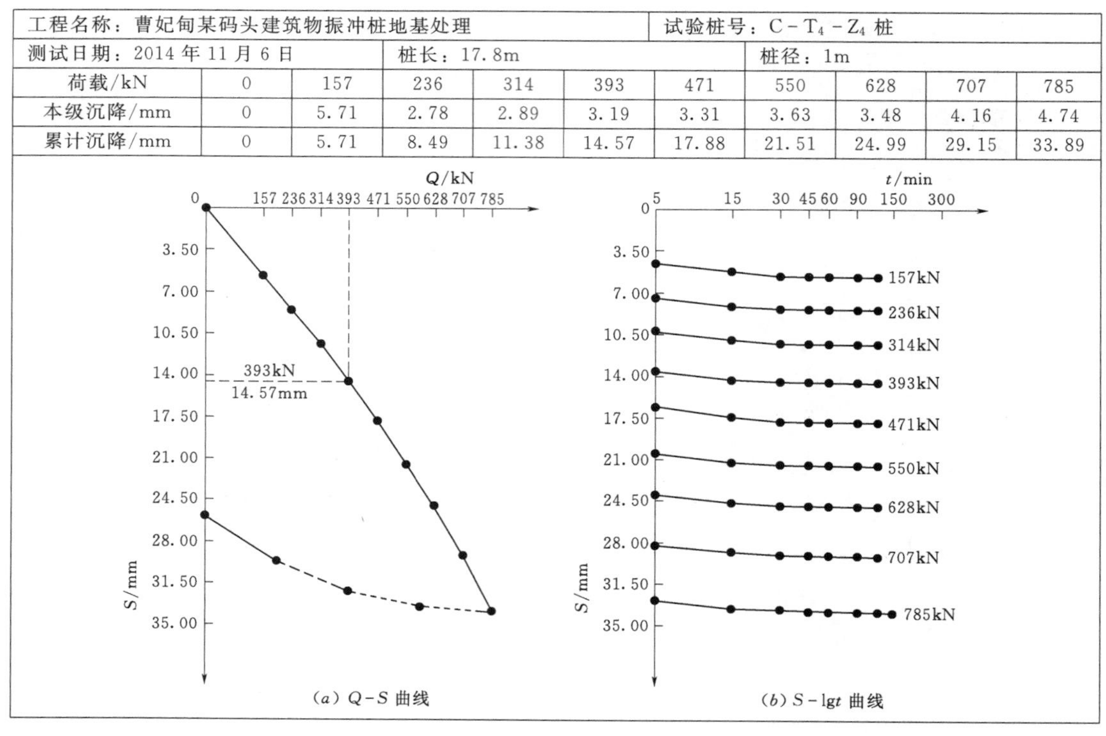

| 工程名称：曹妃甸某码头建筑物振冲桩地基处理 | | | | | | | 试验桩号：C－T$_4$－Z$_4$ 桩 | | | |
|---|---|---|---|---|---|---|---|---|---|---|
| 测试日期：2014 年 11 月 6 日 | | 桩长：17.8m | | | | | 桩径：1m | | | |
| 荷载/kN | 0 | 157 | 236 | 314 | 393 | 471 | 550 | 628 | 707 | 785 |
| 本级沉降/mm | 0 | 5.71 | 2.78 | 2.89 | 3.19 | 3.31 | 3.63 | 3.48 | 4.16 | 4.74 |
| 累计沉降/mm | 0 | 5.71 | 8.49 | 11.38 | 14.57 | 17.88 | 21.51 | 24.99 | 29.15 | 33.89 |



图 6－21 载荷试验曲线图

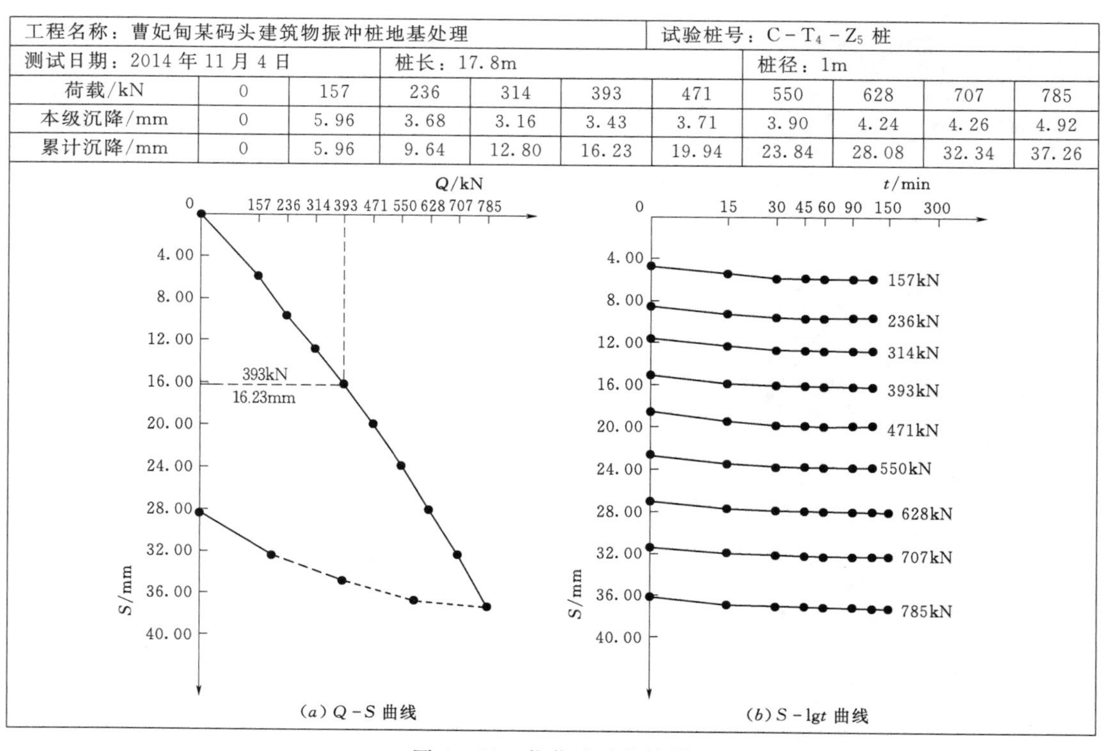

| 工程名称：曹妃甸某码头建筑物振冲桩地基处理 | | | | | | | 试验桩号：C－T$_4$－Z$_5$ 桩 | | | |
|---|---|---|---|---|---|---|---|---|---|---|
| 测试日期：2014 年 11 月 4 日 | | 桩长：17.8m | | | | | 桩径：1m | | | |
| 荷载/kN | 0 | 157 | 236 | 314 | 393 | 471 | 550 | 628 | 707 | 785 |
| 本级沉降/mm | 0 | 5.96 | 3.68 | 3.16 | 3.43 | 3.71 | 3.90 | 4.24 | 4.26 | 4.92 |
| 累计沉降/mm | 0 | 5.96 | 9.64 | 12.80 | 16.23 | 19.94 | 23.84 | 28.08 | 32.34 | 37.26 |



图 6－22 载荷试验曲线图

| 工程名称：曹妃甸某码头建筑物振冲桩地基处理 | | | | | | | 试验桩号：$C-T_4-Z_6$ 桩 | | | |
|---|---|---|---|---|---|---|---|---|---|---|
| 测试日期：2014 年 11 月 4 日 | | | 桩长：17.8m | | | | 桩径：1m | | | |
| 荷载/kN | 0 | 157 | 236 | 314 | 393 | 471 | 550 | 628 | 707 | 785 |
| 本级沉降/mm | 0 | 5.03 | 2.53 | 2.87 | 2.50 | 2.98 | 2.87 | 3.38 | 3.60 | 4.00 |
| 累计沉降/mm | 0 | 5.03 | 7.56 | 10.43 | 12.93 | 15.91 | 18.78 | 22.16 | 25.76 | 29.76 |

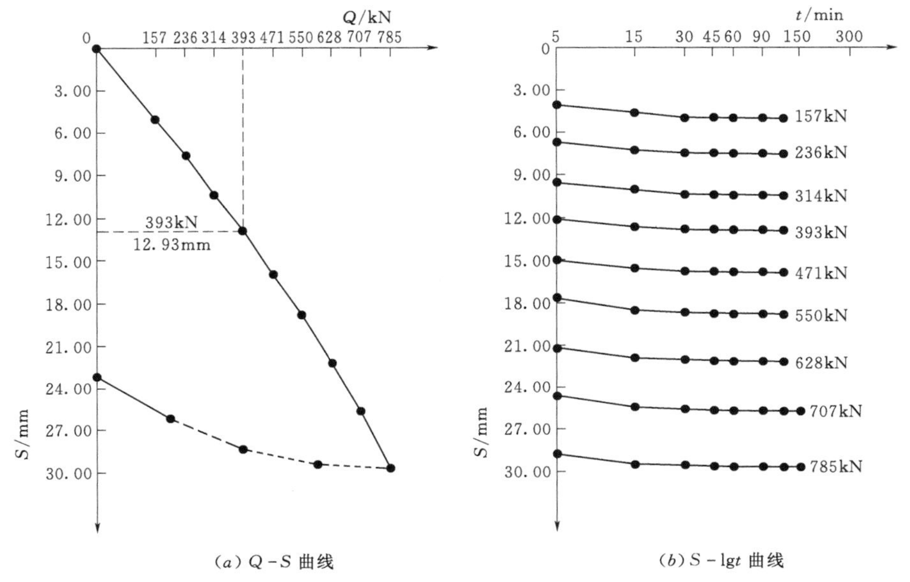

(a) $Q-S$ 曲线

(b) $S-\lg t$ 曲线

图 6-23　载荷试验曲线图

2）标准贯入试验检测数据见表 6-33。

**表 6-33　　标准贯入试验检测数据表**

| 序号 | 1 | | 2 | | 3 | | 4 | | 5 | |
|---|---|---|---|---|---|---|---|---|---|---|
| 检测点号 | $T_4-B_5$ | | $T_4-B_1$ | | $T_4-B_3$ | | $T_4-B_2$ | | $T_4-B_4$ | |
| 检测点位置 | 转接机房 | | 转接机房 | | 转接机房 | | 转接机房 | | 转接机房 | |
| 孔口标高/m | 4.60 | | 4.65 | | 4.66 | | 4.67 | | 4.60 | |
| 检测深度 | 18.5 | | 18.5 | | 18.5 | | 18.5 | | 18.5 | |
| 完成日期/(年-月-日) | 2014-10-29 | | 2014-10-25 | | 2014-10-27 | | 2014-10-29 | | 2014-10-30 | |
| 深度段/m | 实测 | 备注 | 实测 | 备注 | 实测 | 备注 | 实测击数 | 备注 | 实测 | 备注 |
| 2～3 | 18 | | 23 | | 13 | | 8 | | | |
| 3～4 | 18 | | 22 | | 19 | | 21 | | 20 | |
| 4～5 | 16 | | 23 | | 19 | | 23 | | 17 | |
| 5～6 | 20 | | 24 | | 24 | | 19 | | 20 | |

续表

| 深度段/m | 实测 | 备注 | 实测 | 备注 | 实测 | 备注 | 实测击数 | 备注 | 实测 | 备注 |
|---|---|---|---|---|---|---|---|---|---|---|
| 6～7 | 24 | | 23 | | 30 | | 19 | | 17 | |
| 7～8 | 22 | | 23 | | 28 | | 25 | | 19 | |
| 8～9 | 24 | | 20 | | 26 | | 23 | | 16 | |
| 9～10 | 24 | | 23 | | 27 | | 22 | | 25 | |
| 10～11 | 26 | | 28 | | 32 | | 19 | | 26 | |
| 11～12 | 26 | | 29 | | 31 | | 35 | | 35 | |
| 12～13 | 5 | 混黏 | 19 | | 8 | 混黏 | 8 | 混黏 | 36 | |
| 13～14 | 4 | 混黏 | 19 | | 27 | | 9 | 混黏 | 3 | 混黏 |
| 14～15 | 4 | 混黏 | 11 | 混黏 | 11 | 混黏 | 4 | 混黏 | 5 | 混黏 |
| 15～16 | 3 | 混黏 | 9 | 混黏 | 10 | 混黏 | 10 | 混黏 | 45 | |
| 16～17 | 25 | | 8 | 混黏 | 5 | 混黏 | 3 | 混黏 | 48 | |
| 17～18 | 48 | | 38 | | 33 | | 26 | | 46 | |
| 18～19 | 50 | | 50 | | 26 | | 43 | | 46 | |

**注** “混黏”表示该处取样混黏性土团块。

3）标准贯入试验检测数据曲线见图 6-24。

4）桩体动探试验曲线见图 6-25。

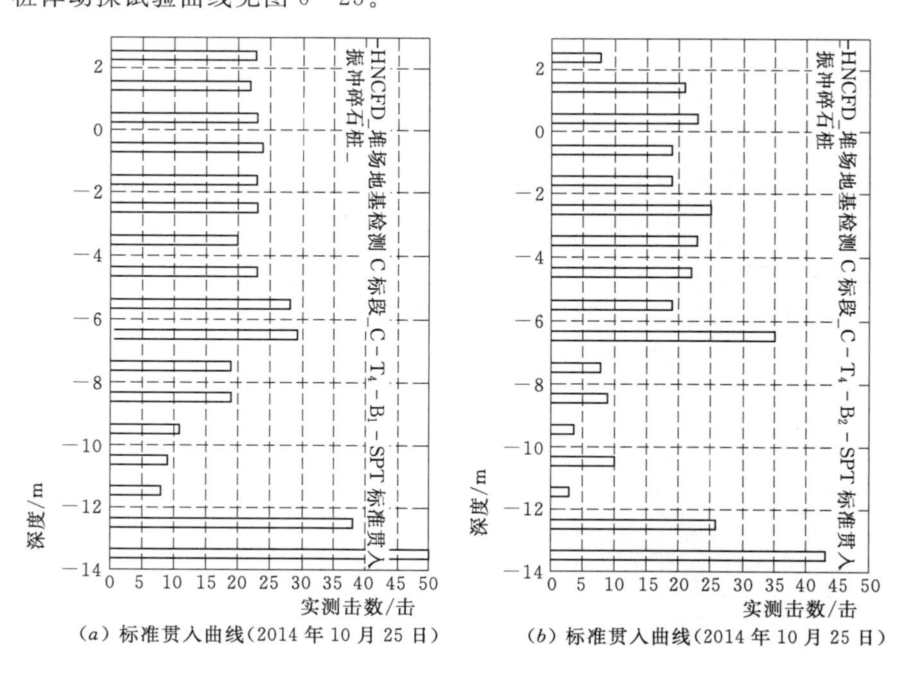


(*a*) 标准贯入曲线(2014 年 10 月 25 日)　　(*b*) 标准贯入曲线(2014 年 10 月 25 日)

图 6-24（一）　标准贯入试验检测数据曲线图

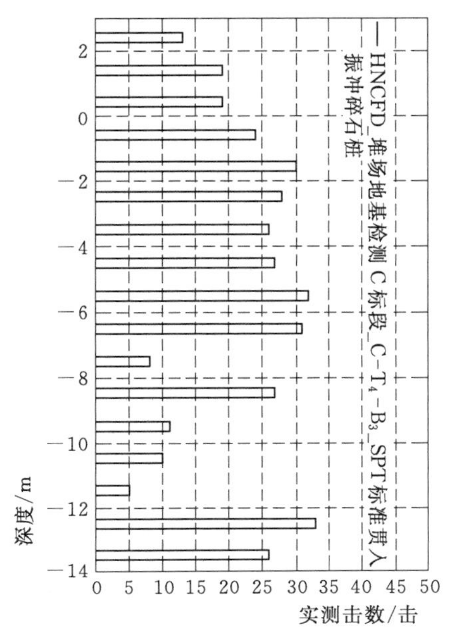


(c) 标准贯入曲线(2014 年 10 月 27 日)

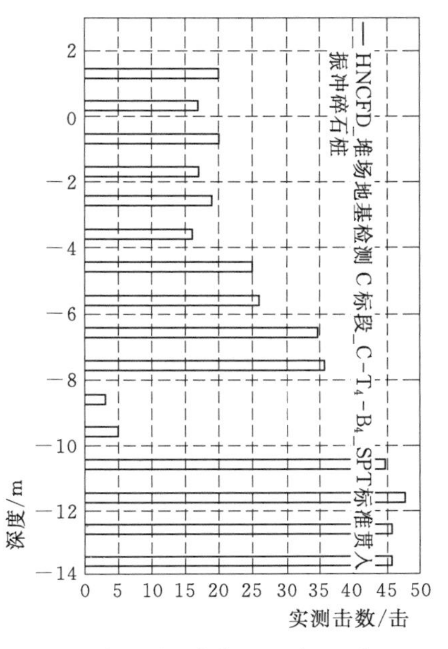


(d) 标准贯入曲线(2014 年 10 月 30 日)

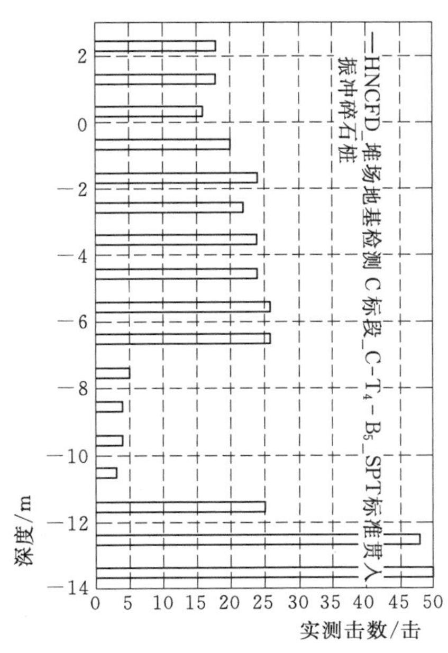


(e) 标准贯入曲线(2014 年 10 月 29 日)

图 6-24(二) 标准贯入试验检测数据曲线图

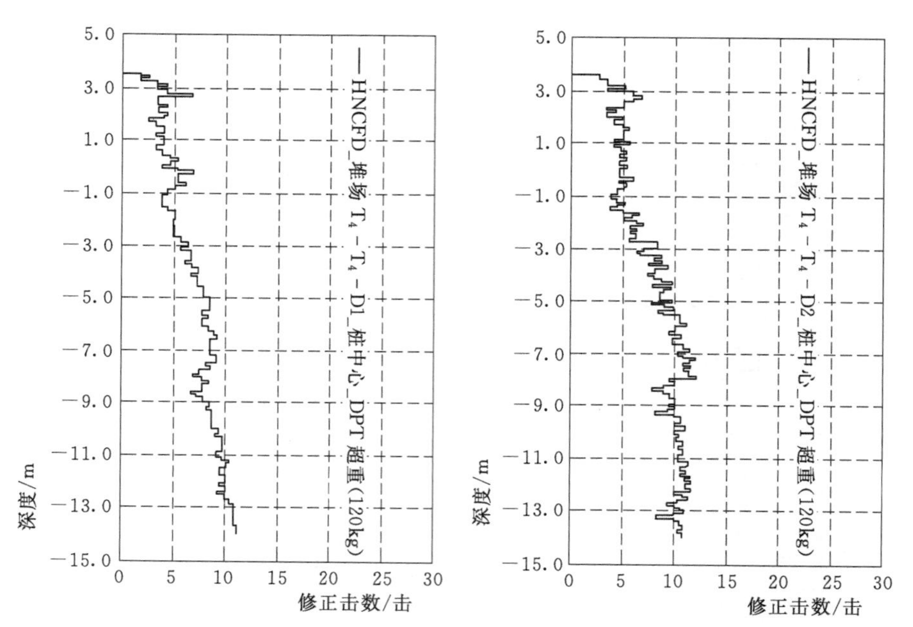


（a）圆锥动力触探曲线①（2014 年 10 月 30 日）　（b）圆锥动力触探曲线②（2014 年 10 月 30 日）

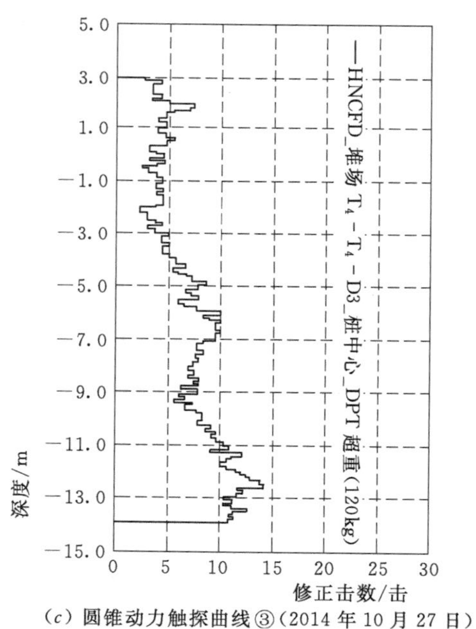


（c）圆锥动力触探曲线③（2014 年 10 月 27 日）

图 6－25　桩体动探试验曲线图

**【案例 6－2】** 沿海某场区无填料振冲（挤密）地基处理检测。

（1）工程概况。某港区拟建设煤码头，本工程拟建设 2 个 10 万 t 级煤炭装船泊位，以及相应配套设施，码头长 1428m，设计码头通过能力 5000 万 t/a。

其中堆场区域原为海域，经吹沙填海形成陆地，本区域上部为饱和松软土层，需经处理后方可使用。本工程的堆场、辅建区地基处理采用无填料振冲挤密处理方法。按照设计要求，无填料振冲挤密采用多点共振，振点呈正三角形布置，间距为 2.5m。无填料振冲挤密施工完成后，采用 2000kN·m 夯击能对地表浅层进行夯实处理。强夯夯点按正方形布置，单点夯击击数 6～8 击，分 2 遍夯。第 1 遍夯夯点间距 5.0m×5.0m，第 2 遍夯在第 1 遍夯点中间插点。最后满夯一遍，单点夯击能 1000kN·m，采用 1/3 夯双向搭接，单点夯击击数 2～3 击。

检测时地面标高为 3.8～4.2m。

检测依据包括《建筑地基处理技术规范》（JGJ 79）、《建筑地基基础检测技术规程》[DB13(J)148]，以及本工程地基处理相关设计文件。

（2）检测及设计要求。

1）检测要求。检测应符合《建筑地基基础设计规范》（GB 50007—2011）、《港口工程地基规范》（JTS 147—1—2010）、《建筑地基处理技术规范》（JGJ 79—2012）、《建筑地基基础工程施工质量验收规范》（GB 50202—2002）的要求。

A. 堆场区地基承载力特征值不低于 150kPa。

B. 堆场区使用荷载（堆煤 150kPa）作用下地基抗滑稳定安全系数不低于 1.3。

C. 提供地基处理深度范围内的土层的分层压缩模量建议值。

D. 提供地基处理深度范围内（堆场区应不浅于冲填土的层底深度）冲填土是否液化的判定。

E. 堆场区使用荷载（堆煤 150kPa）作用下残留沉降量小于 50cm，不均匀沉降量小于 10cm/20cm。

2）检测单元划分及检测项目。

A. 检验单元的划分。根据施工单位提供的各标段施工分区图以及成桩数量进行加固后检验单元划分，原则上一个施工分区作为一个检验单元，但对其中个别桩数较少的施工分区进行了合并，进而形成一个新的检验单元。

B. 单桩复合地基承载力检验。在加固后的地表进行单桩复合地基承载力检验，用于确定处理后的表层地基承载力特征值，载荷板尺寸为 $\phi$2.62m。

C. 桩间土标准贯入检验。在加固后的振冲点间进行标准贯入试验，用于检验地基土改善情况，为判定冲填土是否液化提供依据，并估算地基处理深度范围内各土层的压缩模量。标贯检验深度根据实际施工深度进行，位于堆场Ⅰ区内检验深度至地下 8.3m，位于堆场Ⅱ区内检验深度为地下 10.6m。在上述每个检验单元内的标准贯入孔中选取 1 孔检验深度比施工深度深 1m，以满足上部结构勘察的需要。标贯试验时在部分标贯深度处取土样，送试验室进行试验以确定土名和黏粒含量等，需确定的指标有液限、塑限、颗粒分析、黏粒含量（黏粒为粒径＜0.005mm 的颗粒）。

（3）现场检测情况及工程量。本区检测外业工作于 2015 年 1 月 10 日开始，2015 年 1 月 21 日结束。根据设计要求，地基检测采用地基静载试验、标准贯入试验及室内试验等方法进行综合对比检测。检测完成工作量见表 6-34。

（4）检测结果分析与评价。

1）载荷试验检测结果。按照设计要求，地基静载试验采用 5.41m$^2$ 方板，单点最大加载至300kPa（1623kN），分8级加载，单级荷载按照37.5kPa进行加载。

表6-34　　检测完成工作量统计表

| 序号 | 检测方法 | 检测点数量/点 | 延米/次 | 备　注 |
| --- | --- | --- | --- | --- |
| 1 | 钻孔 | 8 | 106m | 深度为12.5m，其中$B_2-D_4-5B_1$、$B_2-D_4-5B_5$点深度为15.5m |
| 2 | 标准贯入试验 | 8 | 102 | 每1m进行一次标准贯入试验 |
| 3 | 地基静载试验 | 3 | — | 采用5.41m$^2$方形压板，最大加载300kPa（1623kN） |

根据3个地基静载试验点结果显示，各试验点加载至最大荷载（即300kPa）时，均未出现沉降急剧增大、土挤出、承压板周围明显隆起等现象，最终沉降量为21.67～46.46mm，均小于压板宽度的6%。

各检测点$P-S$曲线均为缓变形，根据相关规范及设计要求，取最大加载量的一半和相对变形值$S/b=0.01$（$b$大于2m时，按2m计算）对应的荷载，两者中的较小值作为地基承载力特征值。结果显示，各检测点承载力特征值均不小于150kPa，平板载荷试验结果汇总见表6-35。

表6-35　　平板载荷试验结果汇总表

| 序号 | 试验点 | 最大加载 | | 地基承载力特征值 | |
| --- | --- | --- | --- | --- | --- |
| | | 荷载/kPa | 对应沉降量/mm | 荷载/kPa | 对应沉降量/mm |
| 1 | $B_2-D_4-5Z_1$ | 300 | 46.46 | 150 | 19.63 |
| 2 | $B_2-D_4-5Z_2$ | 300 | 21.67 | 150 | 11.11 |
| 3 | $B_2-D_4-5Z_3$ | 300 | 23.13 | 150 | 10.26 |

注　试坑平均开挖深度为0.5～1.0m，试坑底平均标高为3.4m。

2）标准贯入试验检测结果。按照设计要求，对本区域进行了8个钻孔的标准贯入试验，检测深度为12.5m，其中$B_2-D_4-5B_1$、$B_2-D_4-5B_5$点深度为15.5m。根据各钻孔标准贯入试验，对各层土标贯实测击数统计分析，剔除部分异常值，计算出各层标贯实测击数的平均值及最大值、最小值。各检测点试验结果标准贯入试验结果统计及压缩模量建议见表6-36。

表6-36　　标准贯入试验结果统计及压缩模量建议表

| 土层 | 统计个数/个 | 实测值/击 | | | 土层状态 | 压缩模量/MPa | 备　注 |
| --- | --- | --- | --- | --- | --- | --- | --- |
| | | 最大值 | 最小值 | 平均值 | | | |
| 非液化砂土（局部粉土） | 94 | 40 | 12 | 23.9 | 中密 | 11.0 | 粉土薄层未参与统计 |
| 液化粉土（局部砂土） | 4 | 11 | 6 | 7.5 | 松散～稍密 | — | 主要分布于6～11m深度范围内 |
| 黏性土 | 4 | 15 | 4 | 8.3 | 软塑 | 4.0 | 主要分布于11～15.5m深度范围内 |

3）液化判别。依据《建筑抗震设计规范》（GB 50011—2010）的规定，建筑场地抗震设防烈度为7度，场地设计基本地震加速度为0.15$g$，设计地震分组为第二组。根据场地地层情况，对场地检测深度范围内地基土进行地震液化判别。初步判定，本场地砂土、粉土具有地震液化的可能性，其中粉土黏粒含量百分率不小于10时判为不液化土，采用标准贯入试验判别法进一步判别。按《建筑抗震设计规范》（GB 50011—2010）第4.3.4条：

$$N_{cr}=N_O\beta[\ln(0.6d_s+1.5)-0.1d_w]\sqrt{\frac{3}{\rho_c}}$$

计算液化判别标准贯入击数临界值（对于取样试验点，黏粒含量按土工试验实测值计算），当饱和土标准贯入击数（未经杆长修正）不大于液化判别标准贯入击数临界值时应判为液化土。对本场地存在的液化砂土层按第4.3.5条：

$$I_{lE}=\sum_{i=1}^{n}\left(1-\frac{N_i}{N_{cri}}\right)d_iW_i$$

计算每个钻孔的液化指数，并按《建筑抗震设计规范》（GB 50011—2010）中表4.3.5综合划分液化等级。

对本区域内8个标准贯入试验点进行了地基土的液化判别，经判别，$D_4-5B_2$、$D_4-5B_8$在6～11m深度范围内存在液化现象，液化指数为1.2～5.0，液化等级为轻微。

4）地基处理效果评价。通过对本次检测结果进行综合分析，以及与处理前岩土勘察报告进行对比（图6－26），本区域处理效果相对较好，具体分类评价如下。

非液化砂土。以粉砂为主，褐灰色，湿～饱和，中密—密实，标贯实测击数平均为23.9击，经地基处理液化现象已消除。局部黏粒含量高，夹粉土薄层。该层在本区域检测深度范围内均有分布，主要分布于9m以上。地基处理效果相对较好。

液化粉土。褐灰色，湿—饱和，松散—稍密，标贯实测击数平均为7.5击，局部为砂土，经地基处理仍存在液化现象，局部黏粒含量高。仅$D_4-5B_2$、$D_4-5B_8$在6～11m深度范围内揭露该层，地基处理效果较差。

黏性土。以粉质黏土为主，褐灰色，软塑—可塑，标贯实测击数平均为8.3击，塑性指数平均为16.3，液性指数平均为0.60。局部夹粉砂。仅$D_4-5B_1$、$D_4-5B_5$在11～15.5m深度范围内揭露该层，本次地基处理对该层影响不大。

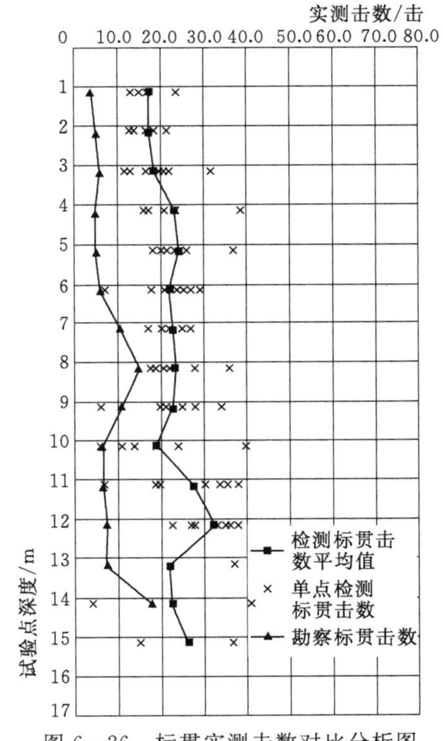

图6－26　标贯实测击数对比分析图

处理后地基土仍存在一定的不均匀性，其中

表层砂土深度约 3.5m 范围内局部为稍密状态，标贯实测击数为 12～15 击，深度 11～15.5m 范围内分布有软塑—可塑粉质黏土及黏土夹层。

（5）结论。

1）根据静载试验结果，本区域浅层地基土承载力特征值均不小于 150kPa，满足设计要求。

2）本区域检测深度范围内地基土仍存在液化现象，液化指数为 1.2～5.0，液化等级为轻微。

3）本区域地基土处理后整体加固效果相对较好，但仍存在一定的不均匀性。

（6）原始数据。

1）载荷试验曲线见图 6－27～图 6－29。

| 工程名称：曹妃甸某堆场无填料振冲地基处理 | | | | | | 试验点号：$B_2-D_4-5Z_1$ | | | |
|---|---|---|---|---|---|---|---|---|---|
| 压板面积：5.41m² | | | 检测点高程：4.08m | | | | 测试日期：2015 年 1 月 20 日 | | |
| 荷载/kPa | 0 | 37 | 75 | 112 | 150 | 187 | 225 | 262 | 300 |
| 本级沉降/mm | 0 | 3.67 | 4.82 | 5.16 | 5.98 | 5.71 | 6.32 | 7.08 | 7.72 |
| 累计沉降/mm | 0 | 3.67 | 8.49 | 13.65 | 19.63 | 25.34 | 31.66 | 38.74 | 46.46 |

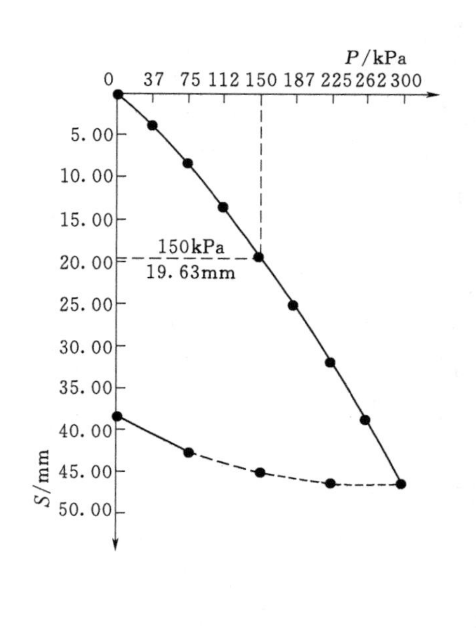


图 6－27　载荷试验曲线图

| 工程名称：曹妃甸某堆场无填料振冲地基处理 | | | | | | | 试验点号：$B_2-D_4-5Z_2$ | | |
|---|---|---|---|---|---|---|---|---|---|
| 压板面积：$5.41m^2$ | | | | 检测点高程：4.02m | | | 测试日期：2015年1月19日 | | |
| 荷载/kPa | 0 | 37 | 75 | 112 | 150 | 187 | 225 | 262 | 300 |
| 本级沉降/mm | 0 | 2.88 | 2.58 | 3.01 | 2.64 | 2.68 | 2.77 | 2.50 | 2.61 |
| 累计沉降/mm | 0 | 2.88 | 5.46 | 8.47 | 11.11 | 13.79 | 16.56 | 19.06 | 21.67 |

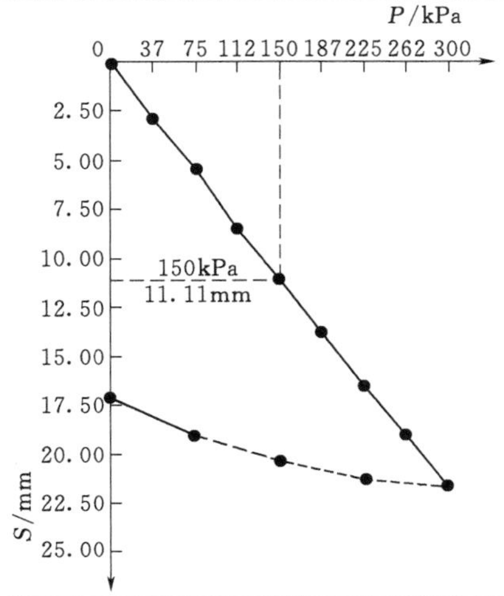

图6-28　载荷试验曲线图

| 工程名称：曹妃甸某堆场无填料振冲地基处理 | | | | | | | 试验点号：$B_2-D_4-5Z_3$ | | |
|---|---|---|---|---|---|---|---|---|---|
| 压板面积：$5.41m^2$ | | | | 检测点高程：3.62m | | | 测试日期：2015年1月21日 | | |
| 荷载/kPa | 0 | 37 | 75 | 112 | 150 | 187 | 225 | 262 | 300 |
| 本级沉降/mm | 0 | 2.25 | 2.59 | 2.73 | 2.69 | 2.78 | 2.96 | 3.06 | 4.07 |
| 累计沉降/mm | 0 | 2.25 | 4.84 | 7.57 | 10.26 | 13.04 | 16.00 | 19.06 | 23.13 |

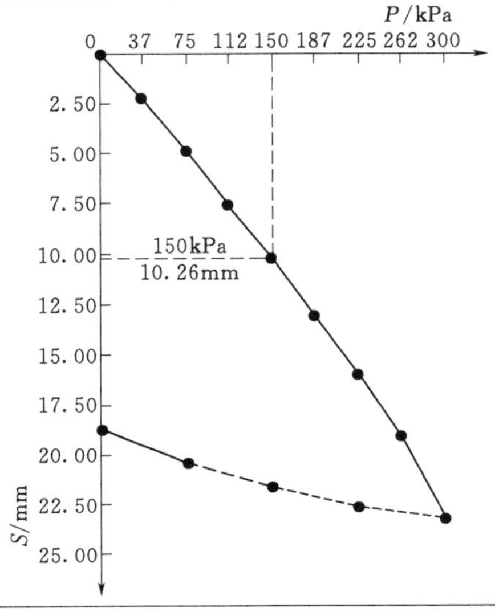

图6-29　载荷试验曲线图

2）液化判别一览见表6－37。

**表6－37　液化判别一览表**

| 孔　号 | 标准贯入点深度 $d_s$ /m | 实测标贯击数 $N$ /击 | 地下水位埋深 $d_w$ /m | 黏粒含量 $\rho_c$ /% | 标贯击数临界值 $N_{cr}$ /击 | 液化判别 | 液化指数 $I_{lE}$ | 液化等级 |
|---|---|---|---|---|---|---|---|---|
| $B_2-D_4-5-B_1$ | 1.15 | 15 | 0.5 | 3 | 7.0 | 不液化 | 0 | 无 |
| | 2.15 | 17 | 0.5 | 3 | 9.3 | 不液化 | | |
| | 3.15 | 19 | 0.5 | 3 | 11.1 | 不液化 | | |
| | 4.15 | 21 | 0.5 | 3 | 12.7 | 不液化 | | |
| | 5.15 | 23 | 0.5 | 3 | 14.0 | 不液化 | | |
| | 6.15 | 29 | 0.5 | 3 | 15.2 | 不液化 | | |
| | 7.15 | 17 | 0.5 | 3 | 16.2 | 不液化 | | |
| | 8.15 | 18 | 0.5 | 3 | 17.1 | 不液化 | | |
| | 9.15 | 21 | 0.5 | 3 | 18.0 | 不液化 | | |
| | 10.15 | 19 | 0.5 | 3 | 18.8 | 不液化 | | |
| | 11.15 | 30 | 0.5 | 3 | 19.5 | 不液化 | | |
| | 12.15 | 33 | 0.5 | 3 | 20.2 | 不液化 | | |
| | 13.15 | 37 | 0.5 | 3 | 20.8 | 不液化 | | |
| $B_2-D_4-5-B_2$ | 1.15 | 17 | 0.5 | 3 | 7.0 | 不液化 | 1.2 | 轻微 |
| | 2.15 | 18 | 0.5 | 3 | 9.3 | 不液化 | | |
| | 3.15 | 21 | 0.5 | 3 | 11.1 | 不液化 | | |
| | 4.15 | 17 | 0.5 | 3 | 12.7 | 不液化 | | |
| | 5.15 | 18 | 0.5 | 3 | 14.0 | 不液化 | | |
| | 6.15 | 21 | 0.5 | 3 | 15.2 | 不液化 | | |
| | 7.15 | 23 | 0.5 | 3 | 16.2 | 不液化 | | |
| | 8.15 | 21 | 0.5 | 3 | 17.1 | 不液化 | | |
| | 9.15 | 20 | 0.5 | 3 | 18.0 | 不液化 | | |
| | 10.15 | 11 | 0.5 | 5.8 | 13.5 | 液化 | | |
| | 12.15 | 35 | 0.5 | 3 | 20.2 | 不液化 | | |
| $B_2-D_4-5-B_3$ | 1.15 | 17 | 0.5 | 3 | 7.0 | 不液化 | 0 | 无 |
| | 2.15 | 19 | 0.5 | 3 | 9.3 | 不液化 | | |
| | 3.15 | 22 | 0.5 | 3 | 11.1 | 不液化 | | |
| | 4.15 | 23 | 0.5 | 3 | 12.7 | 不液化 | | |
| | 5.15 | 20 | 0.5 | 3 | 14.0 | 不液化 | | |
| | 6.15 | 18 | 0.5 | 3 | 15.2 | 不液化 | | |
| | 7.15 | 20 | 0.5 | 3 | 16.2 | 不液化 | | |
| | 8.15 | 22 | 0.5 | 3 | 17.1 | 不液化 | | |

续表

| 孔　号 | 标准贯入点深度 $d_s$ /m | 实测标贯击数 $N$ /击 | 地下水位埋深 $d_w$ /m | 黏粒含量 $\rho_c$ /% | 标贯击数临界值 $N_{cr}$ /击 | 液化判别 | 液化指数 $I_{lE}$ | 液化等级 |
|---|---|---|---|---|---|---|---|---|
| $B_2-D_4-5-B_3$ | 9.15 | 23 | 0.5 | 3 | 18.0 | 不液化 | 0 | 无 |
| | 10.15 | 24 | 0.5 | 3 | 18.8 | 不液化 | | |
| | 11.15 | 38 | 0.5 | 3 | 19.5 | 不液化 | | |
| | 12.15 | 36 | 0.5 | 3 | 20.2 | 不液化 | | |
| $B_2-D_4-5-B_4$ | 1.15 | 13 | 0.5 | 3 | 7.0 | 不液化 | 0 | 无 |
| | 2.15 | 14 | 0.5 | 3 | 9.3 | 不液化 | | |
| | 3.15 | 12 | 0.5 | 3 | 11.1 | 不液化 | | |
| | 4.15 | 24 | 0.5 | 3 | 12.7 | 不液化 | | |
| | 5.15 | 24 | 0.5 | 3 | 14.0 | 不液化 | | |
| | 6.15 | 27 | 0.5 | 3 | 15.2 | 不液化 | | |
| | 7.15 | 27 | 0.5 | 3 | 16.2 | 不液化 | | |
| | 8.15 | 28 | 0.5 | 3 | 17.1 | 不液化 | | |
| | 9.15 | 34 | 0.5 | 3 | 18.0 | 不液化 | | |
| | 10.15 | 14 | 0.5 | 8 | 11.5 | 不液化 | | |
| | 11.15 | 35 | 0.5 | 3 | 19.5 | 不液化 | | |
| | 12.15 | 28 | 0.5 | 3 | 20.2 | 不液化 | | |
| $B_2-D_4-5-B_5$ | 1.15 | 15 | 0.5 | 3 | 7.0 | 不液化 | 0 | 无 |
| | 2.15 | 22 | 0.5 | 3 | 9.3 | 不液化 | | |
| | 3.15 | 32 | 0.5 | 3 | 11.1 | 不液化 | | |
| | 4.15 | 39 | 0.5 | 3 | 12.7 | 不液化 | | |
| | 5.15 | 37 | 0.5 | 3 | 14.0 | 不液化 | | |
| | 6.15 | 24 | 0.5 | 3 | 15.2 | 不液化 | | |
| | 7.15 | 26 | 0.5 | 3 | 16.2 | 不液化 | | |
| | 8.15 | 36 | 0.5 | 3 | 17.1 | 不液化 | | |
| | 9.15 | 25 | 0.5 | 3 | 18.0 | 不液化 | | |
| | 10.15 | 40 | 0.5 | 3 | 18.8 | 不液化 | | |
| | 12.15 | 38 | 0.5 | 3 | 20.2 | 不液化 | | |
| | 14.15 | 41 | 0.5 | 3 | 21.4 | 不液化 | | |
| | 15.15 | 37 | 0.5 | 3 | 21.9 | 不液化 | | |
| $B_2-D_4-5-B_6$ | 1.15 | 24 | 0.5 | 3 | 7.0 | 不液化 | 0 | 无 |
| | 2.15 | 22 | 0.5 | 3 | 9.3 | 不液化 | | |
| | 3.15 | 13 | 0.5 | 3 | 11.1 | 不液化 | | |
| | 4.15 | 16 | 0.5 | 3 | 12.7 | 不液化 | | |
| | 5.15 | 22 | 0.5 | 3 | 14.0 | 不液化 | | |

续表

| 孔　号 | 标准贯入点深度 $d_s$ /m | 实测标贯击数 $N$ /击 | 地下水位埋深 $d_w$ /m | 黏粒含量 $\rho_c$ /% | 标贯击数临界值 $N_{cr}$ /击 | 液化判别 | 液化指数 $I_{lE}$ | 液化等级 |
|---|---|---|---|---|---|---|---|---|
| $B_2-D_4-5-B_6$ | 6.15 | 25 | 0.5 | 3 | 15.2 | 不液化 | 0 | 无 |
| | 7.15 | 25 | 0.5 | 3 | 16.2 | 不液化 | | |
| | 8.15 | 19 | 0.5 | 3 | 17.1 | 不液化 | | |
| | 9.15 | 28 | 0.5 | 3 | 18.0 | 不液化 | | |
| | 10.15 | 19 | 0.5 | 3 | 18.8 | 不液化 | | |
| | 11.15 | 34 | 0.5 | 3 | 19.5 | 不液化 | | |
| | 12.15 | 27 | 0.5 | 3 | 20.2 | 不液化 | | |
| $B_2-D_4-5-B_7$ | 1.15 | 24 | 0.5 | 3 | 7.0 | 不液化 | 0 | 无 |
| | 2.15 | 13 | 0.5 | 3 | 9.3 | 不液化 | | |
| | 3.15 | 12 | 0.5 | 3 | 11.1 | 不液化 | | |
| | 4.15 | 24 | 0.5 | 3 | 12.7 | 不液化 | | |
| | 5.15 | 26 | 0.5 | 3 | 14.0 | 不液化 | | |
| | 6.15 | 26 | 0.5 | 3 | 15.2 | 不液化 | | |
| | 7.15 | 23 | 0.5 | 3 | 16.2 | 不液化 | | |
| | 8.15 | 22 | 0.5 | 3 | 17.1 | 不液化 | | |
| | 9.15 | 25 | 0.5 | 3 | 18.0 | 不液化 | | |
| | 11.15 | 20 | 0.5 | 3 | 19.5 | 不液化 | | |
| | 12.15 | 39 | 0.5 | 3 | 20.2 | 不液化 | | |
| $B_2-D_4-5-B_8$ | 1.15 | 16 | 0.5 | 3 | 7.0 | 不液化 | 5.0 | 轻微 |
| | 2.15 | 14 | 0.5 | 3 | 9.3 | 不液化 | | |
| | 3.15 | 17 | 0.5 | 3 | 11.1 | 不液化 | | |
| | 4.15 | 21 | 0.5 | 3 | 12.7 | 不液化 | | |
| | 5.15 | 23 | 0.5 | 3 | 14.0 | 不液化 | | |
| | 6.15 | 7 | 0.5 | 3 | 15.2 | 液化 | | |
| | 7.15 | 22 | 0.5 | 3 | 16.2 | 不液化 | | |
| | 8.15 | 22 | 0.5 | 3 | 17.1 | 不液化 | | |
| | 10.15 | 20 | 0.5 | 3 | 18.8 | 不液化 | | |
| | 11.15 | 38 | 0.5 | 3 | 19.5 | 不液化 | | |
| | 12.15 | 23 | 0.5 | 3 | 20.2 | 不液化 | | |

3）标准贯入试验成果见图 6-30。

4）标准贯入试验成果见表 6-38。

5）室内土工试验成果见表 6-39。

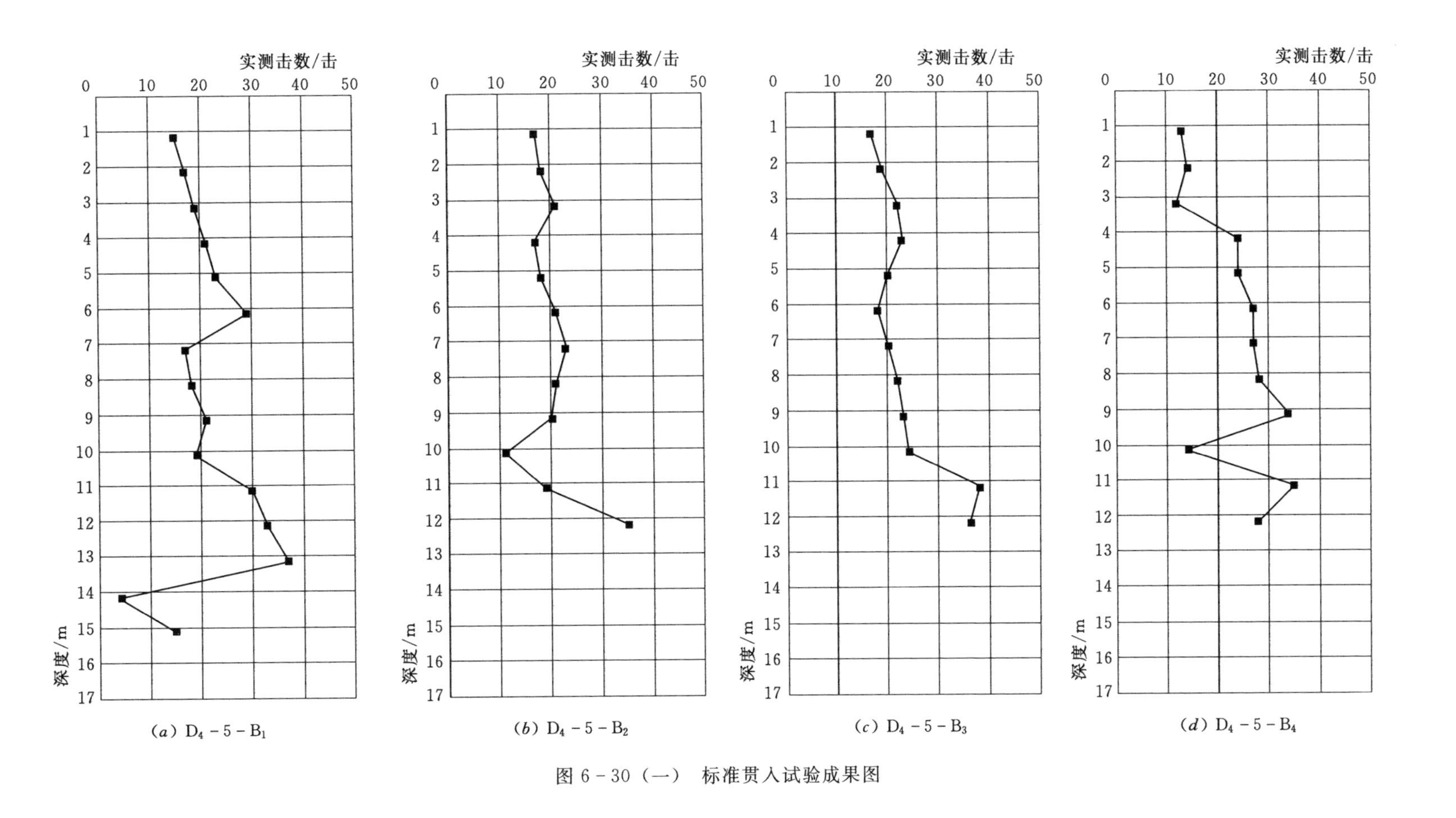


图 6-30（一） 标准贯入试验成果图

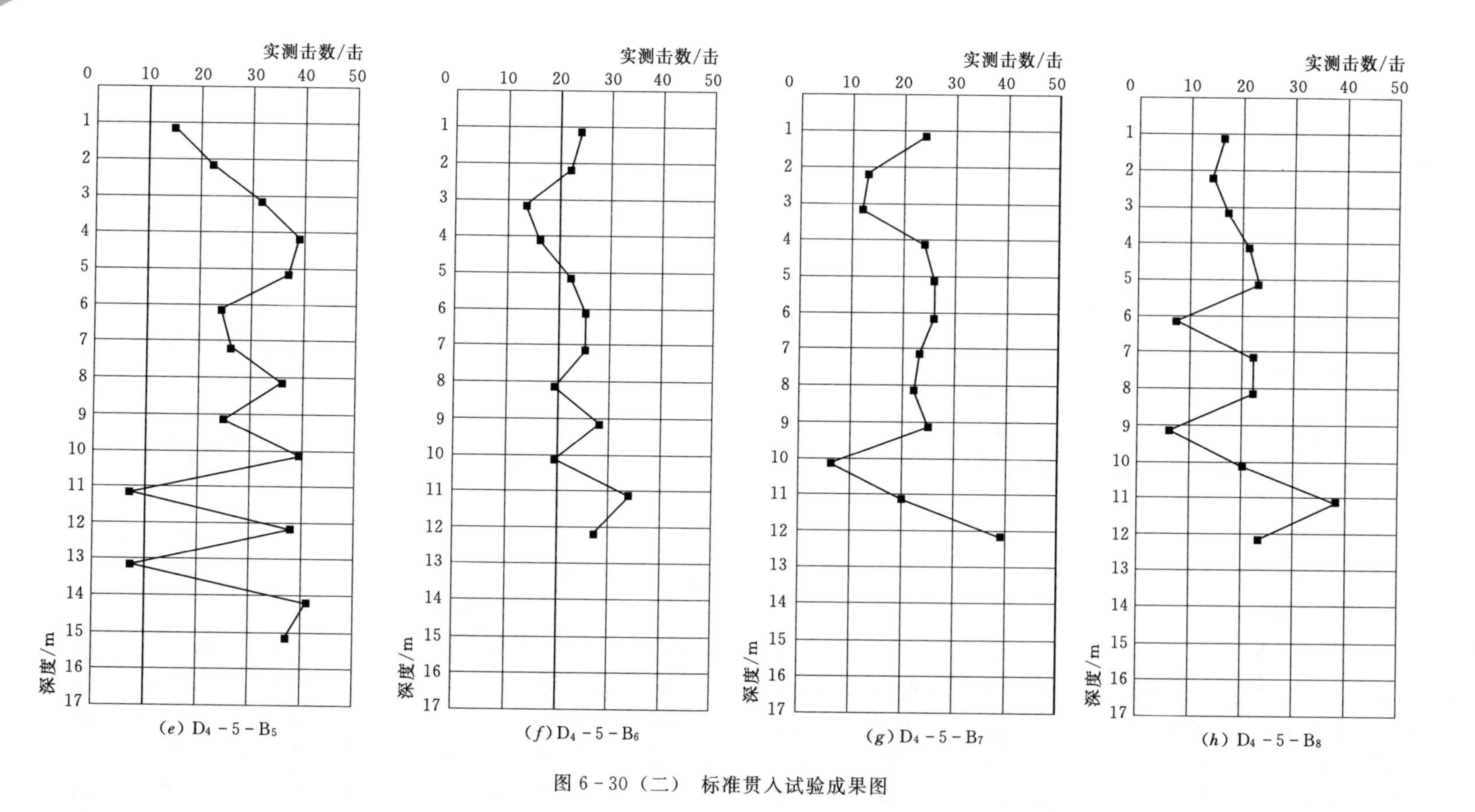


图 6-30（二） 标准贯入试验成果图

表 6-38　　标准贯入试验成果表

| 序号 | 1 | | 2 | | 3 | | 4 | | 5 | | 6 | | 7 | | 8 | |
|---|---|---|---|---|---|---|---|---|---|---|---|---|---|---|---|---|
| 钻孔编号 | $B_2-D_4-5B_1$ | | $B_2-D_4-5B_2$ | | $B_2-D_4-5B_3$ | | $B_2-D_4-5B_4$ | | $B_2-D_4-5B_5$ | | $B_2-D_4-5B_6$ | | $B_2-D_4-5B_7$ | | $B_2-D_4-5B_8$ | |
| 孔口标高/m | 4.02 | | 4.14 | | 4.08 | | 3.58 | | 4.16 | | 3.94 | | 3.62 | | 3.62 | |
| 完成日期/(年-月-日) | 2015-1-10 | | 2015-1-11 | | 2015-1-11 | | 2015-1-11 | | 2015-1-10 | | 2015-1-10 | | 2015-1-10 | | 2015-1-11 | |
| 检测深度/m | 15.50 | | 12.50 | | 12.50 | | 12.50 | | 15.50 | | 12.50 | | 12.50 | | 12.50 | |
| 深度段/m | 实测击数 | 备注 | 实测击数 | 备注 | 实测击数 | 备注 | 实测击数 | 备注 | 实测击数 | 备注 | 实测击数 | 备注 | 实测击数 | 备注 | 实测击数 | 备注 |
| 1～2 | 15 | 非液化砂土 | 17 | 非液化砂土 | 17 | 非液化砂土 | 13 | 非液化砂土 | 15 | 非液化砂土 | 24 | 非液化砂土 | 24 | 非液化砂土 | 16 | 非液化砂土 |
| 2～3 | 17 | | 18 | | 19 | | 14 | | 22 | | 22 | | 13 | | 14 | |
| 3～4 | 19 | | 21 | | 22 | | 12 | | 32 | | 13 | | 12 | | 17 | |
| 4～5 | 21 | | 17 | | 23 | | 24 | | 39 | | 16 | | 24 | | 21 | |
| 5～6 | 23 | | 18 | | 20 | | 24 | | 37 | | 22 | | 26 | | 23 | |
| 6～7 | 29 | | 21 | | 18 | | 27 | | 24 | | 25 | | 26 | | 7 | 液化砂土 |
| 7～8 | 17 | | 23 | | 20 | | 27 | | 26 | | 25 | | 23 | | 22 | 非液化砂土 |
| 8～9 | 18 | | 21 | | 22 | | 28 | | 36 | | 19 | | 22 | | 22 | |
| 9～10 | 21 | | 20 | | 23 | | 34 | | 25 | | 28 | | 25 | | 6 | 液化粉土 |
| 10～11 | 19 | | 11 | 液化粉土 | 24 | | 14 | | 40 | | 19 | | 6 | | 20 | 非液化砂土 |
| 11～12 | 30 | | 19 | 非液化粉土 | 38 | | 35 | | 7 | 黏性土 | 34 | | 20 | | 38 | |
| 12～13 | 33 | | 35 | 非液化砂土 | 36 | | 28 | | 38 | 非液化砂土 | 27 | | 39 | | 23 | |
| 13～14 | 37 | | | | | | | | 7 | 黏性土 | | | | | | |
| 14～15 | 4 | 黏性土 | | | | | | | 41 | 非液化砂土 | | | | | | |
| 15～16 | 15 | | | | | | | | 37 | | | | | | | |

表 6 - 39　　室内土工试验成果表

| 钻孔编号 | 取土深度 | 砂粒 | | 粉粒 | | 黏粒 | 天然状态土的物理性指标 | | 液限 | 塑限 | 塑性指数 | 液性指数 | 土分类名称 分类标准：《建筑地基基础设计规范》(GB 50007—2011) |
|---|---|---|---|---|---|---|---|---|---|---|---|---|---|
| | | 0.5～0.25 | 0.25～0.075 | 0.075～0.05 | 0.05～0.005 | <0.005 | 含水率 | 土粒比重 | | | | | |
| | | mm /% | mm /% | mm /% | mm /% | mm /% | $\omega$ /% | $G_s$ | $\omega_L$ /% | $\omega_P$ /% | $I_P$ | $I_L$ | |
| $B_2-D_4-5B_1$ | 14.15～14.45 | | | | | | 39.9 | 2.75 | 43.3 | 25.9 | 17.4 | 0.80 | 黏土 |
| $B_2-D_4-5B_2$ | 10.15～10.45 | | 52.9 | 17.2 | 24.1 | 5.8 | | | | | | | 粉砂 |
| $B_2-D_4-5B_3$ | 11.15～11.45 | | 28.3 | 17.2 | 42.4 | 12.1 | 26.0 | 2.69 | 26.2 | 17.5 | 8.7 | 0.98 | 粉土 |
| $B_2-D_4-5B_4$ | 10.15～10.45 | | 57.5 | 13.9 | 20.6 | 8.0 | | | | | | | 粉砂 |
| $B_2-D_4-5B_5$ | 11.15～11.45 | | | | | | 35.7 | 2.75 | 44.4 | 26.5 | 17.9 | 0.51 | 黏土 |
| $B_2-D_4-5B_6$ | 13.15～13.45 | | | | | | 30.3 | 2.73 | 37.3 | 23.5 | 13.8 | 0.49 | 粉质黏土 |
| $B_2-D_4-5B_7$ | 10.15～10.45 | | 45.1 | 12.6 | 31.5 | 10.8 | 19.7 | | | | | | |
| $B_2-D_4-5B_8$ | 9.15～9.45 | | 26.2 | 20.5 | 42.5 | 10.8 | 24.2 | 2.68 | 25.7 | 17.2 | 8.5 | 0.82 | 粉土 |

# 6.3 验收

振冲工程施工的验收主要分为单元工程质量评定和工程竣工验收。

## 6.3.1 单元工程质量评定

### 6.3.1.1 单元工程划分

按独立建（构）筑物地基或同一建（构）筑物地基范围内不同加固要求的区域划分，每一独立建（构）筑物地基或不同要求的区域为一个单元工程。

### 6.3.1.2 单元工程质量检查

振冲法地基处理工程的质量检查项目、质量标准及检测方法见表 6-40。

**表 6-40　　振冲法地基处理工程质量检查项目、质量标准及检测方法表**

<table>
<tr><th>项类</th><th colspan="4">检查项目</th><th>质量标准</th><th>检　测　方　法</th></tr>
<tr><td rowspan="5">主控项目</td><td>1</td><td colspan="3">桩数</td><td>符合设计要求</td><td>现场检查</td></tr>
<tr><td>2</td><td colspan="3">填料质量与数量</td><td>符合设计要求</td><td>现场检查、试验报告、施工纪录</td></tr>
<tr><td>3</td><td colspan="3">桩体密实度</td><td>符合设计要求</td><td>现场检验、检测报告</td></tr>
<tr><td>4</td><td colspan="3">桩间土密实度</td><td>符合设计要求</td><td>现场检验、检测报告</td></tr>
<tr><td>5</td><td colspan="3">施工记录</td><td>齐全、准确、清晰</td><td>查看资料</td></tr>
<tr><td rowspan="9">一般项目</td><td>1</td><td colspan="3">加密电流</td><td>符合设计要求</td><td>现场抽查、施工记录</td></tr>
<tr><td>2</td><td colspan="3">留振时间</td><td>符合设计要求</td><td>现场抽查、施工记录</td></tr>
<tr><td>3</td><td colspan="3">加密段长度</td><td>符合设计要求</td><td>现场抽查、施工记录</td></tr>
<tr><td>4</td><td colspan="3">孔深</td><td>符合设计要求</td><td>现场检查设备标记深度、施工记录</td></tr>
<tr><td>5</td><td colspan="3">桩体直径</td><td>符合设计要求</td><td>钢尺量测</td></tr>
<tr><td rowspan="4">6</td><td rowspan="4">桩中心位置偏差</td><td rowspan="2">柱基础</td><td>边缘桩</td><td>$\leqslant D/5$</td><td rowspan="2">钢尺量测</td></tr>
<tr><td>内部桩</td><td>$\leqslant D/4$</td></tr>
<tr><td colspan="2">大面积基础满堂布桩</td><td>$\leqslant D/4$</td><td>钢尺量测</td></tr>
<tr><td colspan="2">条形基础</td><td>$\leqslant D/5$</td><td>钢尺量测</td></tr>
</table>

**注**　$D$ 表示桩直径。

### 6.3.1.3 检测数量

对单元工程内的振冲桩主控项目进行全数或抽样检查。桩数检测数量为总桩数；桩体密实度抽样检测数量为总桩数的 1%～3%，并不少于 3 根桩。填料质量按规定的验收批进行抽样检查。桩间土密实度按设计规定的数量进行检查。

对单元工程内的振冲桩一般项目进行全数或抽样检查。柱基础、条形基础的桩中心位置偏差检测数量为总桩数。其他一般项目的检测数量为本单元工程总桩数的 20%以上，并不少于 10 根。

### 6.3.1.4 质量评定

合格：主控项目桩体密实度、桩间土密实度有不小于 90%检查点符合质量标准，其他主控项目全部符合质量标准，一般项目不小于 70%检查点符合质量标准。

优良：主控项目全部符合标准，一般项目不小于90%检查点符合质量标准。

振冲法地基处理工程单元工程质量评定可参考表6-41的形式。

**表6-41　　振冲法地基处理工程单元工程质量评定表**

<table>
<tr><td colspan="2">单位工程名称</td><td colspan="2"></td><td>单元工程量</td><td></td></tr>
<tr><td colspan="2">分部工程名称</td><td colspan="2"></td><td>施工单位</td><td></td></tr>
<tr><td colspan="2">单元工程名称</td><td colspan="2"></td><td>检验日期</td><td>年　月　日</td></tr>
<tr><td>项类</td><td>编号</td><td>检查项目</td><td>质量标准</td><td colspan="2">各项检测结果</td></tr>
<tr><td rowspan="5">主控项目</td><td>1</td><td>桩数</td><td>符合设计要求</td><td colspan="2"></td></tr>
<tr><td>2</td><td>填料质量与数量</td><td>符合设计要求</td><td colspan="2"></td></tr>
<tr><td>3</td><td>桩体密实度</td><td>符合设计要求</td><td colspan="2"></td></tr>
<tr><td>4</td><td>桩间土密实度</td><td>符合设计要求</td><td colspan="2"></td></tr>
<tr><td>5</td><td>施工记录</td><td>齐全、准确、清晰</td><td colspan="2"></td></tr>
<tr><td rowspan="6">一般项目</td><td>1</td><td>加密电流</td><td>符合设计要求</td><td colspan="2"></td></tr>
<tr><td>2</td><td>留振时间</td><td>符合设计要求</td><td colspan="2"></td></tr>
<tr><td>3</td><td>加密段长度</td><td>符合设计要求</td><td colspan="2"></td></tr>
<tr><td>4</td><td>孔深</td><td>符合设计要求</td><td colspan="2"></td></tr>
<tr><td>5</td><td>桩体直径</td><td>符合设计要求</td><td colspan="2"></td></tr>
<tr><td>6</td><td>桩中心位置偏差</td><td>柱基础边缘桩≤$D/5$，柱基础内部桩≤$D/4$，满堂布桩≤$D/4$，条形基础桩≤$D/5$（$D$表示桩直径）</td><td colspan="2"></td></tr>
<tr><td colspan="6">本单元工程共有振冲桩　　根，主控项目　　%符合标准，一般项目　　%符合标准</td></tr>
<tr><td colspan="6">其他：</td></tr>
<tr><td colspan="4">评　定　意　见</td><td colspan="2">单元工程质量等级</td></tr>
<tr><td colspan="4"></td><td colspan="2"></td></tr>
<tr><td>施工单位</td><td colspan="3">年　月　日</td><td>监理单位</td><td>年　月　日</td></tr>
</table>

注　1. 各项检测结果：凡可用数据表示的均应填写数据，不便用数据表示的可用符号表示，用“√”表示“符合质量标准”；用“×”表示“不符合质量标准”。

2. “其他”一栏中可以填写桩的开挖检查情况等。

### 6.3.2　工程竣工验收

#### 6.3.2.1　验收标准

振冲工程应在检测试验后，根据工程大小及工程需要进行分阶段或一次性验收。振冲工程在验收前应该达到如下标准。

（1）检验批合格质量标准。

1）主控项目的质量经抽样检验必须全部合格。

2）一般项目的质量经抽样检验应该合格。允许有一定偏差的项目，可以有个别偏差，最多不超过20%的检查点可以超过允许偏差，但也不能超过允许偏差的150%。

3）具有完整的施工操作依据和质量检查记录。

（2）分项工程合格质量标准。

1）分项工程所含的检验批均应符合合格质量的标准。

2）分项工程所含的检验批的质量验收记录应完整。

3）检验批的部位、区段应全部覆盖分项工程的范围，没有漏验的部位。

4）检验批验收记录的内容及签字人应正确齐全。

（3）分部工程合格的标准。

1）分部工程所含分项工程的质量均应验收合格。

2）质量控制资料应完整。

3）分部工程中有关安全功能的检验和抽样检测结果应符合有关规定。

4）观感质量验收应符合要求，主要从标高、轴线位置、截面偏差、表面缺陷以及有无渗水现象等。

5）资料验收的要求。要有完整的清单，按清单将资料分类装订成册；分项工程及检验批验收记录齐全、其他技术复核资料签字、数据准确、没有漏项；检测检验抽检数量满足检测标准数量要求，签字人是符合验收标准要求的有资格人员以及盖章与合同章一致等。

**6.3.2.2 验收应具备的资料**

（1）岩土工程勘察资料。

（2）工程设计文件、设计变更等。

（3）施工记录、施工大事记。

（4）材料试验、施工质量自检及评定记录。

（5）施工质量缺陷记录、缺陷分析及处理结果。

（6）竣工报告及竣工图纸。

（7）工程监理报告。

（8）工程质量检测报告。

（9）其他有关资料。

**6.3.2.3 验收程序**

振冲工程验收会议上，工程勘察、设计、施工、监理等各方的工程档案资料摆好备查，并设置验收人员登记表，做好登记手续。

（1）由建设单位组织工程竣工验收并主持验收会议。

（2）工程勘察、设计、施工、监理单位分别汇报工程合同履约情况和在工程建设各环节执行法律、法规和工程建设强制性标准情况。

（3）验收组审阅勘察、设计、施工、监理单位的工程档案资料。

（4）验收组和专业组（由建设单位组织勘察、设计、施工、监理单位、监督站和其他有关专家组成）人员实地查验工程质量。

（5）专业组、验收组发表意见，分别对工程勘察、设计、施工质量和各管理环节等方面作出全面评价。验收组形成工程竣工验收意见，填写《建设工程竣工验收报告》并签名（盖公章）。

#### 6.3.2.4 验收方法

振冲工程在验收时一般通常采用如下方法进行。

（1）验收组成员首先审阅施工前期的相关档案资料，如招投标文件、设计图纸、地勘报告等。

（2）按规范或设计要求抽查现场成品外观、尺寸、桩位中心等项目。

（3）审阅施工过程中的档案文件资料，如施工原始记录、测量放线报验资料、隐蔽工程验收记录等。

（4）审阅施工后工程检测的档案文件资料，如检测报告等。

（5）审阅完工后档案验收资料，如检验批、分部分项资料等。

# 7 安全环保与职业健康

## 7.1 安全生产管理体系

### 7.1.1 建立安全生产管理体系

项目部的安全生产管理体系（见图 7-1）是以项目部的安全管理目标为起点，从项目经理到执行层进行层层分解，责任分配到项目部各个部门、班组和个人，加上工程各个阶段的保证措施和评价以及管理的反馈，形成一个闭合的循环管理，以确保工程事业的顺利进行。

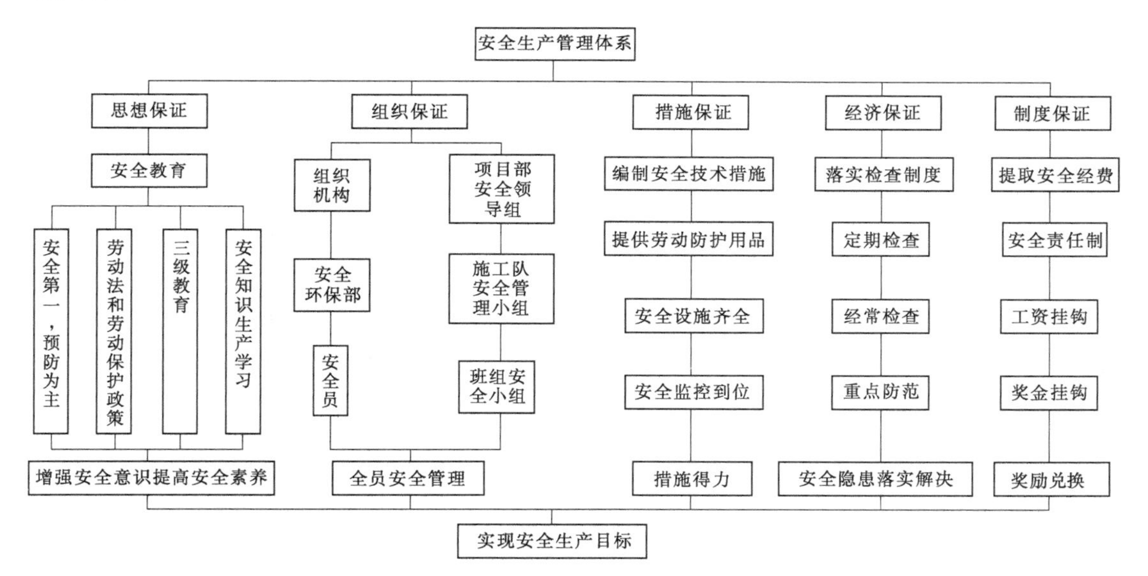


图 7-1　安全生产管理体系图

在施工之初，项目部编制建筑施工组织设计，在项目的组织设计中应明确安全管理的组织机构。项目部必须建立符合现场作业条件、确有成效的安全生产管理体系，体系以项目经理为组长，各施工队建立安全生产检查小组，并配备专（兼）职安全员。由项目部安全领导组其他成员管理各自分管范围内的施工队，落实安全生产管理制度。各施工队负责人和安全员要监督、指导本施工队的全体施工人员执行安全生产规章制度，严格按照安全技术操作规程进行作业，正确运用安全生产方面的权利，履行好施工人员的安全生产义务。

项目部安全生产领导组要通过思想保证、组织保证、措施保证、经济保证和制度保证等措施来加强项目部安全生产的领导。

### 7.1.2 建立健全安全责任制度

在以上安全生产管理体系下，项目部应建立严格细致的安全责任制度，明确各个部门、各个员工、各级领导等职责和工作要求。

（1）振冲施工的项目部必须成立以项目经理为首，安全员、安全监管员、施工员、质检员、材料员、机管员等参加的安全生产领导小组，具体负责本项目部和项目工程的安全生产工作。

（2）振冲施工的项目部必须配备一定数量的符合项目规模的责任心强、专业素质过硬的专职安全人员，对配备的专职安全员要保持相对稳定。项目部根据项目工程的规模，在施工现场设立安全机构，配备齐全安全管理人员。

（3）各级安全领导机构要建立例会制度，定期召开安全生产会议，分析安全生产情况，掌握安全生产动态，研究解决安全生产的突出问题。

（4）所有生产班组均设兼职安全员，并在班组长的领导下，负责本班的安全生产工作。

### 7.1.3 保证安全生产资金的投入

严格按《建筑工程安全防护、文明施工措施费用及使用管理规定》（建办〔2005〕89号），每年备好安全技术措施费用，专款专用。财务部、物资部及项目部要落实项目，组织力量按时完成，不断改善劳动条件。

加大安全管理投入，更新安全设施，积极采用新工艺、新技术、新材料和新设备。例如，为预防振冲施工工地触电事故，采用的三相五线制及安装漏电保护装置；对危险性较大的作业，用机械化或自动化代替手工操作等。

建立完善的安全操作规程。随着新技术、新工艺、新设备和新材料的应用，一些旧的安全操作规程已经不能满足现代施工的需要，这就要求对其重新制定或加以完善，使每个施工过程都在法定的程序下进行。

### 7.1.4 实施多样性的职工安全教育

由于施工人员来源复杂，文化水平参差不齐，而且具有胆大、冒险蛮干心理较强的特点，为提高施工人员的素质，增强自防自救能力，必须重视岗前或作业前的安全教育培训，并把各种教育方法结合起来，定期实施有针对性的安全教育培训，坚持少而精，注重其适用性。安全教育培训不能脱离本岗位、本工地实际情况，要使职工感到安全教育多而不厌、勤而不烦，天天都有新东西、次次都有新内容。

### 7.1.5 坚持定期检查

安全检查可以发现隐患，避免或消除事故的发生，同时可以解决怎样开展安全检查，采取何种方式开展检查，通过安全检查如何把事故隐患暴露出来的问题。首先要求每位领导者和职工弄懂要检查对象的安全标准。施工现场的安全检查要始终坚持高标准、严要求。

编制振冲施工的施工组织设计时，对整个生产作业区和工人生活就餐居住区要统一安排，整体部署，切忌边施工、边设计、边安装。

项目部应每月组织两次安全检查，各施工段/区每周组织一次安全检查，各班组每天作业前必须进行安全检查。

## 7.2 施工安全

### 7.2.1 临时用电安全

振冲施工的施工用电严格按《施工现场临时用电安全技术规范》（JGJ 46—2012）的规定执行。

（1）施工前必须编制施工用电方案，主要内容包括线路走向、分级配电箱位置、施工区变电所位置，并建立对现场线路、设施定期检查制度。

（2）配电线路必须按有关规定架设整齐，架空线应采用绝缘导线，电气设备和电气线路必须绝缘良好，场内架设的电力线路其悬挂高度及线距应符合安全规定，并架在专用电杆上，不得成束架空敷设或沿地明敷设。

图 7-2　警示标志图

（3）室内、外线路均应与施工机具、车辆及行人保持最小安全距离，否则应采取可靠的防护措施并悬挂警示标志（见图 7-2）。

（4）现场临时用电达到三级配电、二级保护和三相五线制要求。各类配电箱、开关箱的安装和内部设置必须符合有关规定。开关电器应标明用途。各类配电箱、开关箱外观应完整、牢固、防雨、防尘，箱体应外涂安全色标，统一编号。停止使用的配电箱应切断电源，箱门上锁。

（5）独立的配电系统应按有关标准规定采用三相五线制的接零保护系统；非独立系统可据现场实际情况，采取相应的接零或接地保护。各种电气设备和电力施工机具的金属外壳、金属支架和底座，必须按规定采取可靠的接零或接地保护。在采用接零或接地保护的同时，应设两级漏电保护装置，实行分级保护，形成完整的保护系统。

（6）制定用电安全技术措施和电气防火措施。各种高大设施必须按规定装设避雷装置。

（7）变压器必须设接地保护装置，其接地电阻不得大于 4Ω，变压器设防护栏，设门加锁，专人负责，近旁悬挂“高压危险、请勿靠近”的警示牌（见图7-3）。

（8）手持电动工具的电源线、插头和插座应完好。电源线不得任意接长和调换。工具的外绝缘应完好无损，其维修、保管应由专人负责。

（9）移动的电器设备供电线，使用胶套电缆，穿过行车道时，套管埋地铺设，破损电缆不得使用。

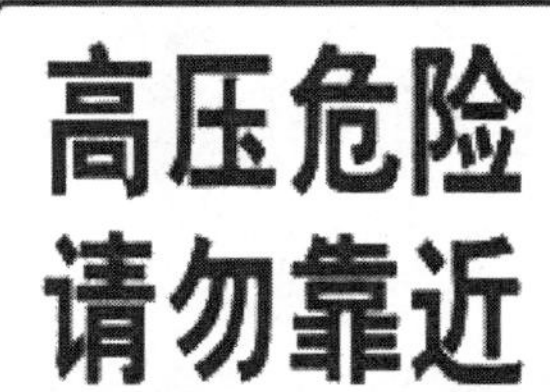


图 7-3　“高压危险、请勿靠近”的警示牌

(10) 检修电器设备时必须停电作业，电源箱或开关握柄悬挂“有人操作，严禁合闸”的警示牌或设专人看管，必须带电作业时应经有关部门批准。

(11) 现场架设的电力线路，不得使用裸导线，临时铺设的电线路，不得挂在钢筋、模板和脚手架上，必须设绝缘支撑物。

(12) 施工现场采用220V电源照明时，应按规定布线和装设灯具，并在电源一侧加装污电保护器。特殊场所必须按国家标准规定使用安全电压照明器。使用行灯照明时，其电源电压不应超过36V，灯体与手柄应坚固，绝缘良好。电源线应用橡套电缆线，不得使用塑胶线。行灯变压器应有防潮、防雨水设施。

(13) 电焊机应单独设开关，外壳应做接零或接地保护。一次线长度应小于5m，二次线长度应小于30m，两侧接线应压接牢固，并安装可靠防护罩。焊把线应双线到位，不得借用金属管道、脚手架、轨道及结构钢筋回路地线。焊把线应无破损，绝缘良好。电焊机设置地点应防潮、防雨、防砸。

(14) 临时用电工程的安装、维修和拆除，均由经过培训并取得上岗证的电工完成，非专业电工不得进行电工作业。

### 7.2.2 施工机械的安全

为了加强现场施工机械的安全管理，确保施工机械的安全运行和施工人员的人身安全，施工现场必须建立施工机械安全管理制度，明确施工机械的管理责任，制定相关管理措施。

(1) 施工现场应根据施工组织设计确定的机械设备使用规划选购或租用设备。

(2) 施工机械进入施工现场，项目经理应当组织施工技术负责人、安全管理人员会同监理、销售或出租单位共同进行验收。

(3) 施工机具的安装和布置应利于管理、方便施工。

(4) 施工人员要熟练掌握施工工艺技术，并遵守相关的安全生产操作规程。

(5) 各种机械和车辆操作驾驶员，必须取得相应的操作合格证，不得操作与本人证件不合的机械，不将机械设备交给无本机操作证的人员操作，对机械操作人员要建立档案，派专人管理。

(6) 操作人员按本机说明规定，严格执行工作前的检查制度和工作中注意观察及工作后的检查保养制度。

图7-4 系挂安全带警示牌

(7) 驾驶室或操作室应保持清洁，不存放易燃、易爆物品。酒后不操作机械，机械不“带病”运转或超负荷运转。

(8) 起重施工安全。起重臂下严禁站人，吊机安装振冲器时要对准桩位，有起重工指挥。

(9) 进入施工现场要戴好安全帽（系安全带），高处作业（配合起重，维修）必须按要求系好安全带（见图7-4）。

(10) 现场施工用电严格执行“一机、一闸、一漏电开关”制度。

### 7.2.3 施工现场安全措施

项目部要健全施工现场安全管理制度，加强对现场施工人员的安全教育，施工现场安全要达标，在施工期内都必须达到《建筑施工安全检查标准》（JGJ 59—2011）中的合格以上要求。

（1）各工序在施工前，技术人员都应根据施工组织设计的要求，编写有针对性的安全技术措施或方案，经审定批准的施工安全技术措施或方案应层层进行安全技术交底。接受交底的每个施工人员，都应在交底书上签字。

（2）施工现场的布置应符合防火、防爆、防洪、防雷电等安全规定及文明施工单位的要求，施工现场的生产区、生活区、办公用房、仓库、材料堆放场、停车场等均应按批准的总平面布置图进行布置。

（3）现场道路平整、坚实、保持畅通。施工现场进口处必须设置统一规定的“五牌一图”（工程概况牌、管理人员名单及电话监督牌、消防保卫牌、安全生产牌、文明施工牌和施工现场平面图），施工现场设大幅安全宣传标语。

（4）危险地点如起重机械、临时用电设施、孔洞口、基坑边沿及有害危险气体和液体存放处等，都必须按《安全色》（GB 2893—2008）、《安全标志及其使用导则》（GB 2894—2008）和《工作场所职业病危害警示标识》（GBZ 158—2003）的规定悬挂醒目的安全警示标志牌。夜间行人经过的坑、洞处应设红灯示警（见图 7-5）。

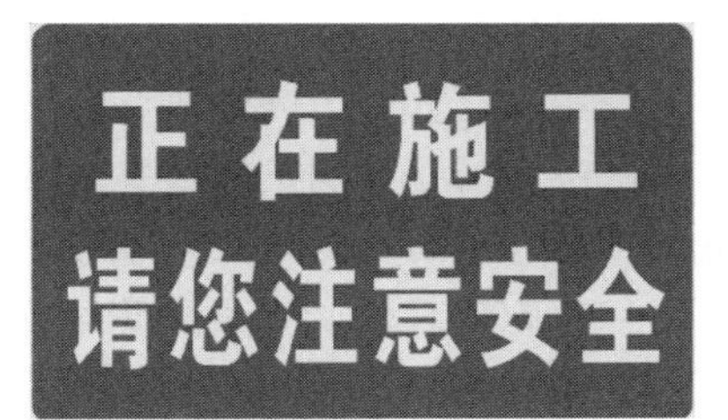


图 7-5 “正在施工”警示牌

（5）施工作业人员到施工现场必须戴安全帽（见图 7-6），持证上岗，非施工人员不得进入施工现场。

（6）振冲桩施工时，吊车司机及装载司机操作过程中要注意其他施工人员的安全，必须确认有关人员在安全地区时方可进行作业。同时应在吊装作业处悬挂施工警示牌（见图 7-7）。

图 7-6 安全帽佩戴警示牌

图 7-7 施工警示牌

（7）振冲器前方和下方的其他操作工不能随便触摸振冲设备。

（8）做好防风，防雷电等工作，以免威胁人员及设备的安全。

（9）夜间作业时需设置足够的照明系统，设置相应的警示灯牌信号等。

（10）项目部应依据工种特点，按照国家的劳动保护法的规定，向作业人员提供安全防护用具和安全防护服装，并书面告知危险岗位人员的操作规程和违章操作的危害。凡参与施工的人员都应按规定正确使用相应的劳动保护用品。

（11）振冲工程施工基本都是露天作业，受天气变化的影响很大，因此，在施工中要针对季节的变化制定相应施工措施，主要包括雨季施工措施和冬季施工措施，以及高温天气下的防暑降温措施。

### 7.2.4 消防保卫管理

（1）施工现场必须遵照“谁主管、谁负责”的原则。有总、分包单位的施工现场，实行总承包单位负责的保卫工作制度，各分包单位必须接受总包单位的统一领导和监督检查。

（2）现场要建立门卫、巡逻护场制度。护场守卫人员要佩带执勤标志。重要工程、重点工程要实行凭证出入制度。

（3）料场、库房的设置应符合治安消防要求，并配有必要的防范设施。易燃易爆、贵重、剧毒、放射性等物品，要设专库专管，严格执行领用、回收制度。

（4）施工现场必须设置宽度不小于3.5m的消防车道。消防车道不能环行时，应在适当地点修建回转车道。

（5）施工现场要配备足够的消防器材，做到布局合理，并经常维修、保养。

（6）施工现场进水干管直径不小于100mm。消火栓处昼夜要有明显标志，配备足够的水龙带，在其周围3m内不能存放任何物品。

（7）消防设施要能满足灭火需要，临时消火栓要有防寒防冻保温措施。

（8）严格执行用火申报审批制度，凡是电气焊及用明火处，要有灭火措施及设备，周围无易燃物且有专人看管。

（9）进入工程的可燃材料，应按工程计划限量进入，并采取有效的防火措施。

（10）冬季施加保温材料，不得采用可燃保温材料。

## 7.3 施工现场人员的职业健康

振冲施工现场施工环境相对较差，卫生条件不好，项目部必须制定切实改善员工身心健康问题的解决方案，并采取有力措施，确保施工期间现场员工的身心健康。

### 7.3.1 施工现场职业健康安全卫生的要求

根据我国相关标准，施工现场职业健康安全卫生主要包括办公室、宿舍、食堂、厕所、其他卫生管理等内容。基本要符合以下要求。

（1）施工现场应设置办公室、宿舍、食堂、厕所、淋浴间、开水房、文体活动室、密闭式垃圾站（或容器）及盥洗设施等临时设施。临时设施所用建筑材料应符合环保、消防要求。

（2）办公区和生活区应设密闭式垃圾容器。

（3）办公室内布局合理，文件资料宜归类存放，并应保持室内清洁卫生。

（4）项目部应根据法律、法规的规定，制定施工现场的公共卫生突发事件应急预案。

（5）施工现场应配备常用药品及绷带、止血带、颈托、担架等急救器材。

（6）施工现场应设专职或兼职保洁员，负责卫生清扫和保洁。

（7）办公区和生活区应采取灭鼠、灭蚊、灭蝇、灭蟑螂等措施，并应定期投放和喷洒药物。

（8）项目部应结合季节特点，做好作业人员的饮食卫生和防暑降温、防寒保暖、防煤气中毒、防疫等工作。

（9）施工现场必须建立环境卫生管理和检查制度，并应做好检查记录。

### 7.3.2 施工现场职业健康安全卫生的措施

施工现场的卫生与防疫应由专人负责，全面管理施工现场的卫生工作，监督和执行卫生法规规章、管理办法，落实各项卫生措施。

#### 7.3.2.1 宿舍的管理

（1）宿舍内应保证有必要的生活空间，室内净高不得小于2.4m，通道宽度不得小于0.9m，每间宿舍居住人员不得超过16人。

（2）现场宿舍必须设置可开启式窗户，宿舍内的床铺不得超过2层，严禁使用通铺。

（3）宿舍内应设置生活用品专柜，有条件的宿舍设置生活用品储藏室。

（4）宿舍内应设置垃圾桶，宿舍外设置鞋柜或鞋架，生活区应提供为作业人员晾晒衣服的场地。

#### 7.3.2.2 食堂的管理

（1）食堂必须有卫生许可证，炊事人员必须持身体健康证上岗。

（2）炊事人员上岗应穿戴洁净的工作服、工作帽和口罩，并应保持个人卫生。不得穿工作服出食堂，非炊事人员不得随意进入制作间。

（3）食堂炊具、餐具和公用饮水器具必须清洗消毒。

（4）施工现场应加强食品、原料的进货管理，食堂严禁出售变质食品。

（5）食堂应设置在远离厕所、垃圾站、有毒有害场所等有污染源的地方。

（6）食堂应设置独立的制作间、储藏间，门扇下方应设不低于0.2m的防鼠挡板。制作间灶台及其周边应贴瓷砖，所贴瓷砖高度不宜小于1.5m，地面应做硬化和防滑处理。粮食存放台距墙和地面应大于0.2m。

（7）食堂应配备必要的排风设施和冷藏设施。

（8）食堂的燃气罐应单独设置存放间，存放间应通风良好并严禁存放其他物品。

（9）食堂制作间的炊具宜存放在封闭的橱柜内，刀、盆、案板等炊具应生熟分开。食品应有遮盖，遮盖物品应用正反面标识。各种作料和副食应存放在密闭器皿内，并应有标识。

（10）食堂外应设置密闭式泔水桶，并应及时清运。

#### 7.3.2.3 厕所的管理

（1）施工现场应设置水冲式或移动式厕所，厕所地面应硬化，门窗应齐全。蹲位之间设置隔板，隔板高度不宜低于0.9m。

（2）厕所大小应根据作业人员的数量设置。高层建筑施工超过8层以后，每隔四层设置临时厕所。厕所应设专人负责清扫、消毒，化粪池应及时清掏。

#### 7.3.2.4 其他临时设施的管理

（1）淋浴间应设置满足需要的淋浴喷头，可设置储衣柜或挂衣架。

（2）盥洗设施应设置满足作业人员使用的盥洗池，并应使用节水龙头。

（3）生活区应设置开水炉、电热水器或饮用水保温桶；施工区应配备流动保温水桶。

（4）文体活动室应配备电视机、书报、杂志等文体活动设施、用品。

（5）施工现场作业人员发生法定传染病、食物中毒或急性职业中毒时，必须在2小时内向施工现场所在地的建设行政主管部门和有关部门报告，并应积极配合调查处理。

（6）施工人员患有法定传染病时，应及时进行隔离，并由卫生防疫部门进行处置。

### 7.3.3 现场人员的防护措施

#### 7.3.3.1 粉尘防护措施

施工现场粉尘污染对人体危害严重，现场施工人员为减少或避免粉尘污染，在施工现场已有条件下，应积极地采取一些措施，加强对施工人员保护。

（1）对易产生粉尘的工序进行改进或加强管理，避免不当的操作产生较多的粉尘，从而对粉尘的源头进行有效的控制。比如，水泥装卸时，应多人合作，轻拿，减少水泥的飞扬；施工车辆可限速行驶等。

（2）采用机械化、自动化或密闭隔离操作，主要施工机械的驾驶室或操作室应密闭隔离。正确佩戴合适的劳保用品，施工人员应根据从事的工种和作业环境，正确佩戴合适的劳保用品，比如呼吸器、防尘口罩、护目镜等。

（3）应对作业环境、施工场地、堆放的散料进行洒水或雾化处理，减少粉尘的产生。

（4）项目部必须定期测定作业场所的粉尘浓度，定期向施工人员公布测尘结果。

#### 7.3.3.2 噪声防护措施

噪声控制可从声源、传播途径、接收者防护、严格控制人为噪声、控制强噪声作业的时间等方面来考虑。为减少噪声污染，可采取如下措施。

（1）应加强对施工机械和运输车辆的维修、保养，在情况许可的条件下，尽量选用低噪声设备和工艺代替高噪声设备与工艺，如低噪声振捣器、风机、电动空压机、电锯等，并在声源处安装消声器。施工机械使用一段时间之后，可能会产生更大的噪声，通过维修、保养可适当降低其噪声。

（2）处于噪声环境下的施工人员应正确使用耳塞、耳罩等防护用品，尽量减少在噪声环境中的暴露时间，以减轻噪声对人体的危害。有条件的班组人员可因地制宜，利用隔声结构、吸声材料等控制噪声的传播。

（3）进入施工现场不得高声喊叫、乱吹哨，控制人为噪声，做到文明施工。

#### 7.3.3.3 防暑、防寒措施

（1）夏季高温季节合理调整作息时间，避免中午高温时间施工，严格控制作业人员加

班时间。

（2）所有施工吊车、装载机驾驶室内配装电风扇，操作台、控制台处配备移动式棚架太阳伞。

（3）施工现场设置有工间休息室，休息室设电风扇，冬季时配备电热取暖装置。

（4）专人负责施工现场的饮用开水或防暑凉茶。

#### 7.3.3.4 紫外辐射防护措施

（1）施工现场应将电焊作业与其他区域隔开，禁止无关人员进入操作区。

（2）为电焊工配备专用的面罩、防护眼镜、防护服和防护手套。

（3）采取轮流作业，减少劳动者接触时间，增加工间休息次数和休息时间。

## 7.4 环境保护

坚持“预防为主，防治结合”的环保方针，严格遵守《中华人民共和国环境保护法》、施工所在地地方性环境保护法规以及作业环保要求。积极履行环保义务，保证工程的顺利进行，采取各种相应措施，控制施工现场泥浆的排放、粉尘、噪声等污染源的产生，减少和杜绝对周围环境的影响。

遵守国家和地方有关环境保护的法令，对合同规定的施工界限之外的植物、树木尽力维持原状，严防油渍、有害物质污染土地。及时清理施工现场垃圾，不得在场内焚烧垃圾，保持施工区周围的环境卫生。

### 7.4.1 泥浆排放

振冲桩施工过程中产生的大量泥浆，对现场的环境将造成一定的影响，泥浆的循环与处理是文明施工的重点。

（1）在施工过程中，根据地基基础的处理位置，充分利用现场空间，开挖泥浆池、沉淀池、水池，现场产生的泥浆通过临时沟排至泥浆池，经过多级沉淀、最后将清水汇流到清水池内，供施工使用。

（2）打桩过程中，施工现场安排人力清沟，保证排污网络畅通，避免泥浆漫淌。利用现场的防洪、排涝体系，将不能回流到泥浆池、沉淀池的污水引入水沟内，防止现场泥浆溢流。应经常清理泥浆池，经施工现场晾晒后，收集处理，沉淀泥浆及时外运。

（3）清理场地的废料时，应按规定在适当地点设置弃土场，力求少占土地，堆放点应统筹安排，堆放点应远离河道，不得影响附近排灌系统及农田水利设施。

（4）振冲桩施工过程中废弃物等，应在工程完工时及时清除干净，以免堵塞河道和妨碍交通。

（5）及时对废弃物进行压实，并在其表面进行植被覆盖，可以种植草皮、灌木或树木，既可防止水土流失，又能美化环境。

（6）在施工期间，应始终保持工地的良好排水状态，修建一些临时排水渠道，并与永久性排水设施相连接，且不得引起淤积和冲刷。施工现场地面应筑成适当的横坡，避免积水。

### 7.4.2 控制扬尘

（1）施工作业时，应随时进行洒水或其他控制扬尘措施，达到作业区目测扬尘高度小于1.5m，扬尘不扩散到场区外。

（2）易于引起灰尘的细料或松散料的材料堆场应予遮盖或适当洒水润湿。运输时应用帆布、盖套或类似遮盖物覆盖。

（3）运转过程时有粉尘发生的施工场地（如料场等）应有防尘设备。在这些场所作业的工作人员，应配备必要的劳保防护用品。

（4）作业阶段，施工现场非作业区应达到目测无扬尘的要求。对现场易飞扬物质采取有效措施，如洒水、地面硬化、围挡、密网覆盖、封闭等，防止扬尘产生。

（5）在场界四周隔挡高度位置测得的大气总悬浮颗粒物月平均浓度与城市背景值的差值不大于0.08mg/m$^3$。

（6）运送土方、垃圾、设备及建筑材料等，不污损场外道路。运输容易散落、飞扬、流漏的物料的车辆，必须采取措施封闭严密，保证车辆清洁。施工现场出口应设置洗车槽。

（7）严禁在施工现场焚烧废弃物，防止有烟尘和有毒气体产生。

### 7.4.3 减少噪声

建筑施工场地的噪声应符合《建筑施工场界环境噪声排放标准》（GB 12523—2011）的规定，并应遵守当地有关部门对夜间施工的规定。

（1）工程开工时应根据场界噪声控制标准对施工噪声进行评价、控制，使得满足其要求。

（2）施工中尽量选用低噪声或备有消声降噪设备的施工机械。对施工现场的强噪声机械应设置封闭的机械棚，以减少强噪声的扩散。

（3）易产生强噪声的成品、半成品加工，制作作业，应放在封闭工作间内完成，避免因施工现场加工制作产生噪声。

（4）所有施工机械应采用必要的减噪措施，如消音器、减音器、挡音板或隔音罩等。

（5）安排生产时，应合理分散施工场所与施工设备，施工人员尽可能远离噪声敏感体，在夜晚尽可能不安排噪声大的施工作业。

（6）夜间施工必须经业主或现场监理单位许可，并严格限制噪音的产生，使噪声污染限制在最低程度。

（7）施工机械设备的工艺操作，要尽量减少噪声的污染，加强设备维修保养，使之保持良好运行状态，设备不用时应关掉或减速。

### 7.4.4 建筑垃圾控制

（1）制定建筑垃圾减量化计划，如住宅建筑，每万平方米的建筑垃圾不宜超过400t。

（2）加强建筑垃圾的回收再利用，力争建筑垃圾的再利用和回收率达到30%，建筑物拆除产生的废弃物的再利用和回收率大于40%。对于碎石类、土石方类建筑垃圾，可采用地基填埋、铺路等方式提高再利用率，力争再利用率大于50%。

（3）施工现场生活区设置封闭式垃圾容器，施工场地生活垃圾实行袋装化，及时清运。对建筑垃圾进行分类，并收集到现场封闭式垃圾站，集中运出。

### 7.4.5 地下设施、文物和资源保护

（1）施工前应调查清楚地下各种设施，做好保护计划，保证施工场地周边的各类管道、管线、建（构）筑物的安全运行。

（2）施工过程中一旦发现文物，应立即停止施工，保护现场并通报文物部门并协助做好工作。

（3）避让、保护施工场区及周边的古树名木。

（4）对于受工程影响或正在受影响的一切公用设施与结构物，应在工程施工期间采取一切适当措施加以保护。

（5）施工中如发现危及地面建筑物的危险品或文物时，应立即停止施工，并立即上报有关部门，待处理完毕后方可施工。

### 7.4.6 文明施工

（1）施工现场严格按施工平面布置图布置现场，施工现场采用全封闭措施。项目部要统一规划，设置宣传警示标志。

（2）场地和道路保持平整不积水，无散落的杂散物，道路畅通、平坦、整洁。施工过程应保持工地道路通畅，保持场地平整清洁，特别是不能阻挡运输车辆安全通行。

（3）施工材料集中堆放，布局合理、安全、整洁。

（4）现场办公用房、库房可采用统一标准的简易活动板房或统一规范的集装箱，并合理布设。

（5）工地建筑垃圾要及时清理，边角余料和废料要及时回收，集中堆放到指定地点，并设有“废料”标志。

（6）生活区室内外保持整洁有序，污物、污水、垃圾集中堆放，及时清理。

（7）施工时应尽量保护用地范围之外的现有绿色植被。若因修建临时工程破坏了现有的绿色植被，应在拆除临时工程时予以恢复。

（8）各种临时设施和场地，如堆料场、加工场等距居民区不宜小于300m，而且应设于居民区主要风向的下风处。

（9）施工中应作好宣传，取得周边居民理解与支持，并积极采取相关措施做到施工不扰民，同时防止或减少施工造成的环境污染。

# 8 节 能 减 排

## 8.1 节能减排要求

(1) 施工应在保证质量、安全等基本要求的前提下，通过科学管理和技术进步，最大限度地节约资源，减少对环境有负面影响的施工活动，实现“四节一环保”(节能、节地、节水、节材和环境保护)。

(2) 施工应符合国家的法律、法规及相关的标准规范，实现经济效益、社会效益和环境效益的统一。

(3) 施工应贯彻执行国家、行业和地方相关的技术经济政策，根据因地制宜的原则，实施节能减排。

(4) 鼓励在施工中推行和使用新技术、新设备、新材料与新工艺。

## 8.2 节能减排施工原则

(1) 施工之初，应充分考虑绿色施工的总体要求，对施工策划、施工准备、材料采购、现场施工、工程验收等各阶段进行控制，加强对整个施工过程的管理和监督。为节能减排提供基础条件。

(2) 节能减排由节材、节水、节能、节地与施工用地保护等组成。

(3) 为实现节能减排的目标，应对整个施工过程实施动态管理，加强对施工策划、施工准备、材料采购、现场施工、工程验收等各阶段的管理和监督。

## 8.3 节能减排实施

### 8.3.1 节材措施

(1) 图纸会审时，应审核节材与材料资源利用的相关内容，达到材料损耗率比定额损耗率低30%。

(2) 根据施工进度、库存情况等合理安排材料的采购、进场时间和批次，减少库存。现场材料堆放有序，储存环境适宜，措施得当，保管制度健全，责任落实明确。

(3) 材料运输工具适宜，装卸方法得当，防止损坏和遗洒。根据现场平面布置情况就近卸载，避免和减少二次搬运。

（4）应就地取材，施工现场 500km 以内生产的建筑材料用量占建筑材料总重量的 70%以上。

（5）现场办公和生活用房采用周转式活动房。现场围挡应最大限度地利用已有围墙，或采用装配式可重复使用围挡封闭。力争工地临时房屋、临时围挡材料的可重复使用率达到 70%。

### 8.3.2 节水措施

（1）提高用水效率，施工中采用先进的节水施工工艺。

（2）现场机具、设备、车辆冲洗、喷洒路面、绿化浇灌等用水，优先采用非传统水源，尽量不使用市政自来水。

（3）施工现场供水管网应根据用水量设计布置，管径合理、管路简捷，采取有效措施减少管网和用水器具的损坏。

（4）对现场机具、设备、车辆冲洗用水必须设立循环用水装置。施工现场办公区、生活区的生活用水采用节水系统和节水器具，提高节水器具配置比率。项目临时用水应使用节水型产品，安装计量装置，采取针对性的节水措施。

（5）大型施工现场，尤其是雨量充沛地区的大型施工现场应建立雨水收集利用系统，充分收集自然降水，用于施工和生活中适宜的部位。

### 8.3.3 节能措施

（1）制定合理施工能耗指标，提高施工能源利用率。优先使用国家、行业推荐的节能、高效、环保的施工设备和机具，如选用变频技术的节能施工设备等。

（2）在施工组织设计中，合理安排施工顺序、工作面，以减少作业区域的机具数量，相邻作业区充分利用共有的机具资源。安排施工工艺时，应优先考虑耗用电能或其他能耗较少的施工工艺。避免设备额定功率远大于使用功率或超负荷使用设备的现象。

（3）选择功率与负载相匹配的施工机械设备，避免大功率施工机械设备低负载长时间运行。机械设备宜使用节能型油料添加剂，在可能的情况下，考虑回收利用，节约油量。合理安排工序，提高各种机械的使用率和满载率，降低各种设备的单位耗能。

（4）生产、生活及办公临时设施采用节能材料，墙体、屋面使用隔热性能好的材料，减少夏季空调、冬季取暖设备的使用时间及耗能量。合理配置采暖、空调、风扇数量，规定使用时间，实行分段分时使用，节约用电。

（5）施工用电及照明优先选用节能电线和节能灯具，临电线路合理设计、布置，临电设备宜采用自动控制装置。采用声控、光控等节能照明灯具，照明设计以满足最低照度为原则，照度不应超过最低照度的 20%。施工现场分别设定生产、生活、办公和施工设备的用电控制指标，定期进行计量、核算、对比分析，并制定预防与纠正措施。

### 8.3.4 节约用地与施工用地保护措施

（1）根据施工规模及现场条件等因素合理确定临时设施，如临时加工厂、现场作业棚及材料堆场、办公生活设施等的占地指标。临时设施的占地面积应按用地指标所需的最低面积设计。平面布置合理、紧凑。在满足环境、职业健康与安全及文明施工要求的前提下尽可能减少废弃地和死角，临时设施占地面积有效利用率应大于 90%。

（2）应对施工方案进行优化，最大限度地减少对土地的扰动，保护周边自然生态环境。利用和保护施工用地范围内原有绿色植被。对于施工周期较长的现场，可按建筑永久绿化的要求，安排场地新建绿化。

（3）工程完工后，及时对占地恢复原地形、地貌，使施工活动对周边环境的影响降至最低。

（4）施工总平面布置应做到科学、合理，充分利用原有建（构）筑物、道路、管线。

（5）施工现场仓库、加工厂、作业棚、材料堆场等布置应尽量靠近已有交通线路或即将修建的正式或临时交通线路，缩短运输距离。施工现场道路按照永久道路和临时道路相结合的原则布置。施工现场内形成环形通路，减少道路占用土地。

（6）临时办公和生活用房应采用经济、美观、占地面积小、对周边地貌环境影响较小，且适合于施工平面布置动态调整的多层轻钢活动板房、钢骨架水泥活动板房等标准化装配式结构。生活区与生产区应分开布置，并设置标准的分隔设施。

（7）施工现场围墙可采用连续封闭的轻钢结构预制装配式活动围挡，减少建筑垃圾，保护土地。

（8）临时设施布置应注意远近结合（本期工程与下期工程），努力避免或减少大量临时建筑拆迁和场地搬迁。

## 8.4 施工的新技术、新设备、新材料与新工艺

（1）施工方案应建立推广、限制、淘汰公布制度和管理办法。发展适合节能减排的资源利用与环境保护技术，对落后的施工方案进行限制或淘汰，施工中应鼓励节能减排，推动施工技术的创新。

（2）大力发展现场监测技术、低噪声的施工技术、现场环境参数检测技术等在振冲工程施工中的研究与应用。

（3）加强信息技术应用，如绿色施工的虚拟现实技术、绿色施工组织设计数据库建立与应用系统、数字化工地、基于电子商务的建筑工程材料、设备与物流管理系统等。通过应用信息技术，进行精密规划、设计、精心建造和优化集成，提高振冲工艺绿色施工的各项指标。

# 9 工　程　实　例

## 9.1 【案例1】国华定州电厂600MW火力发电机组地基振冲加固

### 9.1.1 工程概况

国华定州电厂位于河北省定州市西南，距定州市约13km。规划装机总容量为2400MW，一期工程建设2台600MW燃煤发电机组。厂区北侧有定曲公路通过，南有朔黄铁路，东部为京广铁路及107国道，交通较为便利。厂址位于华北平原中部，主厂房地段主要地基持力层为第②层粉土或粉细砂层，承载力标准值仅为140～180kPa，无法满足600MW机组主厂房的基础设计要求，需进行地基加固。

### 9.1.2 地质概况

厂区地层为沙河、唐河冲洪积地层，岩性以中、粗砂和粉土为主，表层为黄土类土，主厂房地段分布在厂区中部，最大揭露深度为40.45m，自上而下具体可分为七大层，地基加固所涉及土层主要为前三层。

第①层为黄土类土：岩性以黄土状粉土为主，黄土状粉质黏土次之，分布在表层，根据其物理和力学特性分为三个亚层。

①-1黄土状粉土层：褐黄色，稍湿—湿，稍密—中密，土质不均，含砂粒成分，间夹黄土状粉质黏土薄层，具大孔隙和虫孔。$f_k$=130kPa。层底埋深1.00～3.30m，层厚1.00～3.30m，标高61.74～64.15m。

①-2黄土状粉土层：稍湿—湿，中密—密实，土质不均。含黏粒成分。该层下部含砂量增高。$f_k$=180kPa。压缩模量$E_s$=5.5MPa。层底埋深2.30～5.20m，厚度0.80～2.90m，标高59.54～62.80m。

①-3黄土状粉土层：褐黄色，湿，中密，含少量砂粒成分，土质相对较软，强度低于上部地层。$f_k$=120kPa。压缩模量$E_s$=7.1MPa。层底埋深3.70～6.70m，厚度0.50～2.90m，标高58.30～61.40m。

第②层为粉细砂及粉土层，具体可分为两个亚层。粉细砂层分布不均，粉土层分布连续。

②-1粉细砂层：褐黄—灰褐色，稍湿，松散—稍密，上部砂质不纯，含粉土或黏土团块，下部砂质净，成分以石英、长石为主。$f_k$=140kPa。压缩模量$E_s$=7.0MPa。层底埋深4.60～7.50m，厚度0～4.70m，标高57.30～60.31m。

②-2粉土层：以粉土为主，局部为粉质黏土或夹有粉质黏土。粉土：褐黄色，稍湿，

中密—密实，土质不均，含砂量较高。粉质黏土：褐红—褐黄色，可塑—硬塑，土质不均。$f_k$＝180kPa。压缩模量 $E_s$＝7.2MPa。层底埋深 7.50～9.60m，厚度 0.50～4.00m，标高 55.48～57.34m。

第③层为中粗砂及粉土、粉质黏土层：岩性以中、粗砂为主，粉土、粉质黏土分布于中粗砂底部。可分为两个亚层。

③-1 中粗砂层：褐黄—灰白色，湿—饱和，中密，砂质纯净，级配较差，磨圆度较高。成分以石英、长石、角闪石为主，局部含有砾石和小卵石，$f_k$＝250kPa。压缩模量 $E_s$＝12.2MPa。层底埋深 10.90～16.40m，厚度 2.90～7.60m，标高 48.56～54.00m。

③-2 粉土、粉质黏土层：以粉土为主，或呈粉土、粉质黏土互层状。粉土：褐黄色，湿—很湿，中密—密实，土质不均一，粉质感强。$f_k$＝200kPa。压缩模量 $E_s$＝7.0MPa。粉质黏土：褐黄色，可塑，土质不均一，$f_k$＝180kPa。层底埋深 13.40～18.40m，厚度 0～5.90m，标高 46.47～51.44m。

第④层为粗砂、粉土层，以粗砂为主，粉土次之。主厂房西南部为粗砂，东北部为粉土，层厚 0～5.10m，标高 42.96～47.18m，$f_k$＝180～250kPa，压缩模量 $E_s$＝3.6～6.1MPa。

第⑤层为粗砂及粉土层，以粗砂为主，粉土次之。厚度 0.60～14.00m，标高29.46～8.53m。$f_k$＝250～300kPa，压缩模量 $E_s$＝9.2～7.9MPa。

第⑥层为粗砂。饱和，中密—密实，混有卵石，厚度 1.40～4.30m，标高 27.37～29.48m，$f_k$＝300kPa，压缩模量 $E_s$＝12.5MPa。

第⑦层为粗砂，粉质黏土层。上部为粉质黏土，厚度 1.00～3.50m，不连续，下部为粗砂，含较多卵石，该层未揭穿，最大揭露厚度 4.50m。

地下水属第四系孔隙潜水，埋深 9.90～10.70m。

### 9.1.3 地基处理加固方案

600MW 发电机组主厂房等主要建（构）筑物（包括烟囱，水塔）荷重大，烟囱高 240m，为高耸建筑物，对地基承载力及变形要求高，特别是设备及管道对差异变形要求更严，因此确定安全有效的地基加固方法是重要的。

根据设计标高，主厂房、烟囱、水塔基础下主要受力层为②层及①层，承载力低，压缩模量小，需要处理，而③中粗砂层，地层稳定，水平分布连续，厚度在 3.0～7.6m 之间，承载力较高，可作为很好的下卧层。根据主要建（构）筑物对地基荷载及变形要求，参照已往类似地层火电工程经验，以及当地主要材料价格等因素，经过技术经济比较，确定采用振冲桩处理地基。

### 9.1.4 振冲加固原位试验

定州电厂 600MW 机组要求加固后复合地基承载力特征值 $f_{ak}\geqslant$200kPa，压缩模量 $E_s\geqslant$18MPa。为了论证振冲加固的可靠性及选择合适的桩径、桩距、桩长和置换率等参数，确定适宜的施工工艺和施工参数，为设计、施工提供依据，根据设计要求，进行原位试验。

#### 9.1.4.1 原位试验技术要求

（1）试验区选择在主厂房固定端位置北部。高程在－7.00m 进行施工。

（2）选择 75kW 振冲器进行碎石桩施工。

（3）振冲桩桩端放在③-1 中粗砂层，桩长按进入该层 1.0m 控制。

（4）采用正三角形布桩方式，桩径 1.1m，桩间距分别为 2.0m 和 2.3m。

#### 9.1.4.2 施工技术参数

试验桩施工技术参数见表 9-1。

**表 9-1　　试验桩施工技术参数一览表**

| 振冲器空载电流/A | 造孔水压/MPa | 加密电流/A | 加密水压/MPa | 留振时间/s | 平均填料量/($m^3$/m) | 制桩时间/min |
| --- | --- | --- | --- | --- | --- | --- |
| 50 | 0.6 | 90 | 0.4 | 15 | 1.26 | 28～29 |

#### 9.1.4.3 加固效果的检测及评价

分别采用标准贯入试验、静力触探试验、室内土工试验及静载荷试验四种手段进行振冲加固效果的检测，并使用动力触探检测碎石桩桩身质量。

（1）标准贯入试验和静力触探试验。加固前后标准贯入试验结果对比见表 9-2，加固前后静力触探试验结果对比见表 9-3。

**表 9-2　　加固前后桩间土标准贯入试验结果对比表**

| 桩间距分区 | 2.0m | | 2.3m | |
| --- | --- | --- | --- | --- |
| 层号 | ②-2 | ③-1 | ②-2 | ③-1 |
| 岩性 | 粉土 | 中粗砂 | 粉土 | 中粗砂 |
| 成桩前试验击数/击 | 10 | 18 | 12 | 19 |
| 养护 20d 试验击数/击 | 11 | 22 | 11 | 20 |
| 提高率/% | +10.0 | +22.2 | -8.3 | +5.3 |
| 养护 80d 试验击数/击 | 11.5 | 21 | 11 | 20.5 |
| 提高率/% | +15.0 | +16.7 | -8.3 | +7.9 |

**表 9-3　　加固前后桩间土静力触探试验结果对比表**

| 桩间距分区 | | 2.0m | | 2.3m | |
| --- | --- | --- | --- | --- | --- |
| 层号 | | ②-2 | ③-1 | ②-2 | ③-1 |
| 岩性 | | 粉土 | 中粗砂 | 粉土 | 中粗砂 |
| $P_s$ 值/MPa | 成桩前 | 3.48 | 16.29 | 3.14 | 18.15 |
| | 养护 20d | 3.29 | 23.02 | 3.67 | 20.91 |
| | 提高率/% | -5.5 | +41.3 | +16.9 | +15.2 |
| | 养护 90d | 4.22 | 18.97 | 4.09 | 19.11 |
| | 提高率/% | +21.3 | +16.5 | +30.2 | +5.3 |

从表 9-2 可以看出，恢复期 20d 后的标准贯入击数无论是 2.0m 桩间距区还是 2.3m 桩间距区，②-2 粉土层加密效果不明显，局部甚至有所降低，而③-1 中砂层则有显著的加密效果。

从表 9-3 恢复期 20d 后的结果看，与标准贯入试验相一致。表 9-3 中 2.3m 桩间距区，②-2 粉土层提高了 16.9%的加密效果，主要是该钻孔处粉土中砂粒含量高，振冲后恢复较快所致。

恢复期 20d，②-2 粉土层加固效果不明显的原因，主要因素是该层土黏粒含量较高，平均达到 18%，振冲扰动后恢复期较短，孔隙水压力不易消散，造成强度提高较慢。

恢复期 90d 后，静力触探试验结果相对于恢复期 20d 的结果，均有不同程度提高，特别是②-2 粉土层提高幅度更大，分别提高了 28.3%和 11.4%。较天然土提高了 20%～30%。而恢复期 80d 的标准贯入试验结果显示提升效果仍不明显，主要是标准贯入试验精度低于静力触探试验精度所致。

(2) 室内土工试验。加固前后②-2 粉土层主要物理力学指标对比见表 9-4。

**表 9-4　　加固前后②-2 粉土层主要物理力学指标对比表**

| 项　目 | 试验区 | 加固前 | 加固后 | 效果 |
|---|---|---|---|---|
| 含水率 $\omega$/% | 桩间距 2.0m | 18.500 | 18.800 | +1.62% |
| | 桩间距 2.3m | 16.400 | 17.200 | +4.90% |
| 干密度 $\rho_d$/(g/cm³) | 桩间距 2.0m | 1.710 | 1.760 | +2.90% |
| | 桩间距 2.3m | 1.760 | 1.770 | +0.60% |
| 孔隙比 $e$ | 桩间距 2.0m | 0.596 | 0.547 | −8.20% |
| | 桩间距 2.3m | 0.538 | 0.534 | −0.70% |
| 压缩模量 $E_s$/MPa | 桩间距 2.0m | 9.500 | 14.300 | +50.50% |
| | 桩间距 2.3m | 7.900 | 12.500 | +58.20% |
| 凝聚力 $c$/kPa | 桩间距 2.0m | 62.000 | 68.000 | +9.70% |
| | 桩间距 2.3m | 57.000 | 64.000 | +12.30% |
| 内摩擦角 $\varphi$/(°) | 桩间距 2.0m | 30.000 | 23.400 | +11.30% |
| | 桩间距 2.3m | 23.000 | 30.300 | +31.70% |

从表 9-4 中可以看出，恢复期 20d 时，2.0m 桩间距区，②-2 粉土层天然孔隙比、抗剪强度等基本提高 10%左右，干密度提高 2.9%，与标准贯入试验基本一致，压缩模量 $E_s$ 提高 50%以上。而 2.3m 桩间距区各层的加密效果稍差于 2.0m 桩间距区，这与标准贯入试验、静力触探试验结果吻合。

(3) 桩体质量检测。为了检测碎石桩整体桩身范围内施工均匀性及对应荷载下桩体平均击数，以便将来监控大面积施工质量，因而进行桩体重Ⅱ动力触探试验。典型触探击数—深度关系曲线见图 9-1。

统计 19 根试验桩触探击数，②-2 粉土层中成桩击数单桩平均分别为 11～36 击/10cm，平均 28 击/10cm；③-1 中砂层桩体触探击数单桩平均分别为 38～88 击/10cm，平均 60 击/10cm。从触探试验成果看，桩体在③-1 中砂层中击数很高，说明此层易形成密实桩体，以后施工期桩身质量检测时，此段可不作为重点检测部位，应加强对②粉土层或粉细砂层中成桩质量检测。

(4) 载荷试验。此次 2.0m 桩间距区做单桩复合地基、单桩、桩间土各三组载荷试验，2.3m 桩间距区做单桩复合、桩间土载荷试验各三组。三种试验均采用圆形压板，单桩复合地基载荷试验压板面积分别为 3.46m$^2$（2.0m 桩距）和 4.58m$^2$（2.3m 桩距），单桩载荷试验压板面积为 0.95m$^2$，桩间土载荷试验压板面积为 0.25m$^2$。试验方法采用慢速维持荷载法。各载荷试验成果 $P-S$ 曲线见图 9-2。

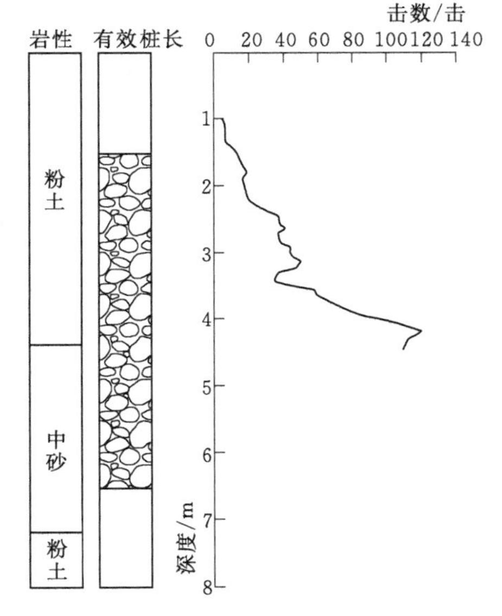

图 9-1 典型触探击数-深度关系曲线图

1）复合地基承载力特征值的确定。各类试验承载力特征值的确定，均按比例界限的荷载取值，单桩复合、碎石桩、桩间土载荷试验结果见表 9-5。

根据规范规定，可取平均值作为复合地基承载力标准值。2.0m 桩间距区复合地基承载力标准值为 275kPa，2.3m 桩间距区复合地基承载力标准值为 225kPa。

2）复合地基压缩模量的确定。通过不同压力下的孔隙比，计算得出各层土压缩模量 $E_s$，进一步计算出复合地基压缩模量（表 9-6）。

**表 9-5　单桩复合、碎石桩、桩间土载荷试验结果表**　单位：kPa

| 项目 \ 数值 \ 桩间距分区 | 2.0m | | | | 2.3m | | | |
|---|---|---|---|---|---|---|---|---|
| | 1 | 2 | 3 | 平均 | 1 | 2 | 3 | 平均 |
| 单桩复合 | 300 | 275 | 250 | 275 | 225 | 225 | 250 | 233 |
| 单桩 | 640 | 560 | 640 | 613 | — | — | — | — |
| 桩间土 | 225 | 250 | 225 | 233 | 175 | 175 | 175 | 175 |

**表 9-6　碎石桩、桩间土载荷试验压缩模量结果表**　单位：MPa

| 层号 \ 桩间距分区 | 2.0m | | 2.3m | |
|---|---|---|---|---|
| | 桩间土 | 复合地基 | 桩间土 | 复合地基 |
| ②-2 粉土 | 17.2 | 24.8 | 17.0 | 21.8 |
| ③-1 水位上中砂 | 17.1 | 24.7 | 16.7 | 21.4 |
| ③-1 水位下中砂 | 24.5 | 35.3 | 24.3 | 31.2 |

综合分析以上四种方法的检测成果，振冲后恢复一段时间，粉土（粉砂）具有较好的挤密效果，桩间土承载力和压缩模量均有大幅度提高。说明采用振冲法对②～③层土加固是适宜和有效的。加固后复合地基承载力和压缩模量能满足 600MW 机组对地基承载力和变形的要求。考虑到以后大面积施工时，各施工机组在人员设备、施工经验等方面与试桩

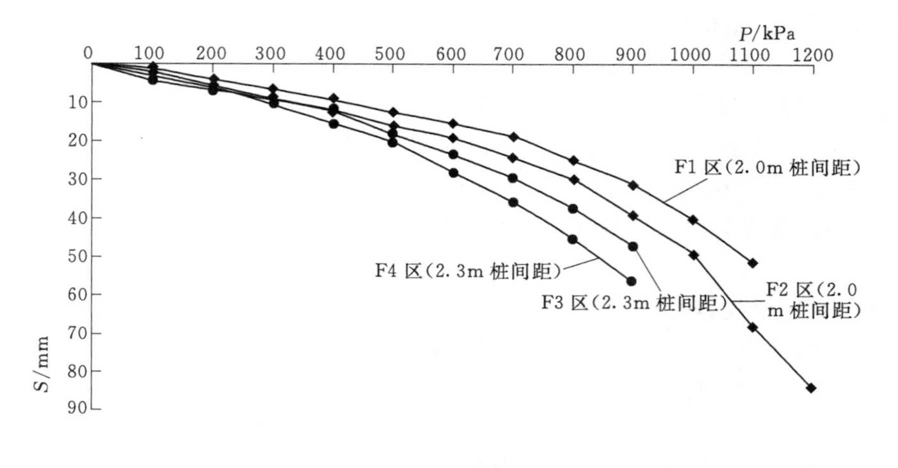


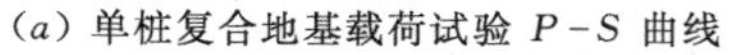

(*a*) 单桩复合地基载荷试验 $P-S$ 曲线

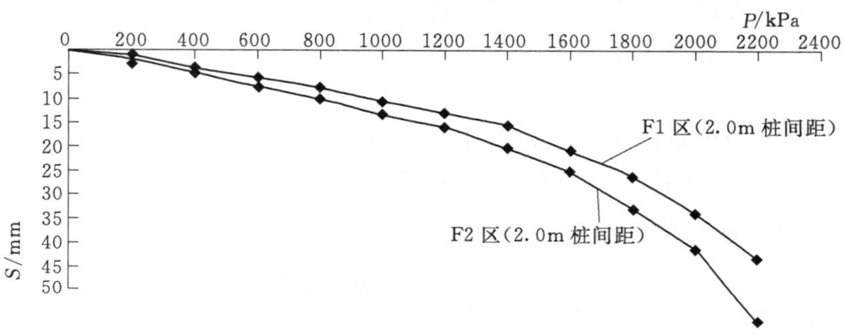


(*b*) 2.0m 桩间距区单桩载荷试验 $P-S$ 曲线

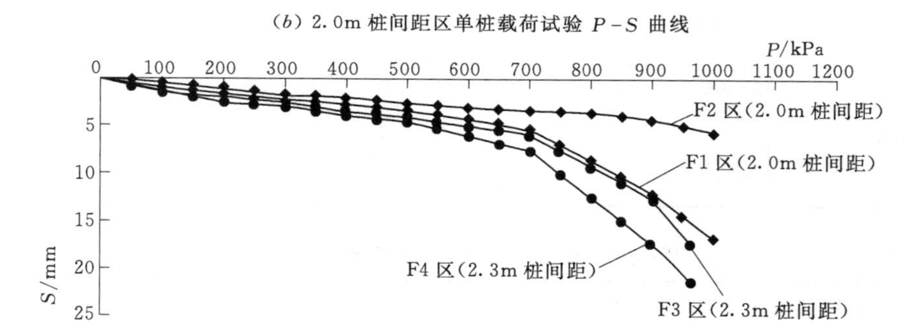


(*c*) 桩间土载荷试验 $P-S$ 曲线

图 9-2　各载荷试验成果 $P-S$ 曲线图

具有一定差异，地层也存在一定的局部变化，设计时承载力应适当降低。

### 9.1.5　振冲加固技术要求

根据原位试验成果，本工程主厂房，烟囱，冷却塔地基均采用振冲桩加固。施工机具采用 BJ-75kW 振冲器，正三角形布桩，桩间距 2.3m，桩径 1.1m，桩长以进入③中粗砂层不小于 1.0m 控制。各主要建（构）筑物基本设计数据见表 9-7。

表 9-7　　　　各主要建（构）筑物基本设计数据表

| 建筑物名称 | 建筑物特征 | 桩数/根 | 桩长/m | 地基承载力特征值/kPa |
| --- | --- | --- | --- | --- |
| 主厂房 | 196m×126m，布置两台机组 | 4533 | 6.9 | 200 |
| 烟囱 | 高 240m，直径 39.2m | 421 | 6.5 | 175 |
| 1 号冷却塔 | 高 142m，直径 122m | 1367 | 8m/9m | 150 |
| 2 号冷却塔 | 高 142m，直径 122m | 1367 | 9m/10m | 150 |

### 9.1.6　振冲加固施工

地基处理关系到整个电厂建设的成败，为了确保质量，本工程地基处理单独划分标段，由具有类似施工业绩的专业施工公司承担施工，并单独设立岩土工程监理，进行质量监控。

振冲桩施工自 2001 年 6 月 1 日至 2001 年 10 月 20 日结束，主厂房施工高峰期投入 7 台机组，净施工打桩 67d，完成碎石桩 7688 根。

#### 9.1.6.1　施工质量控制

为了控制施工质量，监理公司 24h 现场旁站监理并同步进行重力触探跟踪检测。要求施工单位对成桩进行 5%自检，监理公司抽检 5%，抽检率达到 10%。发现不合格桩点，及时采取原点补打或在四周加桩等措施，直至检测合格。结合地勘剖面图及不同区域设计要求，划分质量控制单元，进行整厂区施工质量控制。对主厂房区域内有变化的软弱地层，通过增大加密电流、调整加密段长度和留振时间，增加填料量，提高置换率等措施，保证地基加固效果。通过一系列的措施，使施工达到均质统一，有效地保证了施工质量。

#### 9.1.6.2　泥浆排放处理

工程建设越来越重视文明施工，而振冲桩施工需排出大量泥浆，给文明施工管理带来一定困难。本工程采取场区外租地设储浆池，实施“现场单桩排浆—密闭管道输送至储浆池—沉淀后清水循环利用”的排浆工艺，现场泥浆只在设置的地下排浆沟内流动，施工地表看不到泥浆，从而保证了施工场地的文明卫生。完工后，场外储浆池沉淀土方作为电厂场地填方使用，储浆池整平后复耕还田。本工程泥浆排放工艺和处理办法，成功地解决了大型电厂振冲工程泥浆处理问题，被业主及监理称为“绿色环保”振冲。

### 9.1.7　施工效果检测

为了检测施工质量，在施工制桩满足 20d 恢复期要求后，进行了单桩复合地基载荷试验，试验点布置在主厂房区汽轮发电机基础、锅炉基础下各 6 组，A 列及除氧煤仓间各 4 组，计为 20 组；烟囱 3 组；1 号、2 号冷却塔各 6 组。试验结果表明，各部位载荷试验承载力完全满足设计要求，施工质量均匀良好。

### 9.1.8　变形观测

结构施工中，同期对各建（构）筑物进行了沉降观测，烟囱沉降观测结果见表 9-8，主厂房、1 号冷却塔沉降观测成果见表 9-9。

本观测资料为截止 2002 年 12 月 26 日观测成果。烟囱于 2002 年 8 月 9 日封顶，1 号冷却塔于 2002 年 12 月封顶，集控楼于 2002 年 8 月封顶。

表 9-8　烟囱沉降观测结果表　单位：mm

| 时间/(年-月-日) | 1 测点 | 2 测点 | 3 测点 | 4 测点 | 平均 | 备　注 |
|---|---|---|---|---|---|---|
| 2001-11-18 | 0 | 0 | 0 | 0 | 0 | 烟囱高度 13.5m |
| 2001-12-15 | −4.44 | −3.89 | −3.66 | −3.86 | −3.96 | 烟囱高度 18.5m |
| 2002-2-23 | −5.65 | −5.25 | −4.74 | −5.30 | −5.24 | 烟囱高度 18.5m |
| 2002-4-4 | −6.94 | −6.01 | −5.49 | −6.57 | −6.25 | 烟囱高度 36.0m |
| 2002-4-20 | −7.97 | −7.00 | −6.29 | −7.53 | −7.20 | 烟囱高度 54.0m |
| 2002-4-30 | −9.46 | −8.60 | −7.72 | −9.12 | −8.73 | 烟囱高度 73.5m |
| 2002-5-16 | −11.60 | −10.76 | −9.78 | −11.27 | −10.85 | 烟囱高度 96.0m |
| 2002-5-28 | −12.88 | −11.97 | −11.20 | −12.31 | −12.09 | 烟囱高度 115.5m |
| 2002-6-11 | −14.13 | −13.32 | −12.62 | −13.80 | −13.47 | 烟囱高度 136.0m |
| 2002-6-19 | −14.96 | −14.06 | −14.06 | −14.64 | −14.43 | 烟囱高度 156.2m |
| 2002-6-29 | −15.83 | −14.89 | −14.75 | −15.30 | −15.19 | 烟囱高度 176.2m |
| 2002-7-11 | −16.67 | −15.74 | −15.73 | −16.11 | −16.06 | 烟囱高度 196.2m |
| 2002-7-21 | −17.40 | −16.48 | −16.18 | −16.61 | −16.67 | 烟囱高度 214.7m |
| 2002-8-9 | −18.90 | −18.01 | −17.62 | −18.05 | −18.15 | 烟囱高度 240.0m |
| 2002-9-6 | −18.90 | −18.01 | −18.47 | −20.89 | −19.07 | 固结沉降过程 |
| 2002-10-6 | −19.68 | −18.90 | −19.46 | −21.39 | −19.86 | 固结沉降过程 |
| 2002-11-2 | −19.78 | −19.16 | −19.80 | −21.58 | −20.08 | 固结沉降过程 |
| 2002-12-13 | −20.97 | −19.97 | −20.58 | −22.95 | −21.12 | 固结沉降过程 |

表 9-9　主厂房、1 号冷却塔沉降观测成果　单位：mm

| 部位 | 1 号机组沉降值 | | | 2 号机组沉降值 | | | 备　注 |
|---|---|---|---|---|---|---|---|
| | 平均 | 最大 | 最小 | 平均 | 最大 | 最小 | |
| A 列 | 8.48 | 9.39 | 7.27 | 7.67 | 8.85 | 5.23 | 本资料为 2002 年 12 月底实测资料统计结果，1 号主厂房施工进度先于 2 号主厂房 |
| B 列 | 10.94 | 11.64 | 10.09 | 10.29 | 10.74 | 10.02 | |
| C 列 | 11.93 | 13.17 | 10.43 | 10.50 | 11.46 | 8.96 | |
| 锅炉 | 10.67 | 11.92 | 9.78 | 8.56 | 9.84 | 6.93 | |
| 集控楼 | 11.19 | 12.43 | 9.78 | — | — | — | |
| 1 号冷却塔 | 7.70 | 9.00 | 5.78 | — | — | — | |

根据沉降观测成果显示，各主要建（构）筑物绝对沉降量小，不均匀沉降更小，尤其是烟囱、主厂房各汽机、水塔的沉降差远小于规范标准。说明地基经振冲处理后，不仅承载力得到大幅度提高，而且在约 25000$m^2$ 的主厂房基坑范围内，地基是均匀的，为以后机组设备正常运行提供了保障。

### 9.1.9　结论

600MW 大型发电机组地基振冲加固，载荷试验及实际观测表明，地基加固方案选择、设计及施工是成功的。

（1）600MW 大型发电机组采用大功率振冲桩进行地基加固是可行的。

（2）振冲处理主厂房、烟囱等高耸建（构）筑物地基，能够保证处理后地基的均匀性。

（3）原位试验是设计施工参数确定的关键。应以原位试验结果为设计依据，但在施工过程中，应考虑整个基坑地层变化及大面积施工因素影响，适当调整施工参数。

（4）大型火电工程振冲施工应选择具有丰富实践经验和专业化施工资质的单位施工，以保证施工质量。

## 9.2 【案例2】田湾河仁宗海水库电站堆石坝基淤泥壤土振冲桩地基处理

### 9.2.1 工程与地质概况

田湾河仁宗海水库电站位于大渡河中游右岸支流田湾河的最大支流环河上，是梯级开发的龙头水库电站，水库总库容 1.12 亿 $m^3$。水库拦河大坝为堆石坝，坝高约 56m，坝顶长 830.85m，宽 8.00m。坝基⑦层为淤泥质壤土，系湖积，分布于河床左岸顶部（大部分位于湖水位以下），最大深度约 19m。灰色淤泥质壤土含有机质，物性试验资料表明以细砂及粉粒为主，分别占 38.62%、41.16%，黏粒占 15.6%，表明级配基本连续，天然密度 1.8$g/cm^3$，孔隙比 0.696～1.453，天然含水量 24.6%～51.5%，塑限 26.35%，液限 40.23%，塑性指数 13.9%，属高液限粉土，呈可塑—软塑状。室内试验：$E_S=4.28\sim8.94$MPa，$C=0.035\sim0.06$MPa，$\phi=6.1°\sim10.8°$，$K=(12.9\sim5.4)\times10^{-4}$cm/s，表明其力学特性差，透水性弱。

右岸浅表为洪积⑥层土，含块碎（卵）石土，以碎（卵）砾石为主，约占 71.7%，块石占 13.0%，黏粒占 1.9%，粉粒 5.9%，该层粗颗粒基本形成骨架，力学性能较好。

坝基的⑥层、⑤层、④层为主要持力层，承载力为 0.35～0.55MPa，变形模量 35～50MPa，基本能满足堆石坝对坝基的要求。

### 9.2.2 设计要求

（1）为满足堆石坝的变形、基础固结和稳定要求，须对堆石坝整个坝基范围和坝体上游坡脚外滑弧以内的⑦层灰色淤泥质壤土进行振冲法加固处理。

（2）振冲桩的处理深度原则上应达到设计提供的⑦层等厚线以下 0.5m（位于等势高程线之间的桩深以低高程等势线控制），不足 5.0m 按 5.0m 计。

（3）振冲桩按等边三角形平行坝轴线布置，防渗墙上下游加强区范围内桩间距为 1.3m×1.3m，其余部位桩间距为 1.5m×1.5m。

（4）振冲处理的面积置换率必须达到 40%以上。

（5）⑦层经振冲处理后，要求复合地基应达到以下指标。

1）承载力特征值大于 240kPa；平均密度大于 2.10$g/cm^3$；平均孔隙率不大于 0.30。

2）变形模量大于 35.0MPa，压缩系数 $\alpha(100\sim200\text{kPa})\leqslant0.25\text{MPa}^{-1}$。

3）内摩擦角 $\phi\geqslant30°$，凝聚力 $C\geqslant25$kPa。

4）渗透系数 $K \geqslant 1 \times 10^{-3}$ cm/s（或碎石桩体的渗透系数 $K \geqslant 1 \times 10^{-1}$ cm/s）。

5）具有抗液化能力。

（6）填料要求，碎石应采用饱和抗压强度大于 40MPa 的无腐蚀性和性能稳定的硬质石料加工。粒径范围为 5～150mm，最大粒径不超过 150mm，碎石料级配连续。

### 9.2.3 振冲桩施工

2004 年 5 月 22 日至 6 月 7 日进行了振冲方案可行性试验；2005 年 6 月 30 日至 2006 年 1 月 8 日完成了主体工程桩施工；2006 年 11 月 1 日至 2006 年 11 月 26 日完成了左坝肩部分的振冲桩施工。

（1）工艺生产验证性施工。工程桩正式施工前，在施工区下游代表性地段，进行了工艺生产验证性施工，共施工 36 根桩，桩长 13.5～14m，经检测，试验结果与可行性现场试验结果基本一致。

（2）施工关键参数的确定。采用 75kW 振冲器作为主导设备施工。依据设计文件、工艺生产验证性试验、可行性现场试验，施工关键参数确定为制桩电压 380V，波动不应超过±20V，加密电流不小于 90A，留振时间 10～15s，造孔水压 0.4～0.6MPa，加密水压 0.2～0.6MPa，加密段长度 30～50cm。

### 9.2.4 质量自检统计及分析

#### 9.2.4.1 自检情况统计及分析

本工程采用超重型动力触探自检，共检测 896 根桩，检测比例 2.66%；自检的最高触探击数在⑥层，106 击，最低触探击数 2 击（出现在下游局部淤泥土层中），平均触探击数 18.9 击。触探击数差异区域分布主要表现在下游局部淤泥土层表层击数相对其他区域较低，垂直向随地层变化较明显。⑥层土触探击数高，⑦层土触探击数低，原因在于⑥层（包括回填层）土的各方面物理力学指标都要优于⑦层土。由动力触探结果和现场试验对比判断，振冲施工质量良好且稳定。

#### 9.2.4.2 典型土层施工特征曲线

选择地层变化明显的区域，在处理深度范围内，对造孔电流、加密电流、填料量、动力触探进行了统计分析，试验区施工参数特征曲线见图 9-3，从曲线中可以明显看到土层在垂直向的变化以及关键施工控制参数随地层的变化，不同土层中碎石桩体的密实度也是不同的，反映了振冲桩加固不同土层的效果。

### 9.2.5 主要针对性技术性措施

#### 9.2.5.1 有效桩顶高程为自然地表，无预留超高段

规范规定，振冲桩一般 1.0～1.5m 桩头部分为不稳定松散桩段，此部分应挖除或采取碾压等措施提高其密实度，才能保证复合地基强度，但本工程拟在施工后的自然地表堆筑坝体。为了尽量减少不稳定段长度及提高桩头密实度，施工中采取了以下加强措施。

（1）当加密接近孔口时，在孔口堆料强打，反复振实，适当延长留振时间。

（2）减小加密段长度，控制在 20～30cm 之间，并采取复压措施。

（3）施工顺序采用“推进法”施工，保证重型设备（吊机、装载机、运料重车）在已成桩位置行走在已成桩位置备料堆载预压。

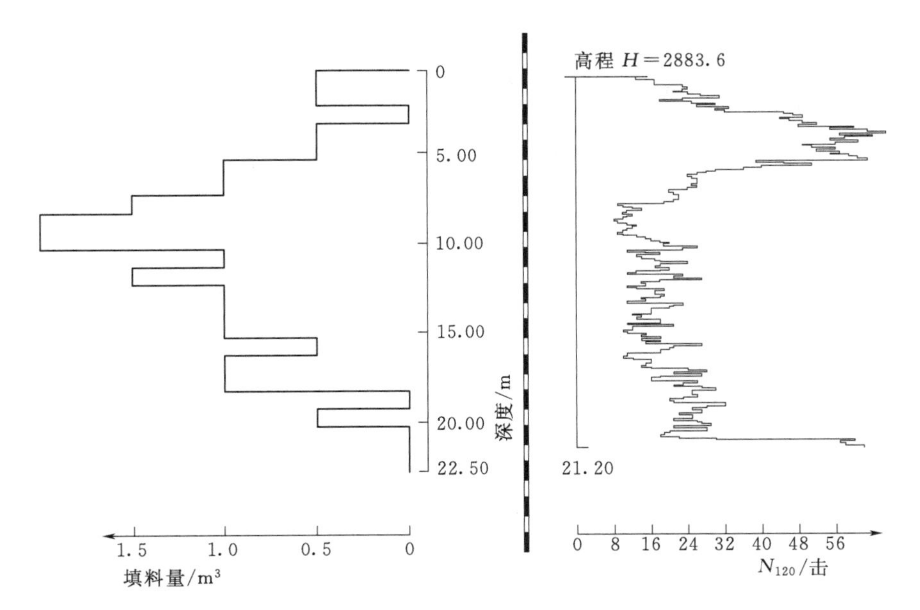


(*a*) 填料量与超重型圆锥动力触探关系图

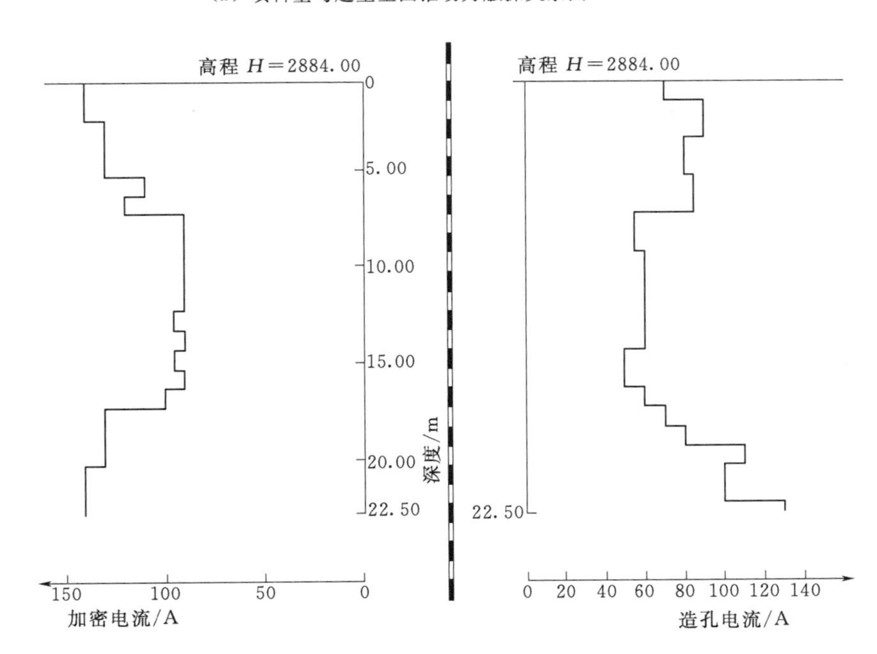


(*b*) 造孔/加密电流与深度的关系图

图 9-3 试验区施工参数特征曲线图

### 9.2.5.2 超深桩（桩深度不小于20m）区施工

(1) 针对深桩区振冲设备导杆长，起吊难度大的特点，采用50～70t大吨位吊车，以同时满足起吊重量和起重高度两方面要求。

(2) 采用重型导杆和新型减振器，保证造孔穿透能力和垂直性。

（3）对吊车操作手、孔口指挥、现场质检员和技术员等关键岗位人员进行严格的岗前培训，提高他们的技术、质量和安全控制水平。

#### 9.2.5.3 下游局部淤泥土区域处理

根据施工过程情况、自检结果、现场观测，发现在下游原水域区域（以下简称该区）地基的工程地质性质相对右岸区域差异性大。具体表现在造孔速度较快，返浆颜色灰黑色，加密时间长，填料量多，且加密到上部（一般在4m以上）时存在表层土翻浆现象。经分析认为该区域表层部分是湖水静水或缓流作用沉积在⑦层上边形成的淤泥，土质很差。针对这些情况，采取了以下措施。

（1）施工前在该区域表层回填块碎石垫渣，人工形成硬壳层，保证桩头在加密时有一定的上覆压力，提高加密效果。

（2）加密时对桩头部分采取堆料措施，人为增加上覆压力。进行复打，一般反复振密压实3次以上。

（3）调整施工参数，留振时间从10s延长至15s。

（4）在上下限范围内调整填料级配，选用粒径大的石料，一般选4～15cm碎石，增加挤淤效果，并将加密水压增至0.6MPa，尽量多填料，增大置换量，提高置换率。

（5）振冲施工后，在此区域做现场大型剪切试验，试坑开挖后，从剖面上量测碎石桩，直径达1.2m以上，桩间土不到30cm，说明振冲置换效果较好。

### 9.2.6 质量检测与分析评价

工程检测项目包括施工现场大型剪切试验、静载荷试验、动力触探试验、标准贯入试验、标准注水试验等。

#### 9.2.6.1 现场大型剪切试验

共进行了9组桩体和9组桩间土的大型剪切试验。在试验位置开挖4m×2.5m×3m方形试坑，浇钢筋混凝土水平反力墙。试验采用平推法，试体尺寸分别为80cm×80cm×30cm（桩体和回填区桩间土）及50cm×50cm×25cm（桩间土为淤泥），采用固结快剪进行，最大法向应力0.4MPa。

试验结果为碎石桩体摩擦系数为0.64～0.9，平均为0.77，咬合力为0.02～0.03MPa，平均为0.026MPa，即咬合力$\tau=0.77\sigma+0.026$MPa，相应内摩擦角33°～42°，平均为38°。

桩间土分两组情况。①淤泥质黏土摩擦系数0.32～0.35，平均为0.33，凝聚力为0.035～0.04MPa，平均为0.04MPa，即咬合力$\tau=0.33\sigma+0.04$MPa，内摩擦角平均为18°。②碎石回填区摩擦系数为0.57～0.67，平均0.62。咬合力为0.028～0.035MPa，平均为0.032MPa，即咬合力$\tau=0.62\sigma+0.032$MPa，相应内摩擦角平均为32°。

计算复合地基摩擦系数平均为0.64，咬合力平均为0.03MPa，即$\tau=0.64\sigma+0.03$MPa，内摩擦角平均为32°，满足设计要求，通过现场大型剪切试验说明碎石桩桩体强度较高，淤泥质壤土经振冲挤压后，强度有一定幅度的提高。

#### 9.2.6.2 复合地基的渗透系数

采用标准注水试验方法，其中碎石桩体15个孔，桩间土14个孔。统计结果表明桩

体渗透系数平均值 $K=1.9\times10^{-3}$cm/s，桩间土渗透系数 $K=1.4\times10^{-3}$cm/s。渗透系数表现出不均性，主要是整个场区面积大，地层无论在水平方向，还是垂直方向，都有一定的差异和变化所致。复合地基平均渗透系数 $1.66\times10^{-3}$cm/s，基本满足设计要求。

#### 9.2.6.3 复合地基承载力和变形模量

复合地基承载力采用静载荷试验方法，共进行 80 个点试验。检测结果复合地基承载力平均值为 250kPa，最大值为 257kPa，只有两点为 206kPa，极差不超过承载力平均值的 30%，根据规范规定可取测试平均值 250kPa 为该场地复合地基承载力的特征值。处理后的复合地基承载力满足设计要求。

个别点其基本值略低，主要原因是本次试验压板直接放在了成桩后的地表，根据规范要求，振冲施工后的 1.0～1.5m 桩头为不稳定段，应挖除或采取碾压等处理措施，方可作为基础底面。只有 2 点其基本值略低，也充分说明施工质量是稳定的，尤其直接在地表压桩，说明施工中对不稳定桩头采取的技术措施是有效可行的，效果明显。

复合地基变形模量 80 个点的静载试验结果平均值为 61.6MPa，达到设计值 35MPa 的要求。

#### 9.2.6.4 动力触探试验

整个场地桩体动力触探 $N_{120}$ 的平均击数为 13.4，桩间土 $N_{63.5}$ 动力触探的平均击数为 12.6，桩体及加固后的桩间土密实度满足要求。

#### 9.2.6.5 堆石坝沉降观测成果

对堆石坝沉降变形进行了观测，观测点位布置见图 9－4，对坝前坝基及防渗墙部位的 18 个观测点实施了 9 次观测；对坝后 2904 马道部位的 8 个观测点实施了 5 次观测；对坝轴线位置防浪墙上游 1m 宽的平台上的 15 个临时观测点实施了 5 次观测。观测结果如下（见表 9－10～表 9－12）。

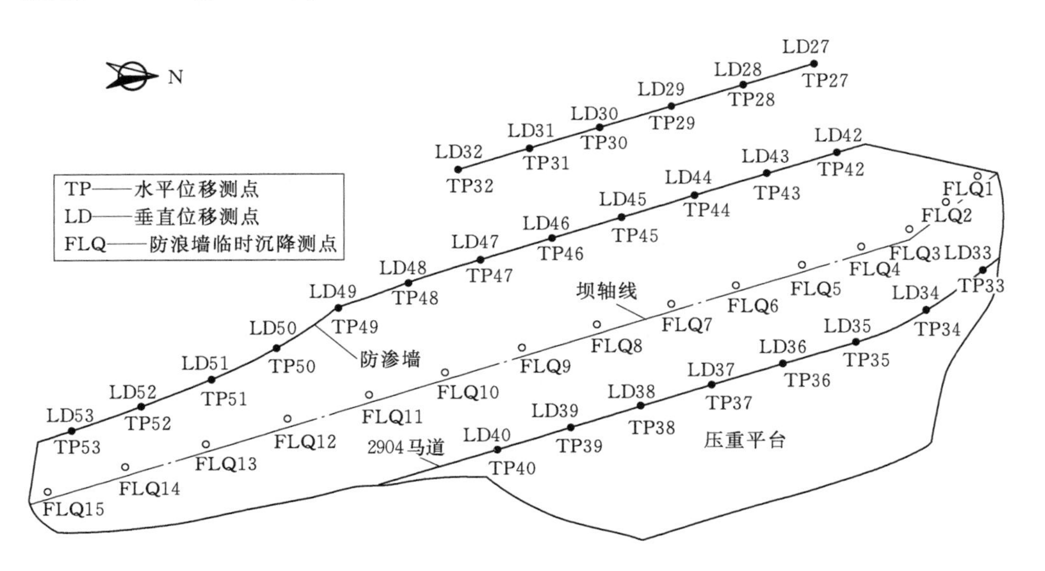


图 9－4 观测点位布置图

表 9-10　坝前坝基及防渗墙部位观测点沉降观测结果表　单位：mm

| 点名 | LD27 | LD28 | LD29 | LD30 | LD31 | LD32 | LD42 | LD43 | LD44 |
|---|---|---|---|---|---|---|---|---|---|
| 累计沉降量 | −0.4 | 8.4 | 12.4 | 12.3 | 10.1 | 7.0 | 0.2 | 8.2 | 14.1 |
| 点名 | LD45 | LD46 | LD47 | LD48 | LD49 | LD50 | LD51 | LD52 | LD53 |
| 累计沉降量 | 13.6 | 11.2 | 4.8 | 5.8 | 4.4 | 4.1 | 3.7 | 2.9 | 1.4 |

表 9-11　坝后 2904 马道部位观测点沉降观测结果表　单位：mm

| 点名 | LD33 | LD34 | LD35 | LD36 | LD37 | LD38 | LD39 | LD40 |
|---|---|---|---|---|---|---|---|---|
| 累计沉降量 | 3.1 | 3.4 | 1.4 | 0.1 | −1.1 | −1.8 | −2.7 | −3.8 |

表 9-12　坝顶防浪墙部位临时沉降观测点结果表　单位：mm

| 点名 | FLQ1 | FLQ2 | FLQ3 | FLQ4 | FLQ5 | FLQ6 | FLQ7 | FLQ8 |
|---|---|---|---|---|---|---|---|---|
| 累计沉降量 | 7.7 | 4.5 | 6.3 | 3.5 | 2.0 | 1.0 | 0.3 | −0.6 |
| 点名 | FLQ9 | FLQ10 | FLQ11 | FLQ12 | FLQ13 | FLQ14 | FLQ15 | |
| 累计沉降量 | −2.0 | −2.9 | −3.2 | −2.9 | −1.2 | 1.4 | 2.7 | |

### 9.2.7　结论

（1）检测结果表明，经振冲桩加固处理后，整个堆石坝基淤泥壤土场区处理后质量稳定均匀，承载力及变形模量均达到了设计要求。

（2）采用振冲方案加固处理堆石坝基淤泥壤土，从技术、经济、环保、工期等方面来讲是适宜和成功的。

（3）本工程共完成振冲桩 33740 根，进尺 493126.2m，其中超过 20m 的超深桩进尺 223639.0m，处理面积超过 60000m$^2$。其中有 44%的桩深度超过了 20m（超过了规范中的最大深度），而超深桩施工难度大，对设备和质量控制及工程组织管理都提出了很高的要求。

（4）应严格按照设计图纸、试桩（现场试验、工艺生产验证性试验）结果和施工组织设计进行施工生产，并且应根据施工场地地质条件变化，及时采取针对性的技术措施，适当提高技术标准，以便有效地控制整体施工质量，保证坝基整体的均匀稳定。

施工过程中，应根据规范要求进行重型动力触探跟踪自检，对施工质量进行过程动态控制。及时发现问题，及时采取针对性的技术措施。

（5）本工程无论是振冲桩数量、振冲处理面积、超深桩工程量、还是施工难度以及处理后要求达到的技术指标都是国内水电建设工程中较高的。本工程的成功实施证明，国内大面积超深桩的施工技术和质量控制已经成熟，可供大型工程应用借鉴，为今后国内外类似水电建设工程提供了设计、施工、检测等方面的实践经验。

（6）大坝沉降变形主要产生在坝体填筑过程中，受填筑高度的垂直荷载影响，沉降量与大坝填高之比约为 0.0046，即大坝每填高 1m 沉降量为 4.6mm，停止填筑后，沉降速率明显减缓，并逐步趋于稳定。堆石坝下游变形的最大量位于 3-3 监测断面，并向两坝肩有减小趋势，最大变形量在 VE8 孔上部（高程 2902m）位置大小为 59.18mm，目前的蓄水过程对坝体变形影响较小。大坝沉降观测结果表明采用振冲法处理坝基淤泥壤土是成功的。

## 9.3 【案例3】哈达山水利枢纽土坝坝基振冲处理工程

### 9.3.1 工程概况

哈达山水利枢纽工程位于第二松花江（简称二松）干流下游河段，坝址在前郭尔罗斯蒙古族自治县吉拉吐乡境内，是二松干流最后一级控制性水利工程，其上游已建有白山、红石、丰满三座梯级电站。哈达山水利枢纽是吉林“北水南调”的主要水源工程之一，同时担负向吉林西部提供生活用水、工农业用水、生态环境保护用水和发电等四大任务。

本工程由坝区枢纽工程、防护区工程和输水工程组成。坝区枢纽工程由挡水土坝、取水及门库段、溢流坝、河床式电站、重力坝连接段组成。

哈达山水利枢纽工程规模为大（Ⅰ）型，水库正常蓄水位140.5m，水库总库容$6.04\times10^8m^3$，灌溉面积$285\times10^4$亩，电站装机容量为34.5MW，多年平均发电量$1.16\times10^8kW\cdot h$。工程等级为Ⅰ等，主要建筑物为1级建筑物，主要建筑物地震设计烈度为8度。

挡水土坝为粉质黏土均质坝，坝基砂层厚度为12～22m，坝址处于8度地震区。鉴于挡水土坝段处于饱水状态下的砂土地基，存在地震液化问题，故需对处于饱水状态下的砂土地基进行抗液化处理。通过无填料振冲挤密砂层方案和强夯方案试验对比，从处理深度及处理效果等技术指标及经济角度综合分析，确定抗液化处理方案为振冲砂桩＋压重平台相结合的方案。振冲处理范围为顺河向上、下游坝坡脚线外8～10m范围内，坝轴线方向，桩号0＋514.00～2＋511.45。

### 9.3.2 地质情况

桩号0＋502～2＋750为土坝，坝长2248m，坝顶高程145.05m，墙顶高程143.05m。坝段最低建基高程131.50m，黏土均质坝最大坝高13.55m，坝顶宽为10m。桩号0＋502～1＋980为横跨第二松花江主江道及低漫滩，低漫滩地面高程135.80～138.60m，一般高出江水面约2m，主河道最大水深大于4m，其江道桩号1＋084～1＋354。桩号1＋980.00以外风砂覆盖漫滩阶地，并与右岸风化砂覆盖微波状岗地相接。岩性以第四系全新统冲积堆积的黏性土［4－1］、［4－2］、［4－3］和砂性土［4－5］层、［4－9］层、［4－10］层、［4－11］层等为主，总厚度12～17m。风砂覆盖漫滩阶地地面高程136.50～173.93m，岩性以第四系全新统风积堆积的［2－1］层（厚5～33m）及第四系中更新统冲积湖积堆积的［7－2］、［7－3］、［7－4］、［7－7］层（厚15～17m）等为主，总厚度22～49m。其下均为［9］层，构成本坝段的基底岩性，基岩顶板平缓，高程121.00m左右，在右坝端以外呈缓降趋势。从整体上看岩体强、弱风化带不厚，但在桩号1＋775～2＋350处形成深槽。第四系全新统冲积堆积的岩性如下。

(1) 淤泥质壤土［4－1］层：黑褐色，稍湿—湿—饱和，稍密，可塑—软塑，砂占27.8%，黏粒占19.5%，粉粒占52.7%，有机质占2.1%。具有腥臭味，含有未腐烂的根系及云母片。层厚0.40～6.40m，层底高程126.46～134.87m。局部分布于低漫滩之表层。

(2) 砂壤土 [4-2] 层：黑褐色，稍湿，中密，有塑性，黏粉粒约占20%，表层含有少量植物根系，并有云母碎片。层厚0.35～1.70m，层底高程134.49～135.74m。局部分布于低漫滩的表部。

(3) 壤土 [4-3] 层：黑褐色，湿—很湿，稍密—中密，可塑—软塑，砂占33.0%，粉粒占47.3%，黏粒占19.7%，局部夹有细砂薄层，层厚0.70～4.70m，层底高程133.85～145.42m。分布于低漫滩的表部。

(4) 黏土 [4-4] 层：黑褐色，很湿，中密，软塑、能搓成小于1mm土条，厚度0.30m。

(5) 中砂 [4-5] 层：黄褐—灰绿色，湿—饱和，松散—中密，砾石占2.0%，粗砂占10.8%，中砂占60.2%，细、极细砂占27.0%，含有大量的云母片。层厚2.20～13.15m，层底高程122.73～132.56m。连续分布于低漫滩及风沙覆盖的漫滩阶地的下部。

(6) 粗砂 [4-6] 层：灰绿色，饱和，中密，砾石占5.0%，粗砂占46.0%，中砂占45.0%，细、极细砂占4.0%，层厚2.65m，层底高程126.86m。

(7) 极细砂 [4-7] 层：黄褐—灰绿色，很湿—饱和，松散，中、粗砂占29.4%，细砂占42.1%，极细砂占16.9%，黏粉粒占11.6%，含有云母片。层厚8.0m，层底高程128.03m。仅分布在拟建引水闸附近。

(8) 细砂 [4-8] 层：灰绿色，饱和，稍密，粗砂占8.0%，中砂占32.8%，细砂占37.8%，极细砂占15.6%，黏粉粒占5.8%，层厚1.50m，层底高程126.53m。局部分布于低漫滩及拟建引水闸附近。

(9) 砾质中砂 [4-9] 层：黄褐—灰绿色，饱和，中密，砾石占15.4%，粗砂占20.6%，中砂占46.1%，细、极细砂占17.9%，含有云母片。砾石呈次棱角—次圆状，层厚0.70～6.95m，层底高程120.36～128.43m。分布在低漫滩的中砂 [4-5] 层之下。

(10) 砾质粗砂 [4-10] 层：灰绿色，饱和，中密，砾石占26.2%，粗砂占31.7%，中砂以下含量占42.1%，层厚1.00～7.20m，层底高程119.70～121.29m。较连续分布在低漫滩的中砂 [4-5] 层之下。

(11) 细砾 [4-11] 层：灰绿色，饱和，中密—密实，卵石占1.3%，砾石占54.6%，砂占44.1%，一般粒径为2～5cm，多呈次棱角—次圆状，层厚1.55～5.45m，层底高程116.51～120.54m，在其底部有0.1～0.5m的卵石层，局部分布在低漫滩的底部。

### 9.3.3 施工概述

哈达山水利枢纽工程土坝振冲施工的工作面自土坝清基清理掉表层有机物、壤土及黏土后的砂层开始，主要处理 [4-5]～[4-11] 层砂土。共完成振冲桩49802根，累计进尺574466.8m，其中振冲挤密砂桩562369.8m，振冲桩12097m。

### 9.3.4 设计要求

#### 9.3.4.1 一般规定

(1) 采用无填料振冲挤密法处理坝基松散砂层。

（2）基础砂层处理后相对密度满足 8 度抗地震液化要求。

**9.3.4.2　振冲处理深度、范围及桩距要求**

采用 2.0～2.15m 正三角形满堂布桩，振冲处理深度、范围及桩距根据施工设计图纸确定。

**9.3.4.3　振冲器型号**

根据现场试验结果，确定振冲器型号为 BJ－75kW。

### 9.3.5　完成工程量

本项目工程量统计见表 9－13。

**表 9－13　本项目工程量统计表**

| 序号 | 施工时段 | 无填料振冲挤密 | | 振冲桩 | | 小计/m | 备注 |
|---|---|---|---|---|---|---|---|
| | | 桩数/根 | 累计进尺/m | 桩数/根 | 累计进尺/m | | |
| 1 | 2009 年 4—11 月 | 16626 | 179523.8 | 1151 | 12097 | 191620.8 | |
| 2 | 2010 年 4—9 月 | 32025 | 382846 | | | 382846 | |
| 合计 | | | | | | 574466.8 | |

### 9.3.6　振冲施工

**9.3.6.1　振冲处理生产性试验与检测**

（1）生产性试验施工。

1）为了验证施工工艺和参数是否合理，在正式施工前进行了生产性试验。

2）生产性试验选在坝 0＋600～坝 0＋650 之间，选在施工区域的边缘位置进行，具体桩号见下图（图中桩上部数字为桩号），共施工振冲砂桩 23 根。按设计要求正三角形布置，间距 2m。生产性试验区振冲桩桩位布置见图 9－5。

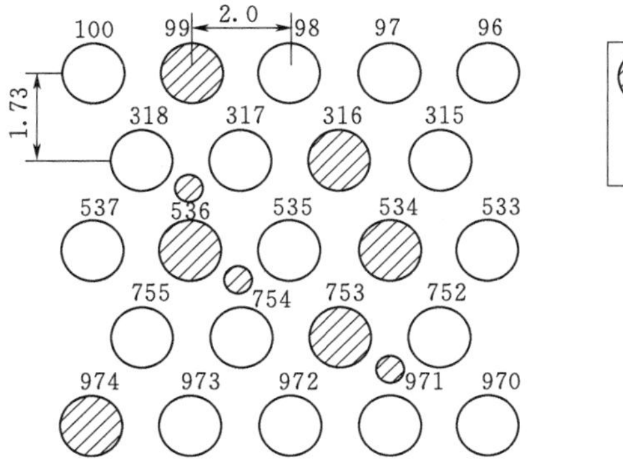


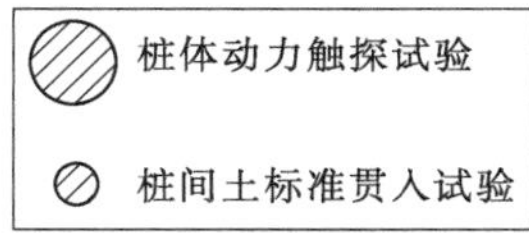


图 9－5　生产性试验区振冲桩桩位布置图（单位：m）

（2）生产性试验检测。

1）自检试验要求。①振冲桩施工后，在试验区内桩间土处布置 3 个标准贯入孔，每 1m 做一次标准贯入试验。②振冲桩施工后，在试验区内振冲桩处布置 6 个重力触探孔。

2）施工自检试验标准。采用标准贯入试验检测桩间土。振冲后桩间土现场原位标准贯入试验，要求桩间土相对密度不小于0.8（密实）时，修正后标准贯入击数不小于临界值（标准贯入击数临界值见表9-16）。

3）自检试验结果。根据标准贯入击数，本工艺试验桩的检测击数均满足设计要求，标准贯入试验结果统计见表9-14。工艺试验自检结果表明，根据设计要求的参数施工，能达到设计对振冲施工后的地基处理要求。通过此步确认，工程桩开始正式施工。

**表9-14　　标准贯入试验结果统计表**　　单位：击

| 点位 \ 深度/m | 0.7～1.0 | 1.7～2.0 | 2.7～3.0 | 3.7～4.0 | 4.7～5.0 | 5.7～6.0 | 6.7～7.0 | 7.7～8.0 | 8.7～9.0 | 10.2～10.5 |
|---|---|---|---|---|---|---|---|---|---|---|
| B1 | 22 | 30 | 35 | 39 | 41 | 44 | 46 | 49 | 48 | 53 |
| B2 | 20 | 32 | 31 | 37 | 50 | 44 | 46 | 56 | 54 | 70 |
| B3 | 19 | 31 | 31 | 36 | 37 | 41 | 38 | 41 | 42 | 41 |

#### 9.3.6.2　无填料振冲挤密施工

（1）主要施工流程。

1）慢速振冲下沉至地面以下设计深度处，留振30s。

2）慢速上拔，每0.5m留振30s，至孔口处，留振120s。

3）慢速振冲下沉至设计深度以上0.5m处，留振30s。

4）慢速振冲上拔0.5m，留振30s。

5）依次类推，每段上拔0.5m，每段留振30s。

6）直至孔口处，再留振60s（在上拔振冲过程中若有孔洞，用机械向桩孔内补充河砂料，若孔洞大补充料多，留振时间继续延长）。

7）重复上述振密过程1～2遍。二次复振控制电流120A作为终止深度标准。

8）振密结束，关闭水泵及振冲器，移至下一振点振密。

（2）施工主要技术质量要求。

1）本项目采用单头振冲器施工，振冲加密电流根据砂层性质，粉细砂不小于60A，中粗砂不小于80A。

2）水冲振动下降速率为0.5～1m/min。

3）在振冲施工过程中，若振冲器周围形成孔洞应及时加入补充砂料。

4）每次补充砂料厚度不宜大于50cm，将振冲器沉入砂中分段提升（0.3～0.5m）振密和留振。

5）振冲加密过程中应记录分段振密电流。

6）桩位偏差应小于100mm，孔深偏差应小于±200mm。

7）施工水压为0.4～0.6MPa，水量为200～400L/min。

8）施工时振冲器喷水中心与孔径中心偏差应不大于5.0cm。

9）振冲造孔后成孔中心与施工图纸定位中心偏差应不大于10cm。

10）振冲器贯入土中应保持垂直，其偏斜应不大于桩长的3%。

11）振冲器每贯入1～2m孔段，应记录一次造孔电流、水压和时间，直至贯入到施工图纸规定的完孔深度。

#### 9.3.6.3 振冲桩施工

（1）振冲桩施工工序。

1）清理场地，接通电源、水源。

2）施工机具就位，起吊振冲器对准桩位。

3）造孔。开动高压水泵冲水，启动动力箱，待振冲器运行正常以后，使振冲器徐徐贯入土中，直至设计桩底标高。

4）清孔。将振冲器提出孔口，再较快地从原孔贯入，使桩孔畅通，有利于填料加密，将振冲器提升1～2次。

5）填料加密。向孔内倾倒一部分填料，当达到设计规定的加密电流和留振时间后，将振冲器上提继续进行下一段加密，每段加密长度应符合设计要求。自下而上，直至孔口。

6）加密完成后关闭振冲器，关水，制桩结束，移至下一桩位。

（2）振冲桩施工参数。

1）制桩电压为380V±20V。

2）加密电流为80A。

3）留振时间10s。

4）成孔水压0.4～0.6MPa，制桩水压0.4～0.5MPa。

5）加密段长度不大于500mm。

### 9.3.7 施工中难点与应对措施

为了便于施工，根据设计图纸，结合现场实际情况，将振冲施工范围划分为以下5个施工区域：一期围堰施工区域、A施工区、B施工区、C施工区、D施工区。施工区域划分见表9-15。

表9-15　施工区域划分表

| 区　　域 | 桩号范围 | 布桩形式 | 桩数 |
|---|---|---|---|
| 一期围堰施工区 | 0+514～1+000 | 2.0m正三角形 | 15551 |
| A施工区 | 1+000～1+464.4 | 2.15m正三角形 | 12960 |
| B施工区 | 1+464.4～2+124.45 | 2.15m正三角形 | 15964 |
| C施工区 | 2+124.5～2+315.8 | 2.15m正三角形 | 3371 |
| D施工区 | 2+315.8～2+511.45 | 2.15m正三角形 | 1956 |

#### 9.3.7.1 一期围堰施工区域

施工中遇到的问题及处理措施。

（1）桩号0+514～0+550连接坝段采用风化砂回填区域因黏土含量多，施工中形成孔洞，无法达到加密效果。经设计变更，决定在此区域内改为振冲桩工艺。

（2）桩号0+550～0+650区域由于溢流坝施工降水，地下水位很低，造成成孔施工难度大，单桩造孔时间为一期围堰内其他区域施工时的3倍以上。造孔电流高，设备损坏严重。应对措施如下。

1）采用大功率空压机辅助成孔，单台空压机只向一台机组供气，提高造孔时空气压力，提高冲孔效果。

2）在用水造孔施工中，将水压调到0.6～0.8MPa，加大水管压力与流量，增大成孔直径，同时减小砂土摩阻能力。

（3）在土坝桩号0＋590～0＋610上游、0＋700～0＋740、0＋900～0＋950段下游等局部部位，施工中有泥水返出孔口，且上提振冲器时带出陈年植物根茎等杂物，施工结束后，地表形成淤泥壳，在此地做标准贯入试验，标贯器中取出的土样含有黏性土，说明地层中含有局部黏土夹层。应对措施如下。

1）加密过程中采用机械设备或人工向孔口填砂料，同时延长加密段的留振时间，由30s增加到60s或120s，扩大砂土塌陷量。

2）在孔口4m范围内，采取增加加密次数的方法强化上部处理效果，使此范围内所有桩上部保证5次加密。

3）对该区域加大标准贯入试验检测力度，对埋藏较浅的黏性土层，进行填砂处理。

（4）0＋950～1＋000段下游由于地表回填砂层含黏粒较多，导致施工中地表下1m内的回填土层成孔。应对措施为采取就近填砂进行表层振密，后经检测，施工效果满足设计要求。

**9.3.7.2 B施工区**

在土坝桩号1＋940～2＋000段部位，局部地段施工中有泥水返出孔口，且上提振冲器时带出陈年植物根茎等杂物，施工结束后，地表形成淤泥壳，在此地做标准贯入试验，标贯器中取出的土样含有黏性土，说明地层中含有局部黏土夹层。应对措施如下。

（1）加密过程中采用机械设备或人工向孔口填砂料，同时延长加密段的留振时间，由30s增加到60～120s。

（2）在孔口4m范围内，采取增加加密次数的方法强化上部处理效果，使此范围内所有桩上部保证5次加密。

（3）对此种地层加大振前和振后标准贯入试验检测力度，对埋藏较浅的黏土层，进行填砂处理。

**9.3.7.3 C施工区**

本区域上游部位，部分区域上部成孔电流极高，成孔很慢，造孔至5～8m之前持续有泥水返出孔口，穿过5～8m后即不返水，通过标贯取样，在5～8m以上有一层黏土夹层。此部位施工加密困难。应对措施如下。

（1）加密过程中利用机械设备或人工向孔口填砂料，并延长每个加密段的留振时间由30s增加到60s。

（2）在加密至4m深度时，将振冲器全部提离孔口，填砂后用振冲器将砂压入孔内，经多次提拔和压砂，最大限度地将砂料送到黏土层，提高该层的密实度，从而达到加密效果。

（3）在4m以上部分采取增加加密次数的方法强化上部处理效果，单桩加密时间平均超过60min。

**9.3.7.4 D施工区**

在土坝桩号2＋315.8～2＋400段等部位，施工中有泥水返出孔口，且上提振冲器时带出陈年植物根茎等杂物，施工结束后，地表形成淤泥壳，在此地做标准贯入试验，标贯器中取出的土样含有黏性土。应对措施如下。

（1）加密过程中采用机械设备或人工向孔口填砂料，同时延长加密段的留振时间，由30s增加到60s或120s。

（2）在孔口4m范围内，采取增加加密次数的方法强化上部处理效果，使此范围内所有桩上部保证5次加密。

（3）对此种地层加大振前和振后的标准贯入试验检测力度，对埋藏较浅的黏土层，进行填砂处理。

### 9.3.8 振冲处理检测与验收

#### 9.3.8.1 地基处理检测

（1）检测要求。根据规范和设计要求，振冲桩施工后，在桩间土进行现场原位标准贯入试验，检测施工后是否已消除液化。本工程按施工桩数1%做标准贯入试验，共做标准贯入试验507孔，其中上游219孔，下游288孔。

（2）检测标准。根据规范及设计要求，标准贯入击数临界值见表9-16。

表9-16　标准贯入击数临界值表

| 桩号0+514～1+465 | | | | 桩号1+465～2+232.4 | | | | 桩号2+232.4～2+511.45 | | | |
|---|---|---|---|---|---|---|---|---|---|---|---|
| 上游 | | 下游 | | 上游 | | 下游 | | 上游 | | 下游 | |
| 试验点高程/m | 临界锤击数$N_{cr}$ | 试验点高程/m | 临界锤击数$N_{cr}$ | 试验点高程/m | 临界锤击数$N_{cr}$ | 试验点高程/m | 临界锤击数$N_{cr}$ | 试验点高程/m | 临界锤击数$N_{cr}$ | 试验点高程/m | 临界锤击数$N_{cr}$ |
| 134.00 | 14.0 | 134.00 | 11.0 | 136.00 | 14.0 | 136.00 | 9.5 | 145.50 | 8.5 | 145.50 | 3.5 |
| 133.00 | 14.5 | 133.00 | 11.5 | 135.00 | 14.0 | 135.00 | 9.5 | 145.00 | 8.5 | 145.00 | 3.5 |
| 132.00 | 15.5 | 132.00 | 12.5 | 134.00 | 15.0 | 134.00 | 10.5 | 144.00 | 8.5 | 144.00 | 3.5 |
| 131.00 | 16.5 | 131.00 | 13.5 | 133.00 | 16.0 | 133.00 | 11.5 | 143.00 | 8.5 | 143.00 | 3.5 |
| 130.00 | 17.5 | 130.00 | 14.5 | 132.00 | 17.0 | 132.00 | 12.5 | 142.00 | 8.5 | 142.00 | 3.5 |
| 129.00 | 18.5 | 129.00 | 15.5 | 131.00 | 18.0 | 131.00 | 13.5 | 141.00 | 8.5 | 141.00 | 3.5 |
| 128.00 | 19.5 | 128.00 | 16.5 | 130.00 | 19.0 | 130.00 | 14.5 | 140.00 | 9.5 | 140.00 | 4.5 |
| 127.00 | 20.5 | 127.00 | 17.5 | 129.00 | 20.0 | 129.00 | 15.5 | 139.00 | 10.5 | 139.00 | 5.5 |
| 126.00 | 21.5 | 126.00 | 18.5 | 128.00 | 21.0 | 128.00 | 16.5 | 138.00 | 11.5 | 138.00 | 6.5 |
| 125.50 | 22.0 | 125.50 | 19.0 | 127.00 | 22.0 | 127.00 | 17.5 | 137.00 | 12.5 | 137.00 | 7.5 |
| 124.50 | 23.0 | | | 126.00 | 23.0 | | | 136.00 | 13.5 | 136.00 | 8.5 |
| 123.50 | 24.0 | | | 125.00 | 24.0 | | | 135.00 | 14.5 | 135.00 | 9.5 |
| 122.50 | 25.0 | | | 124.00 | 25.0 | | | 134.00 | 15.5 | 134.00 | 10.5 |
| | | | | | | | | 133.00 | 16.5 | 133.00 | 11.5 |
| | | | | | | | | 132.00 | 17.5 | 132.00 | 12.5 |
| | | | | | | | | 131.00 | 18.5 | 131.00 | 13.5 |
| | | | | | | | | 130.00 | 19.5 | 130.00 | 14.5 |

（3）检测结果分析。根据设计对标准贯入试验检测技术的要求，检测结果分作3个区段进行分析。

1）第一段。土坝桩号0－514～1＋465振冲施工后共完成标贯自检310孔，其中上游139孔，下游171孔。土坝桩号0－514～1＋465检测结果分析汇总见表9－17。

**表9－17　土坝桩号0－514～1＋465检测结果分析汇总表**

| 序号 | 检测深度/m | 上游标准贯入击数/击 | | | | 下游标准贯入击数/击 | | | |
|---|---|---|---|---|---|---|---|---|---|
| | | 临界值 | 最小值 | 最大值 | 平均值 | 临界值 | 最小值 | 最大值 | 平均值 |
| 1 | 0～1 | 14.0 | 15 | 29 | 18.072 | 11.0 | 14 | 32 | 18.205 |
| 2 | 1～2 | 14.5 | 16 | 36 | 20.014 | 11.5 | 15 | 35 | 20.047 |
| 3 | 2～3 | 15.5 | 18 | 41 | 22.993 | 12.5 | 16 | 41 | 23.158 |
| 4 | 3～4 | 16.5 | 20 | 45 | 26.424 | 13.5 | 17 | 55 | 26.784 |
| 5 | 4～5 | 17.5 | 21 | 64 | 31.899 | 14.5 | 20 | 52 | 31.415 |
| 6 | 5～6 | 18.5 | 23 | 68 | 37.158 | 15.5 | 21 | 64 | 36.579 |
| 7 | 6～7 | 19.5 | 24 | 71 | 41.791 | 16.5 | 24 | 77 | 40.193 |
| 8 | 7～8 | 20.5 | 28 | 80 | 46.525 | 17.5 | 22 | 91 | 44.351 |
| 9 | 8～9 | 21.5 | 30 | 81 | 49.705 | 18.5 | 20 | 81 | 46.778 |
| 10 | 9～10 | 22.0 | 31 | 88 | 51.928 | 19.0 | 26 | 75 | 47.691 |
| 11 | 10～11 | 23.0 | 31 | 84 | 53.246 | | | | |
| 12 | 11～12 | 24.0 | 34 | 78 | 53.052 | | | | |
| 13 | 12～13 | 25.0 | 32 | 70 | 51.121 | | | | |

由表9－17所知，桩号0－514～1＋465其中所有检测孔标准贯入击数最小值均大于临界值，上下游所检310孔标准贯入击数均达到设计要求。

其中桩号0＋514～1＋465部分第三方检测有4个检测点第一段不符合要求，项目部对这4个点及4点附近的桩进行了复打，后经第三方复检此4个点经处理后已达到抗液化标准，满足设计要求，自检亦合格。

2）第二段。土坝桩号1＋465～2＋232.4振冲施工后共完成标贯自检174孔，其中上游68孔，下游106孔。土坝桩号1＋465～2＋232.4检测结果分析汇总见表9－18。

**表9－18　土坝桩号1＋465～2＋232.4检测结果分析汇总表**

| 序号 | 检测深度/m | 上游标准贯入击数/击 | | | | 下游标准贯入击数/击 | | | |
|---|---|---|---|---|---|---|---|---|---|
| | | 临界值 | 最小值 | 最大值 | 平均值 | 临界值 | 最小值 | 最大值 | 平均值 |
| 1 | 0～1 | 14 | 17 | 33 | 19.838 | 9.5 | 15 | 24 | 19.057 |
| 2 | 1～2 | 14 | 17 | 36 | 22 | 9.5 | 15 | 37 | 22.123 |
| 3 | 2～3 | 15 | 19 | 30 | 24.265 | 10.5 | 18 | 42 | 25.113 |
| 4 | 3～4 | 16 | 20 | 46 | 28.794 | 11.5 | 18 | 48 | 29.217 |
| 5 | 4～5 | 17 | 25 | 70 | 34.559 | 12.5 | 22 | 44 | 32.519 |
| 6 | 5～6 | 18 | 27 | 63 | 37.662 | 13.5 | 21 | 60 | 35.651 |

续表

| 序号 | 检测深度/m | 上游标准贯入击数/击 | | | | 下游标准贯入击数/击 | | | |
|---|---|---|---|---|---|---|---|---|---|
| | | 临界值 | 最小值 | 最大值 | 平均值 | 临界值 | 最小值 | 最大值 | 平均值 |
| 7 | 6～7 | 19 | 26 | 68 | 39.324 | 14.5 | 27 | 66 | 38.538 |
| 8 | 7～8 | 20 | 29 | 68 | 40.868 | 15.5 | 30 | 72 | 39.066 |
| 9 | 8～9 | 21 | 31 | 67 | 41.691 | 16.5 | 30 | 71 | 46.19 |
| 10 | 9～10 | 22 | 29 | 70 | 40.221 | 17.5 | 32 | 67 | 49.714 |
| 11 | 10～11 | 23 | 31 | 74 | 40.106 | | | | |
| 12 | 11～12 | 24 | 30 | 64 | 42.333 | | | | |
| 13 | 12～13 | 25 | 31 | 31 | 31 | | | | |

由表 9－18 所知，桩号 1＋465～2＋232.4 其中所有检测孔标准贯入击数最小值均大于临界值，上下游所检 174 孔标贯击数均达到设计要求。

3）第三段。土坝桩号 2＋232.4～2＋511.45 振冲施工后共完成标贯自检 23 孔，其中上游 12 孔，下游 11 孔。土坝桩号 2＋232.4～2＋511.45 检测结果分析汇总见表 9－19。

**表 9－19　　土坝桩号 2＋232.4～2＋511.45 检测结果分析汇总表**

| 序号 | 检测深度/m | 上游标准贯入击数/击 | | | | 下游标准贯入击数/击 | | | |
|---|---|---|---|---|---|---|---|---|---|
| | | 临界值 | 最小值 | 最大值 | 平均值 | 临界值 | 最小值 | 最大值 | 平均值 |
| 1 | 0～1 | 8.5 | 17 | 27 | 20.75 | 3.5 | 16 | 24 | 19.091 |
| 2 | 1～2 | 8.5 | 18 | 28 | 22.167 | 3.5 | 17 | 37 | 22 |
| 3 | 2～3 | 8.5 | 21 | 39 | 24.833 | 3.5 | 21 | 36 | 24.273 |
| 4 | 3～4 | 8.5 | 22 | 39 | 27.917 | 3.5 | 23 | 45 | 31.182 |
| 5 | 4～5 | 8.5 | 30 | 44 | 35 | 3.5 | 24 | 48 | 32.636 |
| 6 | 5～6 | 8.5 | 33 | 54 | 40.5 | 3.5 | 26 | 60 | 37.364 |
| 7 | 6～7 | 9.5 | 33 | 66 | 43.75 | 4.5 | 27 | 63 | 41.182 |
| 8 | 7～8 | 10.5 | 34 | 63 | 45.333 | 5.5 | 33 | 66 | 42.545 |
| 9 | 8～9 | 11.5 | 35 | 62 | 45.75 | 6.5 | 30 | 69 | 46.455 |
| 10 | 9～10 | 12.5 | 36 | 58 | 44.917 | 7.5 | 22 | 64 | 41.091 |
| 11 | 10～11 | 13.5 | 39 | 50 | 45.833 | | | | |
| 12 | 11～12 | 14.5 | 37 | 56 | 47 | | | | |
| 13 | 12～13 | 15.5 | 33 | 52 | 42.25 | | | | |

由表 9－19 所知，桩号 2＋232.4～2＋511.45 其中所有检测孔标准贯入击数最小值均大于临界值，上下游所检 23 孔标准贯入击数均达到设计要求。

#### 9.3.8.2　施工地面沉降观测

振冲施工前，按照区域进行施工前场地的标高测量，在施工过程中同步进行振后的标高测量，及时将数据统计分析，对比自检标准贯入击数，及时调整施工参数，指导后期施工。沉降数据统计见表 9－20。

表 9-20　　沉降数据统计表

| 序号 | 区　域 | 振前平均标高/m | 振后平均标高/m | 沉降量/m | 设计桩长/m |
|---|---|---|---|---|---|
| 1 | 0+614～0+664 上游 | 134.50 | 133.27 | 1.23 | 12.00 |
| 2 | 0+614～0+664 下游 | 134.70 | 133.70 | 1.00 | 9.20 |
| 3 | 0+664～0+714 上游 | 133.50 | 132.48 | 1.02 | 11.00 |
| 4 | 0+664～0+714 下游 | 133.50 | 132.70 | 0.80 | 8.50 |
| 5 | 0+714～0+764 上游 | 134.00 | 132.93 | 1.07 | 11.50 |
| 6 | 0+714～0+764 下游 | 133.85 | 132.98 | 0.87 | 8.50 |
| 7 | 0+764～0+814 上游 | 134.60 | 133.54 | 1.06 | 12.10 |
| 8 | 0+764～0+814 下游 | 134.60 | 133.66 | 0.94 | 9.10 |
| 9 | 0+814～0+864 上游 | 134.55 | 133.53 | 1.02 | 12.10 |
| 10 | 0+814～0+864 下游 | 134.55 | 133.61 | 0.94 | 9.05 |
| 11 | 0+864～0+914 上游 | 134.50 | 133.50 | 1.00 | 12.00 |
| 12 | 0+864～0+914 下游 | 134.50 | 133.61 | 0.89 | 9.00 |
| 13 | 0+914～0+932 上游 | 134.40 | 133.38 | 1.02 | 12.00 |
| 14 | 0+914～0+932 下游 | 134.40 | 133.70 | 0.70 | 9.00 |
| 15 | 0+932～0+950 上游 | 134.70 | 133.38 | 1.32 | 12.20 |
| 16 | 0+932～0+950 下游 | 134.70 | 133.70 | 1.00 | 9.20 |
| 17 | 0+950～1+000 上游 | 136.80 | 135.80 | 1.00 | 12.30 |
| 18 | 0+950～1+000 下游 | 136.80 | 136.07 | 0.73 | 9.30 |
| 19 | 1+000～1+464.4 上游 | 137.00 | 135.65 | 1.35 | 14.50 |
| 20 | 1+000～1+464.4 下游 | 137.00 | 135.90 | 1.10 | 11.50 |
| 21 | 1+464.4～1+546.1 上游 | 137.00 | 135.70 | 1.30 | 13.00 |
| 22 | 1+464.4～1+546.1 下游 | 137.00 | 135.90 | 1.10 | 10.00 |
| 23 | 1+546.1～1+974.39 上游 | 136.60 | 135.31 | 1.29 | 12.60 |
| 24 | 1+546.1～1+974.39 下游 | 136.60 | 135.50 | 1.10 | 9.60 |
| 25 | 1+974.39～1+999.75 上游 | 136.60 | 135.20 | 1.40 | 12.60 |
| 26 | 1+974.39～1+999.75 下游 | 136.60 | 135.38 | 1.22 | 9.60 |
| 27 | 1+999.75～2+171.75 上游 | 137.50 | 136.10 | 1.40 | 13.50 |
| 28 | 1+999.75～2+179.275 下游 | 137.50 | 136.50 | 1.10 | 10.50 |
| 29 | 2+171.75～2+184.65 上游 | 138.30 | 136.88 | 1.42 | 14.30 |
| 30 | 2+184.65～2+225.5 上游 | 140.80 | 139.35 | 1.45 | 10.80 |
| 31 | 2+225.5～2+242.7 上游 | 140.70 | 139.25 | 1.45 | 10.70 |
| 32 | 2+242.7～2+281.4 上游 | 143.30 | 141.85 | 1.45 | 13.30 |
| 33 | 2+179.275～2+226.575 下游 | 139.20 | 137.90 | 1.30 | 12.20 |
| 34 | 2+226.575～2+242.7 下游 | 140.70 | 139.40 | 1.30 | 13.70 |

续表

| 序号 | 区　　域 | 振前平均标高/m | 振后平均标高/m | 沉降量/m | 设计桩长/m |
|---|---|---|---|---|---|
| 35 | 2＋242.7～2＋281.4 下游 | 143.30 | 142.00 | 1.30 | 10.30 |
| 36 | 2＋281.4～2＋431.9 上游 | 144.20 | 142.73 | 1.47 | 14.20 |
| 37 | 2＋281.4～2＋431.9 下游 | 144.20 | 142.90 | 1.30 | 11.20 |
| 38 | 2＋431.9～2＋511.45 上游 | 144.70 | 143.30 | 1.40 | 14.70 |
| 39 | 2＋431.9～2＋511.45 下游 | 144.70 | 143.40 | 1.30 | 11.70 |

由表 9－20 统计数字表明，振冲加固后地面沉降量与施工处理深度有直接关系，就本工程地质条件而言，沉降量约为处理深度的 8%～10%，除此之外，沉降量与地质条件（砂的构成、含水量、松散程度）、加密时间等其他因素有关，如 0＋914～0＋932 区域的施工场地处于水面以下，大部分属于粉细砂，振冲后的沉降量较其他区域小，而0＋932～0＋950 是新回填区域，回填后的结构比较松散，振冲处理后的沉降量较其他区域大，虽然 0＋950～1＋000 区域地表 4m 为新填砂层，但由于所填砂层含黏粒量较大，振冲后沉降量比相邻区域要小。

**9.3.8.3 大坝安全监测成果**

大坝于 2011 年 10 月 1 日下闸蓄水，11 月下旬达到正常蓄水位 140.5m。土坝在施工期埋设了土体位移计、测斜仪及表面沉降观测点。土坝表面竖向位移测点主要布置在坝顶，根据大坝长度和地质情况，间隔 70m 左右设 1 个测点，共布置测点 26 个，同时在均质土坝与混凝土重力式挡土墙相接坝段各增设 1 个测点，共计 28 个测点。

均质土坝沉降观测主要在蓄水后，各测点的沉降量呈增大趋势，2012 年 8 月至 12 月加速增大，2013 年 1 月有所回弹，至 2014 年年底多数测点沉降趋于稳定。均质土坝坝顶沉降分布见图 9－6。

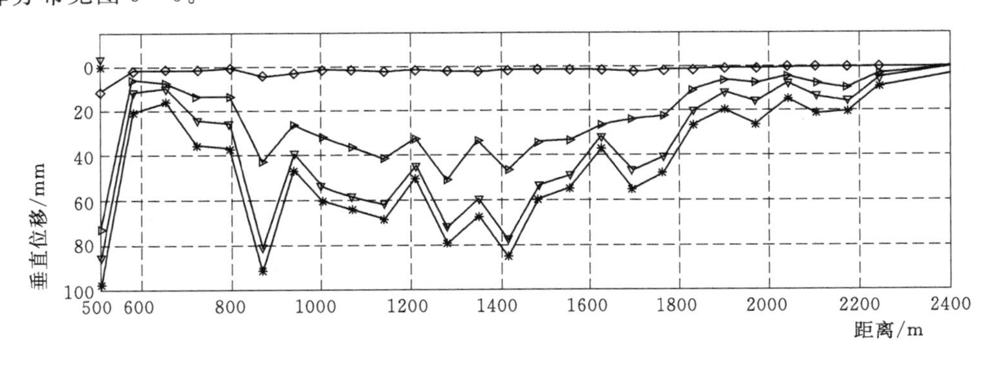


图 9－6　均质土坝坝顶沉降分布图

土坝最大沉降发生在与溢流坝连接段 LD02，自 2011 年 10 月蓄水以来观测到最大沉降量为 98.2mm（2014－12－20），目前沉降趋于稳定（图 9－7）。

除连接段外，沉降量较显著的部位主要分布在桩号 0＋700～1＋800 之间坝段

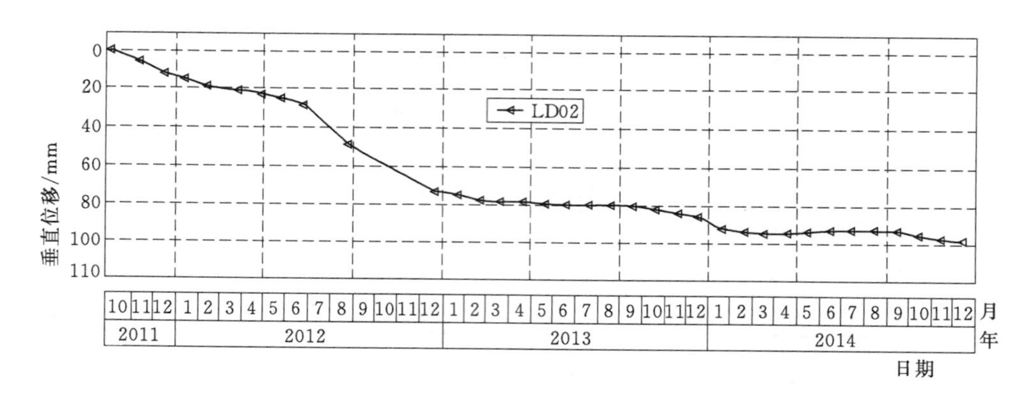


图 9-7　均质土坝连接段坝顶沉降过程线图

(LD05～LD20)，均质土坝坝顶沉降过程线见图 9-8，自 2011 年 10 月蓄水以来这些坝段最大沉降量在 35.2 (LD05)～91.4mm (LD07) 之间，其余各测点最大沉降量在 1.6 (LD01)～26.5mm (LD21) 之间，最大沉降量多发生在 2014 年 12 月。

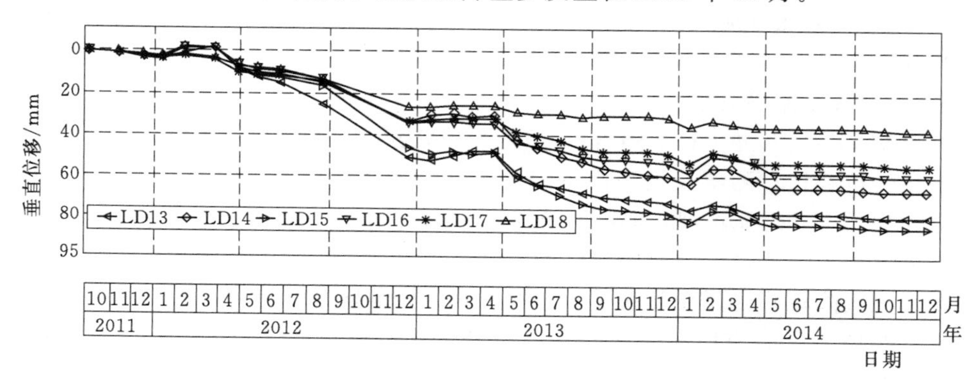


图 9-8　均质土坝坝顶沉降过程线图

各测点沉降量在施工期随着坝体的填筑快速增大，坝体填筑结束后沉降量增幅明显减缓，但仍有一定的流变。2011 年汛期和蓄水后，坝体各测点沉降均呈现不同程度的增大趋势。从 2013 年 1 月开始，绝大多数测点变形有趋于收敛或稳定趋势，2014 年年底各断面变形已经基本稳定，多数剖面最大沉降量在 128.75～176.83mm 范围内，累计沉降量在正常范围内。

多数测线沉降分布为从下向上逐渐增大，一般最高测点沉降量最大，但 1+222 剖面坝轴线在高程 139.80m 沉降量最大。

综上所述，目前土坝沉降尚未完全停止，2014 年年底多数测点沉降变化趋于稳定。说明筑坝土体的压缩性较强，且在蓄水后和汛期受到降雨和江水的浸润，坝体的沉降量进一步增大，这与土坝内部沉降成果分析一致，蓄水后沉降增加的量级也与内部沉降靠近坝顶的测点相近。

土坝水平位移检测成果表明，向下游最大位移量为 35.22mm (均质土坝连接坝段 0+521 剖面坝轴线最上部测点)，向上游最大位移量为 −26.52mm (1+222 剖面坝下 10m 最上部测点）。总体来讲坝体内部水平位移量值不大，位移变化规律和坝体稳定性正常。

### 9.3.9 结论

（1）通过检测，哈达山水利枢纽一期土坝地基砂层振冲处理后，消除了砂层液化，完全满足抗8度地震设计要求。

（2）根据《水电水利基本建设工程单元工程质量等级评定标准　第1部分：土建工程》（DL/T 5113.1—2005）的要求，施工结束后对本工程进行了验收和评定，工程质量达到优良标准。

（3）大坝自2011年蓄水运行以来，截至2014年年底沉降已趋于稳定，水平位移不大，运行正常。

## 9.4 【案例4】冀东油田2号人工岛无填料振冲挤密法地基处理工程

### 9.4.1 工程概况

2号人工端岛采用无填料振冲挤密法＋振动碾压的方法进行地基处理。地基处理区域一为堤顶前沿线向内1.5m和31.5m的线所围成的环形区域及井口槽地基处理区域，地基处理面积为81807m$^2$；地基处理区域二为一般建筑物区域，地基处理面积为145316m$^2$。

### 9.4.2 工程地质概况

根据钻孔揭露，勘察场地表层土主要为吹填土、第四系主要地层由海陆交互相沉积物构成。在勘探深度范围内，自上而下可划分为5个工程地质层，各层土的特征分述如下。

①层吹填土：浅灰色；湿—饱和；松散—稍密；以粉细砂为主，含少量贝壳碎片；层厚3.20～4.20m之间；层顶高程8.24～8.89m。

②层吹填土：浅灰色；饱和；稍密—中密；以粉细砂为主，含少量贝壳碎片；层厚4.80～6.90m之间；层顶高程4.22～5.28m。

②1层混合土：深灰色；粉细砂与黏性土呈混合状，黏性土呈流塑状，仅部分钻孔存在该层；层厚在0.10～0.30m之间；层顶高程－1.01～－0.70m。

③层粉砂：浅灰色；中密—密实；饱和；矿物成分以长石石英为主，亚圆形，分选均匀，级配不良，局部夹粉质黏土、细砂薄层；层厚0.70～8.30m之间；层顶高程－8.46～0.19m。

③1层粉质黏土：深灰；软塑—流塑；切面光滑，韧性中等，土质均匀，无摇振反应，含贝壳碎屑，局部粉质黏土与粉砂互层，夹粉砂薄层，该层局部缺失；层厚在0.30～3.40m之间；层顶高程－8.16～－4.31m。

④层淤泥质黏土：深灰色；流塑—软塑；切面光滑，无摇振反应，韧性中等，干强度中等，有臭味，含贝壳碎片，局部夹粉质黏土薄层；厚度3.80～7.40m之间；层顶高程－9.38～－8.01m。

⑤层粉质黏土：深灰色；流塑—软塑；切面光滑，无摇振反应，韧性中等，干强度中等；层厚在3.00～7.10m之间；层顶高程－15.91～－12.81m。

⑤1层黏土：深灰色；可塑；切面光滑，无摇振反应，韧性中等，干强度中等，局部

夹粉土薄层；该层未为揭露。

### 9.4.3 地基处理设计要求

#### 9.4.3.1 设计要求

(1) 工后沉降及承载力要求。

1) 工后沉降要求：工后沉降不大于 20cm。

2) 地基承载力要求：地基承载力特征值不小于 150kPa。

(2) 抗地震液化要求。满足抗震设防烈度 8 度（设计基本地震加速度值为 0.185$g$）的要求。

#### 9.4.3.2 地基加固目标

(1) 处理深度。①地基处理区域一：振冲深度取 15.0m。②地基处理区域二：振冲深度取 10.0m。

(2) 抗地震液化。满足抗震设防烈度 8 度（0.185$g$）的要求。

(3) 地基承载力特征值 $f_{ak} \geqslant 150$kPa。

(4) 工后沉降要求：工后沉降不大于 20cm。

### 9.4.4 地基检测标准

(1) 砂土静力触探锥头阻力不小于 5MPa，黏性土锥头阻力不小于 1.2MPa。

(2) 砂性土、粉性土标准贯入击数。

1) 0～4m，$N_{63.5} \geqslant 15$ 击。

2) 4～8m，$N_{63.5} \geqslant 18$ 击。

3) 8～10m，$N_{63.5} \geqslant 20$ 击。

4) 10～15m，$N_{63.5} \geqslant 25$ 击。

(3) 地基承载力特征值 $f_{ak} \geqslant 150$kPa。

### 9.4.5 无填料振冲挤密法施工

#### 9.4.5.1 振冲桩施工工序

(1) 地基处理区域一（即地基处理深度为 15m 的区域）。

1) 灌水。在振冲施工前 3～4h 对将要施工的区域进行灌水，提高表面干砂层的饱和度，以便改善上部砂土的振冲效果。

2) 定位。对准振冲孔位，误差不超过半个振冲器直径。

3) 成桩。

A. 慢速振冲下沉至地面以下 15m 处，留振 20s。

B. 慢速振冲上拔至孔口处，留振 120s。

C. 慢速振冲下沉至 14.5m 处，留振 20s。

D. 慢速振冲上拔 0.5m，留振 15～20s。

E. 依次类推，每段上拔 0.5m，每段留振 15～20s。

F. 直至孔口处，再留振 60s。

G. 再次振冲下沉至 10m 处，留振 20s。

H. 慢速振冲上拔 0.5m 处，留振 15～20s，依次类推，每段上拔 0.5m，每段留振

15～20s。

I. 直至孔口处，再留振 60s（在第三次上拔过程中用人工或机械向桩孔内填砂密实，保证不形成孔洞）。

J. 成桩结束，关闭水泵及振冲器，移至下一组桩。

（2）地基处理区域二（即地基处理深度为 10m 的区域）。

1）灌水。振冲施工前，2～3h 对将要施工的试验小区进行灌水，使表层充分含水，以便改善上部砂土振冲效果。

2）对准振冲孔位，误差不超过 100mm。

3）振冲施工成桩。

A. 慢速振冲下沉至桩底，留振 60s。

B. 慢速振冲上拔至孔口处，留振 120s。

C. 慢速振冲下沉至桩底以上 0.5m 处，留振 30s。

D. 慢速振冲上拔 0.5m，留振 10s。

E. 依次类推，每段上拔 0.5m，每段留振 10s。

F. 直至孔口处，再留振 60s。

G. 再次振冲下沉至桩底以上 1.0m 处，留振 20s。

H. 慢速振冲上拔 0.5m 处，留振 10s。

I. 依次类推至孔口，每段上拔 0.5m，每段留振 10s；（在第三次上拔过程中用人工或机械向桩孔内填砂密实，保证不形成孔洞）。

J. 成桩结束，关闭水泵及振冲器，移至下一组桩。

**9.4.5.2 施工技术参数**

根据本工程的特点和要求，采用 75kW 和 30kW 振冲器进行施工，主要技术参数见表 9-21。

**表 9-21 主要技术参数表**

| 振冲器型号 | 处理深度/m | 振冲方式 | 振冲间距/m | 振冲点布置 | 留振时间/s | 液化电流/A | 上拔速度/(m/min) | 上拔间距/m |
|---|---|---|---|---|---|---|---|---|
| 75kW | 15、10 | 双点或三点共振 | 3.0 | 等边三角形 | 20 | 39～41 | 1～2 | 0.3～0.5 |
| 30kW | 10 | | 2.3 | | | 15～20 | | |

**9.4.5.3 施工工效及进度**

本次施工共投入 15 台施工机组，从 2007 年 10 月 15 日开始施工，至 2007 年 11 月 29 日完成施工任务，共完成振冲处理面积 227123m$^2$。

施工中 30kW 振冲器采用三点共振，工效为 35～45 组/d，处理面积约为 540m$^2$/d；75kW 振冲器采用双点共振，工效为 25～30 组/d，处理面积约为 460m$^2$/d。

## 9.4.6 处理结果及检测

**9.4.6.1 场地标高对比**

根据对施工前后的场地标高的测量，30kW 振冲器施工区域施工完成后场地比施工前降低约 50cm，75kW 振冲器施工区域施工完成后场地比施工前降低约 60cm。通过以上数据的对比，充分证明振冲处理的效果是非常好的。

**9.4.6.2　浅层载荷板试验**

根据检测单位的检测结果，本次共进行23点浅层载荷板试验，最终沉降量为6.01～12.09mm，变形模量 $E_0$ 为16.37～33.23MPa，确定地基土承载力特征值不小于150kPa。

**9.4.6.3　标准贯入试验及静力触探试验**

(1) 共进行192点标准贯入试验和192点静力触探试验，经过综合计算、查表分析后一区及二区砂性土、粉性土标准贯入击数平均值不小于15击，标准贯入击数统计见表9-22。

(2) 砂性土静力触探锥头阻力大于5MPa，黏性土锥头阻力大于1.2MPa，静力触探数据统计见表9-23。

表9-22　　标贯击数统计表　　单位：击

| 试验区域 | 项目 | 0～4m平均击数 | 4～8m平均击数 | 8～10m平均击数 |
|---|---|---|---|---|
| 30kW振冲区域 | 标准贯入击数 | 18 | 22 | 23 |
| | 地基承载力 | 285 | 325 | 335 |
| | 砂土密实度 | 0.76 | 0.76～0.69 | 0.69～0.65 |
| 75kW振冲区域 | 标准贯入击数 | 20 | 27 | 24 |
| | 地基承载力 | 305 | 375 | 345 |
| | 砂土密实度 | 0.80 | 0.80～0.76 | 0.76～0.66 |

(3) 计算地基承载力。参照《工程地质手册》公式：对细、中砂可按 $f_k=105+10N$ 计算，经计算本次地基处理的地基承载力大于200kPa。

(4) 计算砂土相对密实度。参照《工程地质手册》公式：$D_r=2.10\sqrt{\frac{N}{\sigma+70}}$计算（表9-22）。

表9-23　　静力触探数据统计表

| 深度范围/m | 锥头阻力/MPa | 平均锥头阻力/MPa |
|---|---|---|
| 0～4 | 0.5～18.15 | 11.9 |
| 4～8 | 5.64～24.73 | 12.57 |
| 8～10 | 5.67～12.45 | 9.24 |

## 9.4.7　结论

(1) 依据《建筑抗震设计规范》(GB 50011—2001) 的规定，抗震设防烈度8度时液化土的特征深度为8m，标准贯入临界值为15击。根据以上统计数据，在8m范围内，本工程处理结果标准贯入击数为18～27，承载力值大于200kPa，满足抗震设防烈度8度的要求。

(2) 参考《水力发电工程地质勘察规范》(GB 50287—2016) 的规定，在抗震设防烈度8度时饱和无黏性土的液化临界相对密度为75%，本次处理结果在0～8m范围内76%～80%（75kW处理区域），满足规范要求。

(3) 本工程在 8m 范围内静力触探平均锥头阻力为 12.2MPa，满足设计要求。

(4) 综上所述，本工程吹填砂使用无填料振冲施工工艺对砂土进行振密处理，完全能满足抗震设防烈度 8 度的要求。

## 9.5 【案例 5】华能唐山港曹妃甸港区煤码头工程堆场地基处

### 9.5.1 工程概况

#### 9.5.1.1 工程简介

华能曹妃甸 5000 万 t 煤码头项目，共建成 10 万 t 级泊位 2 个（水工结构按靠泊 15 万 t 级船舶设计）、7 万 t 级泊位 2 个、5 万 t 级泊位 1 个以及相应配套设施。码头全长 1428m，设计装船能力 5000 万 t。

#### 9.5.1.2 工程地质条件

勘探最大深度范围内所揭露的地层，新近人工填土、第四系全新统海相沉积层、第四系上更新统冲、洪积层、第四系上更新统冲积层、第四系上更新统海相沉积层。根据地质成因、年代、原位测试及室内试验成果，将钻孔所揭露的地基土分为 12 大层，共计 15 个亚层及夹层，场地主要地基土力学性质评价如下。

①冲填土：主要为粉砂，褐灰色，松散—稍密状，偶见贝壳碎屑，砂质较纯。该层厚度一般 12.2～16.5m，层厚不均。平均标贯击数 $N$=4.03 击。

②-1 淤泥质粉质黏土：褐灰色，流塑状，含少量有机质及碎贝壳，土质不均。该层厚度一般 0.4～4.2m，层厚不均。平均标贯击数 $N$=1.8 击。

②-2 粉细砂：褐灰色，松散—稍密状。该层主要分布场地西区，厚度一般 0.6～1.9m，层厚不均。平均标贯击数 $N$=9.2 击。

②-3 淤泥质粉质黏土：褐灰色，流塑—软塑状，土质不均。该层分布不连续，在多数钻孔可见，厚度一般 0.5～3.1m，层厚不均。平均标贯击数 $N$=3.19 击。

③粉砂：褐灰色，稍密—密实状，土质不均，该层分布较连续，厚度一般 1.6～6.5m，平均标贯击数 $N$=34.08 击。

④粉质黏土：褐灰色，可塑状，土质不均，局部夹粉土薄层与粉砂薄层。该层分布不连续，厚度一般 1.4～7.8m，平均标贯击数 $N$=4.37 击。

地基土承载力特征值 $f_{ak}$ 及压缩模量建议值 $E_s$ 见表 9-24。

表 9-24 地基土承载力特征值及压缩模量建议值一览表

| 土层名称及序号 | 承载力特征值 | 压缩模量 $E_s$/MPa | | | |
|---|---|---|---|---|---|
| | $f_{ak}$/kPa | 100～200 | 200～400 | 400～600 | 600～800 |
| ①冲填土 | | | | | |
| ②-1 淤泥质粉质黏土 | 30 | 2.5 | 5.0 | | |
| ②-2 粉砂 | 120 | 13 | | | |
| ②-3 淤泥质粉质黏土 | 70 | 3.3 | 5.1 | 7.6 | |
| ③粉砂 | 180 | 25 | | | |
| ④粉质黏土 | 100 | 4.7 | 7.9 | 10.7 | 13.2 |

#### 9.5.1.3 地基评价

堆场区分为堆料区和堆、取料机轨道，堆料区最大使用荷载约为150kPa，轨道最大使用荷载约为200kPa。根据本次勘察所揭露地层情况，表层冲填土土层厚度8.3～16.0m，平均厚度12.85m，土层厚度较大，预估承载力特征值仅为60kPa。该层为近期吹填形成，未完成自重固结且为严重液化土层（液化指数47.91～100.25），未经处理，不能作为地基持力层。其中，冲填土层的液化计算所用到的参数如下。抗震设防烈度7度；设计地震基本加速度0.15g；设计地震分组第二组；地下水位埋深0.5m。

### 9.5.2 地基处理初步设计

堆料区和取料机轨道可采用振冲无填料和加填料的振冲桩复合地基处理方案，振冲法适用于挤密处理松散砂土、粉土、粉质黏土、填土等地基，以及用于处理可液化地基，且在本地区有成熟的经验，处理深度大、效果好，因此本工程推荐优先选用。

#### 9.5.2.1 地基处理设计要求

（1）堆/取料机轨道梁下地基承载力特征值不低于200kPa；消除吹填土层液化。

（2）堆场区地基承载力特征值不低于150kPa；消除吹填土层液化；抗滑稳定安全系数不低于1.3。

#### 9.5.2.2 振冲桩初步设计

振冲法复合地基可以③粉砂层作为桩端持力层。桩端进入持力层1.0m以上，依据本地区大量的施工经验，振冲桩径可采用$\phi$=900～1100mm。采用75kW振冲器成孔，桩体材料采用含泥量不大于5%的碎石，填料粒径宜为40～150mm，桩长进入③粉砂层不少于1.0m。施工完成后，应间隔一定时间进行质量检测，间隔时间不少于7d。

依据《建筑地基处理技术规范》（JGJ 79—2012）的规定，对振冲桩复合地基承载力特征值应按式（9-1）估算：

$$f_{spk}=[1+m(n-1)]f_{sk} \tag{9-1}$$

式中 $f_{spk}$——复合地基承载力特征值，kPa；

$f_{sk}$——处理后桩间土承载力特征值，kPa，可按地区经验确定；

$n$——复合地基桩间土应力比，可按地区经验确定；

$m$——面积置换率。

以典型勘探孔为例说明复合地基承载力特征值的估算。以地表计算，若采用振冲桩，桩径取1.0m，桩间距取2.0m和2.5m，桩土应力比取3.5，按三角形布桩，置换率分别为22.7%、14.5%，复合地基承载力特征值估算见表9-25。

表9-25 复合地基承载力特征值估算表

| 桩端持力层 | 桩径$\phi$ /m | 桩长 /m | 桩间距 /m | 桩端进入持力层深度/m | 复合地基承载力特征值估算值/kPa | 桩型 |
|---|---|---|---|---|---|---|
| ③粉砂 | 1.0 | 19.0 | 2.0 | 1.0 | 203.78 | 振冲桩 |
| ③粉砂 | 1.0 | 19.0 | 2.5 | 1.0 | 177.13 | 振冲桩 |

由表9-25估算结果，可供参考使用，复合地基承载力及单桩承载力须经载荷试验确定。正式施工前，应选试验区进行试桩，以确定最终复合地基设计参数。

#### 9.5.2.3 无填料振冲挤密处理+小能量强夯

对于振冲挤密法工艺，采用经验法进行设计。

（1）布置间距：2.2m、2.5m。

（2）布置形式：等边三角形。

（3）处理深度：穿过①层冲填土（约12.5m）。

（4）振冲器：75kW。

（5）施工工艺：采用双点共振法施工，孔位偏差应不大于200mm，孔深偏差不超过±200mm，留振时间为10s，下沉和上提速度为6～8m/min，水压0.2MPa，每段提升高度为0.5m，分三遍成孔。

（6）振冲施工完毕后，采用单击夯击能2000kN·m能量强夯，对试验区进行夯实处理。强夯夯点按正方形布置，单点夯击击数6～8击，分两遍夯。主夯每遍夯间隔时间根据现场实测超静孔隙水压力消散情况而定。

（7）强夯控制标准：最后二击的平均夯沉量不大于50mm；夯坑周围地面不发生过大隆起；不因夯坑过深而造成提锤困难。

### 9.5.3 振冲现场试验及成果

针对上述的初步设计成果，在现场选取有代表性的区域（共四个区域）进行复合地基试验。其主要目的如下。

（1）检验振冲法地基处理的可能性与可靠性；为工程桩设计参数的进一步优化提供依据。

（2）利用测试技术检测试桩施工的成桩质量，为工程桩施工质量评价提供依据，为工程桩施工质量检测提供参数。

（3）通过试验桩的施工，了解各地基处理方法对实际场地条件的适应性，为工程桩的施工提供可靠的施工经验和技术标准。

#### 9.5.3.1 试验区的布置

试验区布置见表9-26。

表9-26　　试验区布置表

| 序号 | 试验区编号 | 图纸名称 | 试验面积 |
|---|---|---|---|
| 1 | 试验区一 | 不加填料振冲挤密处理（间距2.2m） | 30m×30m |
| 2 | 试验区二 | 不加填料振冲挤密处理（间距2.5m） | 30m×30m |
| 3 | 试验区三 | 振冲桩处理（桩径1000mm，桩间距2.0m） | 20m×20m |
| 4 | 试验区四 | 振冲桩处理（桩径1000mm，桩间距2.5m） | 20m×20m |

#### 9.5.3.2 试桩检测成果

（1）试验区一。处理方法：无填料振冲，正三角形布点，点位间距2.2m，2000kN·m能级强夯。

1）本区域冲填土厚度约为10.4m，处理后地面降低了约0.8m。

2）经采用平板载荷试验检测，处理后的地基承载力特征值为179kPa，满足对堆场区地基承载力方面的使用要求（150kPa）。

3）本试验区经处理后，冲填土层无液化现象。

4）本试验区经处理后，与处理前相比，冲填土层的强度有明显提高，标准贯入击数提高约180%～300%，静探锥阻提高约300%～600%（图9-9、图9-10）。

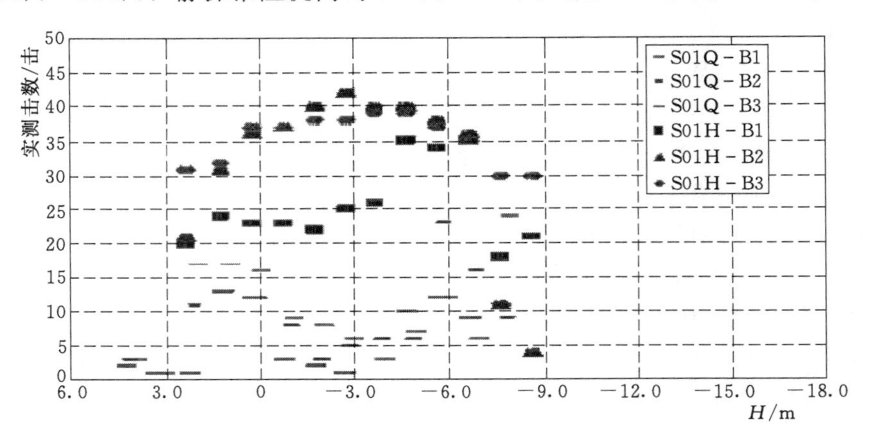


图9-9　处理前后标准贯入试验检测曲线对比图

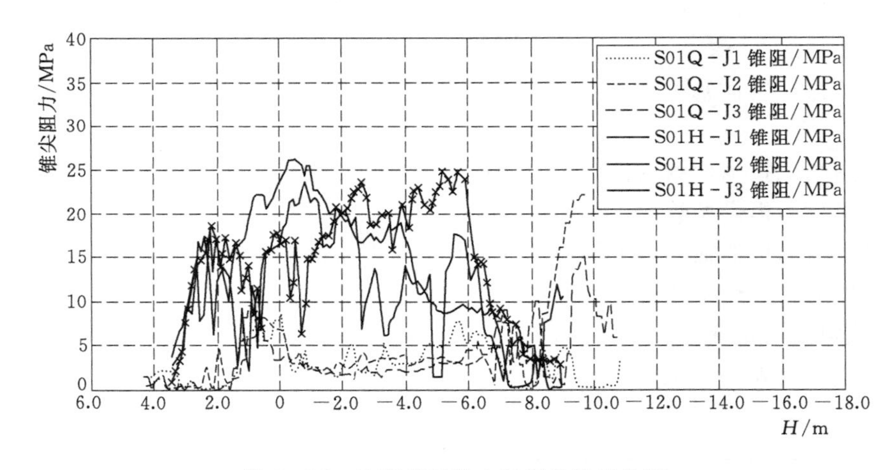


图9-10　处理前后静力触探曲线对比图

5）处理后，原位测试指标及压缩模量建议值见表9-27。

**表9-27　原位测试指标及压缩模量建议值**

| 序号 | 高程/m | 深度段/m | 标准贯入修正击数/击 | 静探锥阻/MPa | 压缩模量 $E_s$ 建议值/MPa |
|---|---|---|---|---|---|
| 1 | 3.00～4.00 | 1～2 | | 6.4 | 12.5 |
| 2 | 2.00～−3.00 | 2～9 | 21.8～31.5 | 10.8～19.3 | 15.5 |
| 3 | −5.00～−7.00 | 9～12 | 25.4～30.9 | 8.1～11.6 | 15.0 |

6）施工过程中产生的超静孔隙水压力较小（小于30kPa），消散较快。

（2）试验区二。处理方法：无填料振冲，正三角形布点，点位间距2.5m，2000

kN·m能级强夯。

1）本区域冲填土厚度约为12.2m，处理后地面降低了约0.9m。

2）经采用平板载荷试验检测，处理后的地基承载力特征值不小于180kPa，满足对堆场区地基承载力方面的使用要求（不小于150kPa）。

3）本试验区经处理后，冲填土层无液化现象。

4）本试验区经处理后，与处理前相比，冲填土层的强度有明显提高，标准贯入击数提高约160%～320%，静探锥阻提高约140%～560%（图9-11、图9-12）。

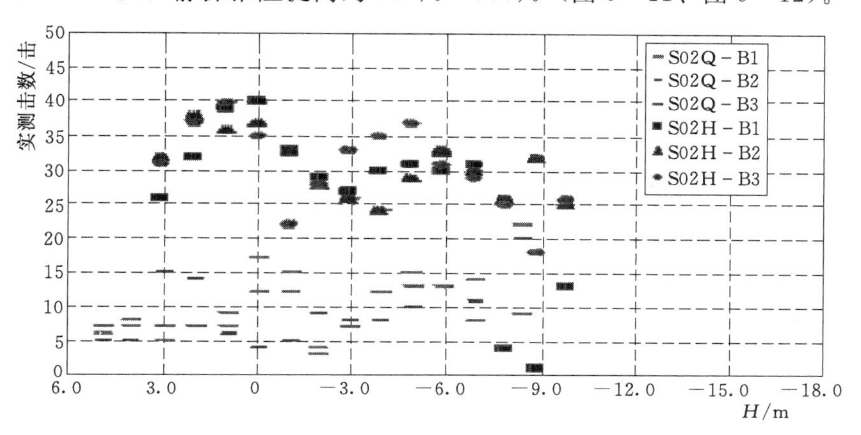


图9-11　处理前后标准贯入检测曲线对比图

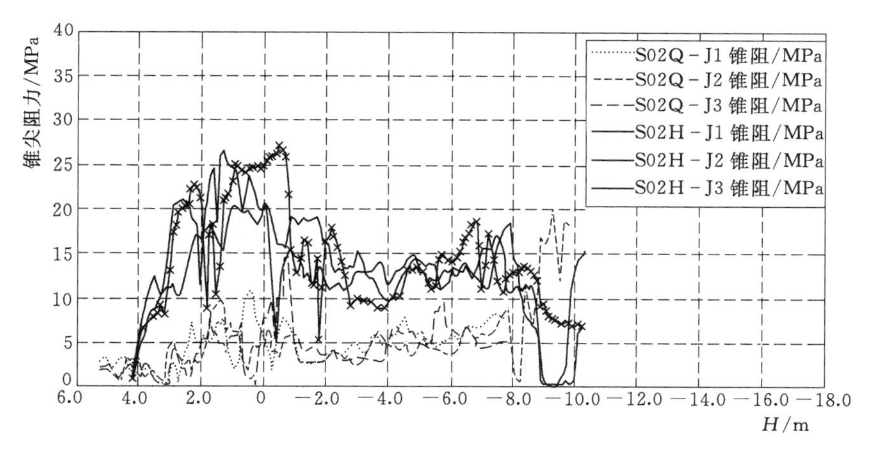


图9-12　处理前后静力触探曲线对比图

5）处理后，原位测试指标及压缩模量建议值见表9-28。

**表9-28　原位测试指标及压缩模量建议值**

| 序号 | 高程/m | 深度段/m | 标贯修正击数/击 | 静探锥阻/MPa | 压缩模量 $E_s$ 建议值/MPa |
|---|---|---|---|---|---|
| 1 | 4.00～5.00 | 0～1 |  | 4.4 | 9.0 |
| 2 | 3.00～−7.00 | 1～12 | 24.6～37.0 | 11.2～20.2 | 15.5 |
| 3 | −8.00～−7.00 | 12～13 | 17.5 | 13.2 | 12.5 |

6）施工过程中产生的超静孔隙水压力较小（小于 40kPa），消散较快。

（3）试验区三。处理方法：振冲桩，桩间距 2.0m，计划桩径 1.0m，正三角形布点，桩长进入③层粉砂不少于 1.0m，桩长约 19m，75kW 振冲器成桩。

1）本区域冲填土厚度约为 11.5m。

2）经采用平板载荷试验检测，处理后的地基承载力特征值不小于 180kPa，满足对堆场区地基承载力方面的使用要求（不小于 150kPa）。

3）本试验区经处理后，冲填土层无液化现象。

4）本试验区经处理后，与处理前相比，冲填土层的强度有明显提高，标准贯入击数提高约 130%～1300%（见图 9-13）。

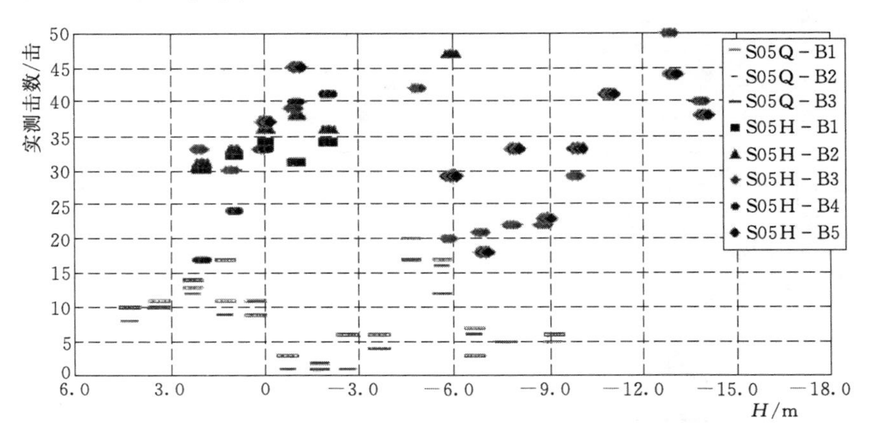


图 9-13　处理前后标准贯入检测曲线对比图

5）处理后，原位测试指标及压缩模量建议值见表 9-29。

**表 9-29　　原位测试指标及压缩模量建议值**

| 序号 | 高程<br>/m | 深度段<br>/m | 标贯修正击数<br>/击 | 压缩模量 $E_s$ 建议值<br>/MPa |
|---|---|---|---|---|
| 1 | 1.00～4.00 | 0～3 | 27.8～28.5 | 20.0 |
| 2 | 1.00～−2.00 | 3～6 | 32.1～38.0 | 21.0 |
| 3 | −5.00～−2.00 | 6～9 | 42.9～55.6 | 24.5 |
| 4 | −10.00～−5.00 | 9～14 | 15.6～26.0 | 19.0 |
| 5 | −13.00～−10.00 | 14～17 | 34.2～44.2 | 22.0 |
| 6 | −14.00～−13.00 | 17～18 | 28.0 | 18.0 |

6）施工过程中产生了最高约 90kPa 的超静孔压，施工停止后 2d 内即消散。

7）桩体超重型动探检测表明，在深度约 5m 以下桩体动探击数（修正值）平均约为 11.5 击。利用动探对桩径进行估测，结果表明，大致上桩径不小于 1.2m。静载试验表明，单桩承载力特征值为 500kPa（393kN）。

（4）试验区四。处理方法：振冲桩，桩间距 2.5m，计划桩径 1.0m，正三角形布点，桩长进入③层粉砂不少于 1.0m，桩长约 19m，75kW 振冲器成孔。

1）本区域冲填土厚度约为11.7m。

2）经采用平板载荷试验检测，处理后的地基承载力特征值不小于180kPa，满足对堆场区地基承载力方面的使用要求（不小于150kPa）。

3）本试验区经处理后，冲填土层无液化现象。

4）本试验区经处理后，与处理前相比，冲填土层的强度有明显提高，标贯击数提高约70%～1300%（图9-14）。

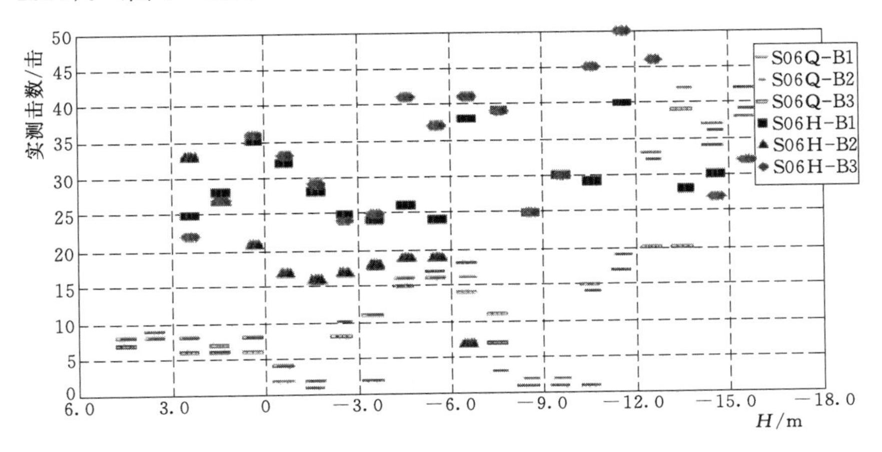


图9-14　处理前后标准贯入检测曲线对比图

5）处理后，原位测试指标及压缩模量建议值见表9-30。

表9-30　原位测试指标及压缩模量建议值

| 序号 | 高程<br>/m | 深度段<br>/m | 标贯修正击数<br>/击 | 压缩模量 $E_s$ 建议值<br>/MPa |
|---|---|---|---|---|
| 1 | −1.00～4.00 | 0～5 | 24.7～28.3 | 19.0 |
| 2 | −7.00～−1.00 | 5～11 | 17.0～22.7 | 17.0 |
| 3 | −11.00～−7.00 | 11～15 | 22.5～30.4 | 20.0 |
| 4 | −14.00～−11.00 | 15～18 | 30.7～35.1 | 21.5 |
| 5 | −15.00～−14.00 | 18～19 | 20.0 | 15.0 |

6）施工过程中产生的超静孔隙水压力最高约为100kPa、在施工停止后2d内基本消散。

7）桩体超重型动探检测表明，在深度约5m以下桩体动探击数（修正值）平均约为10.5击。利用动探对桩径进行估测，结果表明，大致上桩径不小于1.2m。静载试验表明，单桩承载力特征值为494kPa（388kN）。

### 9.5.4　工程桩设计及施工技术要求

通过振冲现场试验及检测成果，对初步设计参数进行了优化。最终本工程轨道梁下采用振冲桩处理，其余部位采用无填料振冲挤密法加强夯方案。

#### 9.5.4.1　振冲桩技术参数

（1）桩径1000mm，按正三角形布置，桩间距2500mm；在每条轨道梁基础下布设3

排桩，轨道梁基础中心线上布设1排，两侧各1排，轨道梁基础长度方向两段各外扩3排桩。

（2）桩端持力层为粉砂3层，桩端进入3层不小于0.5m。

（3）施工顺序宜采用沿直线逐点进行，宜先施工两侧护桩再施工基础中心线下的桩。

（4）振冲桩施工参数。

1）采用75kW振冲器成孔，桩体材料采用含泥量不大于5%的碎石，填料粒径宜为40～120mm，最大粒径不宜超过150mm。

2）振冲桩施工可参照以下参数并结合试验区结果综合考虑。①造孔水压为0.2～0.6MPa；②水量200～400L/min；③造孔速度0.5～2.0m/min；④每次填料厚度不大于50cm；⑤振冲器提升高度为30～50cm；⑥加密电流70～100A。施工时应严格执行《建筑地基处理技术规范》（JGJ 79—2012）有关规定。

（5）加固处理层表面1.5m高度的振密效果不稳定，桩体施工完毕应将该部分松散桩体挖除或将松散桩体压实，随后铺设并压实垫层。振冲桩施工完毕后，应满夯一遍，单点夯击能1000kN·m，采用1/3夯双向搭接，单点夯击2～3击。强夯范围超出处理范围5m。

（6）振冲桩施工完毕后，在轨道梁基础下铺设一层碎石垫层并进行压实处理。

#### 9.5.4.2 无填料振冲挤密法加强夯设计参数

（1）无填料振冲密实法采用75kW振冲器成孔，振密孔间距2500mm（局部加以调整），桩径800mm，按正三角形布置。处理范围超出堆场3排桩。施工方布桩时需注意，两条轨道梁中间仍需布置无填料振冲桩（桩间距需满足置换率要求）。

（2）振密孔深度应穿过①层冲填土。施工顺序宜沿直线逐点逐行进行。

（3）无填料振冲挤密法采用75kW振冲器成孔，施工采用双点共振法施工，造孔速度为6～8m/min，水压0.2MPa，到达设计深度后，留振60s，然后每提0.5m，留振30s，逐段振密至孔口。

（4）无填料振冲挤密法施工完成后，采用2000kN·m夯击能对地表浅层进行夯实处理。强夯夯点按正方形布置，单点夯击击数6～8击，分两遍夯。强夯控制标准如下。

1）最后二击的平均夯沉量不大于50mm。

2）夯坑周围地面不发生过大隆起。

3）不因夯坑过深而造成提锤困难。强夯范围超出振冲砂桩处理范围5m。

4）最后满夯一遍，单点夯击能1000kN·m，采用1/3夯双向搭接，单点夯击2～3击。

### 9.5.5 施工难点分析和解决方案

#### 9.5.5.1 振冲施工

施工过程中质量控制要素主要有桩位偏差、施工深度、施工技术参数的控制。

（1）桩位偏差控制。造孔过程中发生孔位偏移原因及纠正方法如下。

1）由于土质不均匀，造孔时易向土质软的一侧偏移。纠正方法为可使振冲器向硬土一侧对桩位并开始造孔，偏移量的多少在现场施工中确定。

2）振冲器导管上端横拉杆拉绳方向或松紧程度不合适造成振冲器偏移。纠正方法为调整拉绳方向和松紧程度。

3）当制桩结束发现桩位偏移超过规范或设计要求时，应找准桩位重新造孔至偏移处，加密成桩。

（2）孔深控制。

1）在振冲器和导管安装完后，应用钢尺丈量并在振冲器和导管标出长度标记，一般0.5m为一段，使操作人员据此控制振冲器入土深度。根据设计桩底标高及地面标高确定振冲器入土深度。

2）施工中当地面出现下沉或淤积抬高时，振冲器入土深度也要做相应的调整，以确保成桩长度。

（3）施工技术参数控制。施工技术参数有加密电流、留振时间、加密段长、水压。施工技术参数控制时应注意下列事项。

1）为保证加密电流和留振时间准确性，施工中应采用自动控制装置。在振动条件下使用，设定的加密电流值，留振时间可能发生变化，应及时检查。

2）施工中应确保加密电流、留振时间和加密段长都已达到设计要求，否则不能结束一个段长的加密。

3）应定期检查电气设备，不合格、老化、失灵的原器件应及时更换。

（4）串桩。桩位出现小的偏差或者导管出现轻微的倾斜就容易引起串桩，造成已经施工完的桩体坍塌。在施工时定位尽量准确，保持导杆的垂直度，或者在易串桩区域减小水压，可以防止串桩。采取了以上措施后，若仍然出现串桩，则应对被串桩重新加密，加密深度应超过串桩深度。当不能贯入实现重新加密，可在旁补桩，补桩长度超过串桩深度。

#### 9.5.5.2 振冲施工泥浆处理

为确保振冲桩施工时，现场的泥浆能及时、方便、有效的从施工场区内排走，可在施工区域内开挖坑槽作为排污泵站，中间用铁管相连，用高压泥浆泵将泥浆逐级排放至场区东北部业主指定位置。

考虑到施工机组排放泥浆的便利性，在场区中部设置3级排污泵站，振冲桩施工时施工点距离排污泵站最远距离约350m，施工机组可以直接用泥浆泵将泥浆排入排污泵站内。

排污泵站长20m，宽20m，深度2m，按1∶1坡度放坡至坑底，排污泵站四周用砂袋堆砌，高度不小于0.5m。泥浆沉淀池断面见图9-15，泥浆管道见图9-16。

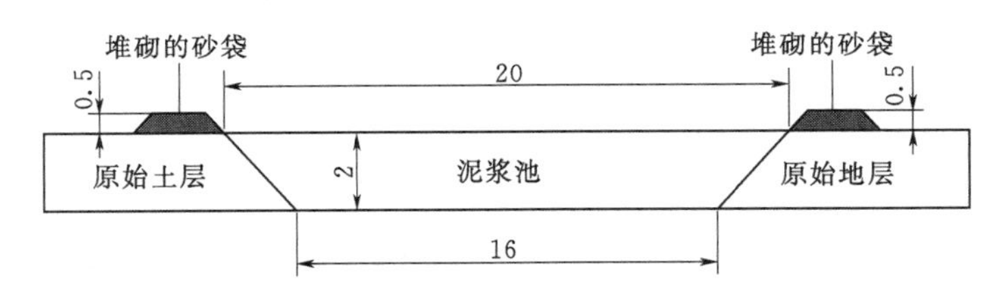


图9-15　泥浆沉淀池断面图（单位：m）

#### 9.5.5.3 施工过程中交叉施工、组织安排

本工程施工工艺较多，无填料振冲桩位与填料振冲桩位交叉布置，在施工过程中存在

图 9-16 泥浆管道

交叉施工情况，采取以下措施。

（1）施工时将以主要施工设备为主线划分成几个施工区进行施工，辅助设备施工能力要与之配套，各施工区施工设备基本保持固定，以减少设备调动造成的相互影响和管理困难。

（2）施工图纸到位后，将各施工区的施工顺序进行仔细规划，以间隔跳打为主线，把主导设备的施工顺序安排好，把交叉施工的影响降到最低。现场安排专职施工调度，进行设备协调和工序衔接管理，保证工程的顺利进行。

（3）合理安排施工顺序和施工机具、设备，减少场内交叉施工的影响。加大组织力度，提前考察各种原材料供应商，掌握货源情况，保证原材料供应。确保施工现场生产调度工作协调到位。

### 9.5.6 工程桩检测分析与评价

#### 9.5.6.1 无填料振冲挤密法

（1）根据静载试验结果，本区域浅层地基土承载力特征值均不小于150kPa，满足设计要求。

（2）检测深度范围内地基土受局部黏土夹层的影响，个别范围内仍存在液化现象，液化指数为1.2～5.0，液化等级为轻微。

（3）地基土处理后整体加固效果相对较好，地基土的不均匀性得到明显改善。

（4）地基处理效果评价。通过对本次检测结果进行综合分析，以及与处理前岩土勘察报告进行对比，本区域处理效果相对较好，具体分类评价如下。

1）非液化砂土：以粉砂为主，褐灰色，湿—饱和，中密—密实，标准贯入实测击数平均为23.9击。

2）经地基处理后，液化现象已消除。局部黏粒含量高，夹粉土薄层。该层在本区域检测深度范围内均有分布，主要分布于9m以上。地基处理效果相对较好。

3）液化粉土：褐灰色，湿—饱和，松散—稍密，标准贯入实测击数平均为7.5击，局部为砂土，经地基处理后仍存在液化现象，局部黏粒含量高。仅个别孔在6～11m深度范围内揭露该层，地基处理效果较差。

4）黏性土：以粉质黏土为主，褐灰色，软塑—可塑，标准贯入实测击数平均为8.3击，塑性指数平均为16.3，液性指数平均为0.60。局部夹粉砂。仅个别孔在11～15.5m深度范围内揭露该层。

处理后地基土仍存在一定的不均匀性，其中表层砂土约3.5m深度范围内局部为稍密状态，标准贯入实测击数为12～15击，11～15.5m深度范围内分布有软塑—可塑粉质黏土及黏土夹层。

#### 9.5.6.2 振冲桩检测

（1）桩间土标准贯入试验检测结果表明，经振冲桩地基加固处理后液化基本上消除，但仍有个别地检验点存在轻微液化。但考虑到孔隙水压力的随时间进一步消散，桩间土的后期固结，所检出的个别土层的液化可逐步消除。

（2）超重型动力触探检测结果表明，振冲桩桩体整体呈连续性，所检测桩体长度与设计桩长相符。

（3）经振冲桩地基加固处理后复合地基承载力特征值达到200kPa，满足设计要求。

## 9.6 【案例6】港珠澳大桥香港口岸填海工程底部出料振冲桩施工概述

### 9.6.1 工程概况

港珠澳大桥香港口岸填海工程振冲桩项目采用底部出料方法施工。根据本工程技术条件与工程地质条件，振冲作业不得以任何方式用水压造孔或送料，必须采用风动辅助成孔或供料。振冲桩施工区域包括箱型涵洞D区域（包括箱涵海堤及C1、C2、C3、EC1），以及人工岛海堤部分S2、S3、S3A、V1区域，海堤部分全长约5173m。

工程量：振冲桩总工程量44317根，合计进尺1107925m。

桩长：振冲桩桩底高程约－21.50～－35.00m（PD），最大有效桩长29.5m，最小10.5m，平均23m。

水深：按高潮时的平均高水位计，水深一般在5～14m；按低潮时的平均低水位计，水深一般3.2～11.2m。

限高：受邻近机场航空限高的制约，作业区域高度限制在＋25～＋60m（PD），其中施工影响范围工程量约为总工程量的22%，因此，在施工中必须考虑采用特殊技术措施。

振冲桩设计要求：振冲桩桩径1000mm，地基处理效果按单桩总填料量进行控制。

通过现场试验发现本工程土质较软，选用的振冲器能力有一定的余量，因此施工时采用1200mm振冲桩等面积代换1000mm振冲桩，加固效果不变。且采用等面积代换后提高了振冲桩的间距，减少了总桩数，可以有效提高施工效率。

### 9.6.2 各区域主要工程量

各分区估计工程量及计划工期见表9-31。

表9-31　各区域估计工程量及计划工期表

| 序号 | 区　域 | 桩数/根 | 进尺/m | 完工时间/(年-月-日) |
|---|---|---|---|---|
| 1 | A区 | 4245 | 106125 | 2012-5-12 |
| 2 | D区（0～225） | 4234 | 105850 | 2012-5-13 |
| 3 | D区（225～450） | 4234 | 105850 | 2012-7-24 |
| 4 | B区 | 10153 | 253825 | 2012-9-30 |
| 5 | C区 | 8608 | 215200 | 2013-1-7 |
| 6 | E区 | 12843 | 321075 | 2013-12-16 |
| 合计 | | 44317 | 1107925 | |

### 9.6.3 主要施工条件

#### 9.6.3.1 气象条件

经香港地区1999年1月至2008年12月风速情况统计，本项目全年平均风速为17km/h，盛行风方向每年6—8月为210°～230°，12月为50°，其余月份基本为90°～110°。

#### 9.6.3.2 水文条件

经1982—1999年统计平均海面高程1.20m（PD），涨潮时平均高水位2.10m（PD），退潮时平均低水位0.30m（PD）。

正常情况下，浪高0.8～1.0m，波浪周期2～3s，主要由风产生。极端情况下，浪高2.5～3m，波浪周期3～4s，主要由飓风产生。波浪周期所有海上工程需要停止及执行防护措施。极端情况下的海面高程见表9-32，香港潮汐水位见表9-33。

表9-32 极端情况下的海面高程表

| 重现期/年 | 海面高程/m(PD) | 重现期/年 | 海面高程/m(PD) |
|---|---|---|---|
| 2 | 2.80 | 50 | 3.30 |
| 5 | 2.90 | 100 | 3.40 |
| 10 | 3.10 | 200 | 3.50 |
| 20 | 3.20 | | |

表9-33 香港潮汐水位表

| 项　　目 | 最高天文潮 | 涨潮时平均高水位 | 涨潮时平均低水位 | 退潮时平均高水位 | 退潮时平均低水位 | 最低天文潮 |
|---|---|---|---|---|---|---|
| 水平基准面/m(PD) | 2.70 | 2.05 | 1.45 | 1.15 | 0.55 | −0.15 |
| 海图基准面/m(CD) | 2.85 | 2.20 | 1.60 | 1.30 | 0.70 | 0.00 |

#### 9.6.3.3 工程地质条件

本工程典型的地质条件描述如下。

（1）海相沉积层。非常软—软，浅灰色、灰色，局部略含砂，黏土质淤泥，偶见贝壳。该层厚度约10～22m。

（2）黏土冲积层。坚固—坚硬，浅灰—深灰色，淤泥质黏土，黏土质淤泥，该层顶标高一般在−20mPD左右。中间夹中砂至粗砂，一般深度在−29mPD，厚度0.5～2m。

### 9.6.4 本项目主要工程特点与主要针对性措施

目前在本工程特定的工程地质条件下，底部出料施工方法实证性经验相对偏少。中国地域辽阔，近几十年来基本建设项目方兴未艾，建设工程涵盖各类复杂的工程地质条件，通过众多的各类工程实践，积累了大量的振冲桩实证性经验，总体技术、装备水平与运用能力也随之得到了快速发展，其中不乏在某些领域已达到国际先进水平。

#### 9.6.4.1 本工程主要特点

（1）振冲桩工程量大，工程紧迫，且各区段处于整个项目的关键线路上。

（2）集成性底部出料设备技术高，在海上作业维护、保养与拆装更换将占用施工作业时间和工作面。

（3）各类船机投入量大，合理的布置与管理难度高。

（4）必须考虑施工区域高度受限条件下的全天候作业技术手段。

（5）噪声、水质及海洋等环境保护要求高，必须在整个施工过程中予以重点考虑和制定有效技术措施和管理方法，全面、全程严格贯彻执行。

（6）要充分考虑季节性防风、防台与防大潮组织管理与技术措施，特别是要做好台风季节的防台措施及对本项目进度计划的影响。

**9.6.4.2 主要针对性组织措施**

（1）充分利用本项目开工前的有限准备期，做好全面开工的人力、物力准备。充分利用有限的作业条件采用多区段平行开展的方式，充分利用拟定投入的机具设备，组织好全时段均衡施工，现场建立维修站，制定严格的设备维修、保养计划和充足的备品、备件。

（2）强化维修保养力量以满足工程需求，主要有以下几个方面。

1）建立现场维修站。

2）主要机具、设备按30%～50%做好备份。

3）做好制度化的维护、保养。

（3）以穿插作业为管理控制原则，合理分配，布置好工作母船、上料船接泊采用标准化供料方式，以保证施工的连续性。

### 9.6.5 施工方法

**9.6.5.1 工作原理**

振冲桩施工采用压力仓输料底部出料作业的施工工艺，以下简称底部出料工艺，是一种集成的振冲软基加固技术。其主要工作原理如下。

（1）经提升料斗将石料输送至振冲器顶部集料斗，经转换仓送至压力仓。

（2）通过维持一定风压与风量，压迫压力仓内石料经导料管输送至振冲器底部。

（3）通过上部的料仓交替减、增压连续供料。

（4）重复上述循环，以实现底部连续出料与形成密实桩体。

**9.6.5.2 适用范围**

（1）常规振冲无法适应的软塑～流塑的淤泥或淤泥质和不排水抗剪强度低于20kPa的软土地层。

（2）由于潜在的土壤污染问题，如泥炭土，液态土体等。

（3）更加适用于施工场地空间有限，或受限的区域。

（4）附近水源缺乏的条件下。

目前国内外均已有应用于不排水抗剪强度在5～10kPa的软土中的实证经验。与此同时，由于该集成设备仍具有良好的穿透能力，因此，仍具有良好的适应性。如可穿透土层中局部相对硬层（曹妃甸原油码头储罐，桩长30m，20m以内有$N=27\sim34$的粉细砂层）；或进入良好的持力层（宝钢马迹山中铁矿中转码头，桩长22m，进入中密以上砂砾层1.5m；福建炼油厂10万$m^3$储油罐，PX区等，桩长18～21m，进入残迹土1.0～1.5m）。

底部出料振冲桩施工工艺的适用深度，对于软土来说，除合理选用振冲设备外，还取决于起重设备的起吊能力及气动供料及工艺的组合。对于本项目，还必须考虑航空限高的制约。

#### 9.6.5.3 施工工艺流程

施工工艺流程见图 9－17。

施工前期准备。其内容包含单台船机的改造组装、建立供电、供气及石料供应系统和设备调试，打桩船抛锚就位，测量定位等工作，为单桩施工前一切准备工作，保证单桩施工的顺利进行。

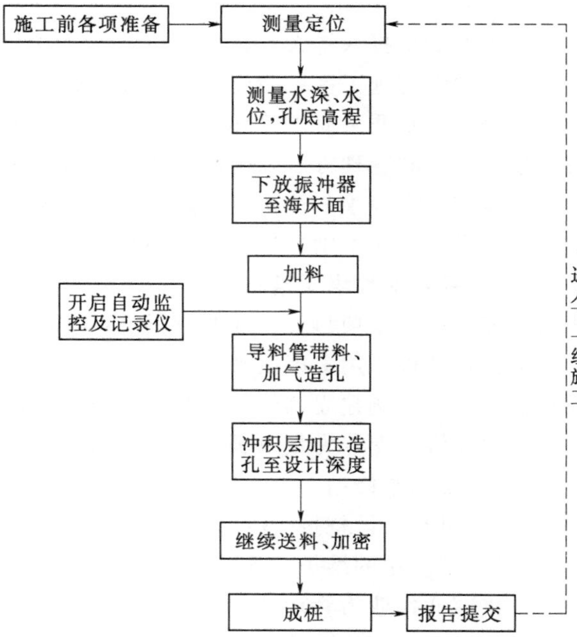

施工前各项准备
测量定位
测量水深、水位，孔底高程
下放振冲器至海床面
加料
开启自动监控及记录仪
导料管带料、加气造孔
冲积层加压造孔至设计深度
继续送料、加密
成桩
报告提交
进入下一组施工

图 9－17 施工工艺流程图

#### 9.6.5.4 施工机具设备选择

振冲器采用水冷内循环 BJV377－180（B）型振冲器。选用原则为确保在施工中的耐久性和足够的能力余量。选用依据如下。

（1）设计文件规定的振幅不小于 20mm。

（2）满足进入黏土冲积层 5m 所需要的振冲器的穿透能力。

（3）已有类似工程的施工经验。

#### 9.6.5.5 发电机及空压机

提供振冲器电动动力，按照振冲器及其他用电设备的功率，并且考虑控制声音，降低噪声的要求，本工程选取超静音 450～500kVA 的发电机。采用空压机供应压缩空气到压力仓，通过双截门装置确保钻孔内空气压力时刻保持连续供给，不致振冲器端部泥水进入料管内。石料在辅助压缩空气的推动作用下通过导料管到达振冲器端部。

### 9.6.6 施工准备

#### 9.6.6.1 打桩船就位

施工船舶按功能分主要有打桩船、上料船和供料船，打桩船上配 6 个锚，锚的布置一般情况下可以满足锚定要求，避免在振冲桩区抛锚，如果确实需要，可先抛放预制 10t 的混凝土块体，并系上钢丝绳和浮桶，作为系缆用。

打桩船采用抛锚定位，打桩船的首、尾各抛两只锚，成“八”字形，另外在船首、尾部位横向各抛设一只带前进缆的锚，桩位的调整依靠 6 根锚缆进行。当现有打桩船船位不能满足振冲桩继续施工要求时，应采用起锚艇起锚。

#### 9.6.6.2 桩位测量

振冲桩桩位测量放样采用两台南方测绘的 S82RTK 定位仪器双控测量，测量定位精度在 5～8mm 范围内。RTK 由两部分组成：基准站部分和移动站部分。基准站数据已知，移动站主要包括移动站主机、对中杆、接收天线和手簿。其操作步骤是先安装启动基准站，然后进行移动站校核，校核必须在固定的已知点上，该点最好是一级控制点或通过其引得的固定点。

#### 9.6.6.3 隔泥帷幕

为满足环境许可要求，振冲桩施工前，除了在现有海床顶面铺设土工布及碎石垫层避免沉积物释放外，还应在振冲桩施工活动范围内安装一圈局部隔泥帷幕。

### 9.6.7 振冲桩施工

#### 9.6.7.1 造孔

(1) 对位。采用GPS定位仪RTK定位方法，仪器测量精度5～8mm，所有振冲桩平面位置应控制在300mm以内。

(2) 振冲器系统悬挂在驳船上配置的重型桩架系统上，靠振冲器自重下放振冲器至碎石垫层顶面上。

(3) 填入碎石，直至充满石料管。

(4) 开启振冲器及空压机，压力仓控制阀门应处于关闭状态，保持适当的风压。

(5) 造孔至冲积层时，如需要，则可通过桩架施加外压协助振冲器造孔至设计桩底标高。

(6) 振冲器造孔速度不大于1.5～3m/min，深度大时取小值，以保证制桩垂直度。

(7) 振冲器造孔直至设计深度。造孔过程应确保垂直度，形成的振冲桩的垂直度偏差不大于1/20。

#### 9.6.7.2 加密

采用提升料斗的方式上料，并通过振冲器顶部受料斗、转换料斗过渡至压力仓，形成风压底部供料系统。

(1) 造孔至设计深度后，振冲器提升0.5～1m，匀速向上提升。石料在下料管内风压和振冲器端部的离心力作用下贯入孔内，填充提升振冲器所形成的空腔内。

(2) 振冲器再次反插加密，加密长度为300～500mm，形成密实的该段桩体。

(3) 在振冲器加密期间，需维持相对稳定的气压，保持侧面的稳定性并确保石料通过并达到要求的深度。

(4) 重复上述工作，直至达到振冲桩桩顶高程。

(5) 由于浅部覆盖层厚度较浅，应注意浅部振冲桩的密实度，碎石垫层内不需挤密。

(6) 关闭振冲器、空压机，制桩结束。

(7) 打桩驳船移位进行下一组桩的施工。

(8) 振冲桩施工质量控制。振冲桩施工质量控制主要采用全过程施工关键点控制，通过采用振冲自动控制及记录系统，对振冲桩桩位、总填料量及每米填料、倾斜度、桩深、能量消耗、气压、时间监测等进行实时的监测，通过上述监测，对每根振冲桩质量实施全过程的监测及控制。

### 9.6.8 施工设备保证措施

考虑到本项目工程量大、技术要求高，且为底部出料施工工艺，加之机场限高采用可伸缩式导料管等因素，必须有丰富的类似工艺及工程的施工经验，方能保证施工进度计划的顺利实施，同时应建立强有力的后勤保障措施。

#### 9.6.8.1 建立专业的维修车间

为进一步提高设备完好率，在施工现场建立专业维修车间。由高级机械师现场负责，加强维修队力量。现场专门配置维修用驳船，吊车及维修车间等设施，确保工期，全方位保障工程顺利进行。

#### 9.6.8.2 维修船平面布置

维修驳船需船宽度为15～20m，船长45～50m。配置两个专用的维修车间，一台履带吊车。

#### 9.6.8.3 设备材料备用措施

采用北京振冲公司自主研发生产的大功率BJV377－180（B）型振冲器作为主导设备施工，现场备用振冲器10台，达到备用率50%。其他挖掘机、发电机、空压机等设备配件、易损件及材料备用2倍以上；另外，现场备用3套完整的底部出料振冲器作为备用，随时准备替换发生故障的施工机组设备。

同时，考虑到设备的维修方便性，发电机及空压机考虑在项目当地租赁，配备专门的维修人员进行定期的设备维修及保养。

### 9.6.9 碎石骨料供应

#### 9.6.9.1 碎石骨料供应要求

碎石骨料供应计划以保证现场振冲桩正常连续施工为原则，充分考虑骨料料源情况及骨料生产能力、骨料中转运输能力及现场骨料储备能力等综合因素，并结合现场施工总体进度计划情况编制。

（1）骨料生产场地，具备足够可开采量，能满足生产需要的开采能力。生产场地具备可供10d现场生产使用量的储备料场。

（2）专用的石料中转码头储料满足现场15d左右的生产耗用量。

（3）现场备船，总的可以备用量可供振冲桩施工高峰期2d使用。

根据总体计划安排，振冲桩用碎石日高峰期需要量约5020$m^3$，每月最大需求量15.1万$m^3$，石场可完全满足本工程石料需求量。

#### 9.6.9.2 碎石骨料运输

按照日最高峰产量考虑运输船的数量及能力，配置4条运输船，每条运输船运输量不少于1500$m^3$，每日供应石料6000$m^3$，可满足现场石料供应，在必要的情况下可增加船机供料。

### 9.6.10 工程评价

（1）底部出料施工工艺适用于本工程的流塑—软塑的软土地基的加固处理，其特点如下。

1）因采用干法作业，因此对原状土扰动小。

2）采用底部出料方式，桩身填料连续，桩身质量有保证。

3）因不采用水冲法，可以满足香港地区较高的环保要求。

（2）施工区域内尤其在有作业限高区域内，打桩船桅杆高度受限，水深、桩长参数均为可变参数。为满足施工条件，施工中采用了专用伸缩导料管，能够满足施工要求。

（3）本工程设计桩径不小于1200mm，按单桩总体填料量进行质量控制，依据施工记录分析完全达到设计要求，且桩体连续均匀，可以充分发挥振冲桩的排水和承载作用。且证明施工时采用的水冷内循环 BJV377－180（B）型振冲器有足够的施工能力。

（4）经统计，单台干法底部出料设备的平均功效为 9.3 根/d（213m/d），结合本工程特点，达到了较高的施工水平。

# 参考文献


[1] 龚晓南. 地基处理手册［M］. 第4版. 北京：中国建筑工业出版社，2008.

[2] 林宗元. 岩土工程治理手册［M］. 沈阳：辽宁科学技术出版社，1993.

[3] 林宗元. 岩土工程治理手册［M］. 北京：中国建筑工业出版社，2005.

[4] 林宗元. 岩土工程试验监测手册［M］. 北京：中国建筑工业出版社，2005.

[5] 常士骠，张苏民. 工程地质手册［M］. 第4版. 北京：中国建筑工业出版社，2007.

[6] 叶书麟. 地基处理工程实例应用手册［M］. 北京：中国建筑工业出版社，1997.

[7] 余永祯，刘江. 建筑施工手册［M］. 第5版. 北京：中国建筑工业出版社，2012.

[8] 康世荣. 水利水电工程施工组织设计手册［M］. 北京：中国水利水电出版社，1996.

[9] 彭圣浩. 建筑工程施工组织设计实例应用手册［M］. 北京：中国建筑工业出版社，2008.

[10] 成大先. 机械设计手册［M］. 北京：化学工业出版社，2006.

[11] 建筑地基基础设计规范编委会. 建筑地基基础设计规范理解与应用［M］. 第2版. 北京：中国建筑工业出版社，2012.

[12] 建筑地基基础设计规范编委会. 建筑地基基础设计计算条文与算例［M］. 北京：中国建筑工业出版社，2015.

[13] 何广讷. 振冲碎石桩复合地基［M］. 第2版. 北京：人民交通出版社，2012.

[14] 罗秀文. 金属材料及其加工工艺学［M］. 北京：科学普及出版社，1982.

[15] 庞振基，黄其圣. 精密机械设计［M］. 北京：机械工业出版社，2004.

[16] 邓文英. 金属工艺学［M］. 北京：高等教育出版社，1981.

[17] 史美堂. 金属材料及热处理［M］. 上海：上海科学技术出版社，1987.

[18] 濮良贵，纪名刚. 机械设计［M］. 北京：高等教育出版社，2001.

[19] 中国建筑业协会建筑机械设备管理分会. 建筑施工机械管理使用与维修［M］. 北京：中国建筑工业出版社，2002.

[20] 张立新. 土木工程施工组织设计［M］. 北京：中国电力出版社，2007.

[21] 康景俊，尤立新. 75kW振冲器在砂层加密工程中的应用［J］. 水利水电技术，1985 (12).

[22] 盛崇文. 振动水冲法在软土地基中的应用［J］. 南京水利科学研究院报告，1977.

[23] 杜天良，李建军. 建设工程项目现场施工与安全管理［J］. 建筑安全，2011，5.

[24] 肖黎明，刘兴，徐阳，等. 无填料振冲法处理新近吹填粉细砂地基的工程应用［J］. 水利水电地基与基础工程技术，2013.

[25] 河北兵北工程质量检测有限公司. 华能唐山港曹妃甸港区煤码头工程堆场地基处理检测报告［R］. 2015.

[26] Klaus Kirsch，Fabian Kirsch. Ground improvement by deep vibratory methods［M］. Spon Press，2010.

[27] Greenwood，D A. Discussion on vibroflotation compaction in non-cohesive soils，Ground treatment by deep compaction，London，ICE，1976.

[28] Mitchell JK，Huber T R. Stone column foundations for a wastewater treatment plant，A case History. Publ by A A Balkema，Rotterdam，Neth and Boston，USA，MA，1985.

[29] Greenwood D A and Kirsch K. Specialist ground treatment by vibratory and dynamic menthods，State of the Art. Advances in Pilling and Ground Treatment for foundation，London，ICE，1983.

[30] H B Seed, J R Boober. Stabilization of portentially liquefiall sand deposits using gravel drains, ASCE, 1977.
[31] Yoichi Yamamoto, Masayuki Hyodo, and Rolando P Orense, Liquefaction resistance of sandy soils under partially drained condition. Journal of Geotechnical and Geoenvironmental Engineering Aug 2009, 135.
[32] R Bouferra, N Benseddiq, and I Shahrour. Saturation and Preloading Effects on the Cyclic Behavior of Sand. International Journal of Geomechanics, 2007, 7.
[33] Greenwood, D A. Discussion on vibroflotation compaction in non－cohesive soils. Ground Treatment by Deep Compaction, London, ICE, 1976.
[34] Priebe H. Absha tzung des scherwiderstandes eines durch stopfverdichtung verbesserten baugrundes, Die Bautechnik, 1978.
[35] Webb D L and Hall R I. Effects of vibroflotation on clayey sand, J soil Mech and Found Div, Am Soc Civ Engrs, 1969, 95.
[36] Brown R E. Vibroflotation compaction of cohesionless soil, J Geotech Engg Div, Am Soc Civ Engrs, 1977, 103.
[37] Glover J C. Sand compaction and stone columns by vibroflotation process. Symposium on recent developments in ground improvement techniques, 1985.
[38] Priebe H J. Evalusion of the settlement reduction of foundation improved by vibro－replacement, Bautechnik Vol 5, 1976.
[39] Priebe H J. The design of Vibro－replacement. Ground Engineering, 1995, 28 (10).
[40] Priebe H J. Vibro－replacement to prevent earthquake induced liquefaction. Ground Engineering, 1998, 31 (10).
[41] Hughes J M and Withers N J. Reinforcing of soft cohesive soil with stone columns. Ground Engineering, 1974, 7 (3).
[42] Greenwood D A and Kirsch K. Pilling and ground treatment. Specialist ground treatment by vibratory and dynamic measures, 2015.
[43] 酒井成之ほか．液状化対策の調査・设计から施工まで．地盤工学会，2000.
[44] 渡辺隆．土の動的性質とその応用．地盤工学会，1965.
[45] 土質工学会震害調査委員会．1968十勝冲地震による地盤震害調査概報．土と基礎，1968.
[46] 水野恭男，末松直幹，奥山一典．細粒分を含む砂質地盤におけるサンドコンパクションパイル工法の設計法．土と基礎，1987，35（5）.
[47] 斎藤彰，有馬宏，米山利治，等．扇島地区における液状化予測と対策の実施例．土と基礎，1976，24（12）.
[48] 日本鋼管（株）．扇島地区埋立て地盤液状化予測と対策．1975.